U0121900

1+1 数据库混合开发技术丛书

Visual Basic+Access
数据库开发与实例

刘文涛　编著

清华大学出版社

北　京

内 容 简 介

本书详细地介绍了使用 Visual Basic 开发 Access 数据库应用程序所必备的知识，包括数据库基本知识、与数据库开发相关的 Visual Basic 控件的使用、Access 数据库的管理和数据查询语言 SQL 的使用方法。

本书最后以实例的形式介绍了 7 个实际应用系统的开发，有很强的实用性。

为了使读者更加深入地了解和掌握 Visual Basic 数据库的开发，本书实例的代码全部收入到配书光盘中，并配有相关操作的视频。

本书适合广大 Visual Basic 软件开发人员参考使用，同时对高校计算机专业的学生进行毕业设计也具有很高的参考价值。

图书在版编目(CIP)数据

Visual Basic+Access 数据库开发与实例/刘文涛 编著．—北京：清华大学出版社，2006.7

(1+1 数据库混合开发技术丛书)

ISBN 978-7-302-13326-1

Ⅰ. V… Ⅱ. 刘… Ⅲ.①BASIC语言—程序设计 ②关系数据库—数据库管理系统，Access Ⅳ.①TP312 ②TP311.138

中国版本图书馆 CIP 数据核字(2006)第 073233 号

责任编辑：胡伟卷　刘金喜
封面设计：久久度文化
版式设计：康　博
责任印制：王秀菊
出版发行：清华大学出版社　　**地　　址**：北京清华大学学研大厦 A 座
http://www.tup.com.cn　　**邮　　编**：100084
c-service@tup.tsinghua.edu.cn
社 总 机：010-62770175　　**邮购热线**：010-62786544
投稿咨询：010-62772015　　**客户服务**：010-62776969
印 刷 者：北京嘉实印刷有限公司
装 订 者：三河市李旗庄少明装订厂
经　　销：全国新华书店
开　　本：195×260　**印张**：27　**字数**：657 千字
附光盘 1 张
版　　次：2006 年 7 月第 1 版　　**印　　次**：2007 年 10 月第 3 次印刷
印　　数：8001～10000
定　　价：48.00 元

本书如存在文字不清、漏印、缺页、倒页、脱页等印装质量问题，请与清华大学出版社出版部联系调换。联系电话：(010)62770177 转 3103　　产品编号：019698-01/TP

前　言

Visual Basic 具有强大的数据库管理功能，丰富的表格和图形输出功能，实效的精美报表打印功能，易读与灵活的语言，快速友好的开发界面等特点。采用 Visual Basic 进行数据库项目的开发，可以快速而又高效地制作出数据库管理项目。

本书涵盖了使用 Visual Basic 进行数据库开发的全部内容，详尽介绍了与之相关的理论和实践。本书结构严谨，内容的讲解循序渐进，对各个主题的讲解都与具体的实例相结合，使读者能够很快地在掌握 Visual Basic 的语言特点和编程技巧的同时及时实践，把所学到的东西应用到自己的程序中去。

本书从实战着手，以多个具有工程应用背景的管理信息系统为例，详细地介绍了管理信息系统创建的全部过程，包括项目的需求分析、系统建模、系统配置、数据库设计、界面设计和代码分析与实现等，以使读者能够透彻地掌握管理信息系统的开发方法和步骤，进而开发出具有实用价值的管理信息系统。

本书共分 10 章，各章内容如下：

第 1 章介绍了用 Visual Basic 开发数据库的基础知识，这部分内容可以使初学者尽快对 Visual Basic 语言和数据库理论有一个清楚的认识，为后面内容的学习打下一个良好的基础。

第 2 章介绍了访问 Visual Basic 数据库的方法，详细地讲解了用 ADO 控件访问数据库的技术，以及数据查询语言 SQL 的使用方法，这部分知识为实现在 Visual Basic 数据库中的添加、查询和删除等具体操作打下了基础。

第 3 章介绍了 Visual Basic 控件，开发 Visual Basic 数据库离不开相关控件，只有熟悉这些控件的属性、事件和方法，才能很好地完成数据库项目的开发。

第 4～10 章以具体实例的形式介绍了 Visual Basic 数据库开发的方法和技巧，各个数据库应用案例如下：

- 仓库管理系统实例
- 房屋销售管理系统实例
- 员工信息管理系统实例

- 图书馆管理系统实例
- 酒店管理系统实例
- 学生档案管理系统实例
- 汽车销售管理系统实例

本书所有实例全部都在Visual Basic上调试通过。为了使读者更加方便地了解和掌握Visual Basic数据库的开发，本书实例的代码全部收入到配书光盘中，每个实例都有操作的视频录像。

本书不仅适合广大Visual Basic软件开发人员参考使用，而且对高校计算机专业的学生进行毕业设计具有很高的参考价值。

在本书编写过程中，田伟、王波波、姜艳波、顾正大、艾丽香、赵辉、辛征、李志、王晶、兰婵丽、张玉平、赵光、王烁、刘群、赵木清、李刚、腾春艳等做了一定的工作，在此，作者对他们表示衷心的感谢。

由于时间仓促，加之水平所限，书中的不足之处在所难免，敬请读者批评指正。

作　者

目 录

第1章

数据库基础

本章首先介绍数据库的基础知识，包括各种关系型数据库，然后介绍数据库开发的基本流程，最后介绍本书所采用的 Access 数据库的基本知识。

1.1 数据库基础知识

进行 Visual Basic 数据库开发，首先要了解与之相关的数据库基本知识，这样进行项目开发就有了切入点。

1.1.1 数据库的基本概念

数据库技术的内涵，包括 4 个紧密相关的概念：数据、数据库、数据库系统和数据库管理系统。

这里指的数据并不是日常讲到的狭义的数字。我们定义的数据是描述事物的符号记录。它既包括平时所讲的数字，还包括文字、影音、图形等形式。

我们所说的数据库是指长期存储在计算机内、有组织的、可共享的数据的集合。数据库中的数据按一定的时间模型组织、描述和存储，具有较小的冗余度，较高的数据独立性和易扩展性，并可为各种用户所共享。

数据管理系统(DBMS)是一个软件系统。它负责将收集并抽取的大量的数据进行科学的组织，并将其存储在数据库中，高效地进行处理。它是数据库管理系统的核心，是为数据库的建立、使用和维护而配置的软件。它建立在操作系统的基础上，是位于操作系统和用户之间的一层数据管理软件，负责对数据库进行统一的管理和控制。用户发出的或应用程序中的各种操作数据库中的数据命令，都要通过数据库管理系统来执行。数据库管理系统还承担着数据库的维护工作，能够按照数据库管理员规定的要求，保证数据库的安全性和完整性。其在计算机系统中的地位如图 1-1 所示。

数据库系统是将计算机引入数据库系统而构成的。一般由数据库、数据库管理系统、应用系统、数据库管理员和用户构成。我们所要讲的数据库就是数据库系统的简称，这也在一方面证明了计算机在数据库技术中举足轻重的作用。

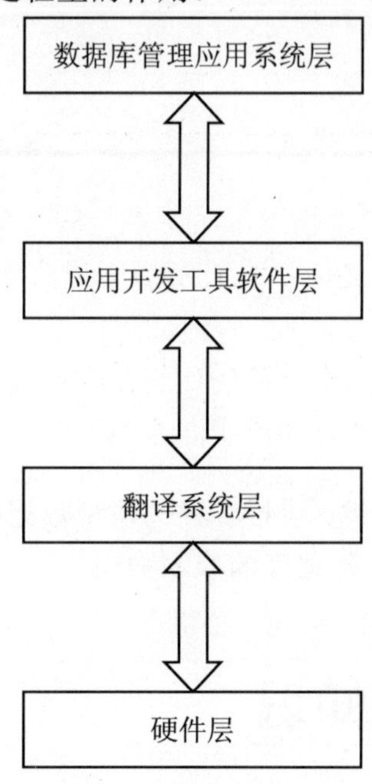

图 1-1　数据库管理系统

1.1.2　关系数据库

计算机不可能直接处理现实中的具体事物，所以必须通过人将现实中的具体事物转换成计算机可以处理的事件信息，这就用到了数据模型。

数据模型主要包括 3 种常用的模型，即网络模型、层次模型和关系模型。网络模型和层次模型又称为非关系模型。虽然非关系模型在现在还有一定的应用，但关系模型数据库应用越来越广泛。现在几乎所有的数据库管理系统都支持关系模型，非关系系统的产品也大都加上了关系接口。

1. 关系模型的数据结构

关系模型的数据结构表如表 1-1 所示。

一个关系数据模型的逻辑结构就是一张二维表，由若干行和列组成。根据上面的表格来分析一下它的主要组成。

- 元组(记录)：表中的一行就是一个元组，即一个记录。
- 属性：表中的一列就是一个属性。像在表 1-1 中，就有学号、姓名、所在班级、籍贯和年龄 5 个属性。

表 1-1　关系数据库

学　号	姓　名	所在班级	籍　贯	年　龄
1001	李列	01	山西	22
1002	张三	02	河北	23
⋮	⋮	⋮	⋮	⋮
1030	王星	05	上海	21

- 主码(关键字)：表中的一个属性可以确定惟一的一个元组。即通过这个属性可以找到惟一的元组。如表 1-1 中，姓名、所在班级、籍贯、年龄均可以相同，但学号惟一，学号就是主码。
- 域：属性的取值范围。如所在学院的域就是学校有的院系，籍贯的域是中国的省市。
- 分量：元组中的一个属性值。如重庆即是主码为 12004 元组中的一个分量。
- 关系模式：对关系的描述。表示为

关系名(属性 1，属性 2，属性 3，…，属性 *n*)

表 1-1 的关系就可以描述如下：

学生(学号，姓名，班级，籍贯，年龄)

要注意的是，关系模型要求关系必须是规范化的，即要求关系模式必须满足一定的规范条件，这些规范条件中最为基本的一条就是关系的每一个分量必须是一个不可分割的数据项，也就是说表中不可以再有表。

2. 关系数据模型的操作与完整约束

关系的完整性约束条件包括 3 大类，即实体完整性、参照完整性和用户定义的完整性。在满足关系的完整性约束的前提下，可以对关系数据模型进行操作。操作包括查询、插入、修改、更新等。

关系数据模型作为当前的一种主流的数据模型，其优点主要有：

- 与非关系模型不同，它是建立在严格的数学概念的基础之上的。
- 关系模型的概念单一。无论实体还是实体之间的联系都用关系来表示。对数据的检索结果也是关系(即表)。所以，数据结构简单、清晰，用户易掌握。
- 关系模型的存取路径对用户透明。

当然，关系数据模型也不可避免地有缺点存在，如在开发数据库管理系统时必须对用户的查询进行优化等。

1.1.3 E-R 图

建模最常用的方法就是“实体—联系”方法(Entity-Relationship Approach)，两个实体型之间的联系可分为 3 类：

- 一对一联系
- 一对多联系
- 多对多联系

可以用图形来表示实体型之间的联系，如图 1-2 所示。

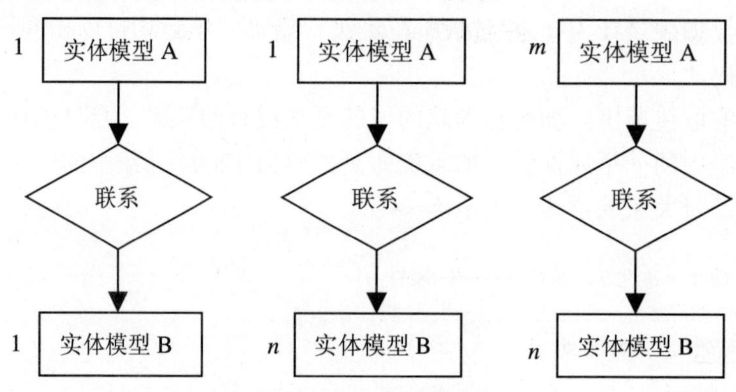

图 1-2 两个实体之间的联系

1. E-R 图概念

实体联系模型简称 E-R 图。它是描述概念世界，建立概念模型的实用工具。E-R 图包括以下 3 个要素：

- 实体型——用矩形框表示，框内标注实体名称。
- 属性——用椭圆形表示，并用连线与实体连接起来。
- 联系——用菱形框表示，框内标注联系名称，并用连线将菱形框分别与有关实体相连，并在连线上注明联系类型。

如果联系具有属性，则这些属性也要用无向边与该项连接起来。

E-R 图设计过程实际是对数据进行归纳、分析，把企业的全部用户按他们对数据和功能需求进行分组。然后从局部入手，对每一类用户，建立局部 E-R 模型，再综合成总体 E-R 模型。

2. 设计局部 E-R 图

(1) 确定实体和属性。

(2) 确定联系类型。依据需求分析结果，考查任意两个实体类型之间是否存在联系，若有联系，要进一步确定联系的类型(1:1，1:*m*，*n*:*m*)。在确定联系时应特别注意两点：一是不要丢掉联系的属性；二是尽量取消冗余的联系，即取消可以从其他联系导出的联系。

(3) 画出局部 E-R 图。

3. 综合成 E-R 图

(1) 局部 E-R 图的合并。为了减小合并工作的复杂性，先两两合并。合并从公共实体类型开始，最后再加入独立的局部结构。

(2) 消除冲突。一般有 3 种类型的冲突，即属性冲突、命名冲突、结构冲突。具体调整手段可以考虑以下几种：

- 对同一个实体的属性取各个分 E-R 图相同实体属性的并集；
- 根据综合应用的需要，把属性转变为实体，或者把实体变为属性；
- 实体联系要根据应用语义进行综合调整。

4. 用 E-R 图来设计学生选课概念模型实例

学生有学号、姓名、性别、年龄、系别属性；课程有课程号、课程名称、学分属性。

学生和课程之间有选课关系，该关系是一个多对多的关系。

学生关系 E-R 图如图 1-3 所示。

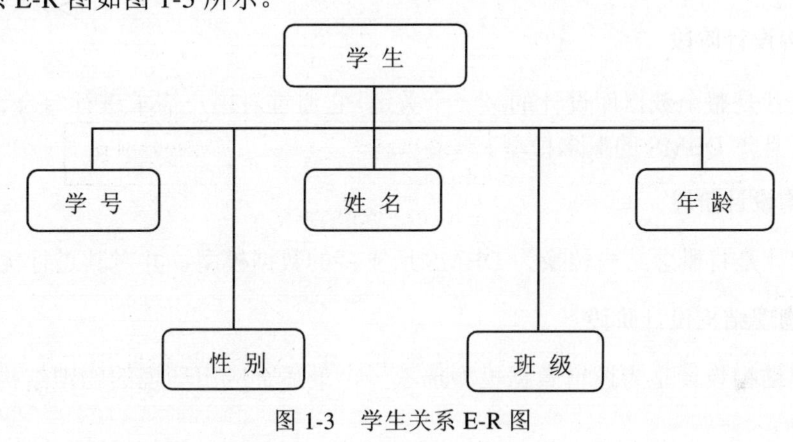

图 1-3 学生关系 E-R 图

1.2 数据库开发的基本步骤

数据库技术作为当前一项衡量国家信息化程度的标准被大力推行，尤其在我国信息化刚刚起步的阶段，数据库更是被大力发展。目前在我国从事信息事业的人员中有 70%的人员从事着与数据库相关的工作。由此可见数据库在我国的发展前景。

数据库是集数据库基本知识和数据库设计技术、计算机基础知识和程序设计方法、软件工程的原理和方法及应用领域的知识为一身的一项综合的学科，涉及了多学科、多领域。计算机在其中只是作为工具出现的，这在一定程度上使得科学地设计数据库与实现数据库及其应用成为了日益引人注目的课题。

从全局出发，数据库的开发过程分为以下 6 个阶段：

(1) 需求分析；

(2) 概念结构设计；

(3) 逻辑结构设计；

(4) 物理结构设计；

(5) 数据库实施；

(6) 数据库运行和维护。

下面就分别简要介绍各个部分的基本工作和其作用，使读者对数据库的开发有一个整体的把握。

1. 需求分析阶段

进行数据库设计首先必须准确了解与分析用户的需求(包括数据与处理)。对于初学者来讲，可能认为数据库就是用语言来编程，在计算机上编程是数据库设计的关键。其实不然，需求分析才是整个设计过程的基础，是最困难、最耗费时间的一步。它是数据库开发的基础，这方面工作的充分与否决定了在构造上的构造速度与质量。需求分析做得不好，甚至会导致后续工作无法进行而使整个数据库设计失败。

2. 概念结构设计阶段

概念结构设计是整个数据库设计的又一个关键，它通过对用户需求进行综合、归纳与抽象，形成一个独立于具体 DBMS 的概念模型。

3. 逻辑结构设计阶段

逻辑结构设计是将概念结构转换为 DBMS 所支持的数据模型，并对其进行优化。

4. 数据库物理结构设计阶段

数据库物理结构设计是为逻辑数据模型选取一个最适合应用环境的物理结构(包括存储结构和存储方法)。

5. 数据库实施阶段

在数据库实施阶段，设计人员运用 DBMS 提供的数据语言及其宿主语言，依据逻辑设计和物理设计的结果建立数据库，编制与调试应用程序，组织数据库，并进行试运行。

6. 数据库运行的维护阶段

数据库应用系统经过试运行后即可投入正式运行。在数据库系统运行过程中必须不断地对其进行评价、修改和调整。

1.3 Access 数据库

Access 是一种新型的交互式关系型数据库管理系统，是 Microsoft 公司的 Office 系列办公软件的重要成员。Access 可以用最简单的方式建立一个数据库，可以接受和转换多种文件格式的数据，并方便地对现存的数据库系统进行扩展和升级。

1.3.1 Access 2000 的界面组成

启动 Access 2000 后，即可看到如图 1-4 所示的两个窗口。外面的窗口是 Access 应用程序的主窗口，里面的窗口是打开的数据库窗口。

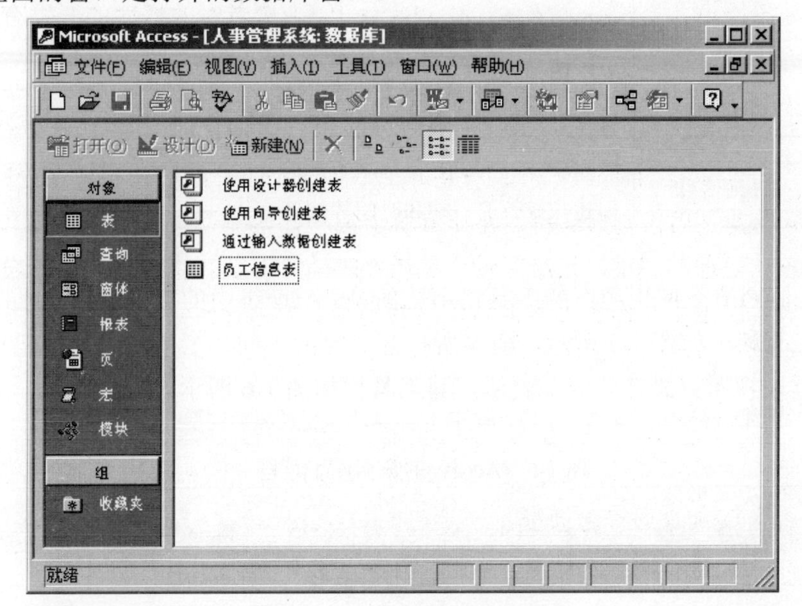

图 1-4 Access 2000 的系统界面

应用程序主窗口的组成与其他 Office 2000 组件完全相同，标题栏下方是菜单栏与工具栏，系统将按不同的工作项目及打开的数据库自动调整菜单栏和工具栏所包含的内容。窗口最下端为状态提示行，提示插入符所处的位置及键盘功能键的状态等信息。

数据库窗口位于应用程序主窗口的内部，标题栏的组成与主程序窗口的标题栏相似。Access 2000 的数据库窗口由工具栏、对象组及对象列表框等 3 部分组成。窗口左侧是对象组，单击“对象”或“组”中的按钮，可打开相应的对象或组选项卡，在对象列表框中将列出选项卡中的所有对象。

在不同的选项卡中，工具栏中的大部分按钮是相同的，但有些选项卡中的按钮将发生相应变化。如报表对象没有“打开”按钮，而多了一个“预览”按钮。宏和模块对象同样没有“打开”按钮，但多了一个“设计”按钮等。当按钮被选中后处于按下状态。工具栏中常用按钮的功能如表 1-2 所示。

表 1-2 数据库窗口中的工具按钮及其功能

图　标	按钮名称	功　能
打开(O)	打开	打开当前选中的数据库对象
设计(D)	设计	以设计视图方式打开当前选中的数据库对象
新建(N)	新建	新建一个数据库对象，如新建一个表、窗体或报表等

(续表)

图　标	按钮名称	功　能
	删除	删除当前选中的一个数据库对象
	大图标	与“视图”菜单中的“大图标”命令相同。以大图标方式列出当前选项卡中的数据库对象
	小图标	以小图标方式列出当前选项卡中的数据库对象
	列表	以列表方式列出当前选项卡中的数据库对象。这是默认方式
	详细信息	以列表方式列出当前选项卡中的数据库对象，并显示对象的名称、类型、创建与修改的日期和时间等信息

此外，与其他 Office 应用程序的工具栏不同的是，Access 中的工具栏在启动时只载入并显示“数据库”工具栏。如图 1-5 所示。随着所打开对象的不同，工具栏中的按钮将发生相应的变化。如以数据表视图方式打开一个表后，其工具栏如图 1-6 所示。

图 1-5　Access 的数据库工具栏

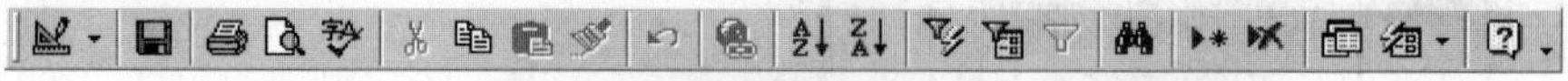

图 1-6　以数据表视图方式打开表对象后的工具栏

可以通过“视图/工具栏/工具箱”打开“报表设计”、“数据库”和“工具箱”3 个工具栏。工具箱如图 1-7 所示。“数据库”工具栏上的各个按钮功能如表 1-3 所示。

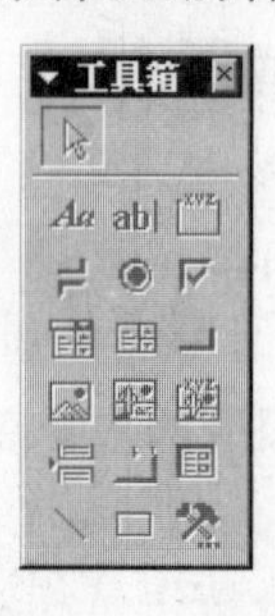

图 1-7　工具箱

表 1-3　“数据库”工具栏上的工具按钮及其功能

图　标	按钮名称	功　能
	打印预览	预览打印效果
	拼写检查	检查拼写的正确性，并根据错误拼写的单词建议正确的拼写
	剪切	将选定的区域或对象删除，移动到剪贴板上
	复制	将选定的区域或对象复制到剪贴板上
	粘贴	将剪贴板上的内容粘贴到插入符所在位置，或替换选定区域的内容

(续表)

图　标	按 钮 名 称	功　　能
	格式刷	将某种格式快速复制到其他位置上
	撤销	取消上次操作
	Office 链接	将其他 Office 应用程序中的数据链接到 Access 中
	分析	启动表分析向导，对表进行分析，以便于设计出更有效的表
	代码	在模块窗口中显示指定对象(窗体或报表)中所包含的代码
	属性	打开所选对象的属性对话框，用户可查阅或修改其属性值
	关系	用于定义、查看或修改表间的关系
	新对象	利用向导创建数据库对象，如表、查询、窗体和报表等
	Office 助手	提供主题和提示信息，帮助用户完成工作

1.3.2　打开与创建数据库

启动 Access 时，系统将自动打开如图 1-8 所示的对话框，要求用户选择一种进入 Access 环境的方式。默认方式是打开一个已有文件，用户也可以以新建数据库的方式进入 Access 环境，这包括创建一个空数据库或利用数据库向导创建数据库。

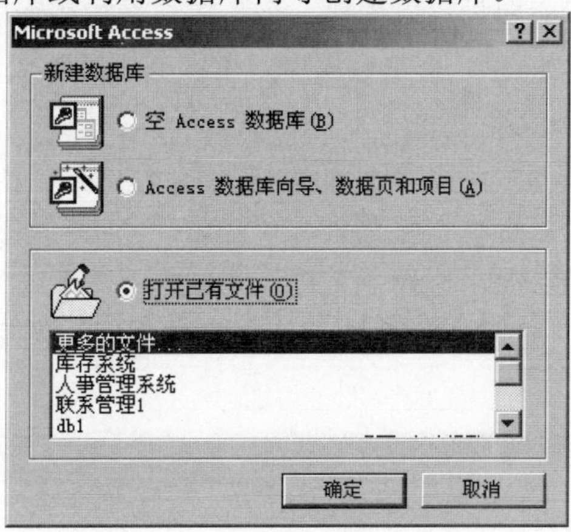

图 1-8　启动 Access 的初始对话框

在 Access 中新建数据库有两种方式，一种是先创建一个空白数据库，然后再通过添加表及其他数据库对象来构建数据库；另一种是利用数据库向导直接创建具有一定结构的数据库。

1. 创建数据库的基本思路

Access 包含表、窗体、查询、报表、Web 页、宏和模块等 7 个数据库对象。用户在使用 Access 时只对需要的数据库对象进行操作，Access 可自动完成对各种文件的管理工作。

一个 Access 数据库文件(.mdb)最大不得超过 1GB，因为数据库可以包括其他数据库文件中的链接表，所以它实际上由可用空间的大小来决定。在 Access 数据库中，可以同时拥有多个数据库对象，但对象个数不得超过 32 768 个；模块的个数不得超过 1 024 个；对象名称的字符数不得超过 64 个；密码的字符个数不得超过 14 个；用户名或组名的字符数不得超过 20 个；用户个数不得超过 255 个。

在新建一个数据库之前对数据库进行必要的设计准备是值得的，也是十分重要的，数据库结构的好坏将直接影响数据管理的质量和效能。设计 Access 数据库，首先要根据数据管理的内容和目标，确定一个能体现主题的数据库名称。如本书中使用的“学生与课程”数据库，主要用于管理研究生教育方面的数据信息。设计数据库的第二步是要确定创建哪些表，以及每个表中要包含哪些字段。精心策划数据库中的表结构可以大大提高数据库管理的有效性。由于表中往往存储了同一主题在不同方面的信息，因此表名应与表的主题相关。为了使同一个数据库的多个表中的信息能组合起来，可以在表与表之间定义关系。一个良好的数据库设计在很大程度上取决于数据库中关系的定义是否准确。完成表的设计后就可以向表中输入数据了。表是创建其他数据库对象的基础，基于数据库中的表可创建查询、窗体、报表和 Web 页等其他数据库对象。

在学习了 Access 的更多知识后，还可以建立和定制基本应用程序，并可加入个性化的数据库特征。

2. 创建空数据库

利用 Access 提供的数据库向导可以创建一个与向导结构相近的数据库，但当要创建的数据库与向导差别很大时，可以创建一个空数据库，再向其中添加表和其他对象。

创建一个空数据库的操作步骤如下：

(1) 启动 Access 数据库系统，在出现的初始对话框中选择“空数据库”选项。

(2) 单击“确定”按钮，系统将按照默认方式创建一个空白数据库，并打开如图 1-9 所示的对话框。如果 Access 已经启动，选择“文件”菜单中的“新建”命令。在出现的“新建”数据库对话框中选择“常用”选项卡，在其中的“空数据库”图标上双击，同样可打开该对话框。

图 1-9 “文件新建数据库”对话框

(3) 在“保存位置”下拉列表框中，选择保存数据库的驱动器和文件夹。系统默认的文件名都以 db 开头，如 db1、db2 等。用户可在“文件名”文本框中输入新的数据库名称，系统自动为 Access 数据库名称添加.mdb 扩展名。

(4) 单击“创建”按钮，打开如图 1-10 所示的空数据库窗口。此时，可以向新建的空数据库中添加表或其他对象。

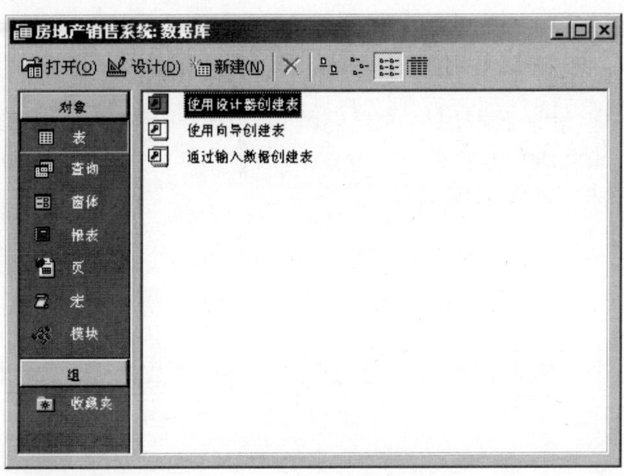

图 1-10 空数据库的数据库窗口

3. 使用向导创建数据库

Access 提供了许多数据库向导，如地址簿、订单、图片等，用户只需按照系统的提示选择或输入数据，就可以快速、方便地创建一个与向导结构大致相同的数据库。Access 2000 提供了大量的数据库向导。利用这些向导，用户不必了解 Access 的内部运行机制，就可以轻松地创建出灵活、好用的数据库，并获得一个友好的使用环境。

要使用数据库向导创建数据库，只需在数据库初始对话框中选择“Access 数据库向导、数据页和项目”单选按钮。单击“确定”按钮后，系统将打开“新建”对话框。打开其中的“数据库”选项卡，如图 1-11 所示。

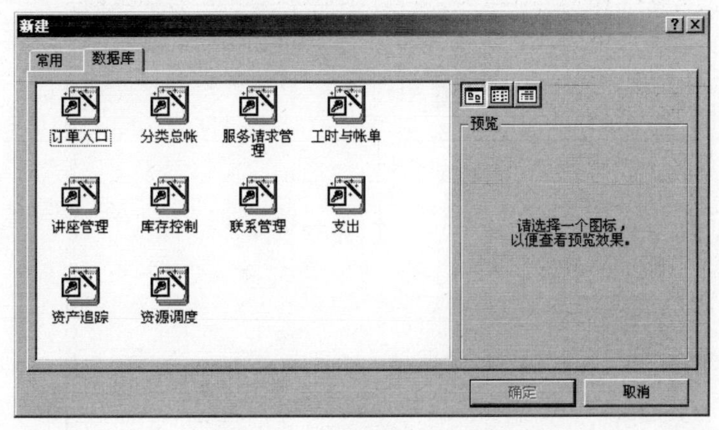

图 1-11 “数据库”选项卡

双击所需的数据库向导，或选中所需的数据库向导后单击“确定”按钮，在打开的“文件新建数据库”对话框中选择新建数据库文件的保存位置，并命名文件，以后即可按提示进行了。

4. 打开数据库

启动 Access 后，在初始画面上选择“打开已有文件”选项，在下面的列表框中选择要打开的文件并单击“确定”按钮，或直接双击要打开的文件，都可打开指定的数据库。如果要打开的文件不在列表框中，可以单击列表框中的“更多的文件…”，然后单击“确定”按钮，在“打开”对话框的“查找范围”列表框中选择数据库所在的磁盘及文件夹，在“文件”列表中选中要打开的文件，或直接在“文件名”文本框框中输入要打开的文件名，单击“打开”按钮，即可按系统默认的方式打开该数据库文件。

1.3.3 操作表

Access 中的表是一个二维表格结构的数据集合，也称为数据表，主要用来存储和管理数据，数据库中的所有数据都存储在表中。在表中可以进行各种格式化设置，如设置行和列尺寸、指定字体、设置颜色和网格线等。表是数据库的资源中心，也是最基本的数据库对象，查询、窗体、报表等数据库对象都建立在表的基础之上。在表与表之间，可以直接或间接地建立关系，还可以在表中建立子数据表。

将数据按照不同的主题分别存放在不同的表中，可以方便数据的管理。每个数据库至少包含一个表，最多可包含 32 768 个表，用户可同时打开 254 个表进行操作。

1. 表的视图方式

表有两种显示方式，一种是数据表视图方式，一种是设计视图方式。打开一个数据库，如打开“学生与课程”数据库。选择“表”选项卡，如图 1-12 所示。

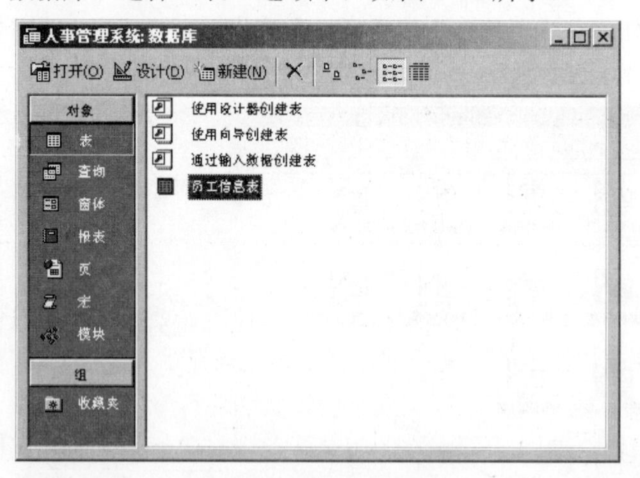

图 1-12 “表”选项卡

在“表”选项卡中双击要打开的表，即可以数据表视图方式打开该表。单击工具栏中的“设计”按钮，可以在不同的视图方式之间进行转换。在“表”选项卡中单击表名，再单击“打开”按钮或“设计”按钮，也可以以数据表视图或设计视图方式打开该表。

(1) 数据表视图

在 Access 中，表、查询和窗体具有相同的数据表视图窗口，这些数据库对象在数据表视图方式下的大部分操作也是完全相同的。表的数据表视图可以直观地展示表的组成结构和表的内容，如图 1-13 所示是以数据表视图方式打开的“学生信息表”。

学生信息表: 表

	ID	学号	班级	系别	平均成绩	年龄	其他
	1	1001	01	计算机	85	22	
	2	1002	03	计算机	71	21	
*	(自动编号)						

记录: 2 共有记录数: 2

图 1-13 以数据表视图方式打开的“学生信息表”

表中的每一列代表一个字段，窗口中的第一行显示字段名，所有字段决定了表的结构，如“学号”、“班级”、“系别”等为字段名。表中其余的每一行称为一个记录，表的内容由所有记录组成。

数据表视图中一些常用的组件及作用如下：

- 记录指示器。位于窗口下方，用来查询和指定数据记录。记录指示器的最右边可显示当前数据库对象的记录总数。在中间的记录编号框中，显示当前插入符所在的记录行数。记录指示器中各按钮的功能如表 1-4 所示。

表 1-4 记录指示器中按钮的功能

按 钮	按 钮 名 称	功 能	快 捷 键
	首记录	单击该按钮将指针移动到第一条记录	Ctrl+Home
	上一条记录	单击该按钮将指针上移一条记录	↑
	下一条记录	单击该按钮将指针下移一条记录	↓
	最后一条记录	单击该按钮将指针移动到最后一条记录	Ctrl+End
	新记录	单击该按钮将指针移动到最后一条记录之后，并增加一条新记录	

- 行选定器。每一行最左端的灰色小方块，也称为记录选定器。单击它可选定一整行的数据。在记录选定器上的不同标志可显示该记录目前所处的状态。
- 编辑指示器。表示该记录行正处于编辑状态。
- 当前记录指示器。插入符所在的记录行。当对该记录行进行任何编辑后，该指示器将变为“编辑指示器”。
- 新记录指示器 *。位于表的最后一条记录后面，表示从该位置可输入一条新记录。

● 列选定器。位于每一列顶部的列标题，单击它可选中对应的整列数据。

● 全选按钮。位于行选定器和列选定器交叉点上，单击它可选中整个表中的数据。

(2) 设计视图

表的设计视图由字段输入区和字段属性区两部分组成，主要用于显示表的结构和属性。如图 1-14 所示是以设计视图方式打开的“学生信息表”。

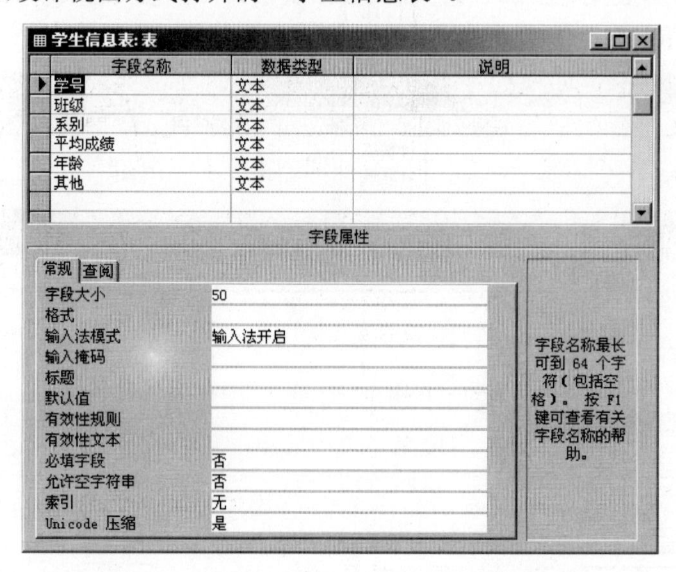

图 1-14　以设计视图方式打开“学生信息表”

字段输入区位于设计视图的上半部，可用来输入字段名、数据类型和字段说明等。在字段输入区可定义或修改表结构。字段属性区用来设置字段的属性。单击字段输入区的某个字段，即可在字段属性区看到该字段的属性设置。在设计视图中，使用 Tab(或 Shift+Tab)键可以从左到右(或从右到左)地在列之间逐列移动。使用方向键←、→、↓、↑，可以在不同的行或列之间移动，用 F6 键则可以在字段输入区和字段属性区之间切换。

2. 表的结构

表由表名、表结构和表内容 3 个部分组成。了解表的结构和基本组成是创建表的基础。一个设计优良的表可以大大提高数据使用和管理的有效性。建立表结构的基本步骤是：选择组成表的字段，为字段取名，设置字段的数据类型、属性，给字段添加说明以及设置主关键字。为了便于用户理解和记忆字段的含义，可以在字段说明中对该字段所表示的信息进行注释和说明。

(1) 选定字段

字段是组成表结构的最基本要素，选择合适的字段组成表是创建表的基础。即使在创建了表之后，也常常需要修改表结构，如增加一个字段、改变字段的数据类型等。

确定表中的字段应遵循以下 4 个基本原则：

● 相关性。表中每个字段直接与表的主题相关。

● 惟一性。没有重名字段，为每个字段取一个惟一的名字，可方便数据的管理和维护。

- 有序性。表中字段出现的顺序应体现数据信息间的逻辑关系。把关系紧密和有内在联系的字段放在一起，可以使用户更有效地获取数据信息。
- 完备性。表中的字段能包含某个主题所需要的全部信息。

(2) 字段的名称

字段的名称应直接、清楚地反映字段所包含的信息内容，模糊不清或模棱两可的字段名称容易引起误解或形成不确定的数据信息，不利于数据库的管理。

对字段的命名应符合以下规定：

- 可以以中文、英文字母和数学等符号组成。长度不能超过64个字符，不能用空格开头。
- 不能包含控制字符或句号“。”、感叹号“！”、重音符号“`”、方括号“[]”等。

(3) 字段的数据类型

字段的数据类型将决定该字段中存储数据的种类。如“姓名”字段的数据类型应设置为“文本型”，而“工资”字段的数据类型应设置为“数字型”。

Access共提供了10种数据类型，数据类型的名称及其功能如表1-5所示。

表1-5 数据类型名称及其功能

数据类型	存放数据的范围
文本(Text)	字母、汉字、符号以及非计算数字等。如地址、电话号码。最长不能超过255个字符
数字(Number)	可以进行算术计算的数值数据(不包括货币)
备注(Memo)	与文本数据类型类似，主要用于保存超长的文本或数字，如备注或说明，最长可存放64 000个字符
日期/时间(Date/Time)	用来存储日期、时间或日期与时间的组合，字段大小为8个字节
货币(Currency)	专门存放货币值。该类型可避免数字计算中四舍五入带来的误差，其精度为小数点前15位数和小数点后4位数
自动编号(AutoNumber)	由Access自动给表中的每条新记录分配一个惟一的递增或随机数
是/否(Yes/No)	存储两个逻辑值(如“是/否”、“真/假”、“开/关”)中的一个
OLE对象(OLE Object)	将其他使用OLE协议创建的对象(如Word文档、Excel表格、声音、图像、动画等)链接或嵌入到Access表中
超级链接(Hyperlink)	保存对各种网络对象的链接地址，可存储UNC路径或URL地址
查询向导(Lookup Wizard)	具有该属性的字段允许使用列表框或组合框来选择另一个表或列表中的值

3. 创建表

在Access中可使用设计器、表向导或通过输入数据创建表，不同的创建方法适用于不同场合，具有各自的优点。在任何数据库窗口中单击“表”选项卡，都可看到Access提供的3个创建表的工具。

(1) 通过输入数据创建表

在数据表视图中，可通过在空白表中输入数据创建表，这时 Access 将按照输入数据的默认特性自动构建表结构。这种方法不必事先设计表结构，操作简单，易于掌握，常用来创建一些结构比较简单的表。

操作步骤如下：

① 打开所需的数据库，如打开“学生与课程”数据库。

② 在“表”选项卡中双击 通过输入数据创建表，打开如图 1-15 所示的数据视图表，默认的表名为表 1，默认的字段名为“字段 1”、“字段 2”以此类推。

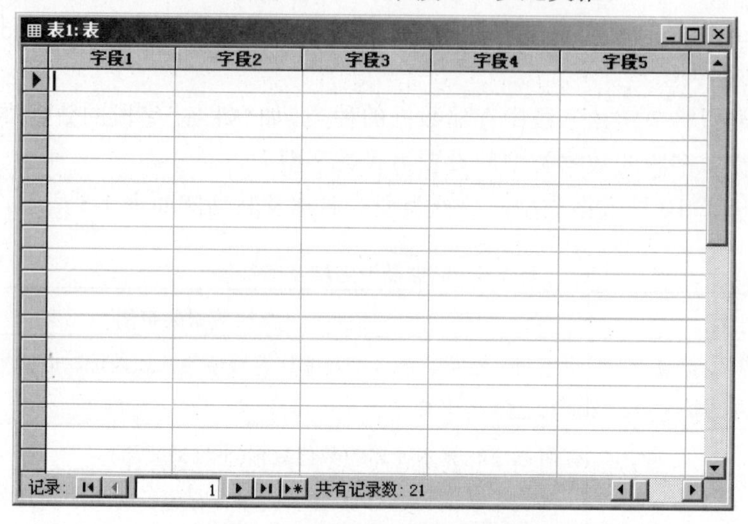

图 1-15　新建表的数据表视图

③ 在“字段 1”上双击鼠标，可将其设置成输入状态，输入字段名称。如输入“课程名称”，按 Enter 键或单击其他位置即可完成设置。按照同样方法可设置其他字段名称。

④ 在数据表中依次输入表中的所有记录。当输入一个记录时，该行左侧的记录选定器上会显示一个铅笔形状的标记，如图 1-16 所示。

学生信息表: 表

ID	学号	班级	系别	平均成绩	年龄	其他
1	1001	01	计算机	85	22	
2	1002	03	计算机	71	21	
3	1003	05	电子工程	88	23	
(自动编号)						

记录: 3 共有记录数: 3

图 1-16　输入完毕后的数据表

⑤ 数据输入完毕后，单击工具栏上的“保存”按钮，打开“另存为”对话框，用户可使用 Access 提供的默认表名，也可输入自定义的表名。如将表命名为“课程信息”，如图 1-17 所示。

⑥ 单击“确定”按钮，弹出如图 1-18 所示的对话框，提醒用户是否在表中创建主关键字。

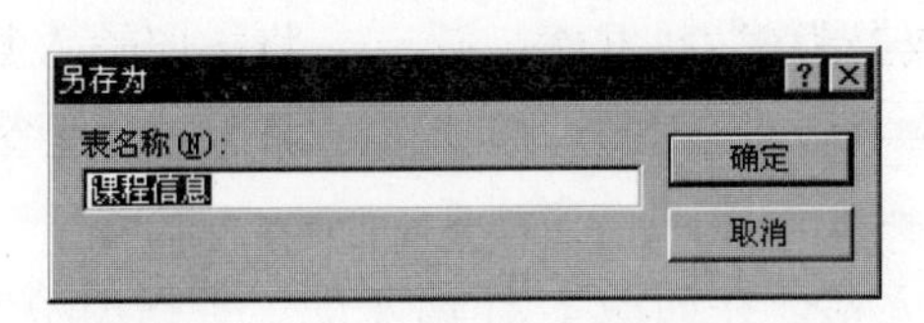

图 1-17　“另存为”对话框

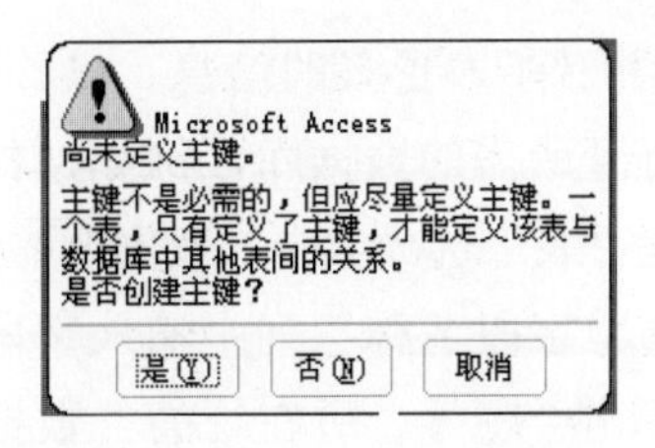

图 1-18　定义主关键字提示

单击“否”按钮，则不创建关键字段，直接返回数据库窗口。单击“是”按钮，Access 自动在数据表中加入一个关键字段(字段名为 ID1，数据类型为“自动编号”)，如图 1-19 所示。用户也可以根据自己的需要给关键字段重新命名，如将该关键字段重新命名为“课程 ID”。

课程信息：表

ID1	ID	姓名	班级	课程	成绩	年龄
1	1001	刘云	03	物理	88	22
2	1002	张强	01	数学	90	21
(自动编号)						

记录：2　共有记录数：2

图 1-19　系统为“课程信息”表创建主关键字

⑦ 表创建完成后，在“表”选项卡中将出现新创建的“课程信息”表，如图 1-20 所示。如果要改变字段的数据类型或属性等，可单击工具栏上的“视图”按钮，切换到“设计视图”方式对表的结构进行修改。

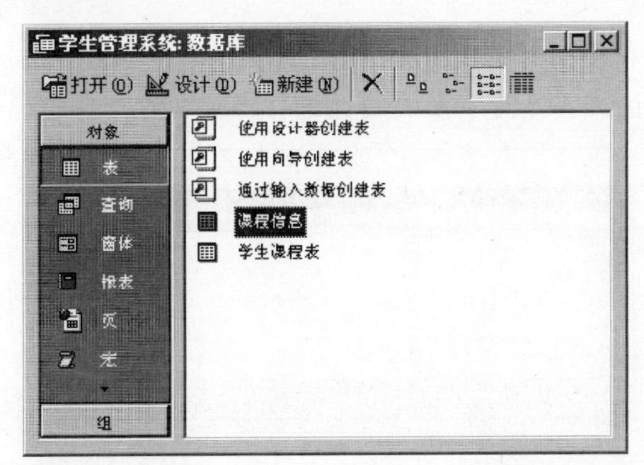

图 1-20　数据库窗口中出现了新创建的“课程信息”表

(2) 使用表向导创建表

使用表向导创建表简单、快捷，用户可在 Access 的一系列对话框引导下，一步一步地完成表的创建。在 Access 中，提供了“商务”和“个人”两种类型的数据表，用户可以根据需要，从这些预先设计好的表中选取所需的字段来创建自己的表结构。

要使用表向导创建表，可在打开或新建一个数据库后，在“表”选项卡中双击“使用向导创建表”按钮，然后按提示进行。

(3) 使用表设计器创建表

使用设计器创建表是最常用的创建表的方法，它的优点是可以在创建表的同时直接定义表的属性，并赋予表更多的信息。操作步骤如下：

① 打开所需的数据库，例如，打开“学生与课程”数据库。

② 在“表”选项卡中，双击 使用设计器创建表，在表的设计视图方式下创建一个空表。

③ 在“字段名称”列中输入字段的名称，例如，输入“序号”。

④ 单击“序号”所在行的“数据类型”单元格，在如图 1-21 所示的“数据类型”下拉列表中选择一种数据类型(如“数字”)。

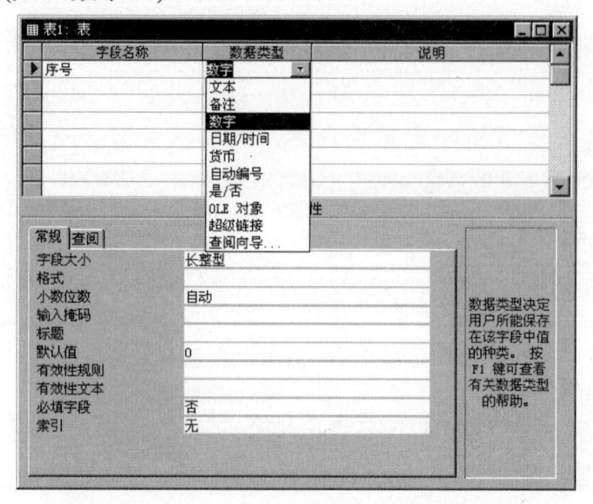

图 1-21　在表的设计视图中选择数据类型

⑤ 在“说明”列中可以给该字段添加一些注释或说明性的文字。

⑥ 在“字段属性”区中，可对字段的属性进行设定，使表中的记录更准确地表达信息。

⑦ 重复步骤③至⑥，输入所有字段并设定其属性等内容，结果如图 1-22 所示。

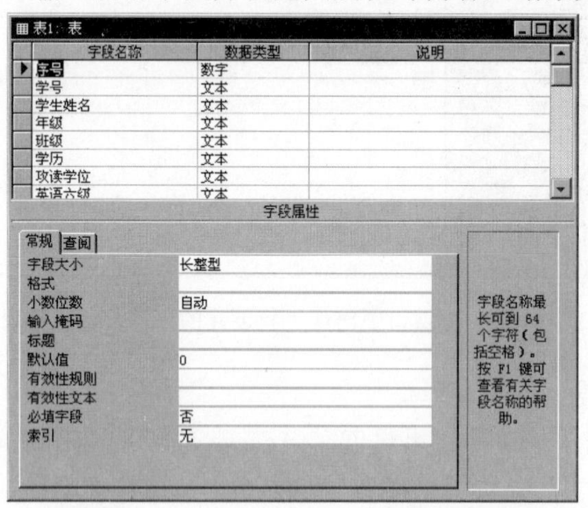

图 1-22　在“设计视图”下创建表示例

⑧ 单击“保存”按钮，Access 将会弹出“另存为”及“创建主关键字提示”对话框。其操作方法与在数据表视图中完全相同，这里不再赘述。

⑨ 如果想在表中输入数据，可以单击“视图”按钮，从设计视图方式切换到数据表

视图方式，如图 1-23 所示。此时即可向表中输入数据。

图 1-23　由“设计视图”方式切换到“数据表视图”方式

4. 修改表结构

所谓修改表结构，主要包括重命名字段、改变字段的数据类型、删除与增加字段、移动字段位置等。要修改表结构，只需简单地打开表设计视图即可。

5. 输入和编辑记录

没有内容的表就没有真正的意义，因此在确定了表的结构之后，重要的是向表中添加数据。用户可以在“数据表视图”方式下直接向表中添加数据，也可以通过“窗体视图”向表中添加数据，或者从其他数据库文件导入数据。所有对信息的操作都可以认为是对记录的编辑，如添加、删除、替换、修改记录等。

第 2 章

访问 Visual Basic 数据库

常见的访问数据库的方法有使用 ADO、DAO、RDO 控件等。目前，由于 ADO 具有灵活而又有效的访问数据库的方式，故成为比较常用的访问数据库的方法和手段。

在 Visual Basic 与数据库连接后，就可以使用数据查询语言 SQL 对数据库进行增加、删除、查询等操作了。

2.1 ADO 的对象模型

ActiveX Data Objects，简称 ADO，是微软软件体系中处理关系数据库和非关系数据库的常用技术，ADO 技术方式是 DAO 和 RDO 方式的继承者。ADO 的对象模型如图 2-1 所示，它可以轻松地实现本地和远程数据库的访问过程，并且可以把数据对象绑定到指定的内置控件和 ActiveX 控件上，创建 DHTML 应用程序等。

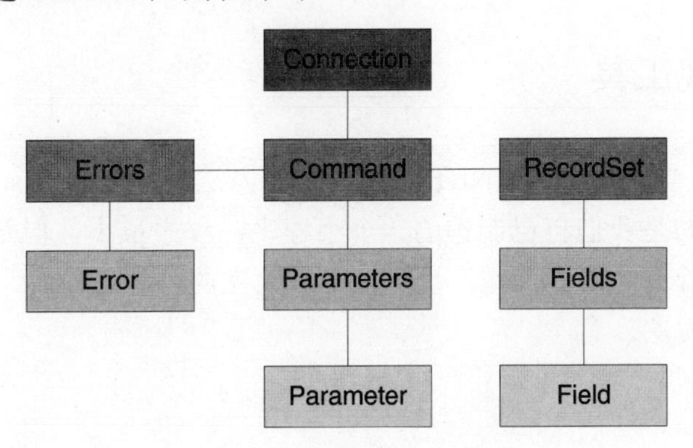

图 2-1　ADO 的对象模型

从图 2-1 中可以看出，ADO 中对象的组成一共有 3 个，它们是 ADO 顶层的对象，具体的功能如表 2-1 所示。

表 2-1 ADO 顶层对象功能

对象名称	功能
Connection	连接数据库的对象，指定对象的数据源，建立数据库的连接和隔离指定的数据库连接
Command	操作数据库的指令，可以接收 SQL 指令、表的操作指令和存储过程的指令，一般用来执行 SQL 查询，增加、删除和在线更新数据
RecordSet	得到表中的结果或者 Command 操作后的结果，通常是一个表或者是几个记录的集合

总而言之，ADO 技术在实际的应用中有如下的很多优点：

(1) 毫不费力地定位记录，并使用过滤器和书签；

(2) 提供排序、自动分页和持久性等功能，并能在与数据源断开时工作；

(3) 可以在多层之间相当高效地汇集记录集，不过只有 COM 对象才能使用 ADO 记录集。

2.2 基本数据库管理

SQL 的英文全称是 Structure Query Language，即结构化查询语言。作为一种数据库的查询和编程语言，它可以对数据库中的数据进行组织、管理和检索。它集数据查询(Data Query)、数据操纵(Data Manipulation)、数据定义(Data Definition)和数据控制(Data Control)等功能于一体，具有综合统一、高度非过程化、面向集合的操作方式、语言简洁等特点。因此，SQL 语言已经为广大的用户所接受，成为一种通用的数据库语言。

针对数据库的基本管理进行分析，基本数据库管理包括表管理、记录管理、索引管理和视图管理。

下面分别介绍与 SQL 语言有关的技术，并用 Visual Basic.NET 实现这些技术。

2.2.1 自制的实现工具

对于数据库的实现，Visual Basic.NET 可以有多种方法。比如用 Visual Basic.NET 中自带的查询工具。这里用到的是我们自己制作的一个小程序，程序虽小，但是功能还是比较全的。它可以实现基本数据库管理的诸多操作，也可以丰富大家的编程经验。

下面介绍它的制作方法。

1. 界面设计

首先向窗体中添加以下控件：

- Button 控件
- ComboBox 控件

- TextBox 控件
- Label 控件

向 ComboBox 控件中添加项目，单击属性对话框的 Items 属性后面的[...]，显示添加对话框，并添加如图 2-2 所示的几个 Item。

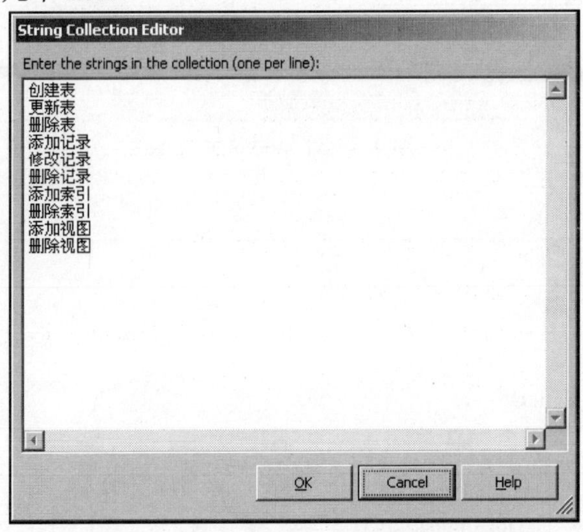

图 2-2　向 ComboBox 控件添加 Item

这里所添加的项目都是后面要讲到的。修改其他控件的属性，如表 2-2 所示。

表 2-2　控件属性

控件名称	属性	属性值
Form	Text	“SQL 语言的基本操作”
	AcceptButton	CmdGo
TextBox	Text	(空)
	Name	TxtSQLCom
Label	Text	“现已成功地连接到数据库，您可以使用 SQL 语句了”
ComboBox	Name	CmbType
Button	Name	CmdGo
	Text	“执行”

技巧：

每个窗体都有一个 AcceptButton 和一个 CancelButton。执行时，按 Enter 键可以自动触发 AcceptButton，按 Esc 键可以自动触发 CancelButton。

完整的界面如图 2-3 所示。

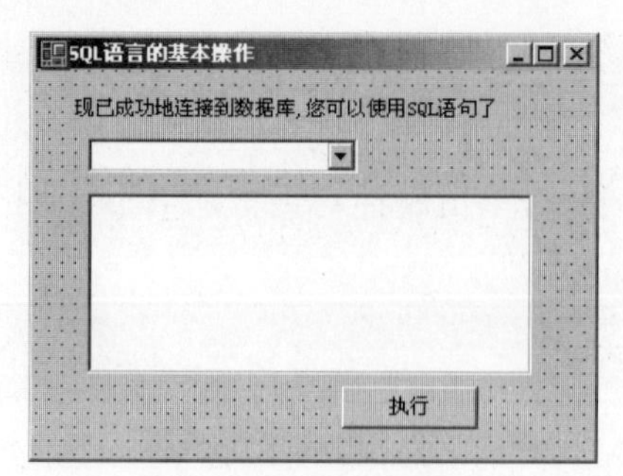

图 2-3 设计的界面

2. 代码实现

下面添加代码。

(1) 引入名称空间。

```
Imports System.Data.OleDb
```

(2) 在类中定义与数据库的连接。

```
Private conn As New OleDbConnection()
```

(3) 建立数据库连接。

将 Label 控件的 Text 属性设置为“现已成功地连接到数据库，您可以使用 SQL 语句了”。之所以这样设置，是因为打算在窗体一经显示就已经连接到了数据库上。出于这个目的，将连接数据库的任务交给了 Form_Load 事件。

在事件中添加代码：

```
Private Sub Form1_Load(ByVal sender As System.Object, ByVal e As System.EventArgs)
Handles_ MyBase.Load
    ' 连接到数据库
    conn.ConnectionString = _
            "Provider=Microsoft.Jet.OLEDB.4.0;Data Source='SQLTest.mdb'"

    ' 为 ComboBox 设定初始状态
    cmbType.SelectedIndex = 0
    ' 为文本框设定初始状态
    txtSQLCom.Text = "create table <表名>(<列名><数据类型>[约束条件],...)"
End Sub
```

说明：

运行这个程序要求先在同级目录下建立一个数据库，名字为 SQLTest.mdb。

运行程序的界面如图 2-4 所示。

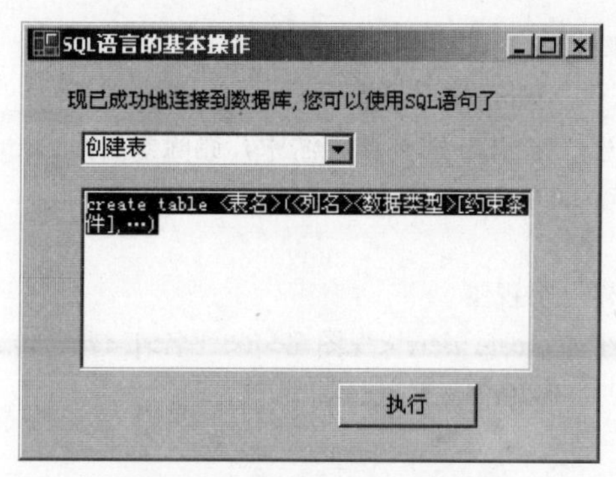

图 2-4　程序的运行结果

(4) 实现 TextBox 中的内容与 ComboBox 中的内容的随机变化。这个功能是在事件 cmbType_SelectedIndexChanged 中实现的。

实现的代码如下：

```
Private Sub cmbType_SelectedIndexChanged(ByVal sender As System.Object,
ByVal e As_ System.EventArgs) Handles cmbType.SelectedIndexChanged
    With txtSQLCom
        Select Case cmbType.SelectedIndex
            Case 0
                ' 建立新的表
                .Text = "create table <表名>(<列名><数据类型>[约束条件],...)"
            Case 1
                ' 对表进行修改
                .Text = "alter table<表名>[add <新列名><数据类型>[完整性约束]][drop
                            <完整性约束名>][modify<列名><数据类型>];"
            Case 2
                ' 删除基本表
                .Text = "Drop Table<表名>"
            Case 3
                ' 添加新的记录
                .Text = "insert into <表名>(属性列,...) values(常量,...)"
            Case 4
                ' 更新数据
                .Text = "update <表名> set <列名>=<表达式>,...[where  条件]"
            Case 5
                ' 删除记录
                .Text = "delete from <表名> [where  条件]"
            Case 6
                ' 新建索引
                . Text = "create [unique][cluster] index <索引名> on <表名>(<列名>
                    [<次序>],...)"
            Case 7
```

```
                ' 删除索引
                . Text = "drop index <.索引名> on <表名>"
                ' 注意：在 SQL 的标准语法中，删除索引为 Drop index <索引名>
                ' 但在 ODBC 中，语法如上
            Case 8
                ' 新建一个视图
                . Text = "create view <视图名>[(<列名>[,<列名>]...)] as <子查询>
                    [with check option]"
            Case 9
                ' 删除视图
                . Text = "drop view<视图名>"
        End Select
    End With
End Sub
```

注意：

在文本框中所加的文本都是在后面要讲到的基本数据库管理的命令格式。为了方便用户，我们将操作的格式与 ComboBox 中的功能匹配地显示到文本框中。

(5) 数据库的基本管理是通过单击“执行”按钮来控制的。“执行”按钮的主要功能是启动操作。

下面添加“执行”按钮代码：

```
Dim com As New OleDbCommand()
com.Connection = conn
com.CommandText = txtSQLCom.Text
conn.Open()
' 打开连接
com.ExecuteNonQuery()
' 执行 SQL 语句的操作
conn.Close()
' 关闭连接
```

对于用户的操作，不可能所有命令的格式和内容都正确或被系统接受，还有可能会出现各种各样的错误。出于纠错的考虑，我们加入了异常处理。也就是说，运行可执行的命令，将返回成功信息；执行不可执行的命令，则返回错误信息。

修改上面的代码：

```
Private Sub cmdGo_Click(ByVal sender As System.Object, ByVal e As System.EventArgs) _
            Handles cmdGo.Click
    Try
        ' 如果发生异常则弹出对话框显示
        Dim com As New OleDbCommand()
```

```
            com.Connection = conn
            com.CommandText = txtSQLCom.Text
            conn.Open()
            ' 打开连接
            com.ExecuteNonQuery()
            '执行 SQL 语句的操作
            conn.Close()
            ' 关闭连接
            MessageBox.Show( _
                    "您的操作已经成功地执行!", "恭喜!", _
                    MessageBoxButtons.OK, MessageBoxIcon.Information _
                    )
        Catch
            conn.Close()
            ' 此时连接一定要关闭
            MessageBox.Show( _
                Err.Description, "警告", _
                MessageBoxButtons.OK, MessageBoxIcon.Warning)
            Exit Sub
        End Try
    End Sub
```

技巧：

Err 对象有一个属性 Description，它可以描述错误发生的类型。这在程序中可以很大地方便用户，也减少了编程者大量的工作。

为了检验异常处理代码的效果，我们运行程序，直接单击“执行”按钮，就会看到错误信息显示，如图 2-5 所示。

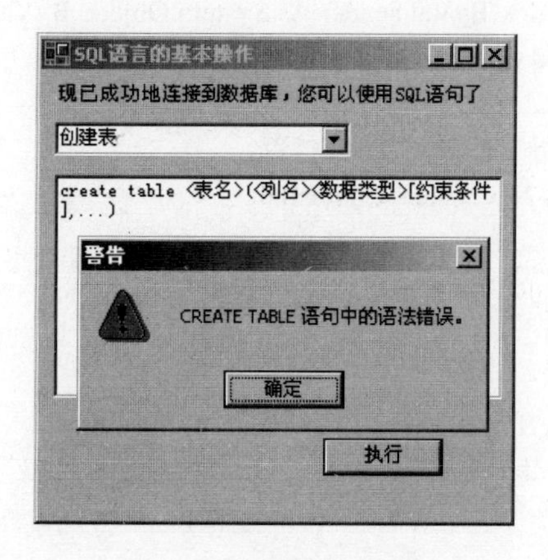

图 2-5　SQL 语句出错

3. 源代码

下面是自制小软件完整的源代码，供大家参考。

```
Imports System.Data.OleDb
' 引入对数据库进行操纵的名字空间

Public Class Form1
    Inherits System.Windows.Forms.Form

''''''''''''''''''''''''''''''''''''''''''''
' 以下省略 Windows Form Designer 产生的代码
Windows Form Designer generated code
''''''''''''''''''''''''''''''''''''''''''''

    Private conn As New OleDbConnection()
    ' 定义与数据库的连接

    Private Sub Form1_Load(ByVal sender As System.Object, ByVal e As System.EventArgs)
          Handles MyBase.Load
        ' 连接到数据库
        conn.ConnectionString = _
                "Provider=Microsoft.Jet.OLEDB.4.0;Data Source='SQLTest.mdb'"

        ' 为 ComboBox 设定初始状态
        cmbType.SelectedIndex = 0
        ' 为文本框设定初始状态
        txtSQLCom.Text = "create table <表名>(<列名><数据类型>[约束条件],...)"
    End Sub

    Private Sub cmdGo_Click(ByVal sender As System.Object, ByVal e As System.EventArgs)
          Handles cmdGo.Click
        Try
            ' 如果发生异常则弹出对话框显示
            Dim com As New OleDbCommand()
            com.Connection = conn
            com.CommandText = txtSQLCom.Text
            conn.Open()
            ' 打开连接
            com.ExecuteNonQuery()
            ' 执行 SQL 语句的操作
            conn.Close()
            ' 关闭连接
            MessageBox.Show( _
                    "您的操作已经成功地执行!", "恭喜!", _
```

```
                MessageBoxButtons.OK, MessageBoxIcon.Information _
                )
        Catch
            conn.Close()
            ' 此时连接一定要关闭
            MessageBox.Show( _
                Err.Description, "警告", _
                MessageBoxButtons.OK, MessageBoxIcon.Warning)
            Exit Sub
        End Try
    End Sub

    Private Sub cmbType_SelectedIndexChanged(ByVal sender As System.Object, ByVal e As
        System.EventArgs) Handles cmbType.SelectedIndexChanged
        With txtSQLCom
            Select Case cmbType.SelectedIndex
                Case 0
                    ' 建立新的表
                    . Text = "create table <表名>(<列名><数据类型>[约束条件],...)"
                Case 1
                    ' 对表进行修改
                    . Text = "alter table<表名>[add <新列名><数据类型>[完整性约束]]
                        [drop<完整性约束名>][modify<列名><数据类型>];"
                Case 2
                    ' 删除基本表
                    . Text = "Drop Table<表名>"
                Case 3
                    ' 添加新的记录
                    . Text = "insert into <表名>(属性列,...) values(常量,...)"
                Case 4
                    ' 更新数据
                    . Text = "update <表名> set <列名>=<表达式>,...[where 条件]"
                Case 5
                    ' 删除记录
                    . Text = "delete from <表名> [where 条件]"
                Case 6
                    ' 新建索引
                    . Text = "create [unique][cluster] index <索引名> on <表名>(<列名>
                        [<次序>],...)"
                Case 7
                    ' 删除索引
                    . Text = "drop index <.索引名> on <表名>"
                    ' 注意：在 SQL 的标准语法中，删除索引为 Drop index <索引名>
                    ' 但在 ODBC 中，语法如上
                Case 8
```

```
                        ' 新建一个视图
                        . Text = "create view <视图名>[(<列名>[,<列名>]...)] as <子查询>
                              [with check option]"
                    Case 9
                        ' 删除视图
                        . Text = "drop view<视图名>"
                End Select
            End With
        End Sub
    End Class
```

2.2.2 表管理

表的管理包括表的创建、表的删除和表的更新等操作。

1. 表的创建

在建立数据库中最为重要的一步恐怕就是建立表了。所谓的更新、查询等功能都是在已经建立好的表中来进行的。

SQL 语言使用 CREATE TABLE 命令来定义基本表，基本格式如下：

```
CREATE TABLE<表名>(<列名><数据类型>[列的约束条件]
                    [, <列名><数据类型>[列的约束条件] ]...
                    [, <表的约束条件>] );
```

说明：

其中<表名>是所要定义的表的名称，它可以由一个或多个属性列来组成。在创建表的格式中，[ ] 代表的是可以省略的内容。表必须还有一个以上的列，列与列之间用逗号分开，有约束条件的将约束条件写在该列的后面。约束条件将在建表的同时被存入数据字典中，当用户操作表中数据时由 DBMS 自动检查该操作是否违背这些约束条件。约束条件涉及表中的多个列时，必须将约束条件定义在表级上。

下面举个例子来说明如何在数据库中创建表。

创建一个职工的表 Employee，它由 ID、姓名 Name、性别 Sex、年龄 Age、工资 Salary 和补贴 Extra 组成。要求是 ID 号不可以为空，且值惟一；姓名列也不可以为空，则 SQL 语句如下：

```
CREATE TABLE Employee
    ( ID CHAR(8)NOT NULL UNIQUE,
      Name CHAR(20)UNIQUE,
      Sex CHAR(1),
      Age INTEGER,
      Salary DECIMAL,
    Extra DECIMAL);
```

在定义表的时候要指明表中各列的数据类型和长度，在 SQL 语言中主要的数据类型如表 2-3 所示。

表 2-3　SQL 语言中的数据类型

数据类型名称	定 义 标 识	说　明
字符型	CHAR [(n)]	定长字符型
	VARCHAR[(n)]	变长字符型
二进制型	BINARY[(n)]	最长 255 字节，由 0~9、A~F 或 a-f 组成
	VARBINARY[(n)]	以 0x 开头，两个字符构成一个字节
日期时间型	DATE	占 8 个字节
整数型	INTEGER	代替了老版本中的 INT、SMALLINT、TINYINT
精确数值型	DECIMAL	可以确定精度和小数位数
	NUMERIC	
近似数值型	FLOAT	可以确定 1~15 之间的任意精度
	REAL	确定 1~7 之间的精度
位型	BIT	有两种取值，即 0 和 1
时间戳型	TIMESTAMP	
文本型	TEXT	数据应在单引号内
图像型	IMAGE	以 0x 为引导符

下面使用我们制作的小软件，对表进行创建操作。在 ComboBox 中选择“创建表”，就可以实际演练一下表的创建了。在文本框中输入相应的 SQL 语句。单击“执行”按钮，结果如图 2-6 所示。

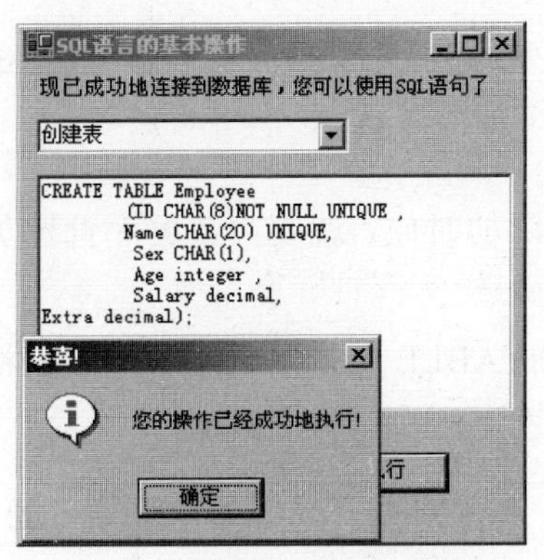

图 2-6　操作的执行结果

为了对添加的表进行检验，我们用 Access 打开数据库 SQLTEST.MDB 来验证一下是否真的创建了一个表，如图 2-7 所示。

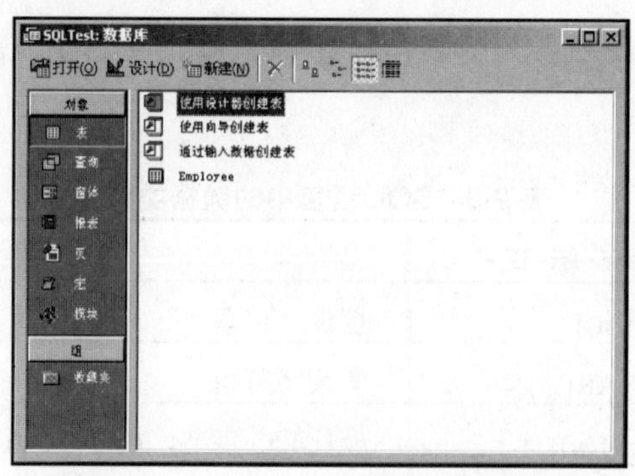

图 2-7　打开 Access 检验操作结果

可以看到，成功地添加了 Employee 表。单击“设计”按钮，进入 Employee 表的设计界面，如图 2-8 所示。

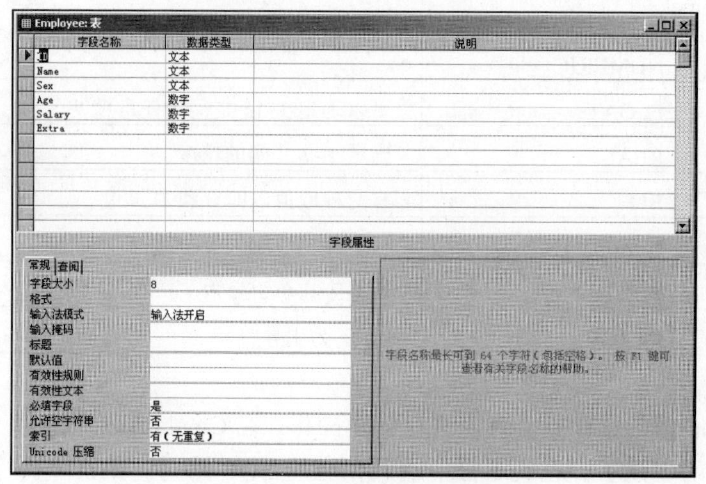

图 2-8　打开数据表的设计视图

可以清楚地看到，所设置的列的数据类型已经加入，其他的一些限制条件也已经生效。

2. 表的删除

当数据库中的某个表不再使用的时候，就要由数据库管理员将它删除，以免浪费大量的系统资源。

在 SQL 语言中，是用 DROP TABLE 命令来删除表的。其格式为：

```
DROP TABLE <表名>;
```

如果要将刚建立的表用 SQL 语言删除，则可以使用如下的 SQL 语句：

```
DROP TABLE Employee;
```

注意：

在删除表时要格外地注意。因为一旦表被删除了，则建立在表上的索引、视图都将自动被删除。

3. 表的更新

对已经建立好的表进行列的添加与删除的更新，SQL 语言是通过命令 ALTERT TABLE 来实现的。用 ADD 来添加列，用 DROP 来删除列，用 MODIFY 来修改列的属性。格式如下：

```
ALTERT TABLE<表名>
    [ADD <新列名><数据类型>[列的约束] ]
    [DROP <约束名称>]
    [MODIFY<列名><数据类型>];
```

下面对前面建立的 Employee 表进行修改。添加职员的加入日期 Data，其数据类型为日期时间型。删除对职工的姓名惟一的约束。将职工的 ID 由原来的字符型改为整数型。

```
ALTERT TABLE Employee
    ADD ComeDate Date
    DROP UNIQUE(Name)
    MODIFY ID INTEGER
```

说明：

对表进行列的添加，新增加的一列的值都为空。对列的约束的删除和更新将会破坏已有的数据。

由于 SQL 语言在版本上不尽相同，所以这里仅对 ADD 命令进行验证。实现上面的 ADD 语句，在文本框中输入下面的 SQL 语句：

```
ALTERT TABLE Employee
    ADD ComeDate Date
```

单击“执行”按钮之后，打开 SQLTEST.MDB，如图 2-9 所示。

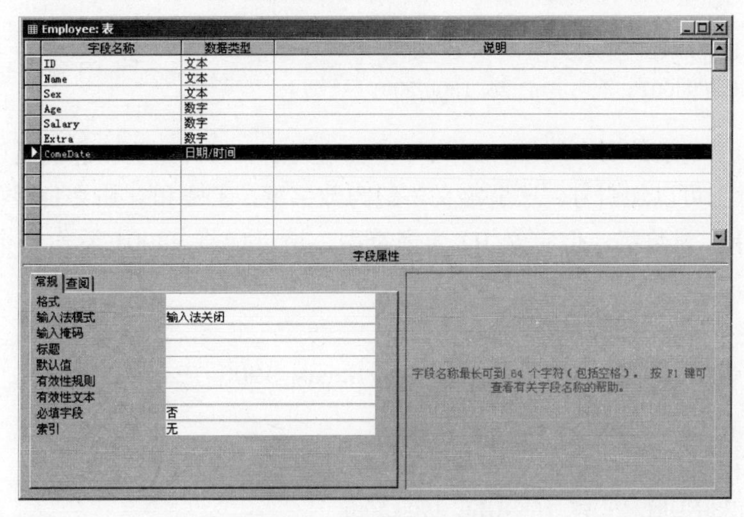

图 2-9 操作的执行结果

可以看到，高亮显示的行就是刚加入的行，这个操作是成功的。

2.2.3 记录管理

数据操纵语言(DML)是 SQL 语言中比较重要的一部分，它可以实现对数据的添加、修改和删除。

1. 添加数据

数据的添加可以用 INSERT 命令来完成。使用 INSERT 命令通常有以下两种形式：

- 插入一个元组，也就是一条记录。
- 可以插入多个元组，要求这些元组是作为查询的结果出现的。

这里介绍的是第一种情况。关于用 INSERT 插入查询结果的情况，将在有关查询的章节中介绍。

插入单个元组的格式为：

```
INSERT
    INTO <表名>[(<属性列 1>[,<属性列 2>...])]
    VALUES(<常量 1>[，<常量 2>])
```

上述语句的功能是将新元组插入到指定的表中。其中新记录属性列 1 的值为常量 1，属性列 2 的值为常量 2，以此类推。新的记录中将 INTO 子句中没有指明的字段的值默认为空。

下面通过两个具体的例子来说明 INSERT 的用法，用的还是在前面介绍表的建立时建立的表 Employee。

例 1：

在表中添加一个记录。ID=98001，Name=李明，Sex=m，Age=26，Salary=1800,Extra=500。

```
INSERT
    INTO Employee
    VALUES('98001', '李明', 'm', 26, 1800,500)
```

这个例子添加了记录的所有属性，因此可以省略列名。另外，要注意的是引号的用法：只有在字符型的常量上可以加引号。这里定义年龄为数字型，工资和补贴为货币型，因此它们不加引号。虽然 98001 为数字，但定义 ID 为字符型，所以应将 98001 看作一个字符串。故加引号。

例 2：

在表中插入一个记录。Name=王朋，Sex=f，Salary=1900，Extra=500。

```
INSERT
    INTO Employee
    VALUES(NULL, '王朋', 'f ', NULL, 1900,500)
```

用程序来实现的结果如图 2-10 所示。

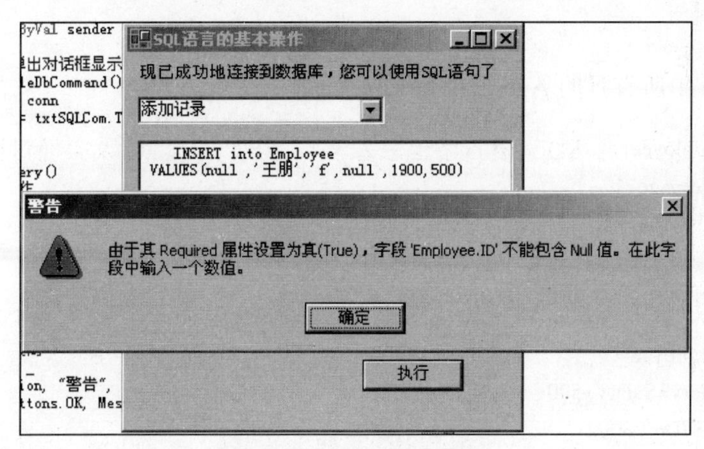

图 2-10　ID 为空的错误

单从语句上考虑是没有问题的，但结果却是错误的。因为在定义表的时候，将 ID 设为了不可缺的，所以在对数据操作的时候要充分考虑到表中的约束，包括列的约束和表的约束。

将要添加的记录改为 ID=98002，Name=王朋，Sex=f，Salary=1900，Extra=500。使用语句：

```
INSERT
    INTO Employee
    VALUES('98002', '王朋', 'f ', NULL, 1900,500)
```

在程序中添加完毕，打开显示结果，如图 2-11 所示。

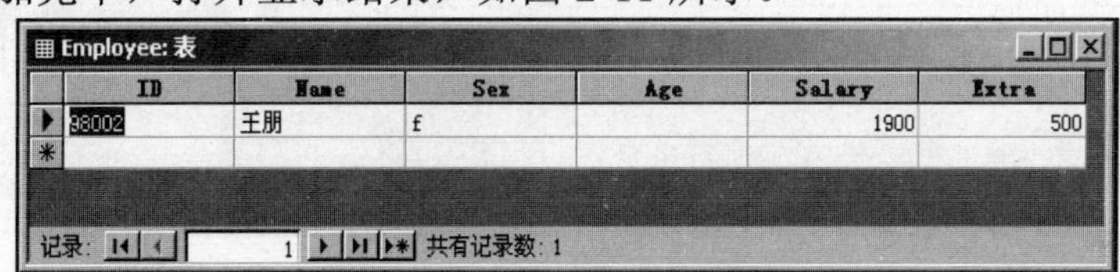

图 2-11　查询结果

2. 修改数据

修改数据是一项常用的数据操作。比如建立的表 Employee 中的 Age 列的值，随着时间的推移必将引起变化。由于表中的数据已经存在，所以可以用 SQL 语言中的 UPDATE 命令来更新。UPDATE 命令通常在某一时刻只可以更新一个表，这是它的不足；但它可以同时更新一个表中的多个列。

使用 UPDATE 命令的格式为：

```
UPDATE <表名>
    SET <列名>=<表达式>[,<列名>=<表达式>]...
    [WHERE<条件>]
```

UPDATE 语句实现的功能是修改指定表中满足 WHERE 子句条件的元组。其中 SET 子句给出了取代原来字段的值的新表达式的值。如果省略 WHERE 子句，则表示要修改所有的元组。

下面是几个例子。

例 1：

将表 Employee 中所有行的 Age 值都增加 1。

```
UPDATE Employee
    SET Age=Age+1
```

例 2：

将 ID=98002 的职工的工资提高 500 元。

```
UPDATE Employee
    SET Salary=Salary+500
    WHERE ID='98002'
```

例 3：

将所有的男性职工的工资增长 500 元，并将他们的补贴都增长 100 元。

```
UPDATE Employee
    SET Salary= Salary+500,Extra=Extra+100
    WHERE Sex='m'
```

执行的结果如图 2-12 所示。

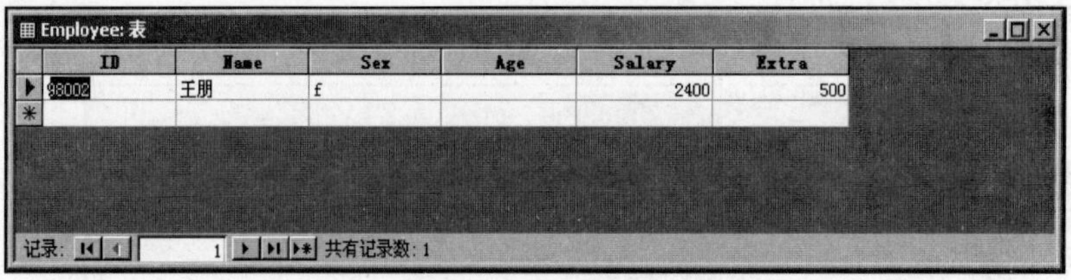

Employee: 表

ID	Name	Sex	Age	Salary	Extra
98002	王朋	f		2400	500

记录: 1 共有记录数: 1

图 2-12　查询结果

与以前的数据库相比，Age 增加了 1，Salary 多了 500。由于第 3 个添加是给每个男职员长工资，而该数据库中只有一个女职员。所以，这是一个空操作。

3. 删除数据

数据删除也是一项常用的技术。比如前面建立的 Employee 表，必然有人员的流动。职工调离了，就要把相应的记录删除。数据删除在 SQL 语言中是用命令 DELETE 来实现的。格式为：

```
DELETE
FROM<表名>
[WHERE<条件>];
```

DELETE 命令的功能是从指定表中删除满足 WHERE 条件的所有元组。如果省略 WHERE 语句，表示删除表中的全部元组，但表的定义仍然存在。所以说，DELETE 命令删除的是表中的数据，而不是关于表的定义。

看下面两个例子。

例 1：

从 Employee 表中删除 ID=98001 的记录。

```
DELETE
FROM Employee
WHERE ID='98001'
```

例 2：

从 Employee 表中删除所有的记录。

```
DELETE
FROM Employee
```

2.2.4 索引管理

索引可以加快查询的速度。用户可以在表上建立一个或多个索引，提供存取数据的路径，加快查找。索引的管理起的是后台的作用，在前台除了时间的长短没有什么实际的变化。因此，这里不列举用程序真实演练的例子。

1. 索引的建立

在 SQL 语言中是用命令 CREATE INDEX 来建立索引的，格式为：

```
CREATE [UNIQUE][CLUSTER]INDEX <表名>
    ON <表名>(<列名>[<次序>][,<列名>[<次序>]]...)
```

说明：

索引可以建立在表的一列或多列上，各列之间用逗号分开。索引可以用<列名>后的次序来指定索引的排列顺序。有升序 ASC 和降序 DESC，默认为升序。UNIQUE 表明这个索引的每个索引值都只对应惟一的数据记录。CLUSTER 表示要建立的索引是聚族索引。也就是说，索引的顺序与表中记录的物理顺序一致。

例如，在表 Employee 中建立按照 ID 升序排列的索引 SID，格式为：

```
CREATE UNIQUE INDEX SID ON Employee(ID)
```

2. 索引的删除

索引一经建立，就由系统使用和维护，不需要用户的干预。建立索引是为了减少查询操作的时间，但如果数据增加删改频繁，系统会花许多时间来维护索引。这时，可以删除一些不必要的索引。删除时系统会将在数据字典中的索引描述一同删除。

在 SQL 语言中是通过命令 DROP INDEX 来删除索引的，格式为：

```
DROP INDEX<索引名>
```

例如，删除刚刚建立的索引 SID，格式为：

```
DROP INDEX<SID>
```

2.2.5 视图管理

视图是从一个或几个表中导出的表，它是一个虚表。数据库中只存放视图的定义，而不存放视图对应的数据，这些数据仍存放在原来的表中。通过视图，用户只可以看到应该看到的数据。

1. 视图的创建

SQL 语言是通过命令 CREATE VIEW 来建立视图的，格式为：

```
CREATE VIEW <视图名>[(<列名>[,<列名>]...)]
    AS <子查询>
    [WITH CHECK OPTION];
```

注意：
WITH CHECK OPTION 表示对视图 UPDATE、INSERT 和 DELETE 时要保证的条件。

有关<子查询>的相关知识将在后面的章节详细介绍。这里可以把子查询理解为将 AS 后面选择的属性列的值显示出来。

例 1：
建立 Employee 表的所有男职员的视图 M_Employee。

```
CREATE VIEW M_Employee
    AS
    SELECT ID,Name,Age
    FROM Employee
    WHERE Sex='m';
```

例 2：
建立 Employee 表的所有工资在 2000 以上的男职员的视图 MSAL_Employee。

```
CREATE VIEW MSAL_Employee
    AS
    SELECT ID,Name,Age
    FROM Employee
    WHERE Salary>2000;
```

注意：
视图不仅仅可以建立在一个或者多个表上，还可以建立在已经存在的视图上。

下面就实际来操作一下数据视图。

首先要为表添加一些元组，如图 2-13 所示。

Employee: 表

ID	Name	Sex	Age	Salary	Extra
98001	王朋	f	21	2400	500
98002	吕小海	m	26	2800	900
98003	张玲	f	29	2600	200
98004	刘佳	f	31	1800	100
98005	李彬	m	27	3000	700
98006	田方	f	22	1900	300
98007	宗小楠	f	25	2700	800
98008	韩冰	m	20	2300	400

记录: 8 共有记录数: 8

图 2-13 添加记录

再来使用 SQL 语句建立视图，如图 2-14 所示。

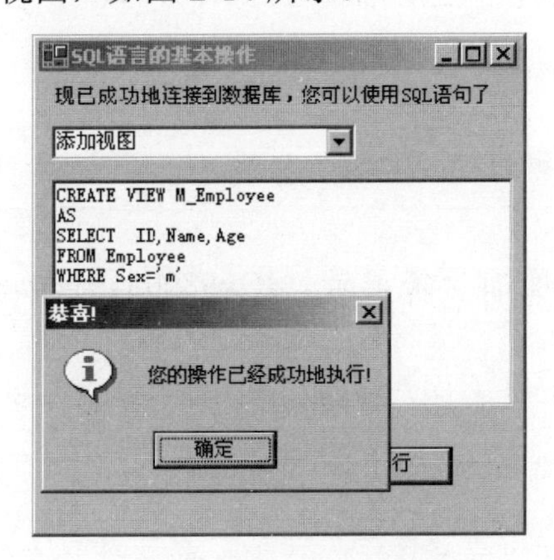

图 2-14 操作成功信息

2. 视图的删除

在 SQL 语言中，删除视图是用命令 DROP VIEW 来实现的，格式为：

```
DROP VIEW <视图名>;
```

在上面提到了在视图上建立视图，如果视图被删除了，则视图的定义在数据字典中也一并被删除，在这个视图的基础上建立的其他视图也会随之失效，如果再调用建立在这个视图上的视图，系统将会报错。因此，最好将与该删除视图相关的所有视图都用命令 DROP VIEW 删除。

例如，删除 Employee 表中的视图 M_Employee。

```
DROP VIEW M_Employee
```

这时，视图 MSAL_Employee 也没有了作用，所以也要删除。

```
DROP VIEW MSAL_Employee
```

3. 视图的更新

同对记录的更新相似，视图的更新也是由 INSERT 来插入、DELETE 来删除、UPDATE 来修改的。由于视图是不实际存储的数据的虚表，因此对视图的更新最终要转换为对表的更新。

看下面几个例子。

例 1：

将视图 M_Employee 中 ID=98001 的职员的工资改为 3000。

```
UPDATE M_Employee
    SET Salary=3000
    WHERE ID='98001'
```

仅仅到这一步还没有完成要求，还要对表进行修改：

```
UPDATE Employee
    SET Salary=3000
    WHERE ID='98001'
```

只有对表进行修改，才使得对视图的修改有效。

例 2：

在视图 M_Employee 中增加一条记录。ID=98005，Name=张华，Sex=m，Age=26，Salary=1800，Extra=500。

```
INSERT M_Employee
    VALUES('98005',  '李明', 'm', 26, 1800, 500)
```

转换为表的更新为：

```
INSERT
    INTO Employee
    VALUES('98005',  '李明', 'm', 26' 1800, 500)
```

例 3：

在视图 M_Employee 中删除一条 ID=98005 的记录。

```
DELETE
    FROM M_Employee
    WHERE ID＝'98005'
```

转换为对表的更新为：

```
DELETE
    FROM Employee
    WHERE ID＝'98005'
```

第 3 章

Visual Basic 控件

Visual Basic 控件是进行数据库开发的基础，只有了解和掌握这些与 VB 数据库开发有着密切关系的控件的使用方法，才能正确地完成一个数据库项目的开发。

3.1 Label 控件

Label 控件是标签控件，可以显示用户不能直接改变的文本。

3.1.1 Label 控件的功能

可以编写代码来改变 Label 控件显示的文本，以响应运行时的事件。还可以使用 Label 来标识控件，例如 TextBox 控件没有自己的 Caption 属性，这时就可以使用 Label 来标识 TextBox 控件。

如果希望 Label 能够显示可变长度的行或变化的行数，就要设置 AutoSize 和 WordWrap 属性。

3.1.2 工具箱和窗体上的 Label 控件

工具箱和窗体上的 Label 控件，分别如图 3-1 和图 3-2 所示。

图 3-1 工具箱中的 Label 控件

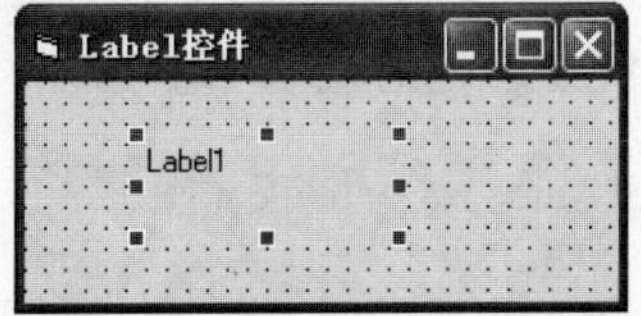

图 3-2 窗体上的 Label 控件

3.1.3 Label 控件的属性

1. Alignment 属性

设置或返回一个值，决定控件列中的值的对齐方式。

● Alignment 属性语法

```
object.Alignment [= number]
```

object 所在处代表一个对象表达式，其值是“应用于”列表中的一个对象。

number 为整数，决定控件列中的值的对齐方式。number 的设置值如表 3-1 所示。

表 3-1 number 的设置值(Alignment 属性)

常　数	设 置 值	说　明
Left Justify	0	默认值，文本左对齐
Right Justify	1	文本右对齐
Center	2	文本居中

● Alignment 属性示例

本例使用 Alignment 属性。要用本例，在窗体上设置 3 个 Label 控件，在它们的属性窗口设置 3 个不同的 Alignment 属性，它们的 Caption 属性标记为“Alignment 属性”。运行时的效果如图 3-3 所示。

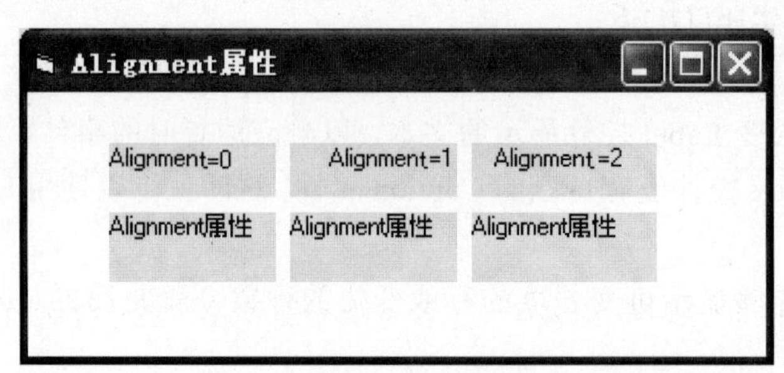

图 3-3 Alignment 属性示例

2. AutoSize 属性

返回或设置一个值，以决定控件是否自动改变大小以显示其全部内容。

● AutoSize 属性语法

```
object.AutoSize [= boolean]
```

boolean 为布尔表达式，决定控件是否自动改变大小。当 boolean 设置值为 True 时，表示自动改变控件大小以显示全部内容；当 boolean 设置值为 False 时，表示保持控件大小不变，超出控件区域的内容被裁剪。

- AutoSize 属性示例

本例使用 AutoSize 属性。要用本例，在窗体上设置两个 Label 控件，它们的 Caption 属性标记为相同的字符串“AutoSize 属性 AAABBBCCC”，控件大小一样，一个控件的 AutoSize 属性使用默认值，另一个控件的 AutoSize 属性为 True。运行时的效果如图 3-4 所示。

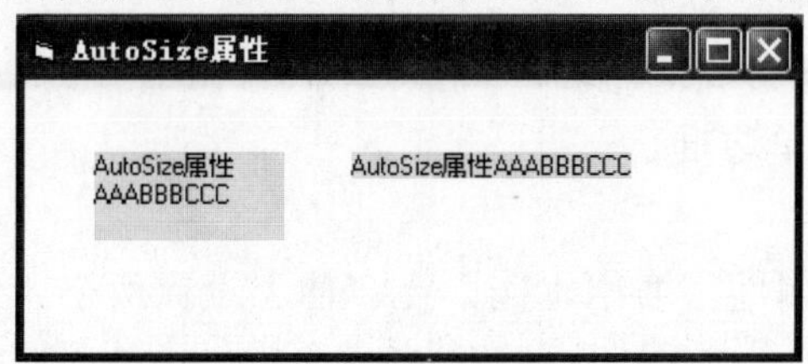

图 3-4　AutoSize 属性示例

3. BackStyle 属性

返回或设置一个值，它指定 Label 控件或 Shape 控件背景是透明还是非透明。

- BackStyle 属性语法

```
object.BackStyle [= number]
```

number 为整数，指定背景是否透明。number 的设置值如表 3-2 所示。

表 3-2　number 的设置值(BackStyle 属性)

设　置　值	说　　明
0	默认值，透明，在控件后的背景色和任何图片都是可见的
1	非透明，用控件的 BackColor 属性设置值填充该控件，并隐藏该控件后面的所有颜色和图片

- BackStyle 属性示例

本例使用 BackStyle 属性。要用本例，在窗体上设置两个 Label 控件，它们的 Caption 属性标记为相同的字符串“BackStyle 属性 AAABBBCCC”，控件大小一样，一个控件的 BackStyle 属性使用默认值，另一个控件的 BackStyle 属性设置为 1。运行时的效果如图 3-5 所示。

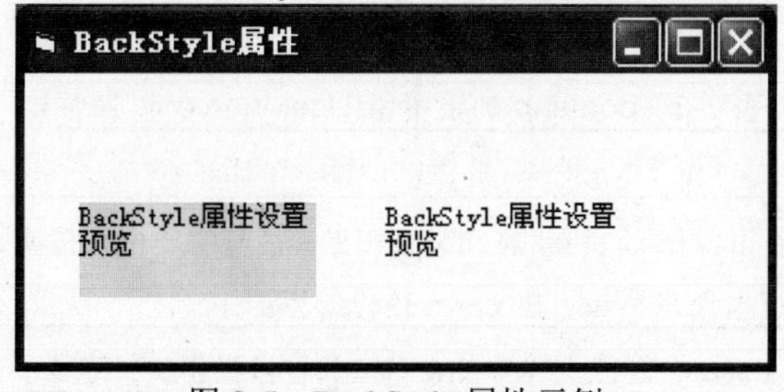

图 3-5　BackStyle 属性示例

4. BorderStyle 属性

返回或设置对象的边框样式。对 Form 对象和 Textbox 控件在运行时是只读的。

- BorderStyle 属性语法

```
object.BorderStyle [=value]
```

value 为整数或常数，决定边框样式。当 value 的设置值等于 0 时，表示无边框；当 value 的设置值等 1 时，表示固定单边框。

- BorderStyle 属性示例

本例使用 BorderStyle 属性。要用本例，在窗体上设置两个 Label 控件，它们的 Caption 属性标记为相同的字符串“BodyStyle 属性 AAABBBCCC”，控件大小一样，一个控件的 BorderStyle 属性使用默认值，另一个控件的 BorderStyle 属性设置为 1。运行时的效果如图 3-6 所示。

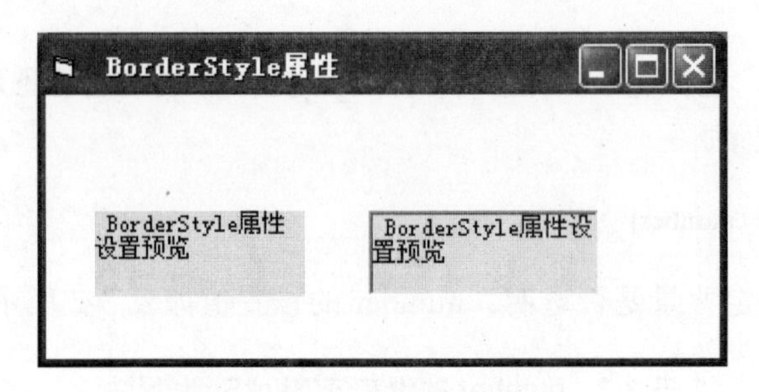

图 3-6 BorderStyle 属性示例

5. UseMnemonic 属性

返回或设置一个值，该值用来指定是否要在 Label 控件的 Caption 属性的文本中包含一个&字符来定义一个访问键。

- UseMnemonic 属性语法

```
object.UseMnemonic [= boolean]
```

boolean 为布尔表达式，指定是否要在 Label 控件的 Caption 属性的文本中包含一个&字符来定义一个访问键。boolean 的设置值如表 3-3 所示。

表 3-3 boolean 的设置值(UseMnemonic 属性)

设 置 值	说 明
True	默认值，任何出现在 Caption 属性文本中的&字符将使得紧接&字符之后的字符成为一个访问键，&字符本身并不显示在 Label 控件的界面中
False	任何出现在 Caption 属性文本中的&字符都将被当作&字符显示在 Label 控件的界面中

在运行时，按下 Alt 键加上在 Label 控件的 Caption 属性中定义的访问键，将把焦点移到

在 Tab 键次序中紧接 Label 控件之后的控件上。

● UseMnemonic 属性示例

本例读取 Label 控件的 UseMnemonic 属性设置。要用本例，将代码粘贴到包含 Label 窗体的声明部分中，在运行时单击窗体。

UseMnemonic 属性示例的代码如下：

```
Private Sub Form_Click()
    If Label1.UseMnemonic And InStr(Label1, "&") Then
        MsgBox "&字符之后的字符是一个访问键。"
    ElseIf Label1.UseMnemonic And Not InStr(Label1, "&") Then
        MsgBox "&字符被当作&字符显示在 Label 控件的界面中。"
    Else
        MsgBox "The label doesn't support an access key character."
    End If
End Sub
```

用上述代码在运行时的部分窗体如图 3-7 所示。

图 3-7　UseMnemonic 属性示例

6. WordWrap 属性

返回或设置一个值，该值用来指示一个 AutoSize 属性设置为 True 的 Label 控件，是否要进行水平或垂直展开以适合其 Caption 属性中指定的文本要求。

● WordWrap 属性语法

```
object.WordWrap [= boolean]
```

boolean 为布尔表达式，决定水平或垂直展开 Caption 属性中指定的文本。boolean 的设置值如表 3-4 所示。

表 3-4　boolean 的设置值(WordWrap 属性)

设 置 值	说 明
True	文本卷绕，Label 控件垂直展开或缩短，使其与文本和字体大小相适，水平大小不变
False	默认值，表示文本不卷绕，Label 水平地展开或缩短使其与文本的长度相适，并且垂直地展开或缩短使其与字体的大小和文本的行数相适应

如果希望 Label 控件只水平展开，则应将 WordWrap 设置为 False。如果不希望 Label 改变大小，应将 AutoSize 设置为 False。

- WordWrap 属性示例

本例将文本放入两个 Label 控件，使用 WordWrap 属性来说明它们的不同行为。要用此例，将代码粘贴到包含两个 Label 控件的窗体的声明部分，在运行时单击窗体来转换 WordWrap 属性的设置值。

WordWrap 属性示例的代码如下：

```
Private Sub Form_Load()
    Dim Author1, Author2, Quote1, Quote2
    Label1.AutoSize = True                          ' 设置"自动调整大小"
    Label2.AutoSize = True
    Label1.WordWrap = True                          ' 设置"自动换行"
    Quote1 = " 能自动换行。"
    Author1 = ""
    Quote2 = "自动调整大小，自动换行"
    Author2 = ""
    Label1.Caption = Quote1 & Chr(10) & Author1
    Label2.Caption = Quote2 & Chr(10) & Author2
End Sub
Private Sub Form_Click()
    Label1.Width = 1440                             ' 将宽度设置为一英寸，以缇来表示
    Label2.Width = 1440
    Label1.WordWrap = Not Label1.WordWrap           ' 转换"自动换行"属性
    Label2.WordWrap = Not Label2.WordWrap
End Sub
```

用上述代码在运行时的部分窗体如图 3-8 所示。

图 3-8 WordWrap 属性示例

3.1.4 使用 Label 控件

1. 使用场合

- 设置标签的标题

为了改变 Label 控件中显示的文本，可使用 Caption 属性。设计时，可从控件的“属性”

窗口中选定并设置此属性。Caption 属性的长度最长可设置成 1024 字节。

- 排列文本

可使用 Alignment 属性，将 Label 控件中文本的排列方式设置为 Left Justify(0，默认)、Center (2)，或者 Right Justify (1)。

- AutoSize 和 WordWrap 属性

默认情况下，当输入到 Caption 属性的文本超过控件宽度时，文本会自动换行，而且在超过控件高度时，超出部分将被裁剪。将 AutoSize 属性设置为 True，控件可水平扩充以适应 Caption 属性内容。为使 Caption 属性的内容自动换行并垂直扩充，应将 WordWrap 属性设置为 True。

- 用标签创建访问键

如果要将 Caption 属性中的字符定义成访问键，应将 UseMnemonic 属性设置为 True。定义了 Label 控件的访问键后，按 Alt+键指定的字符，就可将焦点按 Tab 键次序移动到下一个控件。

- 要将标签指定为控件的访问键

首先绘制标签，然后再绘制控件。或者以任意顺序绘制控件，并将标签的 TabIndex 属性设置为控件的 TabIndex 属性减 1。

- 在标签的 Caption 属性中用连字符为标签指定访问键

为在 Label 控件中显示连字符，应将 UseMnemonic 属性设置为 False。

2. 使用 Label 控件示例

在应用开发中，主要使用 Label 控件标记不能标记自己的控件，如文本框控件、设备列表框控件、目录框控件和文件框控件等，如图 3-9 所示。

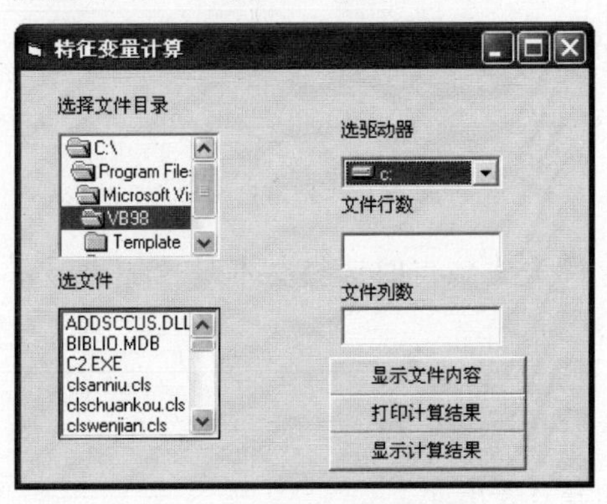

图 3-9 使用 Label 控件示例

3.2 TextBox 控件

TextBox 控件有时也称作编辑字段或者编辑控件，显示设计时用户输入的或运行时在代码中赋予控件的信息。

3.2.1 TextBox 控件的功能

为了在 TextBox 控件中显示多行文本，要将 MultiLine 属性设置为 True。如果多行 TextBox 没有水平滚动条，那么即使 TextBox 调整了大小，文本也会自动换行。要在 TextBox 上定制滚动条组合，需设置 ScrollBars 属性。如果 MultiLine 属性设置为 True 而且它的 ScrollBars 没有设置为 None (0)，则滚动条总出现在文本框上。如果将 MultiLine 属性设置为 True，则可以在 TextBox 内用 Alignment 属性设置文本的对齐。如果 MultiLine 属性是 False，则 Alignment 属性不起作用。

在 DDE 对话中，TextBox 控件还可以起接收端链接的作用。

3.2.2 工具箱和窗体上的 TextBox 控件

工具箱和窗体上的 TextBox 控件，分别如图 3-10 和图 3-11 所示。

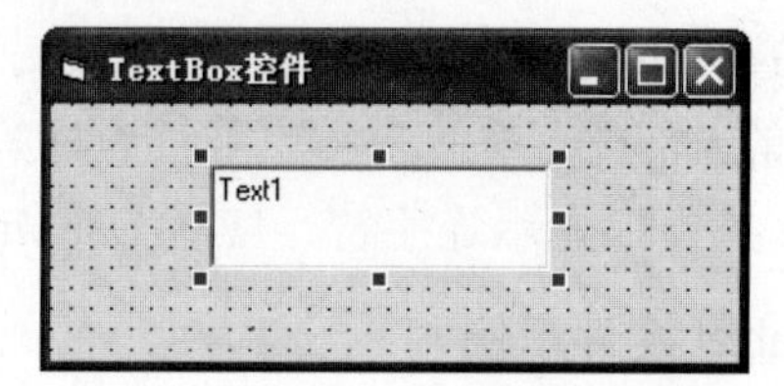

图 3-10 工具箱中的 TextBox 控件

图 3-11 窗体上的 TextBox 控件

3.2.3 TextBox 控件的属性

1. HideSelection 属性

返回一个值，以决定当控件失去焦点时选择文本是否加亮显示。

- HideSelection 属性语法

```
object.HideSelection
```

HideSelection 的设置值如表 3-5 所示。

表 3-5 HideSelection 的设置值

设 置 值	说 明
True	默认，当控件失去焦点时，选择文本不加亮显示
False	当控件失去焦点时，选择文本加亮显示

● HideSelection 属性示例

本例允许在每一个窗体中选择文本，并且可以通过单击窗体的标题栏在窗体之间进行切换。选定的部分即使在窗体不是活动时也保持可见。要用此例，先创建两个窗体，并在每个窗体中设置一个 TextBox 控件。把两个 TextBox 控件的 MultiLine 属性设置为 True，并把其中一个 TextBox 控件的 HideSelection 属性设置为 False。把代码粘贴到两个窗体模块的声明部分。

HideSelection 属性示例的代码如下：

```
Private Sub Form_Load()
    Open "c:\kjdq\kjdq03\aaa.txt" For Input As 1              ' 把文件加载到文本框
    Text1.Text = Input$(LOF(1), 1)
    Close 1
    Form2.Visible = True                                      ' 若尚未加载，则加载 Form2
    Form1.Move 0, 1050, Screen.Width / 3, Screen.Height        ' 使窗体并排
    Form2.Move Screen.Width / 3, 1050, Screen.Width / 3, Screen.Height
    Text1.Move 0, 0, ScaleWidth, ScaleHeight                   ' 放大文本框填充窗体
End Sub
```

用上述代码在运行时的两个窗体如图 3-12 所示。

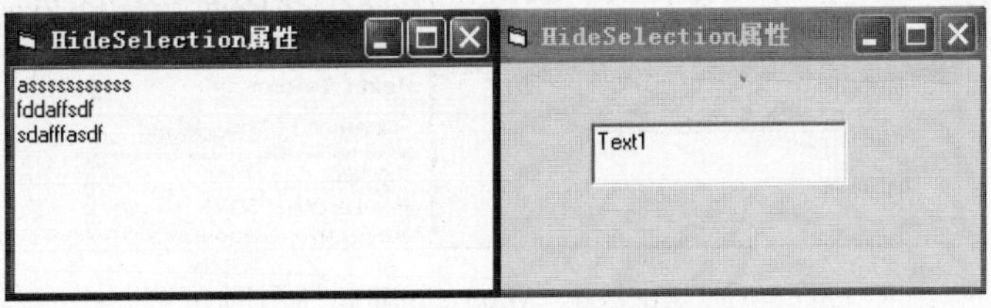

图 3-12　HideSelection 属性示例

2. Locked 属性

返回或设置控件是否可编辑。

● Locked 属性语法

```
object.Locked [ = boolean ]
```

boolean 的设置值如表 3-6 所示。

表 3-6　boolean 的设置值(Locked 属性)

设 置 值	说　明
True	控件中的文本不可编辑
False	默认值，控件中的文本可编辑

3. MaxLength 属性

返回或设置一个值，它指出在 TextBox 控件中能够输入的字符是否有一个最大数量，如果

是，则指定能够输入的字符的最大数量。

在 DBCS(双字节字符集)系统中，每个字符能够取两个字节而不是一个字节，以此来限制能够输入的字符的数量。

● MaxLength 属性语法

```
object.MaxLength [= value]
```

value 为整数，用来指定在 TextBox 控件中能够输入的最大字符数。

使用 MaxLength 属性来限制在 TextBox 中能够输入的最大字符数量。长度超过 MaxLength 属性设置值的文本从代码中赋给 TextBox，不会发生错误。只有最大数量的字符被赋给 Text 属性，而额外的字符被截去。改变该属性不会对 TextBox 的当前内容产生影响，但将影响以后对内容的任何改变。

● Locked、MaxLength 属性示例

本例使用 Locked、MaxLength 属性。要用本例，在窗体中设置一个 TextBox 控件，用控件的属性窗口设置 Locked、MaxLength 属性。如果 Locked 属性为 True, MaxLength 属性的设置值为 50，则运行时，在 TextBox 控件中显示的文本不能修改；显示文本的最大数超过 50 字符时被截去。用属性窗口设置 Locked、MaxLength 属性，如图 3-13 所示。

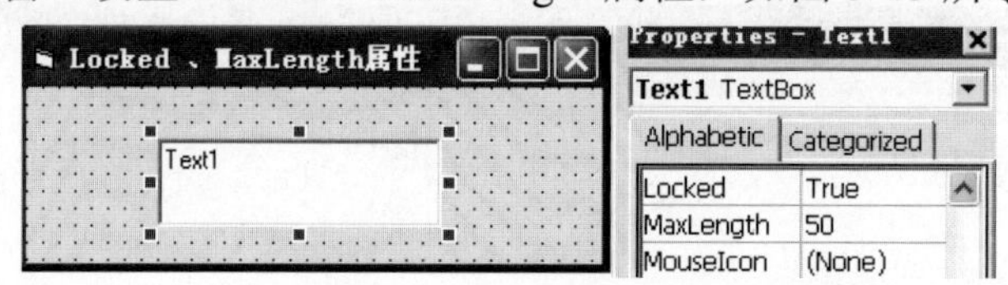

图 3-13　Locked、MaxLength 属性示例

4. MultiLine 属性

返回或设置一个值，该值指示 TextBox 控件是否能够接收和显示多行文本。在运行时是只读的。

● MultiLine 属性语法

```
object.MultiLine
```

MultiLine 的设置值如表 3-7 所示。

表 3-7　MultiLine 的设置值

设 置 值	说　明
True	在 TextBox 控件显示的文本允许多行
False	默认值，忽略回车符并将数据限制在一行内

● MultiLine 属性示例

本例在 TextBox 控件中显示多行文本。要用此例，在窗体上设置一个 TextBox 控件，

MultiLine 属性设置为 True，MaxLength 属性等于 30，把代码粘贴到窗体的声明部分。运行时在 TextBox 控件中文本可以换行，只显示 30 个字符。

MultiLine 属性示例的代码如下：

```
Private Sub Form_Load()
  Text1.Text = "012345678911234567892123456789312456789412345678 9"
End Sub
```

用上述代码在运行时的窗体如图 3-14 所示。

图 3-14　MultiLine 属性示例

5. PasswordChar 属性

返回或设置一个值，该值指示所输入的字符或占位符在 TextBox 控件中是否要显示出来；返回或设置用作占位符。

● PasswordChar 属性语法

```
object.PasswordChar [= value]
```

value 为字符串表达式，指定占位符。

如果 MultiLine 属性被设为 True，设置 PasswordChar 属性将不起效果。

● PasswordChar 属性示例

本例说明 PasswordChar 属性是如何影响 TextBox 控件显示文本方法的。要用此例，将下面的代码粘贴到包含 TextBox 的窗体的声明部分，运行时单击窗体。每次单击窗体，文本将在星号 (*) 密码和普通文本之间转换。

PasswordChar 属性示例的代码如下：

```
Private Sub Form_Click()
    If Text1.PasswordChar = "" Then
        Text1.PasswordChar = "*"
    Else
        Text1.PasswordChar = ""
    End If
End Sub
```

用上述代码在运行阶段的部分窗体如图 3-15 所示。

图 3-15　PasswordChar 属性示例

6. ScrollBars 属性

返回或设置一个值，该值指示一个对象是有水平滚动条还是有垂直滚动条。在运行时是只读的。

- ScrollBars 属性语法

```
object.ScrollBars
```

ScrollBars 的设置值如表 3-8 所示。

表 3-8　ScrollBars 的设置值

设 置 值	说　明
0	无滚动条
1	水平滚动条
2	垂直滚动条
3	水平和垂直两种滚动条

设置 ScrollBars 属性时，MultiLine 属性必须为 True。水平和垂直两种滚动条的箭头由系统自动处理。

- ScrollBars 属性示例

本例说明 ScrollBars 属性在 TextBox 控件中的使用。要用此例，在窗体上设置一个 TextBox 控件，用它的属性窗口设置 ScrollBars 属性(设置值为 3)和 MultiLine 属性(设置值为 True)，将下面的代码粘贴到包含 TextBox 的窗体的声明部分。

ScrollBars 属性示例的代码如下：

```
Private Sub Form_Load()
  Text1.Text = "BBBBBBBBAAAAAAAACCCCCCCCCCCC"
End Sub
```

用上述代码在运行时的部分窗体如图 3-16 所示。

图 3-16　ScrollBars 属性示例

7. SelLength、SelStart、SelText 属性

SelLength 属性返回或设置所选择的字符数。SelStart 属性返回或设置所选择的文本的起始点；如果没有文本被选中，则指出插入点的位置。SelText 属性返回或设置包含当前所选择文本的字符串；如果没有字符被选中，则为零长度字符串 ("")。这些属性在设计时是不可用的。

● SelLength、SelStart、SelText 属性语法

```
object.SelLength [= number]
object.SelStart [= index]
object.SelText [= value]
```

number 为数值表达式，指定被选择字符数。对于 SelLength 和 SelStart，设置值的有效范围是 0 到文本长度(TextBox 控件编辑区中字符的总数)。

index 为数值表达式，指定所选择文本的起始点

value 为字符串表达式，包含所选择的文本。

这些属性可用于设置插入点，建立插入范围，在控件中选择子串或清除文本等。与 Clipboard 对象联合使用。

SelLength 的设置比 0 小会导致一个运行时错误。SelStart 的设置比文本长度大，将使该属性设置为现有文本长度；SelStart 的改变将使选择改变到插入点并将 SelLength 设置为 0。SelText 的设置为新值，则将 SelLength 设置为 0 并用新字符串代替所选择的文本。

● SelLength、SelStart、SelText 属性示例

本例使用 SelLength、SelStart、SelText 属性。要用此例，在窗体上设置一个 TextBox 控件，将代码粘贴到窗体的声明部分，运行时单击窗体，在弹出的“工程”对话框中指定需要查找的文本，然后查找该文本并在找到后选中它。

SelLength、SelStart、SelText 属性示例的代码如下：

```
Private Sub Form_Load()
    Text1.Text = "Two of the peak human experiences"
    Text1.Text = Text1.Text & " are good food and classical music."
End Sub
Private Sub Form_Click()
    Dim Search, Where                              ' 声明变量
    ' 获取需要查找的字符串
    Search = InputBox("Enter text to be found:")
    Where = InStr(Text1.Text, Search)              ' 在文本中查找字符串
    If Where Then                                  ' 如果找到
        Text1.SelStart = Where - 1                 ' 设置选定的起始位置并设置选定的长度
        Text1.SelLength = Len(Search)
    Else
        MsgBox "String not found."                 ' 给出通知
    End If
End Sub
```

用上述代码在运行时的部分窗体如图 3-17 所示。

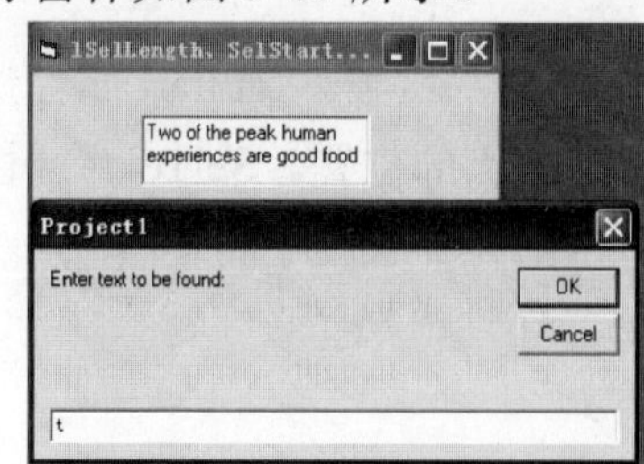

图 3-17　SelLength、SelStart、SelText 属性示例

8. Text 属性

返回或设置编辑域中的文本。

- Text 属性语法

```
object.Text [= string]
```

string 为字符串表达式，指定文本。

在设计时，Text 属性的默认值为该控件的 Name 属性。Text 设置值最多可以有 2048 个字符；但是如果 MultiLine 属性设置为 True，此时最大限制大约是 32KB。

- Text 属性示例

本例用来说明 Text 属性。要用此例，将代码粘贴到包含三个 TextBox 控件和一个 CommandButton 控件的窗体的声明部分。运行时在 Text1 中输入文本。

Text 属性示例的代码如下：

```
Private Sub Form_Load()
    Text1.Text = "aaaaBBBBccA"
    Text2.Text = LCase(Text1.Text)              ' 用小写的格式显示文本
    Text3.Text = UCase(Text1.Text)              ' 用大写的格式显示文本
End Sub
Private Sub Command1_Click()                    ' 删除文本
   Text1.Text = ""
End Sub
```

用上述代码在运行时的部分窗体如图 3-18 所示。

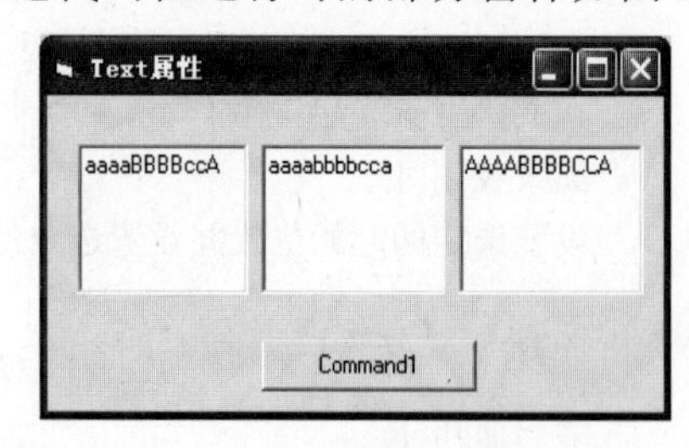

(a) 运行时的第 1 个窗体

(b) 单击 Command1 按钮时的窗体

图 3-18　Text 属性示例

3.2.4 TextBox 控件的事件

Change 事件

改变文本框的内容。当一个 DDE 链接更新数据、用户改变正文或通过代码改变 Text 属性的设置时该事件发生。

- Change 事件语法

```
Private Sub object_Change([index As Integer])
```

index 为整数，标识在控件数组中的控件。

Change 事件过程可协调在各控件间显示的数据或使它们同步。

- Change 事件示例

本例在 TextBox 控件中显示水平滚动条的 Value 属性的数值。要用本例，需创建一个带有 TextBox 控件和 HScrollBar 控件的窗体，然后将代码粘贴到一个带有水平滚动条(HScrollBar 控件)和 TextBox 控件的窗体的声明部分。运行时单击水平滚动条。

Change 事件示例的代码如下：

```
Private Sub Form_Load()
    HScroll1.Min = 10                        ' 设置最小值
    HScroll1.Max = 1000                      ' 设置最大值
    HScroll1.LargeChange = 100               ' 设置 LargeChange
    HScroll1.SmallChange = 10                ' 设置 SmallChange
End Sub
Private Sub HScroll1_Change()
    Text1.Text = HScroll1.Value
End Sub
```

3.2.5 使用 TextBox 控件

TextBox 控件的作用如下：

- 显示输入信息

TextBox 控件用来在运行时显示用户输入的信息，或者在设计或运行时为控件的 Text 属性赋值。

- 编辑文本

TextBox 控件用于可编辑文本，虽然也可将其 Locked 属性设置为 True 使其成为只读的。还可用文本框实现多行显示、根据控件的尺寸自动换行以及添加基本格式的功能。

- 格式化文本

当文本超过控件边界时可将 MultiLine 属性设置为 True，使控件自动换行，并可将

ScrollBars 属性设置成添加水平滚动条或垂直滚动条(或者两种都添加)，由此即添加了滚动条。但是，如果添加滚动条，由于出现滚动条而使水平编辑区域增大，自动文本换行功能就会失败。

当把 MultiLine 属性设置为 True 时，可将文本的对齐方式调整为左对齐、中央对齐或右对齐。默认设置为左对齐。如果 MultiLine 属性为 False，则 Alignment 属性无效。

● 选择文本

可通过 SelStart、SelLength 和 SelText 属性控制文本框中的插入点和文本选定操作。

● 创建密码文本框

密码框是一个文本框，允许在用户输入密码的同时显示星号之类的占位符。Visual Basic 提供 PasswordChar 和 MaxLength 这两个文本框属性，大大简化了密码文本框的创建。

PasswordChar 指定显示在文本框中的字符。例如，若希望在密码框中显示星号，则可在“属性”窗口中将 PasswordChar 属性指定为 * 。可用 MaxLength 设定输入文本框的字符数。输入的字符数超过 MaxLength 后，系统不接受多出的字符并发出嘟嘟声。

● 取消文本框中的击键值

可用 KeyPress 事件限制或转换输入的字符。KeyPress 事件使用一个参数 keyascii。此参数为整型数值，表示输入到文本框中字符的数值(ASCII)。

● 创建只读文本框

可用 Locked 属性防止用户编辑文本框内容。将 Locked 属性设置为 True 后，就可滚动文本框中的文本并将其突出显示，但不能作任何变更；就可在文本框中使用“复制”命令，但不能使用“剪切”和“粘贴”命令。Locked 属性只影响运行时的用户交互。这时仍可变更 Text 属性，从而在运行时通过程序改变文本框的内容。

● 打印字符串中的引号

引号 (" ") 有时出现在文本的字符串中。如：

```
She said, "You deserve a treat!"
```

因为赋予变量或属性的字符串都用引号 ("") 括起来，所以对于字符串中要显示的一对引号，必须再插入一对附加的引号。Visual Basic 将并列的两对引号解释为嵌入的引号。例如，要显示上面的字符串就应使用下述代码：

```
Text1.Text = "She said, ""You deserve a treat!"" "
```

也可用引号的 ASCII 字符 (34) 达到相同效果，如：

```
Text1.Text = "She said, " & Chr(34) + "You deserve a treat!" & Chr(34)
```

3.3 CommandButton 控件

CommandButton 控件可以开始、中断或者结束一个进程。选取这个控件后，CommandButton 显示按下的形状，所以有时也称之为下压按钮。

3.3.1 CommandButton 控件的功能

为了在 CommandButton 控件上显示文本，需要设置其 Caption 属性。可以通过单击 CommandButton 选中这个按钮。为了能够在按 Enter 键时也选中命令按钮，需要将其 Default 属性设置为 True。为了能够在按 Esc 键时也选中 CommandButton，则需要将 CommandButton 的 Cancel 属性设置成 True。

3.3.2 工具箱和窗体上的 CommandButton 控件

工具箱和窗体上的 CommandButton 控件，分别如图 3-19 和图 3-20 所示。

图 3-19 工具箱中的 CommandButton 控件

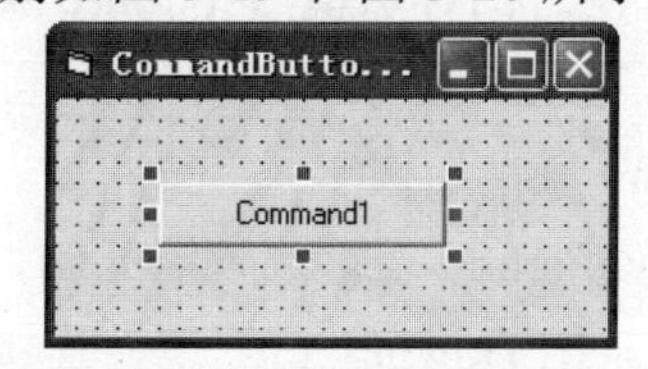

图 3-20 窗体上的 CommandButton 控件

3.3.3 CommandButton 控件的属性

1. DisabledPicture 属性

返回或设置一个对图片的引用，该图片在控件无效时显示在控件中(当控件 Enabled 属性被设置为 False 时)。

● DisabledPicture 属性语法

```
object.DisabledPicture [= picture]
```

picture 为字符串表达式，指定一个包含图形的 picture 对象。picture 的设置值如表 3-9 所示。

表 3-9 picture 的设置值(DisabledPicture 属性)

设 置 值	说 明
None	默认值，没有图片
Bitmap、icon、metafile	指定一个图形。在设计时可以从属性窗口加载该图形。在运行时，也可以通过在一个位图、图标或元文件上使用 LoadPicture 函数，或通过将其设置到另一个控件的 Picture 属性上来设置该属性

● DisabledPicture 属性示例

本例应用 DisabledPicture 属性。要用此例，窗体上要有一个 CommandButton 控件，它的 Enabled 属性为 False，Style 属性的设置值为 1，用 DisabledPicture 属性连接一个图片文件。运行时在 CommandButton 控件中显示该图片文件，如图 3-21 所示。

2. DownPicture 属性

● DownPicture 属性语法

```
object. DownPicture [= picture]
```

picture 为字符串表达式，指定一个包含图形的 Picture 对象。

DownPicture 属性是指按钮处于按下状态时(在运行阶段)显示的图形对象。图片在控件上位于水平和垂直位置的中央。如果与图片一起使用标题，那么图片将位于标题上面的中央处。如果在按钮被按下时没有图片赋值给 DownPicture 属性，那么将显示当前被赋值给 Picture 属性的图片。如果既没有图片赋值给 Picture 属性也没有图片赋值给 DownPicture 属性，则只显示标题。如果图片对象太大而超出按钮边框，那么它将被裁剪一部分。

● DownPicture 属性示例

本例应用 DownPicture 属性。要用此例，窗体上有一个 CommandButton 控件， 它的 Style 属性的设置值为 1，用 DownPicture 属性连接一个图片文件，使用 CommandButton 控件标题。运行时在 CommandButton 控件中显示该图片文件和控件标题，如图 3-22 所示。

图 3-21　DisabledPicture 属性示例

图 3-22　DownPicture 属性示例

3. Picture 属性

返回或设置控件中要显示的图片。对于 OLE 容器控件，在设计时不可用，在运行时为只读。

● Picture 属性语法

```
object.Picture [= picture]
```

picture 为字符串表达式，指定一个包含图片的文件。picture 的设置值如表 3-10 所示。

表 3-10　picture 的设置值(Picture 属性)

设　置　值	说　　明
None	默认值，无图片
Bitmap、icon、metafile、gif、jpeg	指定一个图片，设计时可以从属性窗口中加载图片，在运行时，也可以在位图，图标或元文件上使用 LoadPicture 函数来设置该属性

● Picture 属性示例

本例应用 Picture 属性。要用此例，窗体上有一个 CommandButton 控件，它的 Style 属性为 1，用 Picture 属性连接一个图片文件，使用 CommandButton 控件标题。在设计和运行时，CommandButton 控件中均可显示该图片文件和控件标题，如图 3-23 所示。

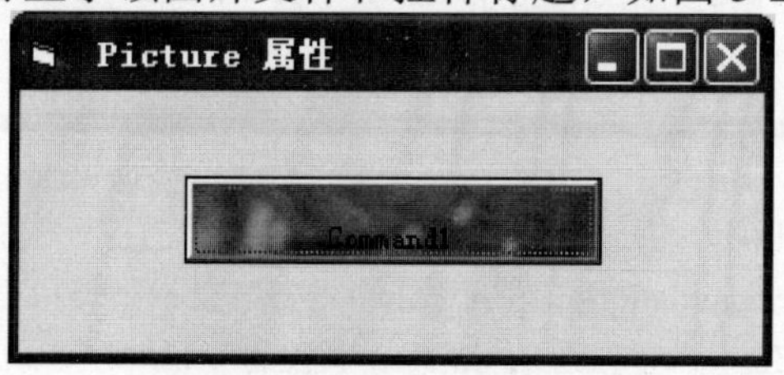

图 3-23 Picture 属性示例

4. Style 属性

返回或设置一个值，该值用来指示控件的显示类型和行为。在运行时是只读的。

Style 属性语法：

```
object.Style
```

Style 为字符串表达式，指定一个包含图片的文件。Style 的设置值如表 3-11 所示。

表 3-11 Style 的设置值

设 置 值	说 明
0	CommandButton 中显示标准的、没有相关图形
1	CommandButton 中显示标准的、显示相关图形

3.3.4 CommandButton 控件的事件

Validate 事件

在焦点转换到一个(第二个)控件之前发生，此时该控件的 CausesValidation 属性值为 True。

● Validate 事件语法

```
Private Sub object_Validate(KeepFocus As Boolean)
```

KeepFocus 为确定控件是否失去焦点的常数或整数，当 KeepFocus 设置为 True 时，控件保持焦点。

Validate 事件和 CausesValidation 属性协同工作，防止控件失去焦点直到满足确定的准则。只有在即将获得焦点的控件的 CausesValidation 属性值设置为 True 时，Validate 事件才发生。

● Validate 事件示例

本例使用 3 个控件示范 Validate 事件和 CausesValidation 属性的使用。在默认情况下，两个 TextBox 控件的 CausesValidation 属性设置为 True，当把焦点从一个 TextBox 转换到另一个时，Validate 事件发生。如果 Text1 没有包含日期或 Text2 没有包含一个大于 10 的数字，焦点的转换将被阻止。由于 Command1 控件的 CausesValidation 属性设置为 False，因此无论何时都可以单击 Help 按钮。要用本例，在窗体中放置一个 CommandButton 和两个 TextBox 控件，将代码粘贴到窗体的声明部分。运行时按 Tab 键尝试转换焦点。

Validate 事件示例的代码如下：

```
Private Sub Form_Load()
    ' 设置按钮的 CausesValidation 属性为 False。当单击按钮时，
    ' Validate 事件不发生。设置按钮的 Caption 属性为“帮助”
    With Command1
        .CausesValidation = False
        .Caption = "Help"
    End With
    Show
    With Text1                                    ' 选择 Text1 的文本并为它设置焦点
        .SelLength = Len(Text1.Text)
        .SetFocus
    End With
End Sub
Private Sub Command1_Click()
    MsgBox _
    "如果值不是一个日期，则保持焦点，除非用户单击 Help。" & vbCrLf & _
    "如果值是一个大于 10 的数字，保持焦点。"          ' 当单击此按钮时给出用户帮助信息
End Sub
Private Sub Text1_Validate(KeepFocus As Boolean)
    ' 如果值不是一个日期，则保持焦点，除非单击 Help
    If Not IsDate(Text1.Text) Then
        KeepFocus = True
        MsgBox "Please insert a date in this field.", , "Text1"
    End If
End Sub
Private Sub Text2_Validate(KeepFocus As Boolean)
    ' 如果值是一个大于 10 的数字，保持焦点
    If Not IsNumeric(Text2.Text) Or Val(Text2.Text) > 10 Then
        KeepFocus = True
MsgBox _
"Please insert a number less than or equal to 10.", , "Text2"
    End If
End Sub
```

用上述代码在运行阶段的部分窗体如图 3-24 所示。

图 3-24　Validate 事件示例

3.3.5　使用 CommandButton 控件

CommandButton 控件被用来启动、中断或结束一个进程。单击它时将调用已写入 Click 事件过程中的命令。

大多数 Visual Basic 应用程序中都有命令按钮，用户可以单击按钮执行操作。单击时，按钮不仅能执行相应的操作，而且看起来就像是被按下和松开一样，因此有时称其为下压按钮。

使用 CommandButton 控件可以实现的功能如下：

- 向窗体添加命令按钮

在应用程序中很可能要使用一个或多个命令按钮。就像在其他控件绘制按钮那样在窗体上添加命令按钮。可用鼠标调整命令按钮的大小，也可通过设置 Height 和 Width 属性进行调整。

- 设置标题

可用 Caption 属性改变命令按钮上显示的文本。设计时，可在控件的“属性”窗口中设置此属性。在设计时设置 Caption 属性后将动态更新按钮文本。

Caption 属性最多包含 255 个字符。若标题超过了命令按钮的宽度，则会转到下一行。但是，如果控件无法容纳其全部长度，则标题会被截尾。

可以通过设置 Font 属性改变在命令按钮上显示的字体。

- 创建键盘快捷方式

可通过 Caption 属性创建命令按钮的访问键快捷方式，为此，只需在作为访问键的字母前添加一个连字符(&)。例如，要为标题 Print 创建访问键，应在字母 P 前添加连字符，于是得到 &Print。运行时，字母 P 将带下划线，同时按 Alt+P 键就可选定命令按钮。

如果不创建访问键，而又要使标题中包含连字符但不创建访问键，应添加两个连字符(&&)。这样一来，在标题中就只显示一个连字符而不显示下划线。

- 指定 Default 和 Cancel 属性

在每个窗体上部可选择一个命令按钮作为默认的命令按钮，也就是说，不管窗体上的哪个控件有焦点，只要按 Enter 键，就相当于单击此默认按钮。为了指定一个默认命令按钮，应将其 Default 属性设置为 True。

也可指定默认的取消按钮。在把命令按钮的 Cancel 属性设置为 True 后，不管窗体的哪个控件有焦点，按 Esc 键，就相当于单击此默认按钮。

- 选定命令按钮

运行时，可通过用鼠标单击按钮选定命令按钮；按 Tab 键，将焦点转移到按钮上，然后按

SpaceBar 或 Enter 键选定命令按钮；按命令按钮的访问键(Alt+带有下划线的字母)选定命令按钮。

若命令按钮是窗体的默认命令按钮，则可按 Enter 键选定按钮，即使已把焦点转移到其他控件上，情况也是如此。

若命令按钮是窗体的默认取消按钮，则可按 Esc 键选定按钮，即使已把焦点转移到其他控件上，情况也是如此。

● Value 属性

无论何时选定命令按钮都会将其 Value 属性设置为 True 并触发 Click 事件。False(默认)指示未选择按钮。可在代码中用 Value 属性触发命令按钮的 Click 事件。例如：

```
cmdClose.Value = True
```

● Click 事件

单击命令按钮时将触发按钮的 Click 事件并调用已写入 Click 事件过程中的代码。单击命令按钮后也将生成 MouseDown 和 MouseUp 事件。如果要在这些相关事件中附加事件过程，则应确保操作不发生冲突。控件不同，这 3 个事件过程发生的顺序也不同。CommandButton 控件中事件发生的顺序为 MouseDown、Click、MouseUp。

CommandButton 控件不支持双击事件。

● 增强命令按钮的视觉效果

命令按钮像复选框和选项按钮一样，可通过更改 Style 属性设置值后用 Picture、DownPicture 和 DisabledPicture 属性增强视觉效果。例如，要向命令按钮添加图标或位图，或者在单击、禁止控件时显示不同的图像。

3.4 CheckBox 控件

CheckBox 控件可用来提供 True/False 或者 Yes/No 选项。组中可以使用 CheckBox 控件显示多项选择，从而可选择其中的一项或多项。也可以通过对 Value 属性编程来设置 CheckBox 的值。

3.4.1 CheckBox 控件的功能

选择 CheckBox 控件后，该控件将显示√，而清除 CheckBox 控件后，√消失。

CheckBox 和 OptionButton 控件功能相似，但二者之间也存在着重要差别：在一个窗体中可以同时选择任意数量的 CheckBox 控件，而反过来，在一个组中，在任何时侯则只能选择一个 OptionButton 控件。

为了在 CheckBox 后面显示文本，需要设置 Caption 属性。Value 属性用来确定控件的选择、清除或不可用等状态。

3.4.2　工具箱和窗体上的 CheckBox 控件

工具箱和窗体上的 CheckBox 控件，分别如图 3-25 和图 3-26 所示。

图 3-25　工具箱中的 CheckBox 控件

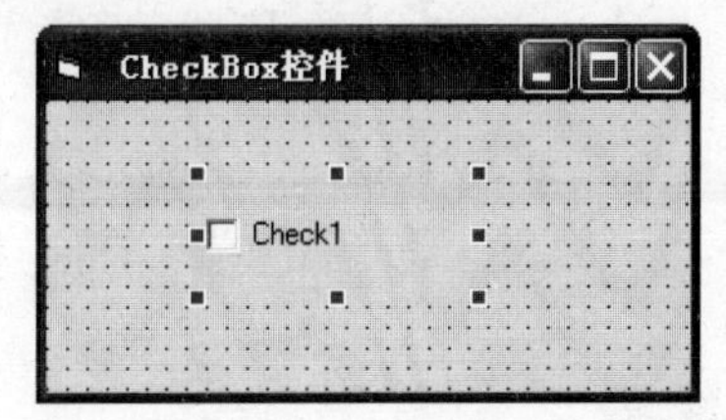

图 3-26　窗体上的 CheckBox 控件

3.4.3　使用 CheckBox 控件

使用 CheckBox 控件主要是用好以下属性、方法或事件。

1. Value 属性

CheckBox 控件的 Value 属性指示复选框处于选定、未选定或禁止状态(暗淡的)中的哪一种。选定时，Value 设置值为 1。

用户单击 CheckBox 控件指定选定或未选定状态，然后可检测控件状态并根据此信息编写应用程序以执行某些操作。

默认时 CheckBox 控件设置为 vbUnchecked。若要预先在一列复选框中选定若干复选框，则应在 Form_Load 或 Form_Initialize 过程中将 Value 属性设置为 vbChecked。可将 Value 属性设置为 vbGrayed 以禁用复选框。

2. Click 事件

无论何时单击 CheckBox 控件都将触发 Click 事件，然后编写应用程序，根据复选框的状态执行某些操作。如果在窗体上设置两个 CheckBox 控件，希望每次单击 CheckBox 控件时都将改变其 Caption 属性，以指示选定或未选定状态，则代码如下：

```
Private Sub Check1_Click()
  If Check1.Value = vbChecked Then
      Check1.Caption = "Checked"
  End If
End Sub
Private Sub Check2_Click()
  If Check2.Value = vbUnchecked Then
      Check2.Caption = "Unchecked"
  End If
End Sub
```

用上述代码在运行时的部分窗体如图 3-27 所示。

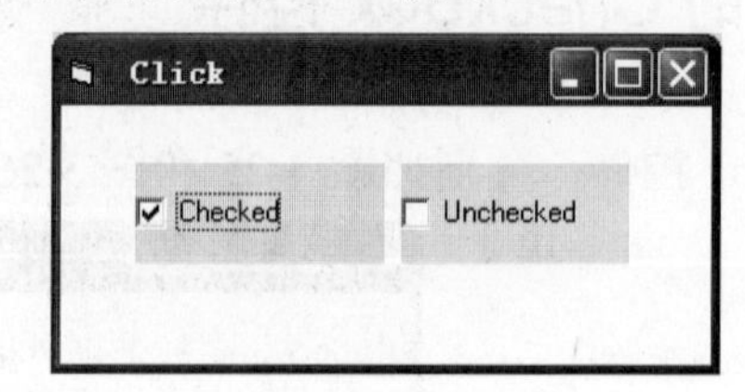

图 3-27　Click 事件示例

3. 响应鼠标和键盘

在键盘上使用 Tab 键并按 SpaceBar 键，由此将焦点转移到 CheckBox 控件上，这时也会触发 CheckBox 控件的 Click 事件。

可以在 Caption 属性的一个字母之前添加连字符，创建一个键盘快捷方式来切换 CheckBox 控件的选择。

4. 增强 CheckBox 控件的视觉效果

CheckBox 控件像 CommandButton 和 OptionButton 控件一样，可通过更改 Style 属性的设置值后使用 Picture、DownPicture 和 DisabledPicture 属性增强其视觉效果。例如，有时可能希望在复选框中添加图标或位图，或者在单击或禁止控件时显示不同的图像。

3.5 OptionButton 控件

OptionButton 控件显示一个可以打开或者关闭的选项。

3.5.1 OptionButton 控件的功能

在选项组中用 OptionButton 显示选项，用户只能选择其中的一项。在 Frame 控件、PictureBox 控件或者窗体这样的容器中绘制 OptionButton 控件，就可以把这些控件分组。为了在 Frame 或者 PictureBox 中将 OptionButton 控件分组，首先绘制 Frame 或 PictureBox，然后在内部绘制 OptionButton 控件。同一容器中的 OptionButton 控件为一个组。

OptionButton 控件和 CheckBox 控件功能相似，但是二者间也存在着重要差别。在选择一个 OptionButton 时，同组中的其他 OptionButton 控件自动无效。相反，可以选择任意数量的 CheckBox 控件。

3.5.2 工具箱和窗体上的 OptionButton 控件

工具箱和窗体上的 OptionButton 控件，分别如图 3-28 和图 3-29 所示。

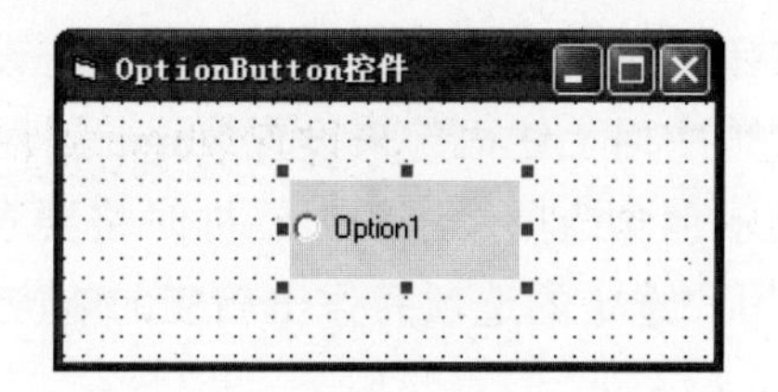

图 3-28　工具箱中的 OptionButton 控件　　图 3-29　窗体上的 OptionButton 控件

3.5.3　使用 OptionButton 控件

选项按钮被用来显示选项，通常以选项按钮组的形式出现，用户可从中选择一个选项。

使用 OptionButton 控件可以实现的功能如下：

● 创建选项按钮组

要将选项按钮分组，可把它们绘制在不同的容器控件中，像 Frame 控件、PictureBox 控件，或窗体这样的容器控件中。运行时，用户在每个选项组中只能选定一个选项按钮。例如，如果把选项按钮分别添加到窗体和窗体上的一个 Frame 控件中，则相当于创建两组不同的选项按钮。

所有直接添加到窗体的选项按钮成为一组选项按钮。要添加附加按钮组，应把按钮放置在框架或 PictureBox 控件中。

要将框架或图片框中的 OptionButton 控件分组，应首先绘制框架或图片框，然后在内部绘制 OptionButton 控件。设计时，可选择在 Frame 控件或 PictureBox 控件中的选项按钮，并把它们作为一个单元来移动。

要选定 Frame 控件、PictureBox 控件或窗体中所包含的多个控件时，可在按住 Ctrl 键的同时用鼠标在这些控件周围绘制一个方框。

● 在运行时选择选项按钮

在运行时有若干种选定选项按钮的方法：用鼠标单击按钮，用 Tab 键将焦点转移到控件，用 Tab 键选择一组选项按钮后再用箭头键从组中选定一个按钮，在选项按钮的标题上创建快捷键，或者在代码中将选项按钮的 Value 属性设置为 True。

1. Click 事件

选定选项按钮时将触发其 Click 事件。是否有必要响应此事件，这将取决于应用程序的功能。

2. Value 属性

选项按钮的 Value 属性指出是否选定了此按钮。选定时，数值将变为 True。可在代码中设置选项按钮的 Value 属性来选定按钮。例如：

```
optPentium.Value = True
```

要在选项按钮组中设置默认选项按钮，可在设计时通过“属性”窗口设置 Value 属性，也可在运行时在代码中用上述语句来设置 Value 属性。

在向用户显示包含选项按钮的对话框时将要求他们选择项目，用每个 OptionButton 控件的 Value 属性判断用户选定的选项并作出相应的响应。

3. 键盘快捷方式

可用 Caption 属性为选项按钮创建访问键快捷方式，这只要在作为访问键的字母前添加一个连字符(&)即可。

要使标题包含连字符但不创建访问键，就应使标题包含两个连字符 (&&)。这样，标题中将显示一个连字符，而且没有字符带下划线。

4. 禁止选项按钮

要禁止选项按钮，应将其 Enabled 属性设置成 False。运行时将显示暗淡的选项按钮，这意味着按钮无效。

5. 增强 OptionButton 控件的视觉效果

改善 OptionButton 控件的外观，只要改变 Style 属性的设置，然后使用 Picture、DownPicture 和 DisabledPicture 属性。

3.6 ComboBox 控件

ComboBox 控件将 TextBox 控件和 ListBox 控件的特性结合在一起：既可以在控件的文本框部分输入信息，也可以在控件的列表框部分选择一项。

3.6.1 ComboBox 控件的功能

为了添加或删除 ComboBox 控件中的项目，需要使用 AddItem 或 RemoveItem 方法。设置 List、ListCount 和 ListIndex 属性，使访问 ComboBox 中的项目成为可能。也可以在设计时使用 List 属性将项目添加到列表中。

只有当 ComboBox 的下拉部分的内容被滚动时，Scroll 事件才在 ComboBox 中发生，而不是在每次 ComboBox 的内容改变时。例如，如果 ComboBox 的下拉部分包含 5 行，并且最顶上的项为突出显示，则在按完向下箭头键 6 次(或按一次 PgUp 键)之前 Scroll 事件不发生。然后，每按一次向上箭头键引发一次 Scroll 事件。

3.6.2 工具箱和窗体上的 ComboBox 控件

工具箱和窗体上的 ComboBox 控件，分别如图 3-30 和图 3-31 所示。

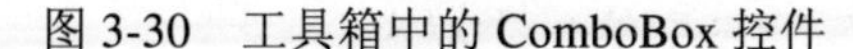

图 3-30　工具箱中的 ComboBox 控件

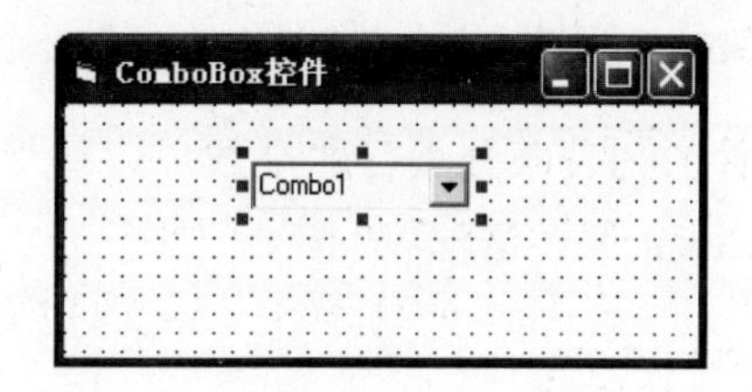

图 3-31　窗体上的 ComboBox 控件

3.6.3　ComboBox 控件的属性

1. List 属性

返回或设置控件的列表部分的项目。列表是一个字符串数组，数组的每一项都是一列表项目，ComboBox 控件在设计时可以通过属性浏览器得到，在运行时是可读写的。

- List 属性语法

```
object.List(index) [= string]
```

index 为整数，列表中具体某一项目的号码。string 为字符串表达式，指定列表项目。

用该属性可以访问列表项目。第 1 个项目的索引为 0 而最后一个项目的索引为 ListCount－1。从 0 到 ListCount－1 逐个取值，得到列表中的所有项目。

- List 属性示例

本例在 ComboBox 控件中加载名称列表，并显示列表中的第 2 项。要用本例，在窗体上设置一个 ComboBox 控件，将代码粘贴到窗体的声明部分，运行时显示列表中的第 2 项。

List 属性示例的代码如下：

```
Private Sub Form_Load()
    Combo1.AddItem "天津"                    ' 对列表添加项
    Combo1.AddItem "北京"
    Combo1.AddItem "上海"
    Combo1.Text = Combo1.List(1)             ' 显示列表中的第 2 项
End Sub
```

用上述代码在运行阶段的窗体如图 3-32 所示。

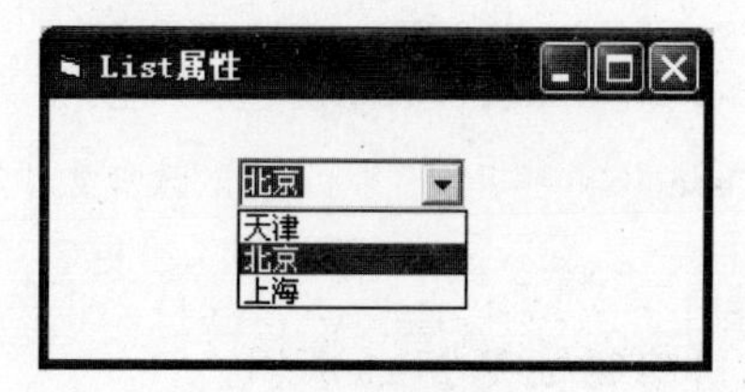

图 3-32　List 属性示例

2. ListCount 属性

返回控件的列表部分项目的个数。

- ListCount 属性语法

```
object.ListCount
```

object 所在处表示对象表达式，其值是“应用于”列表中的一个对象。

ListCount 对每个控件提供列表中的项目数。

如果没有选择项目，ListIndex 属性值为 -1。列表中的第 1 项是 ListIndex=0，并且 ListCount 始终比最大的 ListIndex 值大 1。

- ListCount 属性示例

本例将打印机字体列表装载到一个 ComboBox 控件中，显示列表中的第 1 项，然后输出字体的总数。每次单击命令按钮都将列表中的所有项改变为大写或小写。要尝试这个例子，将代码粘贴到包含一个 ComboBox 控件(Style = 2) 和一个 CommandButton 控件的窗体的声明部分，运行时单击 CommandButton 控件。

ListCount 属性示例的代码如下：

```
Private Sub Form_Load()
    Dim I
    AutoRedraw = True                              ' 设置 AutoRedraw
    For I = 0 To Printer.FontCount - 1             ' 将字体名字放入列表中
        Combo1.AddItem Printer.Fonts(I)
    Next I
    Combo1.ListIndex = 0                           ' 设置文本为第 1 项
    Print "字体名字总数："; Combo1.ListCount         ' 在窗体中输出 ListCount 信息
End Sub
Private Sub Command1_Click()
    Static UpperCase
    Dim I
    For I = 0 To Combo1.ListCount - 1              ' 在列表中循环
        If UpperCase Then
            Combo1.List(I) = UCase(Combo1.List(I))
        Else
            Combo1.List(I) = LCase(Combo1.List(I))
        End If
    Next I
    UpperCase = Not UpperCase                      ' 改变大小写
End Sub
```

用上述代码在运行阶段的部分窗体如图 3-33 所示。

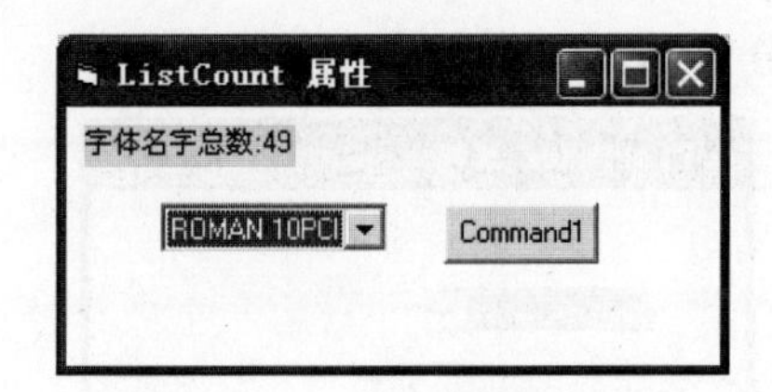

图 3-33　ListCount 属性示例

3. ListIndex 属性

返回或设置控件中当前选择项目的索引，在设计时不可用。

- ListIndex 属性语法

```
object.ListIndex [= index]
```

index 为数值表达式，指定当前项目索引。当 index 的设置值等于－1(默认)时，表示当前没有选择项目或表示用户向文本框部分输入了新文本；当 index 的设置值等于 n 时，表明当前选择项目的索引。

- ListIndex 属性示例

本例在 ListBox 控件中显示 3 个城市名称，在 Label 控件中显示被选中的城市所对应电话区号。要用本例，将代码粘贴到包含一个 ComboBox 控件和一个 Label 控件的窗体的声明部分，运行时在 ComboBox 中选择一个城市名称。

ListIndex 属性示例的代码如下：

```
Dim Player(0 To 2)                         ' 说明两个数组的大小
Dim Salary(0 To 2)
Public I
Private Sub Form_Load()
    Player(0) = "北京市"                    ' 在数组中输入数据
    Player(1) = "上海市"
    Player(2) = "天津市"
    Salary(0) = "010"
    Salary(1) = "021"
    Salary(2) = "022"
   For I = 0 To 2                          ' 在列表中添加名字
        Combo1.AddItem Player(I)
   Next I
   Combo1.ListIndex = 0                    ' 显示列表中的第 1 项
End Sub
Private Sub Combo1_Click()
  Label1.Caption = Salary(Combo1.ListIndex)
End Sub
```

用上述代码在运行时的部分窗体如图 3-34 所示。

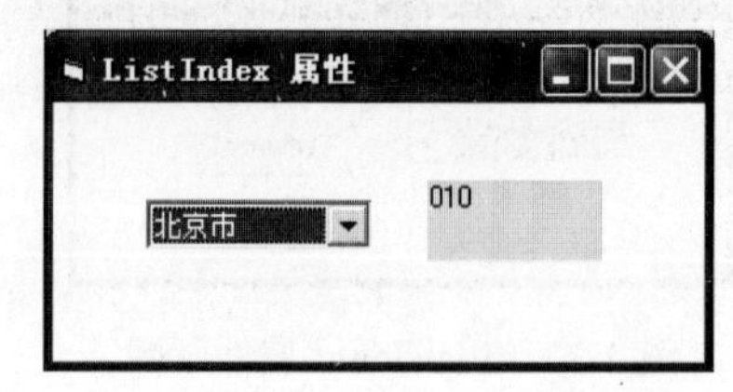

图 3-34　ListIndex 属性示例

4. NewIndex 属性

返回最近加入 ComboBox 控件的项的索引，在运行时是只读的。

- NewIndex 属性语法

```
object.NewIndex
```

当使用 ItemData 属性数组、需要在增加新项目后设置初始值时，可用该属性获得新加入项目的位置。

- NewIndex 属性示例

本例在 ListBox 控件中显示 4 个城市名称，在 Label 控件中显示新项目所对应的电话区号。要用本例，将代码粘贴到包含一个 ComboBox 控件和一个 Label 控件的窗体的声明部分，运行时在 Label 中显示新项目所对应的电话区号。

NewIndex 属性示例的代码如下：

```
Dim Player(0 To 3)
Dim Salary(0 To 3)
Public I
Private Sub Form_Load()
     Player(0) = "北京市"
     Player(1) = "上海市"
     Player(2) = "天津市"
     Player(3) = "重庆市"
     Salary(0) = "010"
     Salary(1) = "021"
     Salary(2) = "022"
     Salary(3) = "033"
    For I = 0 To 3
         Combo1.AddItem Player(I)
    Next I
    Combo1.ListIndex = 0
End Sub
Private Sub Combo1_Click()
  Label1.Caption = Salary(Combo1.ListIndex)
End Sub
```

用上述代码在运行时的部分窗体如图 3-35 所示。

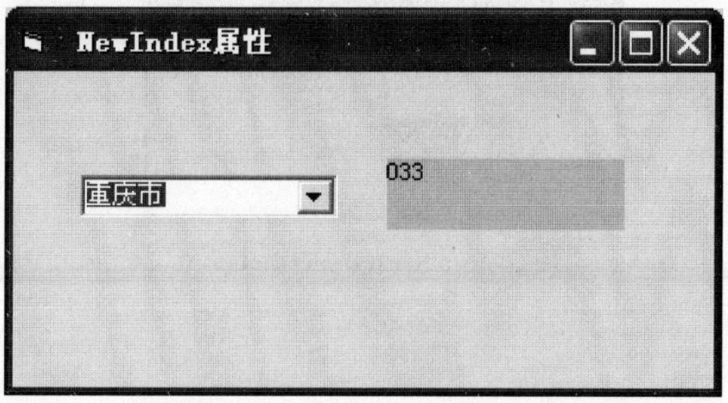

图 3-35　NewIndex 属性示例

5. Sorted 属性

返回一个值，指定控件的元素是否自动按字母表顺序排序。

● Sorted 属性语法

```
object.Sorted
```

Sorted 的设置值如表 3-12 所示。

表 3-12　Sorted 的设置值

设 置 值	说　明
True	列表中的项目按字符码顺序排序
False	默认值，列表中的项目不按字母表顺序排序

● Sorted 属性示例

本例在 ListBox 控件中显示 4 个城市名称，用属性窗口，Sorted 的设置值为 True。要用本例，将代码粘贴到包含一个 ComboBox 控件的窗体声明部分，运行时观察 ListBox 控件中 4 个城市的排序。

Sorted 属性示例的代码如下：

```
Private Sub Form_Load()
    Combo1.AddItem "重庆市"
    Combo1.AddItem "上海市"
    Combo1.AddItem "天津市"
    Combo1.AddItem "北京市"
End Sub
```

用上述代码在运行时的窗体如图 3-36 所示。

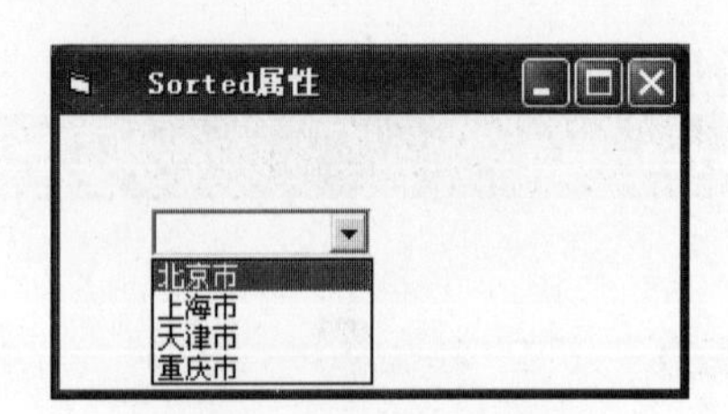

图 3-36　Sorted 属性示例

6. Style 属性

返回或设置一个值，该值用来指示控件的显示类型和行为，在运行时是只读的。

- Style 属性语法

```
object.Style
```

Style 属性的设置值如表 3-13 所示。

表 3-13　Style 属性的设置值

设置值	说明
0	默认值，为下拉式组合框，包括一个下拉式列表和一个文本框，可以从列表选择或在文本框中输入
1	为简单组合框，包括一个文本框和一个不能下拉的列表，可以从列表中选择或在文本框中输入，简单组合框的大小包括编辑和列表部分。按默认规定，简单组合框的大小调整在没有任何列表显示的状态，增加 Height 属性值可显示列表的更多部分
2	为下拉式列表，这种样式仅允许从下拉式列表中选择

- Style 属性示例

本例在 ListBox 控件中显示 4 个城市名称。要用本例，在窗体上设置 3 个不同 Style 属性的 ListBox 控件，将代码粘贴到窗体的声明部分，运行时观察 ListBox 控件的不同 Style 属性的显示类型。

Style 属性示例的代码如下：

```
Private Sub Form_Load()
    Combo1.AddItem "重庆市"
    Combo1.AddItem "上海市"
    Combo1.AddItem "天津市"
    Combo1.AddItem "北京市"
    Combo2.AddItem "重庆市"
    Combo2.AddItem "上海市"
    Combo2.AddItem "天津市"
    Combo2.AddItem "北京市"
    Combo3.AddItem "重庆市"
```

```
        Combo3.AddItem "上海市"
        Combo3.AddItem "天津市"
        Combo3.AddItem "北京市"
    End Sub
```

用上述代码在运行时的窗体如图 3-37 所示。

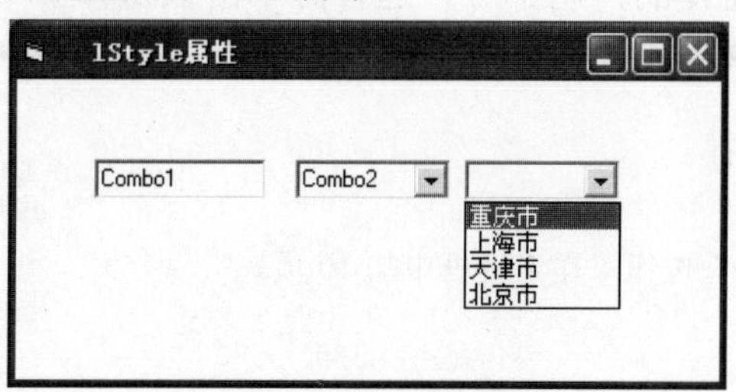

图 3-37 Style 属性示例

3.6.4 ComboBox 控件的方法

1. AddItem 方法

用于将项目添加到 ComboBox 控件，或者将行添加到 MSFlexGrid 控件。不支持命名参数。AddItem 方法语法如下：

```
object.AddItem item, index
```

item 为字符串表达式，必需的，指定添加到该对象的项目。
index 是整数，可选的，指定新项目或行在该对象中的位置，首行 index 为 0。

2. Clear 方法

用于清除 ComboBox 控件或系统剪贴板的内容。
Clear 方法语法如下：

```
object.Clear
```

绑定到 Data 控件的 ComboBox 控件不支持 Clear 方法。

3. RemoveItem 方法

用以从 ComboBox 控件中删除一项，或从 MSFlexGrid 控件中删除一行。不支持命名参数。

- RemoveItem 方法语法

```
object.RemoveItem index
```

index 为整数，必需的，表示要删除的项或行在对象中的位置。ComboBox 中的首项 index 等于 0。

被绑定到 Data 控件的 ComboBox 控件不支持 RemoveItem 方法。

● AddItem、Clear、RemoveItem 方法示例

本例使用 AddItem 方法增加 10 项给一个组合框，用 RemoveItem 方法删除一些项，用 Clear 方法清除 ComboBox 控件中的所有项。要用此例，将代码粘贴到一个 Style 属性的设置值等于 2、包含 ComboBox 控件的窗体的声明部分，运行时单击该窗体。

AddItem、Clear、RemoveItem 方法示例的代码如下：

```
Private Sub Form_Click()
    Dim Entry, I, Msg                                    ' 声明变量
    Msg = "单击“确定”按钮，在组合框中加 10 项。"
    MsgBox Msg                                           ' 显示信息
    For I = 1 To 10                                      ' 计数值从 1 到 10
        Entry = "Entry " & I                             ' 创建输入项
        Combo1.AddItem Entry                             ' 添加该输入项
    Next I
    Msg = "单击“确定”按钮，每隔一项删除。"
    MsgBox Msg                                           ' 显示信息
    For I = 1 To 5                                       ' 确定如何每隔一项删除
        Combo1.RemoveItem I
    Next I
    Msg = "单击“确定”按钮，清除组合框。"
    MsgBox Msg                                           ' 显示信息
    Combo1.Clear                                         ' 清除组合框
End Sub
```

用上述代码在运行时的部分窗体如图 3-38 所示。

图 3-38 AddItem、Clear、RemoveItem 方法示例

3.6.5 使用 ComboBox 控件

组合框控件将文本框和列表框的功能结合在一起。有了这个控件，既可通过在组合框中输入文本来选定项目，也可从列表中选定项目。

组合框提供了可选择的列表。如果项目数超过了组合框能够显示的项目数，控件上将自动出现滚动条，可上下或左右滚动列表。

1. 何时用组合框代替列表框

组合框适用于建议性的选项列表，而当希望将输入限制在列表之内时，应使用列表框。组合框包含编辑区域，因此可将不在列表中的选项输入列区域中。

组合框节省了窗体的空间。只有单击组合框的向下箭头时(样式 1 的组合框除外，它总是处于下拉状态)才显示全部列表，所以无法容纳列表框的地方可以很容易地容纳组合框。

2. 数据绑定特性

ComboBox 控件可以显示、编辑和更新大多数标准类型数据库中的信息。

3. 组合框的样式

有 3 种组合框样式。每种样式都可在设计时或运行时来设置，而且每种样式都使用数值或相应的 Visual Basic 常数来设置组合框的样式。

● 下拉式组合框

在默认设置(Style = 0)下，组合框为下拉式。用户可直接输入文本(像在文本框中一样)，也可单击组合框右侧的附带箭头打开选项列表。选定某个选项后，将此选项插入到组合框顶端的文本部分中。当控件获得焦点时，也可按 Alt+ Down Arrow 键打开列表。

● 简单组合框

把组合框 Style 属性设置为 1 将指定一个简单的组合框，任何时候都在其内显示列表。为显示列表中所有项，必须将列表框绘制得足够大。当选项数超过可显示的限度时将自动插入一个垂直滚动条。用户可直接输入文本，也可从列表中选择。像下拉式组合框一样，简单组合框也允许用户输入那些不在列表中的选项。

● 下拉式列表框

下拉式列表框(Style = 2)与正规列表框相似，它显示项目的列表，用户必须从中选择。但下拉式列表框与列表框的不同之处在于，除非单击框右侧的箭头，否则不显示列表。这种列表框与下拉式组合框的主要差别在于，用户不能在列表框中输入选项，而只能在列表中选择。当窗体上的空间较少时，可使用这种类型的列表框。

4. 添加项目

为在组合框中添加项目，应使用 AddItem 方法，通常是在 Form_Load 事件过程中添加列表项目，也可在任何时候使用 AddItem 方法。

运行时，只要加载窗体，而且用户单击向下箭头，则将显示组合框中的列表。

● 设计时添加项目

在设计时，也可设置组合框控件“属性”窗口的 List 属性，从而在列表中添加项目。选定 List 属性选项并单击向下箭头后就可输入列表项目，然后按 Ctrl+Enter 组合键切换到新的一行。

只能将项目添加到列表的末尾。所以，如果要将列表按字母顺序排序，则应将 Sorted 属性设置为 True。

● 在指定位置添加项目

为了在列表指定位置添加项目，应在新项目后指定索引值。

5. 排序列表

将 Sorted 属性设置为 True 并省略索引，则可在列表中指定按字母顺序添加的项目。排序时不区分大小写；将 Sorted 属性设置为 True 之后，使用带有 index 参数的 AddItem 方法将导致不可预料的非排序结果。

6. 删除项目

可在组合框中用 RemoveItem 方法删除项目。RemoveItem 有一个参数 index，它指定要删除的项目。

在组合框中删除所有列表项目，应使用 Clear 方法。

7. 用 Text 属性获取列表内容

获取当前选定项目值的最简单的常用方法就是使用 Text 属性。在运行时无论向控件的文本框部分输入了什么文本，Text 属性都与这个文本相对应。这可以是选定的列表选项，或者是用户在文本框中输入的字符串。

8. 用 List 属性访问列表选项

有了 List 属性就可访问列表中所有项目。该属性包含一个数组，而且列表中的每个项目都是数组的元素。每一项都表示为字符串的形式。

9. 用 ListIndex 属性判断位置

欲知组合框列表中选定项目位置，可以使用 ListIndex 属性。该属性设置或返回控件中当前选定项目的索引值，而且只在运行时有效。对组合框的 ListIndex 属性进行设置也会触发控件的 Click 事件。

10. 用 ListCount 属性返回项目数

为了返回组合框中的项目数，应使用 ListCount 属性。

3.7 ListBox 控件

ListBox 控件显示项目列表，从其中可以选择一项或多项。如果项目总数超过了可显示的项目数，就自动在 ListBox 控件上添加滚动条。

3.7.1 ListBox 控件的功能

如果未选定项目，则 ListIndex 属性值是 -1。列表第 1 项的 ListIndex 为 0，ListCount 属

性值总是比最大的 ListIndex 值大 1。

使用 AddItem 或者 RemoveItem 方法可以添加或者删除 ListBox 控件中的项目。对 List、ListCount 和 ListIndex 属性进行设置就可以访问 ListBox 中的项目，也可以在设计时使用 List 属性在列表中增加项目。

3.7.2 工具箱和窗体上的 ListBox 控件

工具箱和窗体上的 ListBox 控件，分别如图 3-39 和图 3-40 所示。

图 3-39 工具箱中的 ListBox 控件

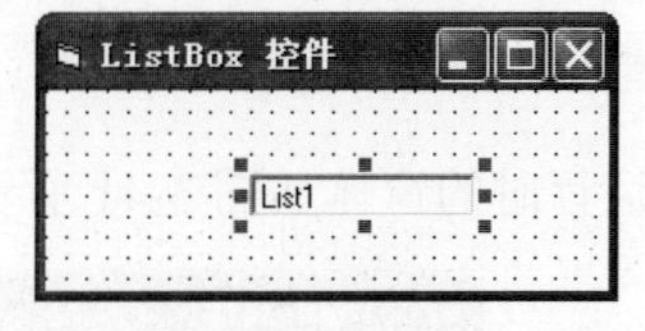

图 3-40 窗体上的 ListBox 控件

3.7.3 ListBox 控件的属性

1. Columns 属性

返回或设置一个值，以决定 ListBox 控件是水平还是垂直滚动，以及如何显示列中的项目。如果水平滚动，则 Columns 属性决定显示多少列。

● Columns 属性语法

```
object.Columns [= number]
```

number 为整型，指定控件如何滚动和列中的项目如何排列。number 的设置值如表 3-14 所示。

表 3-14 number 的设置值(Columns 属性)

设 置 值	说 明
0	默认值，项目安排在一列中且 ListBox 竖直滚动
1~n	项目安排在多个列中，先填第 1 列，再填第 2 列等，ListBox 水平滚动并显示指定数目的列

对于水平滚动的 ListBox 控件，列宽等于 ListBox 宽度除以列的个数。该属性不能设置为 0，不能在运行时将多列 ListBox 变为单列 ListBox 或将单列 ListBox 变为多列 ListBox。

● Columns 属性示例

本例说明当包含相同数据时，两种不同的 ListBox 控件是如何工作的。要用此例，把代码粘贴到包含两个 ListBox 控件的窗体的声明部分，并对 List2 设置 Columns 属性为 2。运行时单击窗体。

Columns 属性示例的代码如下：

```
Private Sub Form_Load()
    Dim I                                         ' 声明变量
    List1.Move 50, 50, 2000, 1750                 ' 排列列表框
    List2.Move 2500, 50, 3000, 1750
    For I = 0 To Screen.FontCount - 1             ' 使用屏幕字体
        List1.AddItem Screen.Fonts(I)             ' 填充两个列表框
        List2.AddItem Screen.Fonts(I)
    Next I
End Sub
```

用上述代码在运行时的窗体如图 3-41 所示。

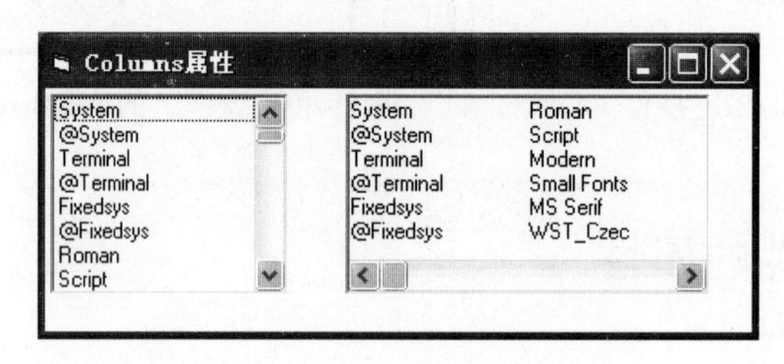

图 3-41　Columns 属性示例

2. ItemData 属性

返回或设置 ListBox 控件中每个项目具体的编号。

● ItemData 属性语法

```
object.ItemData(index) [= number]
```

index 为整数，指定项目的编号。

number 为整数，与项目相关联的数。

ItemData 属性是一个长整型数的数组，它有与控件的 List 属性相同数目的项目。可以用与每一项相关的数来标识它们。ItemData 常常用作与 ListBox 控件中项目相关的数据结构数组的索引。

● ItemData 属性示例

本例用员工名字填充 ListBox 控件，用员工代号填充 ItemData 属性数组，用 NewIndex 属性使代号与排序列表同步。要用此例，把代码粘贴到包含 ListBox 和 Label 的窗体的声明部分。设置 ListBox 的 Sorted 属性为 True。运行时在 ListBox 控件中作选择时，Label 控件显示选项的名字和代号。

ItemData 属性示例的代码如下：

```
Private Sub Form_Load()
    List1.AddItem "许燕子"      ' 以排序顺序将相应的项目填充 List1 和 ItemData 数组
```

```
        List1.ItemData(List1.NewIndex) = 42310
        List1.AddItem "朝霞"
        List1.ItemData(List1.NewIndex) = 52855
        List1.AddItem "李园"
        List1.ItemData(List1.NewIndex) = 64932
        List1.AddItem "黄海"
        List1.ItemData(List1.NewIndex) = 39227
    End Sub
    Private Sub List1_Click()
        Dim Msg As String                                ' 追加员工数字和员工名字
        Msg = List1.ItemData(List1.ListIndex) & " "
        Msg = Msg & List1.List(List1.ListIndex)
        Label1.Caption = Msg
    End Sub
```

用上述代码在运行阶段的窗体如图 3-42 所示。

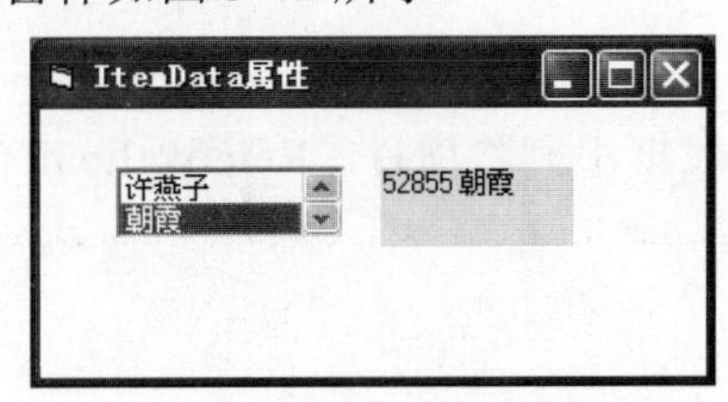

图 3-42 ItemData 属性示例

3.7.4 使用 ListBox 控件

ListBox 控件显示项目列表，用户可从中选择一个或多个项目。列表框为用户提供了选项的列表。虽然也可设置多列列表，但在默认时将在单列列表中垂直显示选项。如果项目数目超过列表框可显示的数目，控件上将自动出现滚动条。这时可在列表中上、下、左、右滚动。

ListBox 控件还可以实现以下的功能：

1. 数据绑定特性

Visual Basic 包含 ListBox 控件的标准版本(ListBox)和数据绑定版本(DBList) 。虽然两种版本的控件都能显示、编辑和更新大多数标准类型数据库的信息，但是 DataList 提供了更高级的数据访问功能。DataList 控件还支持一套与标准 ListBox 控件不同的属性和方法。

2. 向列表添加项目

为了向列表框中添加项目，应使用 AddItem 方法，通常在 Form_Load 事件过程中添加列表项目，但也可在任何时候使用 AddItem 方法添加项目，于是可动态地(响应用户的操作)添加项目。

3. 在指定位置添加项目

为了在指定位置添加项目，应对新项目指定索引值。

4. 设计时添加项目

通过设置 ListBox 控件“属性”窗口的 List 属性，也可在设计时向列表添加项目。在选定了 List 属性选项并单击向下箭头时，可输入列表项目并按 Ctrl+Enter 组合键换行。

只能在列表末端添加项目。所以，如果要将列表按字母顺序排序，则应将 Sorted 属性设置成 True。

5. 排序列表

可以指定要按字母顺序添加到列表中的项目，为此将 Sorted 属性设置为 True 并省略索引。排序时不区分大小写，因此单词 japan 和 Japan 将被同等对待。Sorted 属性设置为 True 后，使用带有 index 参数的 AddItem 方法可能会导致不可预料的非排序结果。

6. 从列表中删除项目

可用 RemoveItem 方法从列表框中删除项目。RemoveItem 有一参数 index，它指定删除的项目：

```
box.RemoveItem index
```

box 和 index 参数与 AddItem 中的参数相同。

例如，要删除列表中的第一个项目，可添加下行代码：

```
List1.RemoveItem 0
```

要删除连接版或标准版的列表、组合框中的所有项目，应使用 Clear 方法：

```
List1.Clear
```

7. 通过 Text 属性获取列表内容

获取当前选定项目值的最简单方法是使用 Text 属性。Text 属性总是对应于用户在运行时选定的列表项目。

例如，下列代码在用户从列表框中选定 Canada 时显示有关加拿大人口的信息：

```
Private Sub List1_Click()
    If List1.Text = "Canada" Then
        Text1.Text = "Canada has 24 million people."
    End If
End Sub
```

Text 属性包含当前在 List1 列表框中选定的项目。代码检查是否选定了 Canada，若已选定，则在 Text 框中显示信息。

8. 用 List 属性访问列表项目

可用 List 属性访问列表的全部项目。此属性包含一个数组，列表的每个项目都是数组的元素。每个项目以字符串形式表示。引用列表的项目时应使用如下语法：

```
box.List (index)
```

box 参数是列表框的引用，index 是项目的位置。顶端项目的索引为 0，接下来的项目索引为 1，依此类推。例如，下列语句在一个文本框中显示列表的第 3 个项目(index = 2) ：

```
Text1.Text = List1.List(2)
```

9. 用 ListIndex 属性判断位置

如果要了解列表中已选定项目的位置，则用 ListIndex 属性。此属性只在运行时可用，它设置或返回控件中当前选定项目的索引。设置列表框的 ListIndex 属性也将触发控件的 Click 事件。

如果选定第 1 个(顶端)项目，则属性的值为 0，如果选定下一个项目，则属性的值为 1，依此类推。若未选定项目，则 ListIndex 值为 - 1。

NewIndex 属性可用来跟踪添加到列表的最后一个项目的索引。在向排序列表插入项目时，这一点十分有用。

10. 使用 ListCount 属性返回项目数

为了返回列表框中项目的数目，应使用 ListCount 属性。例如，下列语句用 ListCount 属性判断列表框中的项目数：

```
Text1.Text = "You have " & List1.ListCount & " entries listed"
```

11. 创建多列和多选项列表框

可用 Columns 属性指定列表框中的列数目。如有必要，Visual Basic 可自动换行显示列表项目并为列表添加水平滚动条；若列表只填充在单列中则不添加滚动条。Visual Basic 可根据需要自动换列显示。若列表框的项目比列宽度要宽，则会截去文本超出的部分。

用户可从列表中选择多个项目。设置 MultiSelect 属性来处理标准列表框中的多项选择。可用 Shift+单击或 Shift+箭头键选定从上一个选定项到当前的选项之间的所有选项。Ctrl+单击将选定(或撤消选定)列表中的项目。

3.8 HScrollBar、VScrollBar 控件

在项目列表很长或者信息量很大时，可以使用滚动条来提供简便的定位。它还可以模拟当前所在的位置。滚动条可以作为输入设备，或者速度、数量的指示器来使用，例如，可以用它

来控制计算机游戏的音量，或者查看定时处理中已用的时间。

3.8.1 HScrollBar、VScrollBar 控件的功能

使用滚动条作为数量或速度的指示器，或者作为输入设备时，可以利用 Max 和 Min 属性设置控件的适当变化范围。

为了指定滚动条内所示变化量，在单击滚动条时要使用 LargeChange 属性，在单击滚动条两端的箭头时，要使用 SmallChange 属性。滚动条的 Value 属性或递增或递减，增减的量是通过 LargeChange 和 SmallChange 属性设置的值。在运行时，在 0 和 32 767 之间设置 Value 的值，就可以将滚动框定位。

3.8.2 工具箱和窗体上的 HScrollBar、VScrollBar 控件

工具箱和窗体上的 HScrollBar、VScrollBar 控件，分别如图 3-43 和图 3-44 所示。

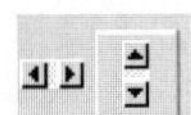

图 3-43 工具箱中的 HScrollBar、VScrollBar 控件

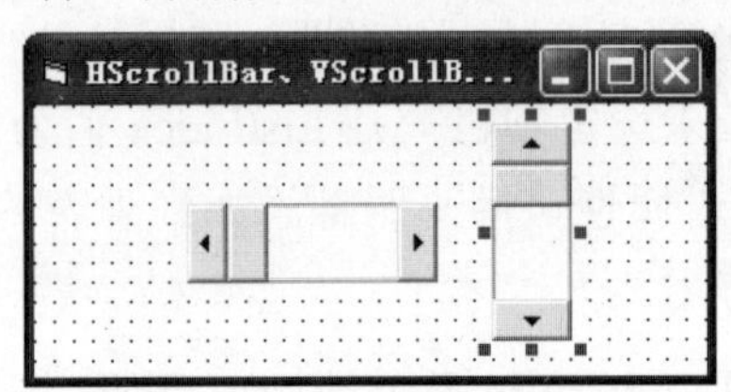

图 3-44 窗体上的 HScrollBar、VScrollBar 控件

3.8.3 HScrollBar、VScrollBar 控件的属性

LargeChange、SmallChange 属性

LargeChange 属性，返回和设置当用户单击滚动条和滚动箭头之间的区域时，滚动条控件(HScrollBar 或 VScrollBar)的 Value 属性值的改变量。

SmallChange 属性，返回或设置当用户单击滚动箭头时，滚动条控件的 Value 属性值的改变量。

- LargeChange、SmallChange 属性语法

```
object.LargeChange [= number]
object.SmallChange [= number]
```

number 为整数，指定 Value 属性的改变量。

对这两个属性，都可以指定 1 和 32 767 之间的整数，包括 1 和 32 767。默认时，每个属性都设置为 1。

HScrollBar 和 VScrollBar 的最大和最小范围，用 Max 和 Min 属性设置。

● LargeChange、SmallChange 属性示例

本例用 LargeChange、SmallChange 属性。要用此例，把代码粘贴到包含 PictureBox 和 HScrollBar 控件的窗体的声明部分，运行时单击滚动条。

LargeChange、SmallChange 属性示例的代码如下：

```
Private Sub Form_Load()
    HScroll1.Max = 100                      ' 设置最大值
    HScroll1.LargeChange = 20               ' 敲击 20 次后穿过
    HScroll1.SmallChange = 5                ' 敲击 5 次后穿过
    Picture1.Left = 0                       ' 图形从左边开始
    Picture1.BackColor = QBColor(3)         ' 设置图形框的颜色
End Sub
Private Sub HScroll1_Change()
    ' 按照滚动条移动图形
    Picture1.Left = (HScroll1.Value / 100) * ScaleWidth
End Sub
```

用上述代码在运行时的部分窗体如图 3-45 所示。

图 3-45 LargeChange、SmallChange 属性示例

3.8.4 HScrollBar、VScrollBar 控件的事件

1. Change 事件

指示一个控件的内容已经改变。HScrollBar 和 VScrollBar(水平和垂直滚动条) 移动滚动条的滚动框部分，该事件在进行滚动或通过代码改变 Value 属性的设置时发生。

● Change 事件语法

```
Private Sub object_Change([index As Integer])
```

index 为整数，标识一个在控件数组中的控件。Change 事件过程可协调在各控件间显示的数据或使它们同步。

HScrollBar 和 VScrollBar 控件在 Change 事件中避免使用 MsgBox 函数或语句。

● Change 事件示例

本例在 TextBox 控件中显示水平滚动条的 Value 属性的数值。要用此例，需创建一个带有 TextBox 控件及 HScrollBar 控件的窗体，然后将代码粘贴到窗体的声明部分。运行时单击水平滚动条。

Change 事件示例的代码如下：

```
Private Sub Form_Load()
    HScroll1.Min = 0                          ' 设置最小值
    HScroll1.Max = 1000                       ' 设置最大值
    HScroll1.LargeChange = 100                ' 设置 LargeChange
    HScroll1.SmallChange = 1                  ' 设置 SmallChange
End Sub
Private Sub HScroll1_Change()
    Text1.Text = HScroll1.Value
End Sub
```

用上述代码在运行阶段的部分窗体如图 3-46 所示。

图 3-46　Change 事件示例

3.8.5　使用 HScrollBar、VScrollBar 控件

有了滚动条，就可在应用程序或控件中水平或垂直滚动，相当方便地巡视一长列项目或大量信息。滚动条是 Windows 95 和 Windows NT 界面上的共同元素。

水平、垂直滚动条控件不同于 Windows 中内部的滚动条或 Visual Basic 中那些附加在文本框、列表框、组合框或 MDI 窗体上的滚动条。无论何时，只要应用程序或控件所包含的信息超过当前窗口(或者在 ScrollBars 属性被设置成 True 时的文本框和 MDI 窗体)所能显示的信息，那些滚动条就会自动出现。

ScrollBar 控件如何工作

滚动条控件用 Scroll 和 Change 事件监视滚动框(有时用拇指替代)沿滚动条的移动。

可用 Scroll 事件访问滚动条被拖动后的数值。在释放滚动框或单击滚动条或滚动箭头时，Change 事件就会发生。

● Value 属性

Value 属性(默认值为 0)是一个整数，它对应于滚动框在滚动条中的位置。当滚动框位置在最小值时，它将移动到滚动条的最左端位置(水平滚动条)或顶端位置(垂直滚动条)。当滚动框在最大值时，它将移动到滚动条的最右端或底端位置。同样，滚动框取中间数值时将位于滚动条的中间位置。

除了可用鼠标单击改变滚动条数值外，也可将滚动框沿滚动条拖动到任意位置。其结果取决于滚动框的位置，但总是在用户所设置的 Min 和 Max 属性之间。

如果希望滚动条显示的信息从较大数值向较小数值变化，可将 Min 值设置成大于 Max 的值。

- LargeChange 和 SmallChange 属性

为了指定滚动条中的移动量，对于单击滚动条的情况可用 LargeChange 属性；对于单击滚动条两端箭头的情况可用 SmallChange 属性。滚动条的 Value 属性增加或减少的长度是由 LargeChange 和 SmallChange 属性设置的数值。要设置滚动框在运行时的位置，可将 Value 属性设为 0~32767 中的某个数值(包括 0 和 32767) 。

3.9 Data 控件

Data 控件使用 3 种类型的 Recordset 对象中的任何一种来提供对存储在数据库中数据的访问。Data 控件允许从一个记录移动到另一个记录，并显示和操纵来自被连接的控件的记录的数据。如果没有 Data 控件或等价的数据源控件，窗体上的被连接数据觉察控件不能自动访问数据。

3.9.1 Data 控件的功能

与 Data 控件相连结时，DataList、DataCombo、DataGrid 和 MSHFlexGrid 控件都能管理记录集合。所有这些控件都允许一次显示或操作几个记录。Picture、Label、TextBox、CheckBox、Image、OLE、ListBox 和 ComboBox 控件也能与由 Data 控件管理的 Recordset 的一个字段相连接。

可以用鼠标操纵 Data 控件，由一个记录移动到另一个记录或移动到 Recordset 的开始或结尾。EOFAction 和 BOFAction 属性决定了当使用鼠标移动到 Recordset 的开始或结尾时将发生的事情。不能将焦点置于 Data 控件上。

3.9.2 工具箱和窗体上的 Data 控件

工具箱和窗体上的 Data 控件，分别如图 3-47 和图 3-48 所示。

图 3-47 工具箱中的 Data 控件

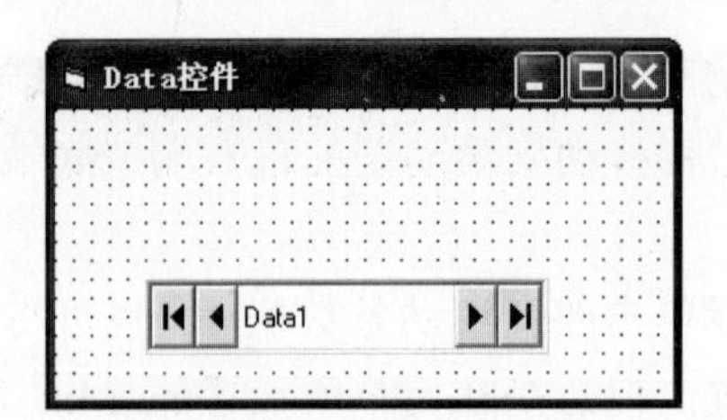

图 3-48 窗体上的 Data 控件

3.9.3 Data 控件的属性

1. Align 属性

返回或设置一个值，确定对象是否可在窗体上以任意大小、在任意位置上显示，或是显示在窗体的顶端、底端、左边或右边，而且自动改变大小以适合窗体的宽度。

- Align 属性语法

```
object.Align [= number]
```

object 为对象表达式，其值是“应用于”列表中的对象。

number 为整数。number 的设置值如表 3-15 所示。

表 3-15 number 的设置值(Align 属性)

设 置 值	说 明
0	非 MDI 窗体(默认值)，可以在设计时或在程序中确定大小和位置，如果对象在 MDI 窗体上，则忽略该设置值
1	MDI 窗体(默认值)，对象显示在窗体的顶部，其宽度等于窗体的 ScaleWidth 属性的设置值
2	对象显示在窗体的底部，其宽度等于窗体的 ScaleWidth 属性的设置值
3	对象在窗体的左面，其宽度等于窗体的 ScaleWidth 属性的设置值
4	对象在窗体的右面，其宽度为窗体的 ScaleWidth 属性设置值

- Align 属性示例

本例在属性窗口中利用 Align 属性的 3 个不同设置值，使 3 个 Data 控件分别显示在窗体的任意位置、顶端和底端。要使用本例，在窗体上放置 3 个 Data 控件，它们的设置值分别为 0(默认值)、1 和 2。运行时的窗体如图 3-49 所示。

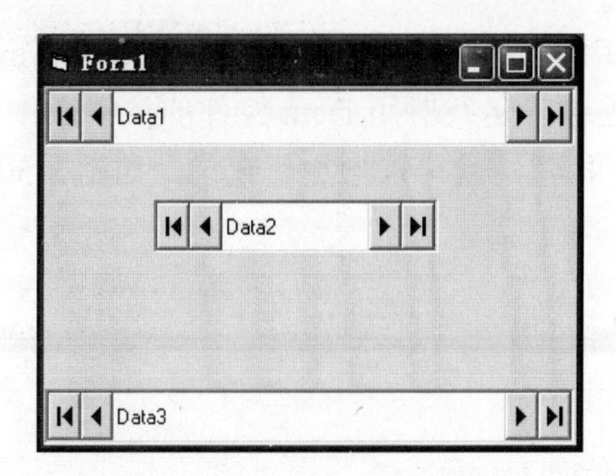

图 3-49 Align 属性示例

2. BOFAction 和 EOFAction 属性

返回或设置一个值，指示在 BOF 或 EOF 属性为 True 时 Data 控件进行什么操作。

● BOFAction、EOFAction 属性语法

```
object.BOFAction [= integer]
object.EOFAction [= integer]
```

integer 为整数，指定某一操作。

对于 BOFAction 属性，integer 的设置值如表 3-16 所示。

表 3-16 integer 的设置值(BOFAction 属性)

设 置 值	说 明
0	默认值，将第一个记录为当前记录
1	在 Recordset 的开头移动过去，将在第一个记录上触发 Data 控件的 Validate 事件，紧跟着是非法(BOF)记录上的 Reposition 事件，此刻禁止 Data 控件上的 Move Previous 按钮

对于 EOFAction 属性，integer 的设置值如表 3-17 所示。

表 3-17 integer 的设置值(EOFAction 属性)

设 置 值	说 明
0	默认值，保持最后一个记录为当前记录
1	在 Recordset 的结尾移过去，将在最后一个记录上触发 Data 控件的 Validate 事件，紧跟着是在非法 (EOF) 记录上的 Reposition 事件，此刻禁止 Data 控件上的 MoveNext 按钮
2	移过最后一个记录将在当前记录上触发 Data 控件的 Validate 事件，紧跟着是自动的 AddNew，接下来是在新记录上的 Reposition 事件

● EOFAction 属性示例

本例在设计时用 EOFAction 属性的 AddNew 设置值(设置值为 2)，在所连接数据库的最后

一个记录后增加新记录。要使用本例，在窗体上放置一个 Data 和 TextBox 控件，Data 和 TextBox 分别与已有的数据库和表相连接。运行时用 Data 控件的按钮操作至最后一个记录。

再单击“增加一个记录”按钮，就可以增加新记录，如图 3-50 所示。

3. Connect 属性

设置或返回连接数据库的信息。

- Connect 属性语法

```
object.Connect = databasetype; parameters
```

databasetype 为字符串表达式，指定 Microsoft Jet 数据库数据类型。

parameters 字符串表达式，连接 ODBC 或 ISAM 驱动的附加参数。

Connect 属性用于定义控件所要连接的数据库的类型。对不同数据库类型的设置如表 3-18 所示。

表 3-18 数据库类型的设置

数据库类型	Connect 属性
Microsoft Access	Access
Dbase	DbaseIII、DbaseⅣ、Dbase 5.0
Paradox	Paradox 3.x、Paradox 4.x、Paradox 5.x
FoxPro	FoxPro 2.0、FoxPro 2.5、FoxPro 2.6、FoxPro 3.0
Excel	Excel 3.0、Excel 4.0、Excel 5.0、Excel 8.0
ODBC	ODBC；DATABASE=XX；UID=XX；PWD=XX；DSD=XX
Lotus	Lotus wk1、Lotus wk3、Lotus wk4

- Connect 属性示例

本例在设计时使用 Connect 属性。要使用本例，在窗体上放置一个 Data 控件，用控件的属性口连接数据库类型，如图 3-51 所示。

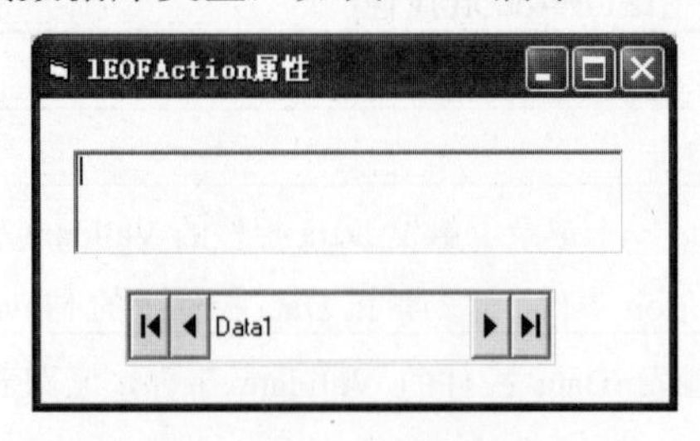

图 3-50 EOFAction 属性示例

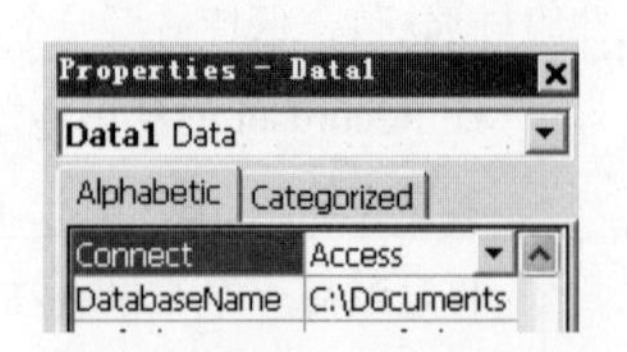

图 3-51 Connect 属性示例

4. Database 属性

返回对 Data 控件的基本 Database 对象的一个引用。

● Database 属性语法如下：

```
object.Database
Set databaseobject = object.Database(仅用于专业版和企业版)
```

databaseobject 为对象表达式，Data 控件所创建的 Database 对象的对象表达式。

由 Data 控件所创建的 Database 对象是以该控件的 DatabaseName、Exclusive、ReadOnly 和 Connect 属性为基础创建的。

Database 对象具有可以用来管理数据的属性和方法。通过 Data 控件的 Database 属性，可以使用 Database 对象的任何方法，比如 Close 和 Execute 方法。也可以通过使用 Database 的 TableDefs 集合，并依次使用单个 TableDefs 对象的 Fields 和 Indexes 集合的方法来检查 Database 的内部结构。

虽然可以创建一个 Recordset 对象并将它传递给 Data 控件的 Recordset 属性，但不能打开一个数据库并将新创建的 Database 对象传递给 Data 控件的 Database 属性。

5. DatabaseName 属性

返回或设置 Data 控件的数据源的名称和位置。

● DatabaseName 属性语法

```
object.DatabaseName [ = pathname ]
```

pathname 为字符串表达式，指示数据库文件的位置或 ODBC 数据源名称。

如果网络系统支持，则 pathname 参数可以是一个完全限定的网络路径名，如 \\Myserver\Myshare\Database.mdb。数据库类型和 pathname 指向的文件或目录，如表 3-19 所示。

表 3-19 数据库类型和 pathname 指向的文件或目录

pathname 指向	数据库类型
包含 dbf 文件的目录	dBASE 数据库
包含.xls 文件的目录	Microsoft Excel 数据库
包含.dbf 文件的目录	FoxPro 数据库
包含.wk1、.wk3、.wk4 或.wkS 文件的目录	Lotus 数据库
包含 pdx 文件的目录	Paradox 数据库
包含文本格式的数据库文件的目录	文本格式数据库

对于 ODBC 数据库，比如 SQL Server 和 Oracle，如果控件的 Connect 属性标识了一个数据源名称(DSN)，该数据源名称标识注册表中的某个 ODBC 数据源项目，则此属性可以为空白。

如果在控件的 Database 对象打开后改变了 DatabaseName 属性，则必须使用 Refresh 方法来打开新数据库。

● Database、DatabaseName 属性示例

本例打开数据库，并把数据库中的表在文本控件中显示。要用本例，在窗体上要有一个Data 和 TextBox 控件，并把代码粘贴到窗体的声明部分。运行时单击窗体，在 TextBox 控件中显示数据库中的表名。

Database、DatabaseName 属性示例的代码如下：

```
Private Sub Form_Load()
    Dim Td As TableDef
    Data1.DatabaseName = "c:\vbkj\vbkj06\BIBLIO.MDB"          ' 设置数据库文件
    Data1.Refresh                                             ' 打开数据库
    For Each Td In Data1.Database.TableDefs                   ' 读入并输出数据库中每个表的名称
        Text1.Text = Td.Name
    Next
End Sub
```

用上述代码在运行时的部分窗体如图 3-52 所示。

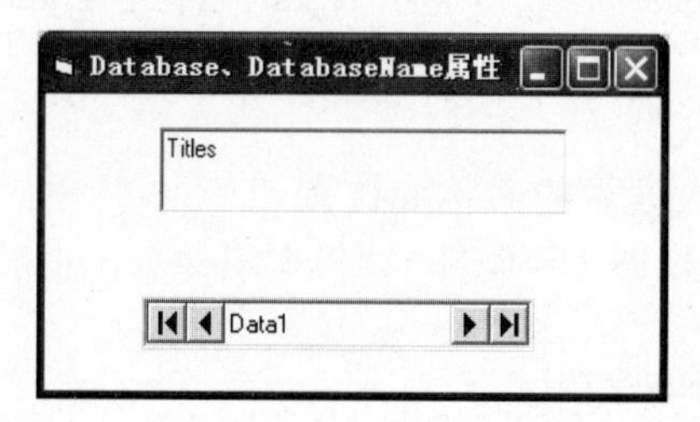

图 3-52　Database、DatabaseName 属性示例

6. DefaultCursorType 属性

控制 Data 控件所创建的连接默认光标类型(仅用于 ODBCDirect)。

DefaultCursorType 属性语法如下：

```
object.DefaultCursorType [ = value ]
```

value 为常数或整数，指定鼠标驱动程序类型。value 的设置值如表 3-20 所示。

表 3-20　value 的设置值(DefaultCursorType 属性)

设　置　值	说　　明
0	让 ODBC 驱动程序来决定使用哪种光标
1	使用 ODBC 光标库，对于小结果集这个选项将提供更佳的性能，但对较大结果集性能将快速地降低
2	使用服务器端的光标，对于大多数大型操作，这将提供更佳的性能，但可能会导致更多的网络传递活动

在 Data 控件的 DefaultType 属性被设置为 dbUseODBC 时使用此属性。

7. DefaultType 属性

返回或设置一个确定 Data 控件所使用的数据源(Jet 或 ODBCDirect)的类型的值。

- DefaultType 属性语法

```
object.DefaultType [= value ]
```

value 为整数或常数，指定数据源类型。value 的设置值如表 3-21 所示。

表 3-21 value 的设置值(DefaultType 属性)

设 置 值	说 明
1	使用 ODBCDirect 来访问数据
2	使用 Microsoft Jet 数据库引擎来访问数据

设置 DefaultType 属性将告诉 Data 控件在创建 Recordset 时使用哪种类型的数据源(Jet 或 ODBCDirect)。DefaultType 属性也确定 Data 控件使用的基本的 Workspace 对象的类型。除非这个属性被设置为 dbUseJet，Jet 数据库引擎将不会被加载。

当将 DefaultType 属性设置为 dbUseODBC 时，Visual Basic 创建一个新的 Workspace 对象并将它添加到 Workspaces 集合中。Data 控件的 DefaultType 属性同 CreateWorkspace 方法的 type 参数相似。当使用 dbUseJet 时，将使用默认的 Workspace 对象。

- DefaultCursorType、DefaultType 属性示例

本例在设计时使用 DefaultCursorType、DefaultType 属性。要使用本例，在窗体上放置一个 Data 控件，用它的属性口设置 DefaultCursorType、DefaultType 属性，如图 3-53 所示。

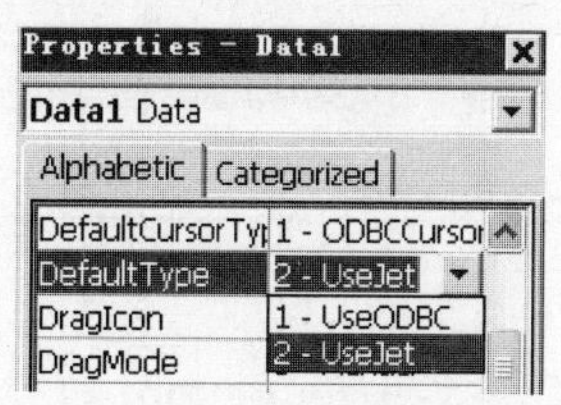

图 3-53 DefaultCursorType、DefaultType 属性示例

8. ReadOnly 属性

返回或设置一个值，确定控件的 Database 是否为只读访问而打开。

- ReadOnly 属性语法

```
object.ReadOnly [= boolean]
```

boolean 为布尔表达式，确定读/写访问。boolean 的设置值如表 3-22 所示。

表 3-22 boolean 的设置值(ReadOnly 属性)

设 置 值	说 明
True	控件的 Database 对象的打开方式为只读，不允许对数据进行修改
False	默认值，控件的 Database 对象的打开方式为读/写方式，允许对数据进行修改

使用 Data 控件的 ReadOnly 属性来指定基本的 Database 中的数据是否可以修改。

● ReadOnly 属性示例

本例确定控件的 Database 是为只读访问而打开。要用本例，在窗体上要有一个 Data 和 TextBox 控件(它们与 Biblio.mdb 数据库的 Titles 表相连接)，并把代码粘贴到窗体的声明部分。运行时单击窗体，在 TextBox 控件中显示数据库中记录为只读，不能修改。

ReadOnly 属性示例的代码如下：

```
Private Sub Form_Load()
  Data1.ReadOnly = True
End Sub
```

用上述代码在运行时的部分窗体如图 3-54 所示。

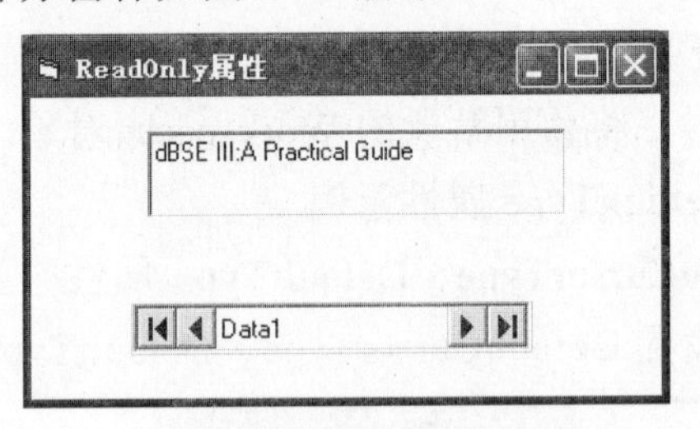

图 3-54　ReadOnly 属性示例

9. Recordset 属性

返回或设置由 Data 控件的属性或由现有的 Recordset 对象所定义的 Recordset 对象。

● Recordset 属性语法

```
Set object.Recordset [= value ]
```

value 为数值表达式，包含 Recordset 对象。

专业版和企业版中，如果使用代码或另一个 Data 控件创建 Recordset 对象，则可以将 Data 控件的 Recordset 属性设置为这个新的记录集。当新的 Recordset 被赋值给 Recordset 属性时，Data 控件中任何现有的 Recordset，以及与之相关的 Database 对象都被释放。

当 Recordset 属性被设置时，Data 控件不关闭当前的 Recordset 或 Database。如果没有其他用户，则该数据库被自动关闭。

Data 控件不支持只向前的 Recordset 对象。如果试图将一个只能向前的 Recordset 对象赋值给 Data 控件的 Recordset 属性，则将产生一个可捕获的错误。可以通过使用 Recordset 属性来引用 Data 控件的 Recordset 属性。通过直接引用 Recordset，可以确定与 Table 对象一起使用的 Index、QueryDef 的 Parameters 集合或者 Recordset 的类型。

● Recordset、RecordCount 属性示例

本例示例 Recordset 和 RecordCount 属性。要用本例，在窗体上设置一个 Data 和两个 TextBox 控件，并把代码粘贴到窗体的声明部分。运行时在 TextBox 控件中显示 Recordset 和 RecordCount 属性。

Recordset、RecordCount 属性示例的代码如下：

```
Dim Db As Database, Rs As Recordset
Private Sub Form_Load()
    Set Db = Workspaces(0).OpenDatabase("BIBLIO.MDB")
    Set Rs = Db.OpenRecordset("AUTHORS")            ' Table 对象的默认值
    Set Data1.Recordset = Rs                         ' 为 Recordset 赋值
    Data1.Recordset.Index = "PrimaryKey"
    Text1.Text = Rs.Type
    Data1.Recordset.MoveLast
    Text2.Text = Data1.Recordset.RecordCount
End Sub
```

用上述代码在运行时的窗体如图 3-55 所示。

图 3-55 Recordset、RecordCount 属性示例

10. RecordsetType 属性

返回或设置一个值，指出由 Data 控件创建的 Recordset 对象的类型。

RecordsetType 属性语法如下：

```
object.RecordsetType [= value ]
```

value 为常数或整数，指定 Recordset 类型。value 的设置值如表 3-23 所示。

表 3-23 value 的设置值(RecordsetType 属性)

设 置 值	说 明
0	表类型为 Table
1	默认值，表类型为 Dynaset
2	表类型为 Snapshot

11. RecordSource 属性

返回或设置 Data 控件的基本表、SQL 语句。指定通过窗体上的被绑定的控件访问记录的来源。

- RecordSource 属性语法

```
object.RecordSource [= value ]
```

value 为字符串表达式，指定名称。value 的设置值如表 3-24 所示。

表 3-24 value 的设置值(RecordSource 属性)

设 置 值	说 明
等于表名称	指定在 Database 对象的 TableDefs 集合中定义的一个表的名称
等于 SQL 查询	指定符合数据源的语法的合法 SQL 字符串
等于存储过程	指定数据库中的一个存储过程名。当使用 DAO 时，为 Database 对象的 QueryDefs 集合中的一个 QueryDef 的名称

- RecordsetType、RecordSource 属性示例

本例使用 Data 控件来创建 Recordset，并检查 Data 控件的 RecordsetType 属性以决定所创建记录集的类型。要用本例，在窗体上设置 Data 和 TextBox 控件，把代码粘贴到窗体的声明部分。运行时在 TextBox 控件中显示 RecordsetType 属性。

RecordsetType、RecordSource 属性示例的代码如下：

```
Private Sub Form_Load()
   Data1.RecordsetType = vbRSTypeDynaset
   Data1.DatabaseName = "BIBLIO.MDB"
   Data1.RecordSource = "Authors"
   Data1.Refresh
   Select Case Data1.RecordsetType
    Case vbRSTypeTable
        Text1.Text = "记录集的类型为 Table"
    Case vbRSTypeDynaset
        Text1.Text = "记录集的类型为 Dynaset"
    Case vbRSTypeSnapShot
        Text1.Text = "记录集的类型为 SnapShot"
   End Select
End Sub
```

用上述代码在运行时的窗体如图 3-56 所示。

图 3-56 RecordsetType、RecordSource 属性示例

3.9.4 Data 控件的事件

Validate 事件

在一条不同的记录成为当前记录之前，Update 方法之前(用 UpdateRecord 方法保存数据时除外)，以及 Delete、Unload 或 Close 操作之前会发生该事件。

- Validate 事件语法

```
Private Sub object_Validate ([ index As Integer,] action As Integer, save As Integer)
```

index 为整数，它在一个控件数组中，用来识别控件。

action 为整数，用来指示引发这种事件的操作。

当 action 的设置等于 0 时，表示取消操作。action 的设置值如表 3-25 所示。

表 3-25 action 的设置值(Validate 事件)

设 置 值	说 明
1	表示用 MoveFirst 方法
2	表示用 MovePrevious 方法
3	表示用 MoveNext 方法
4	表示用 MoveLast 方法
5	表示用 AddNew 方法
6	表示用 Update 操作不是 UpdateRecord
7	表示用 Delete 方法
8	表示用 Find 方法
9	表示 Bookmark 属性已被设置
10	表示用 Close 方法
11	表示窗体正在卸载

save 为布尔表达式，用来指定被连接的数据是否改变。save 的设置值如表 3-26 所示。

表 3-26 save 的设置值

设 置 值	说 明
True	表示被连接数据已被改变
False	表示被连接数据未被改变

● Validate 事件示例

本例使用 Validate 事件的多种设置值，操纵数据库。要用本例，在窗体上设置 1 个 Data、3 个 TextBox、8 个 CommandButton、2 个 Label 控件；Data 和 TextBox 控件与 Biblio.mdb 数据库的 Titles 表相连接；把代码粘贴到窗体的声明部分。运行时按照 8 个 CommandButton 上标记的功能操纵数据库。

Validate 事件示例的代码如下：

```
Option Explicit
Private Sub Command1_Click(Index As Integer)
  Dim msg, oldmark
    Select Case Index   ' Button.Key
        Case 0                                              ' 第一个记录
            Data1.Recordset.MoveFirst
        Case 1                                              ' 上一个记录
            Data1.Recordset.MovePrevious
            If Data1.Recordset.BOF Then _
              Data1.Recordset.MoveFirst
        Case 2                                              ' 下一个记录
            Data1.Recordset.MoveNext
            If Data1.Recordset.BOF Then _
              Data1.Recordset.MoveLast
        Case 3                                              ' 最后一个记录
            Data1.Recordset.MoveLast
        Case 4                                              ' 添加
            Data1.Recordset.AddNew
            Text1.SetFocus
        Case 5                                              ' 删除
            On Error Resume Next
            msg = MsgBox("确定要删除？ ", vbYesNo)
            If msg = vbYesNo Then
             Data1.Recordset.Delete
             Data1.Recordset.MoveNext
             If Data1.Recordset.BOF Then Data1.Recordset.MoveLast
            End If
        Case 6
            Unload Me
```

```
        End Select
    End Sub
  Private Sub Data1_Reposition()
    Label1.Caption = "记录总数:" & Data1.Recordset.RecordCount
    Label2.Caption = "第" & Data1.Recordset.AbsolutePosition + 1 &_
        "一个记录"
  End Sub
  Private Sub Data1_Validate(Action As Integer, Save As Integer)
    Dim msg
      Select Case Action
         Case 1, 2, 3, 4, 5, 11
            If Save Then
               msg = MsgBox("数据要更新吗？", vbYesNo)
               If msg = vbYesNo Then
                    Save = 0
               End If
            End If
         End Select
    End Sub
  Private Sub Form_Activate()
    If Data1.Recordset.RecordCount = 0 Then
       MsgBox ("当前数据库无数据，请先添加数据。")
       Data1.Recordset.AddNew
    Else
       Data1.Recordset.MoveLast
       Data1.Recordset.MoveFirst
    End If
  End Sub
```

用上述代码在运行时的窗体如图 3-57 所示。

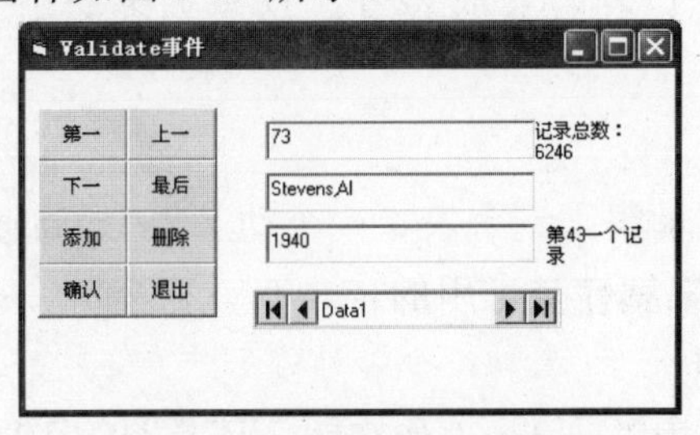

图 3-57　Validate 事件示例

3.9.5　使用 Data 控件

Data 控件通过使用 Microsoft 的 Jet 数据库引擎实现数据访问(与 Microsoft Access 所用的数

据库引擎相同)。它可以访问很多标准的数据库格式，而且无需编写任何代码就可以创建数据识别应用程序。Data 控件最适合较小的(桌面)数据库，如 Access 和 ISAM 数据库。

使用 Data 控件创建应用程序，可以显示、编辑和更新来自多种已有的数据库的信息。这些数据库包括 Microsoft Access、Btrieve、dBASE、Microsoft FoxPro、Paradox。也可以使用这种控件如同访问真正的数据库一样来访问 Microsoft Excel、Lotus 1-2-3 和标准的 ASCII 文本文件。Data 控件还可以访问和操作远程的开放式数据库连接(ODBC)数据库，如 Microsoft SQL Server 和 Oracle。

1. 使用 Data 控件创建一个简单的数据库应用程序

使用 Data 控件创建一个简单的数据库应用程序的步骤如下：

(1) 在窗体上放置一个 Data 控件；

(2) 单击并选定这个 Data 控件，按 F4 键显示“属性”窗口；

(3) 在“属性”窗口中，将“连接”属性设置为想要使用的数据库类型；

(4) 在“属性”窗口中，将 DatabaseName 属性设置为想要连接的数据库的文件或目录名称；

(5) 在“属性”窗口中，将“记录源”属性设置为想要访问的数据库表的名称；

(6) 在该窗体上放置一个文本框控件；

(7) 单击并选定这个 TextBox 控件，并在其“属性”窗口中将“数据源”属性设置为该 Data 控件；

(8) 在这个“属性”窗口中，将“数据字段”属性设置为在该数据库中想要察看或修改的字段的名称；

(9) 对其他的每一个想要访问的字段，重复第(6)~(8) 步；

(10) 按 F5 键运行这个应用程序。

2. 设置 Data 控件与数据相关的属性

下述与数据相关的属性可以在设计时设置。这个列表给出了设置这些属性的一种逻辑顺序。

(1) RecordsetType 属性

RecordsetType 属性决定记录集是一个表、一个动态集(Dynaset)，还是一个快照。

这个选择将影响哪些记录集属性是可用的。

(2) DefaultType 属性

DefaultType 属性指定所使用的是 Jet 工作空间，还是 ODBCDirect 工作空间。

(3) DefaultCursorType 属性

DefaultCursorType 属性决定光标的位置。可以使用 ODBC 驱动程序来决定光标的位置，或者指定服务器或 ODBC 光标。只有当使用 ODBCDirect 工作空间时，DefaultCursorType 属性才是有效的。

(4) Exclusive 属性

Exclusive 属性决定该数据是用于单用户环境，还是多用户环境。

(5) Options 属性

这个属性决定记录集的特征。如在一个多用户环境中，可以设置 Options 属性来禁止他人所做的更改。

(6) BOFAction、EOFAction 属性

这两个属性决定当这个控件位于光标的开始或末尾时的行为。可能的选择包括停留在开始或末尾、移动到第一个或最后一个记录，或者添加一个新的记录(只有在末尾时)。

3.10　MSFlexGrid 控件

MSFlexGrid(Microsoft FlexGrid)控件可以显示网格数据，也可以对其进行操作。它提供了高度灵活的网格排序、合并和格式设置功能，网格中可以包含字符串和图片。如果将它绑定到一个 Data 控件上，MSFlexGrid 显示的将是只读的数据。

3.10.1　MSFlexGrid 控件的功能

文本和图片可以同时或者单独放在 MSFlexGrid 的任何一个单元格中。Row 和 Col 属性指定了当前的 MSFlexGrid 单元格。在代码中改变当前单元格，可以在运行时使用鼠标或者箭头键改变当前单元格。Text 属性提供了当前单元格内容的参考信息。

如果单元格中的文本过长，无法全部显示在单元格的一行中，而且 WordWrap 属性被设置为 True，那么文本将转到同一单元格的下一行。如果需要显示被转行的文本，需要增加单元的列宽(ColWidth 属性)或行高(RowHeight 属性)。

使用 Col 和 Row 属性可以分别确定 MSFlexGrid 中列与行的个数。

3.10.2　工具箱和窗体上的 MSFlexGrid 控件

工具箱和窗体上的 MSFlexGrid 控件，分别如图 3-58 和图 3-59 所示。

图 3-58　工具箱中的 MSFlexGrid 控件

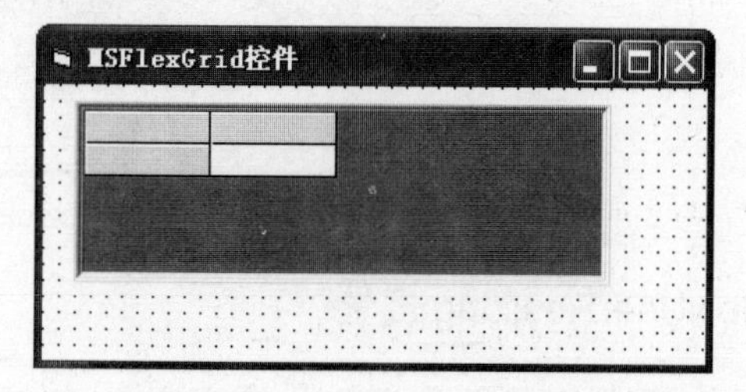

图 3-59　窗体上的 MSFlexGrid 控件

3.10.3 MSFlexGrid 控件的属性

1. AllowBigSelection 属性

该属性返回或者设置一个值，该值决定了在行头或者列头上单击时，是否可以使得整个行或者列都被选中。

- AllowBigSelection 属性语法

```
object.AllowBigSelection [=boolean ]
```

boolean 为布尔表达式，指出单击标头时，是否选择整行或整列。boolean 的设置值如表 3-27 所示。

表 3-27　boolean 的设置值(AllowBigSelection 属性)

设 置 值	说　明
True	默认值，当单击标头时，选择整行或整列
False	当单击标头时，仅选择标头

- AllowBigSelection 属性示例

本例使用 AllowBigSelection 属性，当在标头上单击时，允许整个行或者列都被选中。要用本例，在窗体上设置一个 MSFlexGrid 控件(网格的行、列数自定)，把代码粘贴到窗体的声明部分。运行时单击标头。

AllowBigSelection 属性示例的代码如下：

```
Private Sub Form_Load()
   MSFlexGrid1.AllowBigSelection = True
End Sub
```

用上述代码在运行时的窗体如图 3-60 所示。

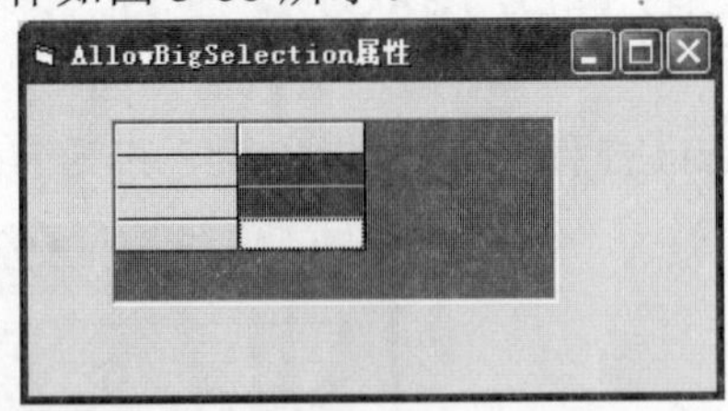

图 3-60　AllowBigSelection 属性示例

2. AllowUserResizing 属性

该属性返回或者设置一个值，该值决定了是否可以用鼠标来对 MSFlexGrid 控件中行和列的大小进行重新调整。

- AllowUserResizing 属性语法

```
object.AllowUserResizing [= value ]
```

value 为整数或者常数，它指定了是否可以对行和列的大小进行重新调整。value 的设置值如表 3-28 所示。

表 3-28　value 的设置值(AllowUserResizing 属性)

设　置　值	说　　明
0	默认值，常数为 flexResizeNone 时，不能用鼠标来重新调整大小
1	常数为 flexResizeColumns 时，可以用鼠标来重新调整列的大小
2	常数为 flexResizeRows 时，可以用鼠标来重新调整行的大小
3	常数为 flexResizeBoth 时，可以用鼠标来重新调整行和列的大小

为调整行和列的大小，鼠标应该在 MSFlexGrid 控件的固定区域的上方，并接近于行和列之间的边界。鼠标指针将改变为适当的调整大小用的指针，用户可以拖动行或者列以改变行的高度或者列的宽度。

- AllowUserResizing 属性示例

本例使用 AllowUserResizing 属性，用鼠标调整 MSFlexGrid 控件中行和列的大小。要用本例，在窗体上设置一个 MSFlexGrid 控件(网格的行、列数可自定)，在控件的属性窗口设置 AllowUserResizing 属性(调整行和列的大小)。运行时用鼠标重新调整 MSFlexGrid 控件中行、列的大小，如图 3-61 所示。

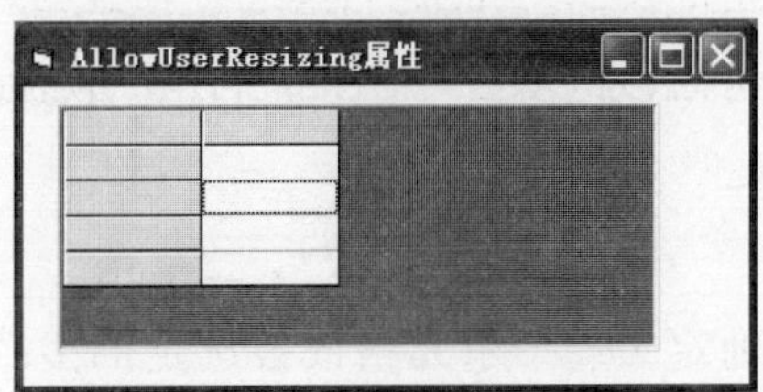

图 3-61　AllowUserResizing 属性示例

3. BackColor、BackColorBkg、BackColorFixed、BackColorSel 属性

这些属性返回或设置 MSFlexGrid 控件的各种不同元素的背景颜色。

- BackColor、BackColorBkg、BackColorFixed、BackColorSel 属性语法

```
object.BackColor [=color]
object.BackColorBkg [=color]
object.BackColorFixed [=color]
object.BackColorSel [=color ]
```

color 为数值表达式，它指定了颜色。BackColor 影响所有未确定单元的颜色。可以用 CellBackColor 属性来对单个、单元的背景颜色进行设置。

- BackColor、BackColorBkg、BackColorFixed、BackColorSel 属性示例

本例用了 BackColorBkg、BackColorFixed、BackColorSel 属性。以每秒钟两次的速度，随机地对 MSFlexGrid 控件的控件背景、已选定背景，以及确定单元背景的颜色进行重置。要用此例，在窗体上设置名为 Timer1 的 Timer 控件和名为 MSFlexGrid1 的 MSFlexGrid 控件，并将代码粘贴到窗体的声明部分。

BackColor、BackColorBkg、BackColorFixed、BackColorSel 属性示例的代码如下：

```
Private Sub Form_Load()
    Timer1.Interval = 500
End Sub
Private Sub Timer1_Timer()
    MSFlexGrid1.BackColorBkg = QBColor(Rnd * 15)
    MSFlexGrid1.BackColorFixed = QBColor(Rnd * 10)
    MSFlexGrid1.BackColorSel = QBColor(Rnd * 10)
End Sub
```

用上述代码在运行时的窗体如图 3-62 所示。

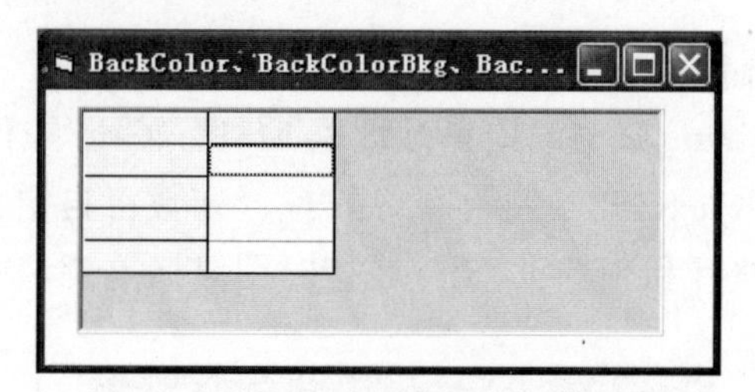

图 3-62 BackColor、BackColorBkg、BackColorFixed、BackColorSel 属性示例

4. CellAlignment 属性

该属性返回或设置的数值确定了一个单元格或被选定的多个单元格所在区域的水平和垂直对齐方式。该属性在设计时是不可使用的。

- CellAlignment 属性语法

```
object.CellAlignment [=value]
```

value 为整数或者常数，它指定文本如何与单元格进行对齐。value 的各种设置如表 3-29 所示。

表 3-29 value 的各种设置

常　数	值	描　述
flexAlignLeftTop	0	单元格的内容左、顶部对齐
flexAlignLeftCenter	1	字符串的默认对齐方式。单元格的内容左、居中对齐
flexAlignLeftBottom	2	单元格的内容左、底部对齐
flexAlignCenterTop	3	单元格的内容居中、顶部对齐

(续表)

常　数	值	描　述
flexAlignCenterCenter	4	单元格的内容居中、居中对齐
flexAlignCenterBottom	5	单元格的内容居中、底部对齐
flexAlignRightTop	6	单元格的内容右、顶部对齐
flexAlignRightCenter	7	数字的默认对齐方式。单元格的内容右、居中对齐
flexAlignRightBottom	8	单元格的内容右、底部对齐
flexAlignGeneral	9	单元格的内容按一般方式进行对齐。字符串按“左、居中”显示，数字按“右、居中”显示

- CellAlignment 属性示例

本例用 CellAlignment 属性，使单元格内容居中对齐。要用此例，在窗体上设置 MSFlexGrid 控件，并将代码粘贴到窗体的声明部分。

CellAlignment 属性示例的代码如下：

```
Private Sub MSFlexGrid1_Click()
  Dim i As Integer
  Dim j As Integer
  MSFlexGrid1.AllowUserResizing = flexResizeBoth
  MSFlexGrid1.Rows = 11
  MSFlexGrid1.Cols = 6
  For i = 0 To 10
    MSFlexGrid1.Row = i
    MSFlexGrid1.Col = 0
    MSFlexGrid1.Text = I
   Next i
   ' 单元格的内容居中对齐
   MSFlexGrid1.CellAlignment = flexAlignCenterCenter
   For j = 1 To 5
     MSFlexGrid1.Row = 0
     MSFlexGrid1.Col = j
     MSFlexGrid1.Text = j
     MSFlexGrid1.CellAlignment = flexAlignCenterCenter
  Next j
  For j = 1 To 10
   For i = 1 To 5
     MSFlexGrid1.CellAlignment = flexAlignCenterCenter
     MSFlexGrid1.Row = j
     MSFlexGrid1.Col = i
     MSFlexGrid1.Text = i * j
   Next i
```

```
    Next j
End Sub
```

用上述代码在运行时的窗体如图 3-63 所示。

CellAlignment属性

0	1	2	3
1	1	2	3
2	2	4	6
3	3	6	9
4	4	8	12
5	5	10	15

图 3-63 CellAlignment 属性示例

5. CellBackColor、CellForeColor 属性

CellBackColor 属性返回或者设置单独的单元格或者单元格区域的背景色，CellForeColor 属性返回或者设置单独的单元格或者单元格区域的前景色。这两个属性不能在设计时使用。

- CellBackColor、CellForeColor 属性语法

```
object.CellBackColor [=color]
object.CellForeColor [=color]
```

color 为数值表达式，它为当前选定单元指定了颜色。将这些属性中的任何一个设置为 0，都将用标准背景和前景颜色来画单元。

可以用 BackColorBkg、BackColorFixed、BackColorSel、ForeColorFixed 和 ForeColorSel 属性对各种不同的 MSFlexGrid 元素的颜色进行设置。可以用 BackColor 属性将所有未确定单元设置为同样的背景颜色。

- CellBackColor、CellForeColor 属性示例

本例使用 CellBackColor、CellForeColor 属性，运行时以每秒钟两次的速度，随机地对 MSFlexGrid 控件焦点单元的背景颜色和文本颜色进行重置。要用此例，在窗体上设置带有命名为 Timer1 的 Timer 控件和命名为 MSFlexGrid1 的 MSFlexGrid 控件，将代码粘贴到窗体的声明部分。

CellBackColor、CellForeColor 属性示例的代码如下：

```
Private Sub Form_Load ()
    Timer1.Interval =500
    MSFlexGrid1.Text = "这里是焦点！"
End Sub
Private Sub Timer1_Timer ()
    MSFlexGrid1.CellBackColor = QBColor(Rnd * 15)
    MSFlexGrid1.CellForeColor = QBColor(Rnd * 10)
End Sub
```

用上述代码在运行时的窗体如图 3-64 所示。

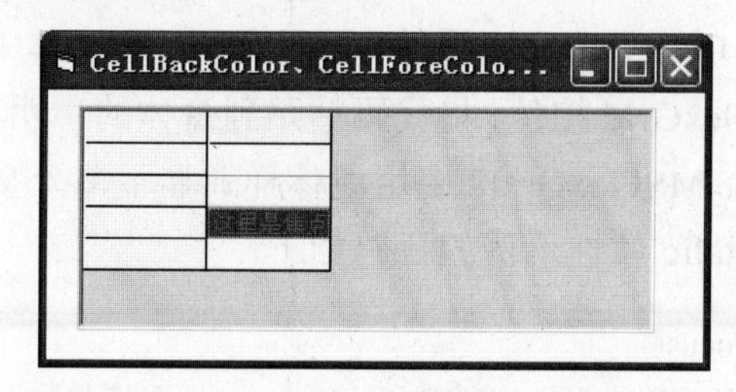

图 3-64 CellBackColor、CellForeColor 属性示例

6. CellFontBold 属性

该属性返回或设置当前单元文本的粗体样式。在设计时不可用。

CellFontBold 属性语法如下：

```
object.CellFontBold [=boolean ]
```

boolean 为布尔表达式，决定当前单元文本是否为粗体。boolean 的设置值如表 3-30 所示。

表 3-30 boolean 的设置值(CellFontBold 属性)

设 置 值	说 明
True	当前单元文本为粗体
False	默认值，当前单元文本为正常(不是粗体)

对该属性所做的更改是否会影响到当前单元或者当前选定，取决于 FillStyle 属性的设置值。

7. CellFontItalic 属性

该属性返回或设置当前单元文本的斜体样式。在设计时不可用。

- CellFontItalic 属性语法

object.CellFontItalic [=boolean]

boolean 为布尔表达式，决定了单元中的文本样式是否为斜体的。boolean 的设置值如表 3-31 所示。

表 3-31 boolean 的设置值(CellFontItalic 属性)

设 置 值	说 明
True	当前单元文本为斜体
False	默认值，当前单元文本为正常(不是斜体)

对该属性所做的更改是否会影响到当前单元或者当前选定，取决于 FillStyle 属性的设置值。

- CellFontBold、CellFontItalic 属性示例

本例使用 CellFontBold、CellFontItalic 属性。要用此例，在窗体上设置命名为 MSFlexGrid1 和 MSFlexGrid2 的两个 MSFlexGrid 控件，将代码粘贴到窗体的声明部分。运行时 MSFlexGrid1 中用粗体样式显示单元文本，MSFlexGrid2 中用斜体样式显示单元文本。

CellFontBold、CellFontItalic 属性示例的代码如下：

```
Sub MSFlexGrid1_GotFocus()
    MSFlexGrid1.AllowUserResizing = flexResizeBoth          ' 调整行、列大小
    MSFlexGrid1.CellFontBold = True                         ' 单元中文本为粗体样式
    MSFlexGrid1.Text = "123456789"                          ' 单元中的文本
End Sub
Private Sub MSFlexGrid2_GotFocus()
    MSFlexGrid2.AllowUserResizing = flexResizeBoth
    MSFlexGrid2.CellFontItalic = True                       ' 单元中的文本为斜体样式
    MSFlexGrid2.Text = "123456789"                          ' 单元中的文本
End Sub
```

用上述代码在运行时的窗体如图 3-65 所示。

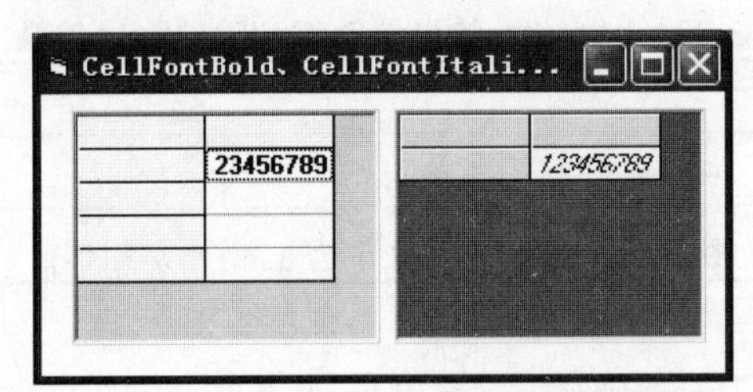

图 3-65　CellFontBold、CellFontItalic 属性示例

8. CellFontName 属性

该属性返回或设置当前单元文本的字体名。在设计时不可用。

CellFontName 属性语法如下：

```
object.CellFontName [=string ]
```

string 为字符串表达式，命名一种可用的字体。

对该属性所做的更改是否会影响到当前单元或者当前选定，取决于 FillStyle 属性的设置值。

9. CellFontSize 属性

该属性返回或设置以磅为单位的当前单元文本的尺寸。在设计时不可用。

CellFontSize 属性语法如下：

```
object.CellFontSize [= value ]
```

value 为数值表达式，它指定了当前单元文本的尺寸。

对该属性所做的更改是否会影响到当前单元或者当前选定，取决于 FillStyle 属性的设置值。

10. CellFontStrikeThrough 属性

该属性返回或者设置一个值，该值决定了是否将 StrikeThrough 样式应用到当前单元文本中。

CellFontStrikeThrough 属性语法如下：

```
object.CellFontStrikeThrough [=boolean]
```

boolean 为布尔表达式，它决定了是否将 StrikeThrough 样式应用到单元文本中。boolean 的设置值如表 3-32 所示。

表 3-32　boolean 的设置值(CellFontStrikeThrough 属性)

设　置　值	说　明
True	将 StrikeThrough 样式应用到单元文本中
False	默认值，StrikeThrough 样式不在单元文本中应用

对 CellFontStrikeThrough 属性所做的更改是否会影响到当前单元或者当前选定，取决于 FillStyle 属性的设置值。

11. CellFontWidth 属性

该属性返回或设置以点数表示的当前单元文本宽度。在设计时不可用。

- CellFontWidth 属性语法

```
object.CellFontWidth [= value ]
```

value 为数值表达式，它指定了当前单元文本字体所要求的磅宽度。

对 CellFontWidth 属性所做的更改是否会影响到当前单元或者当前选定，取决于 FillStyle 属性的设置值。

- CellFontName、CellFontSize、CellFontStrikeThrough 和 CellFontWidth 属性示例

本例使用 CellFontName、CellFontSize、CellFontStrikeThrough 和 CellFontWidth 属性。要用此例，在窗体上设置命名为 MSFlexGrid1 和 MSFlexGrid2 的两个 MSFlexGrid 控件，将代码粘贴到窗体的声明部分。运行时 MSFlexGrid1 中显示文本的字体名、尺寸和单元文本的宽度，MSFlexGrid2 中用 StrikeThrough 样式显示单元文本的字体名、尺寸。

CellFontName、CellFontSize、CellFontStrikeThrough 和 CellFontWidth 属性示例的代码如下：

```
Sub MSFlexGrid1_GotFocus()
    MSFlexGrid1.AllowUserResizing = flexResizeBoth
    MSFlexGrid1.CellFontName = Screen.Fonts(3)              ' 显示字体名
    MSFlexGrid1.CellFontSize = 12                           ' 单元文本的尺寸
    MSFlexGrid1.CellFontBold = True
```

```
    MSFlexGrid1.Text = Screen.Fonts(3)
    MSFlexGrid1.CellFontWidth = 11                ' 单元文本的宽度
End Sub
Private Sub MSFlexGrid2_GotFocus()
    MSFlexGrid2.AllowUserResizing = flexResizeBoth
    MSFlexGrid2.CellFontName = Screen.Fonts(3)
    MSFlexGrid2.CellFontSize = 12
    MSFlexGrid2.CellFontBold = True
    MSFlexGrid2.Text = Screen.Fonts(3)
    MSFlexGrid2.CellFontStrikeThrough = True
End Sub
```

用上述代码在运行时的窗体如图 3-66 所示。

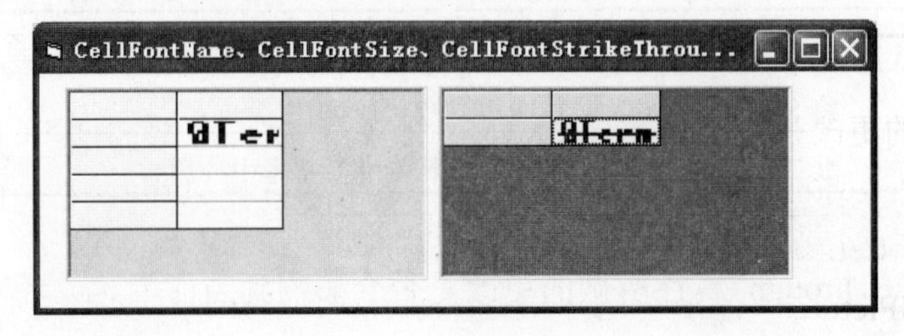

图 3-66 CellFontName、CellFontSize、CellFontStrikeThrough 和 CellFontWidth 属性示例

12. CellPicture 属性

该属性返回或设置在当前单元或者一群单元中显示的图像。在设计时不可用。

CellPicture 属性语法如下：

```
object.CellPicture [= picture ]
```

picture 为一个位图、图标或元文件图像。也可以把它赋给另一个控件的 Picture 属性。

在运行时，可以通过在位图、图片或者元文件上使用 LoadPicture 函数，或者将之赋给另一个控件的 Picture 属性来对该属性进行设置。

对这个属性所做的更改是否会影响到当前单元或者当前选定，取决于 FillStyle 属性的设置值。每个单元都可能包含文本和图片。文本和图片的相对位置是由 CellAlignment 和 CellPictureAlignment 属性所决定的。

13. CellPictureAlignment 属性

该属性返回或设置在单元或者一群选定单元中图片的对齐方式。在设计时不可用。

- CellPictureAlignment 属性语法

```
object.CellPictureAlignment [= value ]
```

value 为整数或者常数，指定单元中的图片如何对齐。value 的设置值如表 3-33 所示。

表 3-33 value 的设置值(CellPictureAlignment 属性)

常　　数	设 置 值	说　　明
flexLeftTop	0	图片左边、顶端对齐
flexLeftCenter	1	图片左边、中间对齐
flexLeftBottom	2	图片左边、底端对齐
flexCenterTop	3	图片居中、顶端对齐
flexCenterCenter	4	图片居中、中间对齐
flexCenterBottom	5	图片居中、底端对齐
flexRightTop	6	图片右边、顶端对齐
flexRightCenter	7	图片右边、中间对齐
flexRightBottom	8	图片右边、底端对齐

对该属性所做的更改是否会影响到当前单元或者当前选定，取决于 FillStyle 属性的设置。FillStyle 属性对于 CellAlignment 必须设置为 1(Repeat)，以对齐 MSFlexGrid 中选定的单元范围。

- CellPicture、CellPictureAlignment 属性示例

本例使用 CellPicture、CellPictureAlignment 属性。要用此例，在窗体上设置命名为 MSFlexGrid2 的 MSFlexGrid 控件，命名为 Picture1 的 PictureBox 控件，PictureBox 控件中的图片用属性窗口装入，将代码粘贴到窗体的声明部分。运行时单击 MSFlexGrid 控件，调整单元大小。

CellPicture、CellPictureAlignment 属性示例的代码如下：

```
Private Sub Form_Load()
  MSFlexGrid2.AllowUserResizing = flexResizeBoth
End Sub
Private Sub MSFlexGrid2_Click()
 MSFlexGrid2.Cols = 10
 MSFlexGrid2.Rows = 10
 MSFlexGrid2.CellPictureAlignment = flexCenterCenter      ' 图片的对齐方式
 MSFlexGrid2.Row = 0
 MSFlexGrid2.Col = 0
 MSFlexGrid2.CellAlignment = flexAlignCenterCenter
 MSFlexGrid2.FillStyle = flexFillSingle
 Set MSFlexGrid2.CellPicture = Picture1.Picture            ' 单元中的图片
End Sub
```

用上述代码在运行时的窗体如图 3-67 所示。

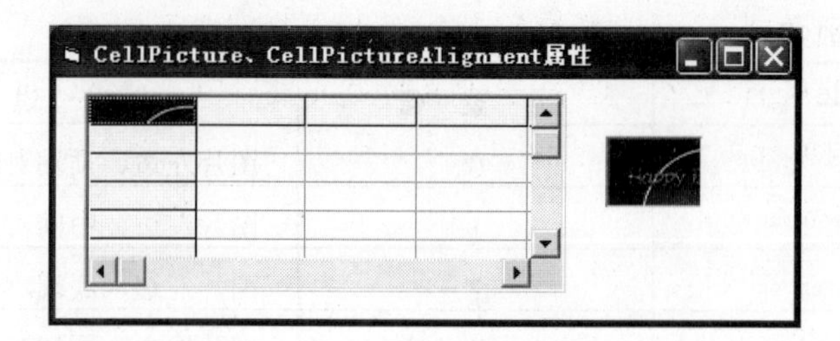

图 3-67 CellPicture、CellPictureAlignment 属性示例

14. CellTextStyle 属性

该属性返回或设置指定单元或者一群单元上文本的三维样式。在设计时不可用。

CellTextStyle 属性语法如下：

```
object.CellTextStyle [= value ]
```

value 为整数或常数，指定 CellTextStyle 属性中的一个常数。value 的常数和设置值如表 3-34 所示。

表 3-34 value 的常数和设置值(CellTextStyle 属性)

常 数	设 置 值	说 明
flexTextFlat	0	单元上文本为平面的(普通文本)
flexTextRaised	1	单元上文本为凸起的
flexTextInset	2	单元上文本为避免下陷的
flexTextRaisedLight	3	单元上文本为轻微凸起的
flexTextInsetLight	4	单元上文本为轻微下陷的

设置值 1 和 2 最好用于大字体和粗体字。设置值 3 和 4 最好用于小的常规字体。单元的外观同时还受到背景颜色的影响。许多背景颜色显不出凸起或者下陷的效果。

对这个属性所做的更改是否会影响到当前单元或者当前选定，取决于 FillStyle 属性的设置值。

15. Clip 属性

该属性返回或设置 MSFlexGrid 控件的选定区域中单元的内容。在设计时不可用。

● Clip 属性语法

```
object.Clip [= string ]
```

string 为字符串表达式，它带有已选定区域的内容。

string 可能包含多个行和列的内容。在 string 中，制表符，即 Chr (9)，或者常数 vbTab 表示了某一行中的一个新单元；而回车换行符，即 Chr(13)，或者常数 vbCR 则表示了一个新行的开始。可以用 Chr 函数或者 vb 常数将这些字符嵌入到字符串中。

当数据放入 MSFlexGrid 控件时，只是选定的单元受影响。如果选定区域中的单元比 string 中描述的更多，余下的单元就被单独放到一边。如果 string 中描述的单元比选定区域中的更多，string 的未使用部分就被忽略。

- CellTextStyle、Clip 属性示例

本例使用 CellTextStyle、Clip 属性。要用此例，在窗体上设置命名为 MSFlexGrid2 的 MSFlexGrid 控件，将代码粘贴到窗体的声明部分。运行时单击 MSFlexGrid 控件，调整单元大小，选定单元。

CellTextStyle、Clip 属性示例的代码如下：

```
Private Sub Form_Load()
   MSFlexGrid2.AllowUserResizing = flexResizeBoth
End Sub
Private Sub MSFlexGrid2_Click()
  MSFlexGrid2.Cols = 5
  MSFlexGrid2.Rows = 8
  MSFlexGrid2.Row = 0
  MSFlexGrid2.Col = 0
  MSFlexGrid2.FillStyle = flexFillRepeat
  MSFlexGrid2.CellTextStyle = flexTextFlat                    ' 设置文本样式
  MSFlexGrid2.Row = 0
  MSFlexGrid2.Col = 0
  MSFlexGrid2.Text = "flexTextFlat"
  MSFlexGrid2.CellTextStyle = flexTextInset                   ' 设置文本样式
  MSFlexGrid2.Row = 1
  MSFlexGrid2.Col = 0
  MSFlexGrid2.Text = "flexTextInset"
  MSFlexGrid2.CellTextStyle = flexTextInsetLight              ' 设置文本样式
  MSFlexGrid2.Row = 2
  MSFlexGrid2.Col = 0
  MSFlexGrid2.Text = "flexTextInsetLight"
  MSFlexGrid2.CellTextStyle = flexTextRaised                  ' 设置文本样式
  MSFlexGrid2.Row = 3
  MSFlexGrid2.Col = 0
  MSFlexGrid2.Text = "flexTextRaised"
  MSFlexGrid2.CellTextStyle = flexTextRaisedLight             ' 设置文本样式
  MSFlexGrid2.Row = 4
  MSFlexGrid2.Col = 0
  MSFlexGrid2.Text = "flexTextRaisedLight"
End Sub
Private Sub MSFlexGrid2_MouseUp(Button As Integer, Shift As Integer,_
  X As Single, Y As Single)
```

```
Dim myStr As String
    myStr = "James" + Chr(1) + "Nancy" + Chr(1) + "Lisa"
    MSFlexGrid2.Clip = myStr                          ' 选定单元的内容
End Sub
```

用上述代码在运行时的窗体如图 3-68 所示。

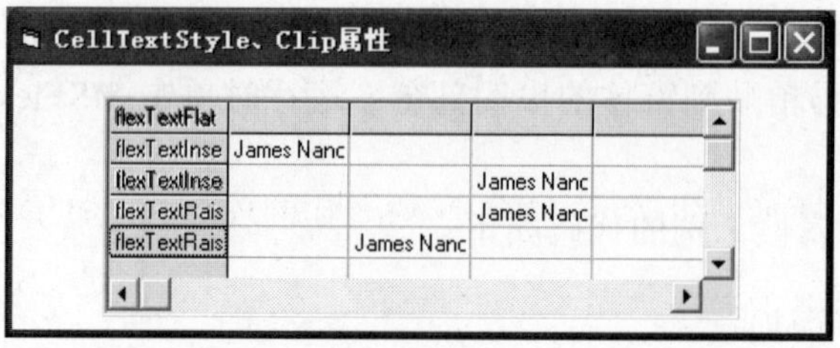

flexTextFlat				
flexTextInse	James Nanc			
flexTextInse			James Nanc	
flexTextRais			James Nanc	
flexTextRais		James Nanc		

图 3-68　CellTextStyle、Clip 属性示例

16. Col、Row 属性

这两个属性返回或设置 MSFlexGrid 中活动单元的坐标。在设计时不可用。

- Col、Row 属性语法

```
object.Col [= number ]
object.Row [= number ]
```

number 为长整数，指定活动单元的位置。

可以用 Col、Row 属性来指定 MSFlexGrid 中的单元，或者找到包含当前单元的那个行或者列。行和列是从 0 开始计数的，对于行来说，以顶端为起始，而对于列来说，则以左边为起始。

- Col、Row 属性示例

本例使用 Col、Row 属性。要用此例，在窗体上设置命名为 MSFlexGrid2 的 MSFlexGrid 控件，将代码粘贴到窗体的声明部分。运行时单击 MSFlexGrid 控件，调整单元大小，选定当前单元。

Col、Row 属性示例的代码如下：

```
Private Sub Form_Load()
    MSFlexGrid2.AllowUserResizing = flexResizeBoth
    MSFlexGrid2.Rows = 8
    MSFlexGrid2.Cols = 5
End Sub
Private Sub MSFlexGrid2_Click()
    MSFlexGrid2.Text = "当前单元"                  ' 把文本放在当前单元中
    MSFlexGrid2.Col = 2                           ' 把文本放在第 3 行第 3 列
    MSFlexGrid2.Row = 2
    MSFlexGrid2.Text = "第 3 行、第 3 列"
End Sub
```

用上述代码在运行时的窗体如图 3-69 所示。

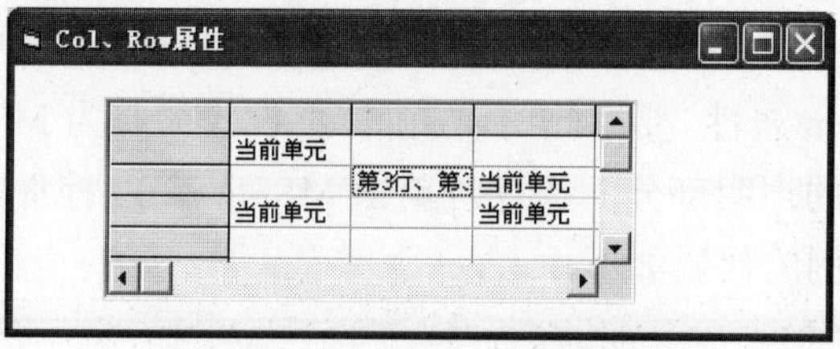

图 3-69　Col、Row 属性示例

17. ColAlignment、ColAlignmentBand、ColAlignmentHeader 属性

这几个属性返回或者设置列中数据的对齐方式。该列可以是一个标准列、带区中的一列或者标头中的一列。这几个属性在设计时是不可使用的。

- ColAlignment、ColAlignmentBand、ColAlignmentHeader 属性语法

```
object.ColAlignment(number) [=value]
object.ColAlignmentBand(number) [=value]
object.ColAlignmentHeader(number) [=value]
```

number 为整数，指定列在 MSFlexGrid 中的编号。

value 为整数或者常数，指定列中数据的对齐方式。value 和 number 的设置值如表 3-35 所示。

表 3-35　value 和 number 的设置值

常　数	设 置 值	说　明
flexAlignLeftTop	0	单元格的内容左、顶部对齐
flexAlignLeftCenter	1	字符串的默认对齐方式，单元格的内容左、居中对齐
flexAlignLeftBottom	2	单元格的内容左、底部对齐
flexAlignCenterTop	3	单元格的内容居中、顶部对齐
flexAlignCenterCenter	4	单元格的内容居中、居中对齐
flexAlignCenterBottom	5	单元格的内容居中、底部对齐
flexAlignRightTop	6	单元格的内容右、顶部对齐
flexAlignRightCenter	7	数字的默认对齐方式，单元格的内容右、居中对齐
flexAlignRightBottom	8	单元格的内容右、底部对齐
flexAlignGeneral	9	单元格的内容按一般方式进行对齐，字符串按“左、居中”显示，数字按“右、居中”显示

任何一列都可以有与其他列不同的对齐方式。ColAlignment 属性将影响指定列的所有单元格，包括位于固定行中的那些单元格。

如果需要设置单个单元格的对齐方式，可以使用 CellAlignment 属性。如果需要在设计时

设置列的对齐方式，可以使用 FormatString 属性。

- ColAlignment 属性示例

本例使用 ColAlignment 属性。要用此例，在窗体上设置命名为 MSFlexGrid1 的 MSFlexGrid 控件，将代码粘贴到窗体的声明部分。运行时单击 MSFlexGrid 控件，调整单元大小。

ColAlignment 属性示例的代码如下：

```
Private Sub MSFlexGrid1_Click()
  Dim i As Integer
  Dim j As Integer
  MSFlexGrid1.AllowUserResizing = flexResizeBoth
  MSFlexGrid1.Rows = 11
  MSFlexGrid1.Cols = 6
  For j = 1 To 10
   For i = 1 To 5
    MSFlexGrid1.Row = j
    MSFlexGrid1.Col = i                    ' 设置 3 列为 flexAlignRightBottom
    MSFlexGrid1.ColAlignment(3) = flexAlignRightBottom
    MSFlexGrid1.Text = Format(i * j * 10 * 0.01, "###.00")
   Next i
  Next j
End Sub
```

用上述代码在运行时的窗体如图 3-70 所示。

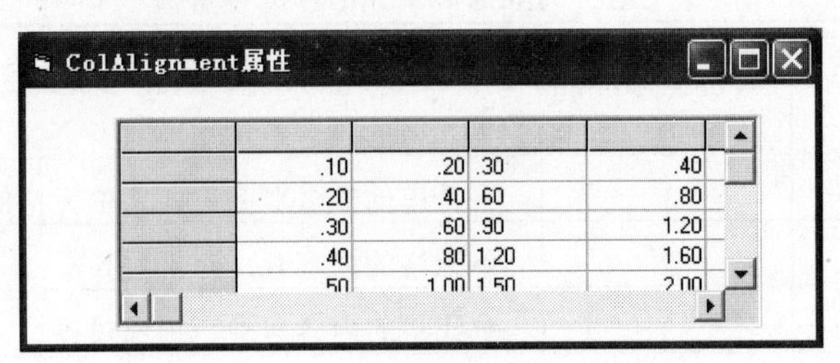

图 3-70　ColAlignment 属性示例

18. ColPosition、RowPosition 属性

ColPosition 属性用于设置一个 MSFlexGrid 列的位置，允许移动列到指定的位置。

RowPosition 属性用于设置一个 MSFlexGrid 行的位置，允许移动行到指定的位置。

- ColPosition、RowPosition 属性语法

```
object.ColPosition(number) [= value]
object.RowPosition(number) [= value]
```

number 为长整数，指定要移动的列或行的数目。value 为整数，指定列或行的新位置。索引和设置必须对应有效的行或列数(从 0 到 Rows–1 或 Cols–1)，否则会产生一个错误。

当一个行或列被使用 RowPosition 和 ColPosition 属性移动时，所有格式化的信息随着它一起移动。包括宽、高、对齐、颜色和字体属性。如果想只移动文本，可以使用 Clip 属性。

- ColPosition、RowPosition 属性示例

本例使用 ColPosition、RowPosition 属性。要用此例，在窗体上设置命名为 MSFlexGrid1 的 MSFlexGrid 控件，将代码粘贴到窗体的声明部分。运行时单击 MSFlexGrid 控件的某列，该列移到最左边一列；单击 MSFlexGrid 控件的某行，该行移到最上面两行。

ColPosition、RowPosition 属性示例的代码如下：

```
Sub MSFlexGrid1_Click()
    Dim i As Integer
    Dim j As Integer
    MSFlexGrid1.Cols = 6
    MSFlexGrid1.Rows = 10
    For i = 0 To 5
      MSFlexGrid1.Row = 0
      MSFlexGrid1.Col = i
      MSFlexGrid1.Text = i
    Next i
    For j = 1 To 9

    MSFlexGrid1.Col = 0
      MSFlexGrid1.Row = j
      MSFlexGrid1.Text = j
    Next j
    For j = 1 To 9
    For i = 1 To 5
      MSFlexGrid1.Row = j
      MSFlexGrid1.Col = i
      MSFlexGrid1.Text = i * j
    Next i
    Next j
    MSFlexGrid1.ColPosition(MSFlexGrid1.MouseCol) = 0          ' 移到最左边一列
    MSFlexGrid1.RowPosition(MSFlexGrid1.MouseRow) = 1          ' 移到最上面两行
End Sub
```

用上述代码在运行时的窗体如图 3-71 所示。

图 3-71　ColPosition、RowPosition 属性示例(第 3 行移到最上面两行)

19. Cols、Rows 属性

Cols 属性用于返回或设置在一个 MSFlexGrid 中的总列数。Rows 属性用于返回或设置在一个 MSFlexGrid 中的总行数。

- Cols、Rows 属性语法

```
object.Rows [= value]
object.Cols [= value]
```

value 为长整数，指定列数或行数。

行和列的最小数是 0。最大数受计算机的可用内存限制。Cols 的值必须至少比 FixedCols 的值大 1，除非它们两者都被设置为 0。Rows 的值必须至少比 FixedRows 的值大 1，除非它们两者都被设置为 0。

- Cols、Rows 属性示例

本例使用 Cols、Rows 属性。要用此例，在窗体上设置命名为 MSFlexGrid1 的 MSFlexGrid 控件(用属性窗口设置成 4 行 3 列)，两个命名为 Text1 和 Text2 的 TextBox 控件，将代码粘贴到窗体的声明部分。运行时单击窗体，在两个 TextBox 控件中显示 MSFlexGrid 控件的行、列数。

Cols、Rows 属性示例的代码如下：

```
Private Sub Form_Click()
  Text1.Text = MSFlexGrid1.Rows
  Text2.Text = MSFlexGrid1.Cols
End Sub
```

用上述代码在运行时的窗体如图 3-72 所示。

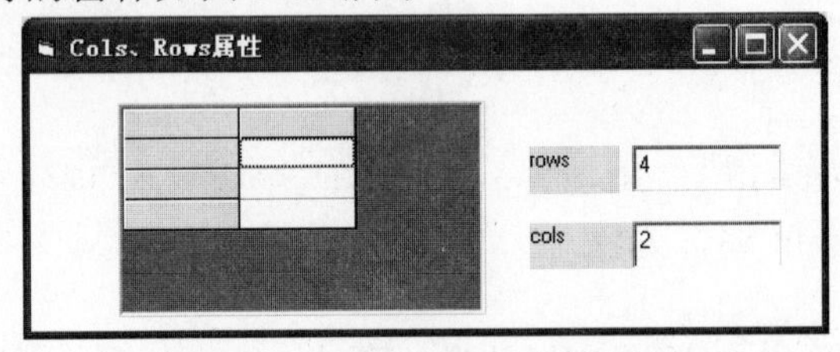

图 3-72　Cols、Rows 属性示例

20. ColSel、RowSel 属性

ColSel 属性为一定范围的单元格返回或设置的起始列和或终止列。RowSel 属性为一定范围的单元格返回或设置的起始行和或终止行。这两个属性在设计时不可用。

- ColSel、RowSel 属性语法

```
object.ColSel [= value]
object.RowSel [= value]
```

value 为长整数，指定一定范围的单元格指定起始行或列，或者指定终止行或列。

MSFlexGrid 游标在 Row、Col 位置的单元格中。MSFlexGrid 选择的是在行 Row 和 RowSel 之间以及列 Col 和 ColSel 之间的区域。

无论什么时候设置 Row 和 Col 属性，RowSel 和 ColSel 都自动地重新设置，因此游标变为当前选择。要从代码中选择一块单元格，必须首先设置 Row 和 Col 属性，然后设置 RowSel 和 ColSel。

- ColSel 属性示例

本例使用 ColSel 属性。要用此例，在窗体上设置命名为 MSFlexGrid1 的 MSFlexGrid 控件(用属性窗口设置成 4 行 6 列)，将代码粘贴到窗体的声明部分。运行时在 MSFlexGrid 控件中单击起始(2 列)和终止列(5 列)，自动在单元中显示起始和终止列号。

ColSel 属性示例的代码如下：

```
Private Sub MSFlexGrid1_MouseUp(Button As Integer, Shift As Integer,_
x As Single, y As Single)
    MSFlexGrid1.Text = MSFlexGrid1.ColSel
End Sub
```

用上述代码在运行时的窗体如图 3-73 所示。

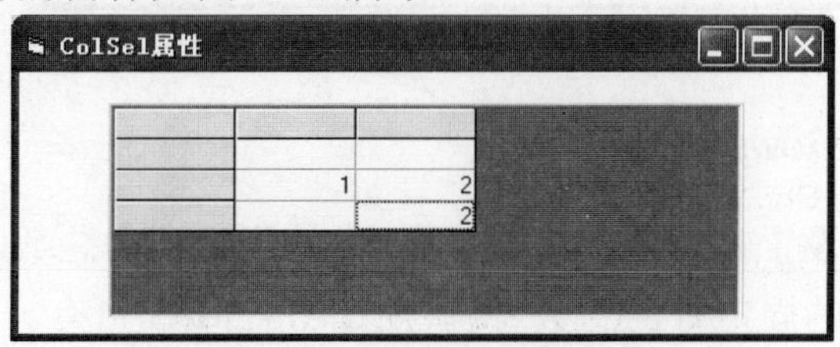

图 3-73　ColSel 属性示例

21. ColWidth、RowHeight 属性

以缇为单位，返回或设置指定列的宽度、指定行的高度。在设计时不可用。

- ColWidth、RowHeight 属性语法

```
object.ColWidth(number) [= value]
object.RowHeight(number) [=value]
```

value 为数值表达式，它以缇为单位指定特定列的宽度、指定行的高度。

- ColWidth、RowHeight 属性示例

本例使用 ColWidth、RowHeight 属性。要用此例，在窗体上设置命名为 MSFlexGrid1 的 MSFlexGrid 控件，将代码粘贴到窗体的声明部分。运行时单击 MSFlexGrid 控件。

ColWidth、RowHeight 属性示例的代码如下：

```
Private Sub MSFlexGrid1_Click()
    MSFlexGrid1.Cols = 6
```

```
    MSFlexGrid1.Rows = 4
    MSFlexGrid1.ColWidth(0) = 400                 ' 指定列的宽度
    MSFlexGrid1.ColWidth(1) = 500
    MSFlexGrid1.ColWidth(2) = 600
    MSFlexGrid1.ColWidth(3) = 700
    MSFlexGrid1.ColWidth(4) = 800
    MSFlexGrid1.ColWidth(5) = 900
    MSFlexGrid1.RowHeight(0) = 400                ' 指定行的高度
    MSFlexGrid1.RowHeight(1) = 300
    MSFlexGrid1.RowHeight(2) = 300
    MSFlexGrid1.RowHeight(3) = 300
End Sub
```

用上述代码在运行时的窗体如图 3-74 所示。

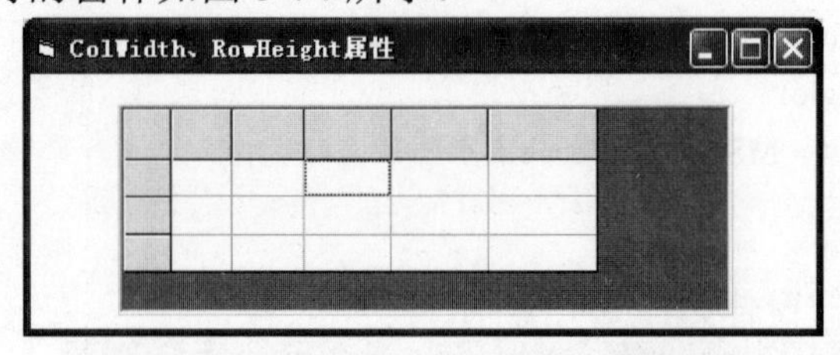

图 3-74　ColWidth、RowHeight 属性示例

22. FixedCols、FixedRows 属性

FixedCols 属性返回或设置在一个 MSFlexGrid 中的固定列的总数。FixedRows 属性返回或设置在一个 MSFlexGrid 中的固定行的总数。默认规定 MSFlexGrid 有一个固定列和一个固定行。

- FixedCols、FixedRows 属性语法

```
object.FixedCols [= value]
object.FixedRows [= value]
```

value 为长整数，指定固定列或固定行的总数。

在 MSFlexGrid 中滚动其他列或行时，固定的列和行是固定不变的。可以指定零个或多个固定的列、行。可以选择固定列和行的颜色、字体、网格线、文本样式。

如果 AllowUserResizing 属性是一个数值型值，可以在运行时重新调整固定行或固定列的尺寸。固定列和固定行在电子数据表应用程序中，用来显示行号和列名或字母。

- FixedCols、FixedRows 属性示例

本例使用 FixedCols、FixedRows 属性。要用此例，在窗体上设置命名为 MSFlexGrid1 的 MSFlexGrid 控件，将代码粘贴到窗体的声明部分。运行时单击 MSFlexGrid 控件。

FixedCols、FixedRows 属性示例的代码如下：

```
Private Sub MSFlexGrid1_Click()
    MSFlexGrid1.Cols = 6
```

```
    MSFlexGrid1.Rows = 4
    MSFlexGrid1.FixedCols = 1                    ' 一个固定列
    MSFlexGrid1.FixedRows = 2                    ' 两个固定行
End Sub
```

用上述代码在运行时的窗体如图 3-75 所示。

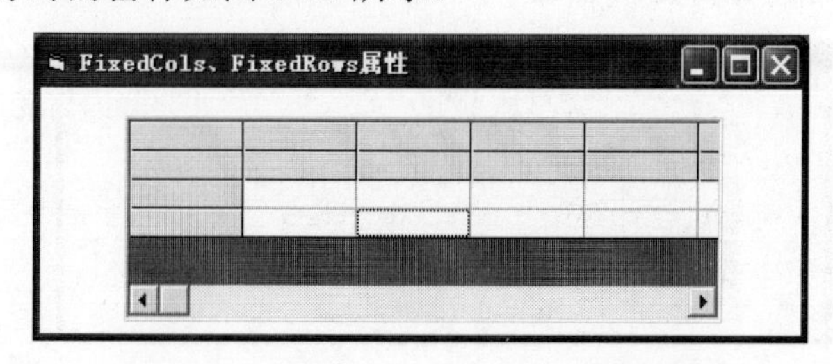

图 3-75 FixedCols、FixedRows 属性示例

23. FocusRect 属性

该属性返回或设置一个值，决定 MSFlexGrid 是否应该围绕着当前单元格绘制一个焦点矩形。

● FocusRect 属性语法

```
object.FocusRect [= value]
```

value 为整数或常数，指定焦点矩形的样式。value 的常数和设置值如表 3-36 所示。

表 3-36 value 的常数和设置值(FocusRect 属性)

常 数	设 置 值	描 述
flexFocusNone	0	当前单元格周围无焦点矩形
flexFocusLight	1	当前单元格周围有一个浅色的焦点矩形。此为默认值
flexFocusHeavy	2	当前单元格周围有一个加重的焦点矩形

如果绘制了一个焦点矩形，当前单元格涂成背景颜色，就像在多数电子数据表和网格中一样。否则，当前单元格涂成选择的颜色，因此没有焦点矩形可以看到哪一个单元格被选定。

● FocusRect 属性示例

本例使用 FocusRect 属性。要用此例，在窗体上设置命名为 MSFlexGrid1 的 MSFlexGrid 控件，将代码粘贴到窗体的声明部分。运行时单击 MSFlexGrid 控件，单击 MSFlexGrid 控件中的任何一个单元格。

FocusRect 属性示例的代码如下：

```
Private Sub MSFlexGrid1_Click()
    MSFlexGrid1.Cols = 6
    MSFlexGrid1.Rows = 4
```

```
    MSFlexGrid1.FocusRect = flexFocusHeavy      ' 当前单元格有一个加重的焦点矩形
    MSFlexGrid1.FixedCols = 1
    MSFlexGrid1.FixedRows = 2
End Sub
```

用上述代码在运行时的窗体如图 3-76 所示。

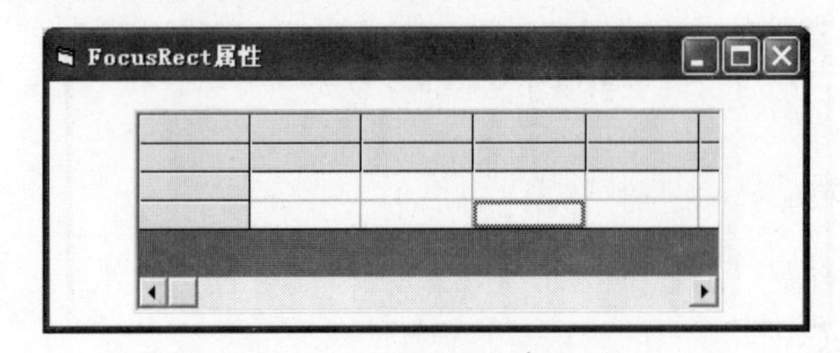

图 3-76 FocusRect 属性示例

24. FontWidth、FontWidthBand、FontWidthFixed、FontWidthHeader 属性

以磅为单位，返回或设置用于显示在一个 MSFlexGrid 中的文本字体的宽度，或者是用于网格的带区、固定或标头区域字体的宽度。

- FontWidth、FontWidthBand、FontWidthFixed、FontWidthHeader 属性语法

```
object.FontWidth [= value]
object.FontWidthBand [= value]
object.FontWidthFixed [= value]
object.FontWidthHeader [= value]
```

value 为数值表达式，为当前字体指定首选磅宽。

- FontWidth 属性示例

本例使用 FontWidth 属性。要用此例，在窗体上设置命名为 MSFlexGrid1 的 MSFlexGrid 控件，将代码粘贴到窗体的声明部分。运行时单击 MSFlexGrid 控件，调整单元格的大小。

FontWidth 属性示例的代码如下：

```
Private Sub MSFlexGrid1_Click()
    MSFlexGrid1.AllowUserResizing = flexResizeBoth
    MSFlexGrid1.FontWidth = 10
    MSFlexGrid1.Cols = 6
    MSFlexGrid1.Rows = 4
    MSFlexGrid1.Col = 0
    MSFlexGrid1.Row = 0
    MSFlexGrid1.Text = "姓名"
End Sub
```

用上述代码在运行时的窗体如图 3-77 所示。

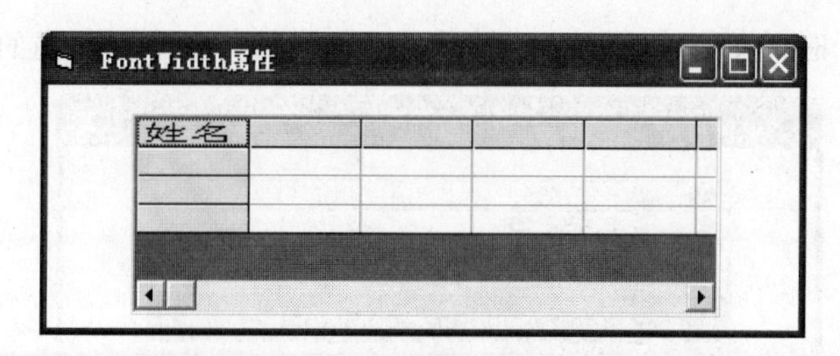

图 3-77 FontWidth 属性示例

25. ForeColor、ForeColorFixed 属性

这两个属性返回或设置用于在 MSFlexGrid 的每一部分绘制文本的颜色。

- ForeColor、ForeColorFixed 属性语法

```
object.ForeColor [= color]
object.ForeColorFixed [= color]
```

color 为整数或常数，它决定用在 MSFlexGrid 固定或非固定区域中文本的颜色。

使用 ForeColor 属性设置所有不固定单元格的文本颜色。使用 ForeColorFixed 属性设置固定单元格的文本颜色。

- ForeColor、ForeColorFixed 属性示例

本例使用 ForeColor、ForeColorFixed 属性。要用此例，在窗体上设置命名为 MSFlexGrid1 的 MSFlexGrid 控件，将代码粘贴到窗体的声明部分。运行时单击 MSFlexGrid 控件，调整单元格的大小。

ForeColor、ForeColorFixed 属性示例的代码如下：

```
Private Sub MSFlexGrid1_Click()
    MSFlexGrid1.AllowUserResizing = flexResizeBoth
    MSFlexGrid1.FontWidth = 10
    MSFlexGrid1.Cols = 6
    MSFlexGrid1.Rows = 4
    MSFlexGrid1.ForeColorFixed = 18                    ' 固定列颜色(黑色)
    MSFlexGrid1.Col = 0
    MSFlexGrid1.Row = 0
    MSFlexGrid1.Text = "姓名"
    MSFlexGrid1.Col = 1
    MSFlexGrid1.Row = 0
    MSFlexGrid1.Text = "工资"
    MSFlexGrid1.ForeColor = 120                        ' 非固定列颜色(红色)
    MSFlexGrid1.Col = 1
    MSFlexGrid1.Row = 1
    MSFlexGrid1.Text = "1000.25"
End Sub
```

用上述代码在运行时的窗体如图 3-78 所示。

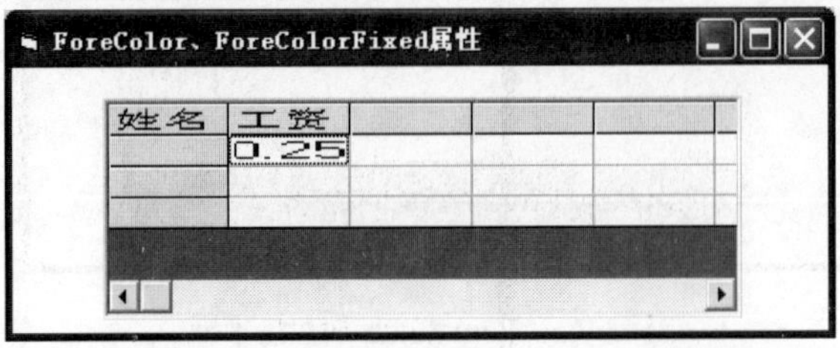

图 3-78　ForeColor、ForeColorFixed 属性示例

26. FormatString 属性

该属性设置 MSFlexGrid 的列宽、对齐方式、固定行文本和固定列文本。

- FormatString 属性语法

```
object.FormatString [= string]
```

string 为字符串表达式，是格式化在行和列中的文本。

在设计时，MSFlexGrid 语法分析和解释 FormatString 来获得行和列的数目、行和列标头的文本、列宽和列对齐方式等信息。

FormatString 属性包含由管道字符 (|) 分隔的段。管道字符之间的文本定义(列)也可能包含特定的对齐字符。这些字符使整个列左对齐(<)、居中(^)或右对齐(>)。另外，根据默认规定，文本被指定给行 0，且文本宽度定义每一列的宽度。

FormatString 属性可能包含一个分号(;)。这使得字符串的余下部分被解释为行标头和行宽度信息。根据默认规定，文本被指定给列 0，且最长的字符串定义列 0 的宽度。

- FormatString 属性示例

本例使用 FormatString 属性。要用此例，在窗体上设置命名为 MSFlexGrid1 的 MSFlexGrid 控件，将代码粘贴到窗体的声明部分。运行时单击 MSFlexGrid 控件。

FormatString 属性示例的代码如下：

```
Private Sub MSFlexGrid1_Click()
  s$ = "<Region |<Product |<Employee |>Sales "        ' 设置列标头
  MSFlexGrid1.FormatString = s$
  s$ = ";姓    名|年龄|电      话|地                    址"  ' 设置行标头
  MSFlexGrid1.FormatString = s$
  s$ = "|姓    名|年龄|电      话|地                    址"  ' 设置列和行标头
  s$ = s$ + ";|张学生|辛劳进|刘起程|欧阳光大"
  MSFlexGrid1.FormatString = s$
End Sub
```

用上述代码在运行时的窗体如图 3-79 所示。

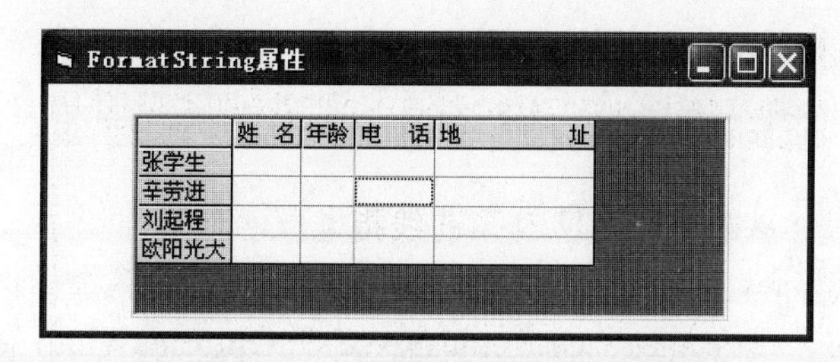

图 3-79　FormatString 属性示例

27. GridColor 属性

该属性返回或设置用在 MSFlexGrid 单元格线的颜色。

GridColor 属性语法如下：

```
object.GridColor [= color]
```

color 为整数或常数，用于涂绘 MSFlexGrid 滚动区域中网格线的颜色。

GridColor 属性只有在 GridLines 属性被设置为 1(线)时才能使用。GridColorFixed 属性只有在 GridLinesFixed 被设置为 1(线)时才能使用。凸起和凹入的网格线总是按黑和白颜色绘制。

28. GridLines、GridLinesFixed 属性

这两个返回或设置一个值，它决定是否在单元格之间绘制线，也决定在 MSFlexGrid 中绘制线的类型。

GridLines、GridLinesFixed 属性语法如下：

```
object.GridLines [= value]
object.GridLinesFixed [= value]
```

value 为整数或常数，指定绘制的线的类型。value 的常数和设置值如表 3-37 所示。

表 3-37　value 的常数和设置值(GridLines、GridLinesFixed 属性)

常　数	设 置 值	描　述
flexGridNone	0	在单元格之间没有线
flexGridFlat	1	单元格之间的线样式被设置为正常的、平面的线
flexGridInset	2	单元格之间的线样式被设置为凹入线
flexGridRaised	3	单元格之间的线样式被设置为凸起线

当 GridLines 属性设置为 1(线)时，线的颜色由 GridColor 属性决定。凸起和凹入的网格线总是黑色和白色。

29. GridLineWidth 属性

以像素为单位，返回或设置显示单元格之间的线的宽度。

- GridLineWidth 属性语法

```
object.GridLineWidth [= value]
```

value 为数值表达式，以像素为单位为当前线指定首选宽度。

- GridColor、GridLines、GridLinesFixed 和 GridLineWidth 属性示例

本例使用 GridColor、GridLines、GridLinesFixed 和 GridLineWidth 属性。要用此例，在窗体上设置命名为 MSFlexGrid1 的 MSFlexGrid 控件，将代码粘贴到窗体的声明部分。运行时单击 MSFlexGrid 控件。

GridColor、GridLines、GridLinesFixed 和 GridLineWidth 属性示例的代码如下：

```
Private Sub MSFlexGrid1_Click()
  MSFlexGrid1.Rows = 6
  MSFlexGrid1.Cols = 5
  MSFlexGrid1.GridLines = flexGridFlat            ' 单元格之间的线型
  MSFlexGrid1.GridLineWidth = 2                   ' 单元格之间的线宽
  MSFlexGrid1.GridColor = 255                     ' 单元格之间的线颜色
  MSFlexGrid1.GridLinesFixed = flexGridInset      ' 固定格之间的线型
  MSFlexGrid1.GridColorFixed = 255                ' 固定格之间的线颜色
End Sub
```

用上述代码在运行时的窗体如图 3-80 所示。

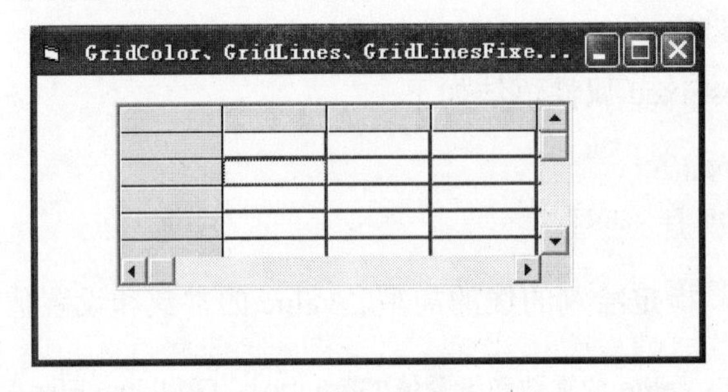

图 3-80　GridColor、GridLines、GridLinesFixed 和 GridLineWidth 属性示例

30. MergeCells 属性

该属性返回或设置一个值，决定包含相同内容的单元是否应该跨越多行或多列分组在一个单个单元中。

MergeCells 属性语法如下：

```
object.MergeCells [=value]
```

value 为整数或常数，指定单元分组(或合并)。value 的常数和设置值如表 3-38 所示。

表 3-38 value 的常数和设置值(Merge Cells 属性)

常　数	设 置 值	说　明
flexMergeNever	0	默认值，包含相同内容的单元不分组
flexMergeFree	1	包含相同内容的单元总是合并
flexMergeRestrictRows	2	只有行中包含相同内容的相邻单元(向当前单元左边)才合并
flexMergeRestrictColumns	3	只有列中包含相同内容的相邻单元(向当前单元上方)才合并
flexMergeRestrictBoth	4	只有在行中(向左)或在列中(向上)包含相同内容的单元才合并

合并单元的能力能够以一种清晰、简明的方式显示数据。可以连同排序和 MSFlexGrid 的列序函数一起合并使用单元。

要合并行和列，把 MergeRow 和 MergeCol 的数组属性设置为 True。当使用单元合并能力时，MSFlexGrid 合并包含相同内容的单元。无论什么时候单元的内容更改，合并都自动更新。

31. MergeCol、MergeRow 属性

这两个属性返回或设置一个值，决定哪些行和列可以把它们的内容合并。要使用 MergeCells 属性，这些属性必须为 True。

- MergeCol、MergeRow 属性语法

```
object.MergeCol(number) [=boolean]
object.MergeRow(number) [=boolean]
```

number 为长整数，指定 MSFlexGrid 中的列或行。

boolean 为布尔表达式，指定当相邻单元显示相同内容时合并是否发生。boolean 的设置值如表 3-39 所示。

表 3-39 boolean 的设置值(MergeCol、MergeRow 属性)

设 置 值	说　明
True	当相邻单元显示相同内容时，行向左合并或列向上合并
False	当相邻单元显示相同内容时，单元不合并

如果 MergeCells 属性被设置为非零值，具有相同值的相邻单元，只有当它们都在一行并且 MergeRow 属性被设置为 True，或都在一列且 MergeCol 属性被设置为 True 时才合并。

32. Sort 属性

该属性设置一个值，根据选定的条件排序选择的行。这一属性在设计时不可用。

Sort 属性语法如下：

```
object.Sort [=value]
```

value 为整数或常数，指定排序类型。value 的设置值如表 3-40 所示。

表 3-40 value 的设置值(Sort 属性)

常　数	设 置 值	描　述
flexSortNone	0	不执行排序
flexSortGenericAscending	1	字符串或者数字的升序排序
flexSortGenericDescending	2	字符串或者是数字的降序排序
flexSortNumericAscending	3	将字符串转换为数值的升序排序
flexSortNumericDescending	4	将字符串转换为数值的降序排序
flexSortStringNoCaseAscending	5	不区分字符串大小写比较的升序排序
flexSortStringNoCaseDescending	6	不区分字符串大小写比较的降序排序
flexSortStringAscending	7	区分字符串大小写比较的升序排序
flexSortStringDescending	8	区分字符串大小写比较的降序排序
flexSortCustom	9	使用 Compare 事件比较行

Sort 属性总是排序整个行。要指定排序的范围，设置 Row 和 RowSel 属性。如果 Row 和 RowSel 相同，MSFlexGrid 将排序所有不固定行。

用于排序的关键字由 Col 和 ColSel 属性决定。排序总是在一个从左到右的方向上完成。

33. TextMatrix 属性

该属性返回或设置一个任意单元的文本内容。

- TextMatrix 属性语法

```
object.TextMatrix(rowindex, colindex) [=string]
```

rowindex 和 colindex 为整数，指定要读或写的一个单元。string 为字符串表达式，包含一个任意单元的内容。

允许不更改 Row 和 Col 属性来设置或获取一个单元的内容。

- Sort、TextMatrix 属性示例

本例使用 Sort、TextMatrix 属性。要用此例，在窗体上设置命名为 MSFlexGrid1 的 MSFlexGrid 控件，命名为 Combo1 的 ComboBox 控件，将代码粘贴到窗体的声明部分。运行时单击 ComboBox 控件的箭头，指定排序类型。

Sort、TextMatrix 属性示例的代码如下：

```
Private Sub Combo1_Click()
 Select Case Combo1.ListIndex                    ' 根据排序方法选择列
```

```
        Case 0 To 2
          MSFlexGrid1.Col = 1
        Case 3 To 4
          MSFlexGrid1.Col = 2
        Case 4 To 8
          MSFlexGrid1.Col = 1
      End Select
      MSFlexGrid1.Sort = Combo1.ListIndex            ' 根据 Combo1.ListIndex 排序
    End Sub
    Private Sub Form_Load()
      Dim i As Integer
      MSFlexGrid1.Cols = 3                           ' 创建 3 列
       For i = 1 To 5                                ' 添加 5 项
          MSFlexGrid1.AddItem ""
          MSFlexGrid1.Col = 2
          MSFlexGrid1.TextMatrix(i, 1) = SomeName(i)
          MSFlexGrid1.TextMatrix(i, 2) = Rnd()
      Next i
      With Combo1                                    ' 用排序选择填充 Combo 框
        .AddItem "flexSortNone"                      '0
        .AddItem "flexSortGenericAscending"          '1
        .AddItem "flexSortGenericDescending"         '2
        .AddItem "flexSortNumericAscending"          '3
        .AddItem "flexSortNumericDescending"         '4
        .AddItem "flexSortStringNoCaseAscending"     '5
        .AddItem "flexSortStringNoCaseDescending"    '6
        .AddItem "flexSortStringAscending"           '7
        .AddItem "flexSortStringDescending"          '8
        .ListIndex = 0
      End With
    End Sub
    Private Function SomeName(i As Integer) As String
      Select Case i
        Case 1
            SomeName = "Ann"
        Case 2
            SomeName = "Glenn"
        Case 3
            SomeName = "Sid"
        Case 4
            SomeName = "Anton"
        Case 5
            SomeName = "Hoagie"
```

```
    End Select
End Function
```

用上述代码在运行时的部分窗体如图 3-81 所示。

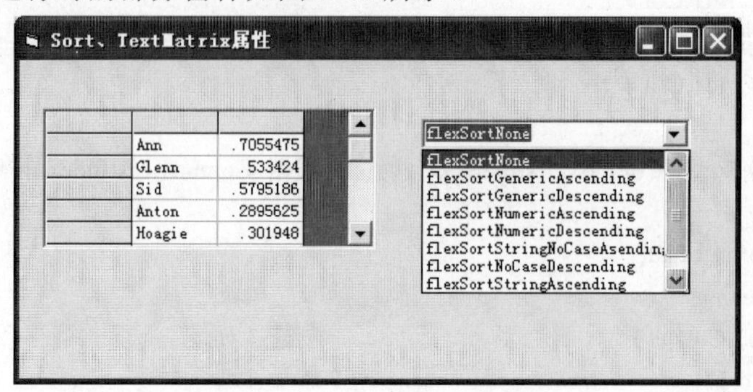

图 3-81 Sort、TextMatrix 属性示例

34. TextStyle、TextStyleFixed 属性

这两个属性返回或设置特定单元或单元范围中文本的三维风格。TextStyle 属性设定常规的 MSFlexGrid 单元风格。TextStyleFixed 属性设定固定行和列的风格。

TextStyle、TextStyleFixed 属性语法如下：

```
object.TextStyle [=style]
object.TextStyleFixed [=style]
```

style 为整数或常数，指定文本风格。style 的常数和设置值如表 3-41 所示。

表 3-41 style 的常数和设置值

常　数	设 置 值	描　述
flexTextFlat	0	文本正常显示，平面文本。这是默认设置值
flexTextRaised	1	文本看起来凸起
flexTextInset	2	文本看起来凹入
flexTextRaisedLight	3	文本看起来轻微凸起
flexTextInsetLight	4	文本看起来轻微凹入

设置值 1、2 对于大号和粗体字体为最好。设置值 3、4 对于小号和正常体字体为最好。

3.10.4 MSFlexGrid 控件的方法

1. AddItem 方法

该方法将一个行添加到 MSFlexGrid 控件中，不支持命名参数。

AddItem 方法语法如下：

```
object.AddItem (string, index, number)
```

string 为字符串表达式，在新增行中显示。可以用制表符 (vbTab) 来分隔每个字符串，从而将多个字符串(行中的多个列)添加进去。

index 为长整数，代表控件中放置新增行的位置。对于第一行来说，index = 0。如果省略 index，那么新增行将成为带区中的最后一行。

Number 为长整数，指出添加行的带区号。

2. Clear 方法

该方法清除 MSFlexGrid 的内容，包括所有文本、图片和单元格式。Clear 方法并不影响 MSFlexGrid 上的行数和列数。

Clear 方法语法如下：

```
object.Clear
```

3. RemoveItem 方法

运行时从 MSFlexGrid 中删除一行。该方法不支持命名的参数。

- RemoveItem 方法语法

```
object.RemoveItem(index, number)
```

index 为整数，表示 MSFlexGrid 中要删除的行。对于第一行，index=0。

number 为长整数，指定要从中删除行的带区。

- AddItem、Clear、RemoveItem 方法示例

本例用 AddItem 方法将 10 个项目添加到 MSFlexGrid 中，窗体带有命名为 MSFlexGrid1 的 MSFlexGrid 控件。要用此例，将代码粘贴到窗体的声明部分，运行时单击窗体。

AddItem、Clear、RemoveItem 方法示例的代码如下：

```
Private Sub Form_Click()
    Dim Entry, i, Msg
    Msg = "加 10 个项目到 MSFlexGrid 控件中。"
    MsgBox Msg                                  ' 显示消息
    MSFlexGrid1.Cols = 2                        ' 每行有两个字符串
    For i = 1 To 10
        Entry = "项目号" & Chr(9) & i           ' 创建项
        MSFlexGrid1.AddItem Entry               ' 添加项
    Next i
    Msg = "逢双号删除？"
    MsgBox Msg
    For i = 1 To 5
```

```
        MSFlexGrid1.RemoveItem i                              ' 删除一项
    Next i
    Msg = "删除所有项目？"
    MsgBox Msg                                                ' 显示消息
    MSFlexGrid1.Clear                                         ' 清除列表框
End Sub
```

用上述代码在运行时的部分窗体如图 3-82 所示。

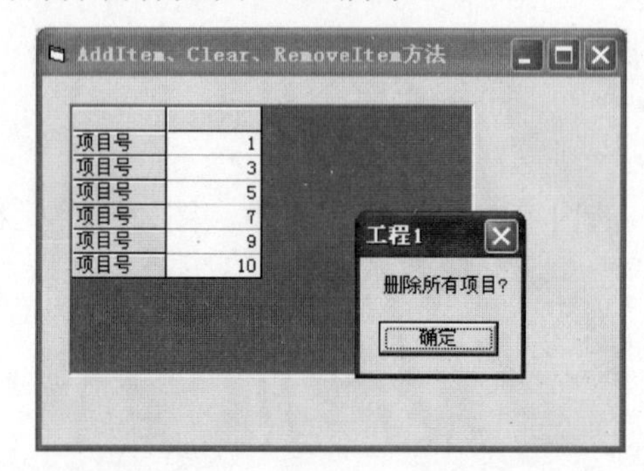

图 3-82　AddItem、Clear、RemoveItem 方法示例

3.10.5　使用 MSFlexGrid 控件

使用 MSFlexGrid 控件显示取自数据库的信息表。Visual Basic 使得从应用程序内部到数据库的访问非常地容易。数据控件提供了在数据库的记录集中漫游的功能，以及使得在使用控件中显示的记录与数据集中位置同步的功能。

本应用程序包含一个 Data 控件、一个 MSFlexGrid 控件、两个命令按钮。

实施一个使用(或应用)的过程如下。

1. 创建工程

创建工程首先要从“文件”菜单中选择“新建工程”，然后从“新建工程”对话框中选定“标准 EXE”(首次启动 Visual Basic 时将会显示“新建工程”对话框)。Visual Basic 创建一个新的工程并显示一个新的窗体。用一个 Data 控件、一个 MSFlexGrid 控件、两个命令按钮画出应用程序的界面。MSFlexGrid 控件不在默认的工具箱内，要将它添加控件到工具箱，按照以下步骤执行：

(1) 指定工具箱的上下文菜单中的“部件”，显示“部件”对话框

(2) 选中 Microsoft Flex Grid 6.0 复选框；

(3) 单击“确定”按钮。

在工具箱中就有了 MSFlexGrid 控件图标。

2. 设置属性

在属性窗口中设置对象属性。

- 窗体的 Caption 属性

窗体的 Caption 属性为“使用 MSFlexGrid 控件”。

- Data 控件属性

必须设置的 Data 控件属性有 Data1、DatabaseName 和 RecordSource，其余可用默认。

- 命令按钮 1 的 Caption 属性

命令按钮 1 的 Caption 属性为“添加记录号”。

- 命令按钮 2 的 Caption 属性

命令按钮 2 的 Caption 属性为“退出窗体”。

3.11 MSHFlexGrid 控件

Microsoft Hierarchical FlexGrid (MSHFlexGrid) 控件对表格数据进行显示和操作。在对包含字符串和图片的表格进行分类、合并和格式化时，具有完全的灵活性。当绑定到 Data 控件上时，MSHFlexGrid 所显示的是只读数据。

3.11.1 MSHFlexGrid 控件的功能

MSHFlexGrid 控件可以将文本、图片或者文本和图片，放在 MSHFlexGrid 的任意单元中。Row 和 Col 属性指定了 MSHFlexGrid 中的当前单元。可以在代码中指定当前单元，也可以在运行时，使用鼠标或者方向键来对其进行修改。Text 属性引用当前单元的内容。

MSHFlexGrid 控件的一个主要特性是它能显示层次结构记录集、以层次结构方式显示的关系表。创建层次结构记录集的最容易的方法是使用数据环境设计器并把 MSHFlexGrid 控件的 DataSource 属性赋给数据环境。

3.11.2 工具箱和窗体上的 MSHFlexGrid 控件

工具箱和窗体上的 MSHFlexGrid 控件，分别如图 3-83 和图 3-84 所示。

图 3-83 工具箱中的 MSHFlexGrid 控件

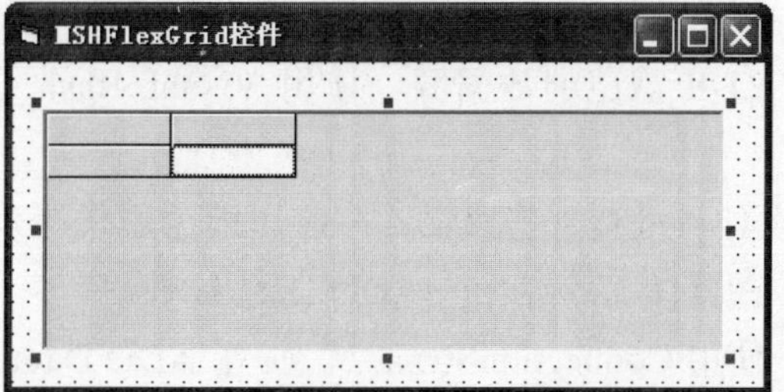
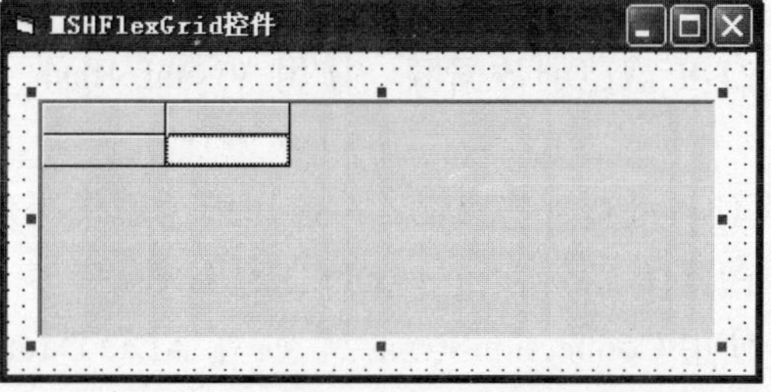

图 3-84 窗体上的 MSHFlexGrid 控件

3.12 ADO Data 控件

ADO Data 控件与内部 Data 控件和 Remote Data 控件(RDC)相似。ADO Data 控件能使用 Microsoft ActiveX Data Objects(ADO)快速地创建一个到数据库的连接。

3.12.1 ADO Data 控件的功能

在设计时，可以通过将 ConnectionString 属性设置为一个有效的连接字符串，将 RecordSource 属性设置为一个适合于数据库管理者的语句来创建一个连接。也可以将 ConnectionString 属性设置为定义连接的文件名。该文件是由“数据链接”对话框产生的，单击“属性”窗口中的 ConnectionString，然后单击“生成”或“选择”时，该对话框出现。

可以通过将 DataSource 属性设置为 ADO Data 控件，把 ADO Data 控件连接到一个数据绑定的控件。

在运行时，可以动态地设置 ConnectionString 和 RecordSource 属性来更改数据库。可以将 Recordset 属性直接设置为一个原先已经打开的记录集。

3.12.2 工具箱和窗体上的 ADO Data 控件

工具箱和窗体上的 ADO Data 控件，分别如图 3-85 和图 3-86 所示。

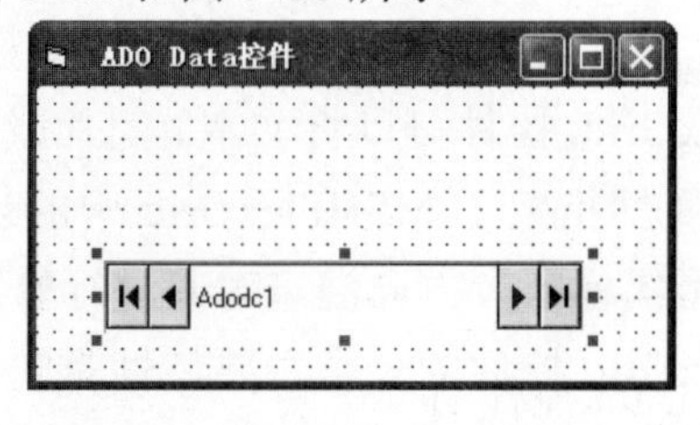

图 3-85 工具箱中的 ADO Data 控件

图 3-86 窗体上的 ADO Data 控件

3.12.3 使用 ADO Data 控件

ADO Data 控件使用 Microsoft ActiveX 数据对象(ADO)来快速建立数据绑定的控件和数据提供者之间的连接。数据绑定控件是任何具有“数据源”属性的控件。数据提供者可以是任何符合 OLEDB 规范的数据源。使用 Visual Basic 的类模块也可以很方便地创建子集的数据提供者。

在设计时设置一些属性，可以用最少的代码来创建一个数据库应用程序。步骤如下：

(1) 在窗体上放置一个 ADO Data 控件。

(2) 使用 ConnectionString 属性。在 ADO Data 控件属性窗口中单击 ConnectionString 属性，显示“属性页”对话框，如图 3-87 所示。连接资源后单击“确定”按钮。

(3) 使用 RecordSource 属性。使用 RecordSource 属性选择记录源和表名称。在 ADO Data 控件属性窗口中单击 RecordSource 属性，显示“属性页”对话框，如图 3-88 所示。连接记录源后单击“确定”按钮。

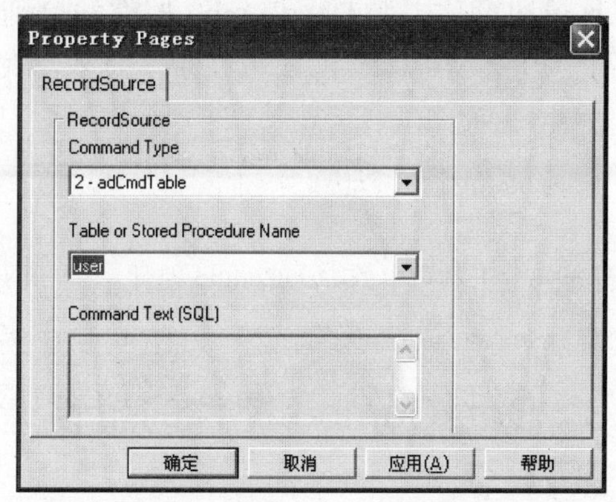

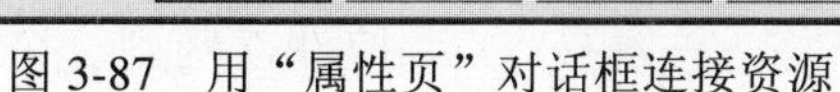
图 3-87　用“属性页”对话框连接资源

图 3-88　用“属性页”对话框连接记录源

(4) 显示数据库信息。在窗体上再放置 3 个“文本框”控件，用来显示数据库信息。在“文本框”控件的“属性”窗口中，将“文本框”控件的将 DataSource 属性设为 ADO Data 控件的名称(Adodc1)，将 DataField 属性分别设为 userid、address 和 telephone(数据资源的字段名)。这样，文本框和 ADO Data 控件就绑定在一起。运行时的部分窗体如图 3-89 所示。

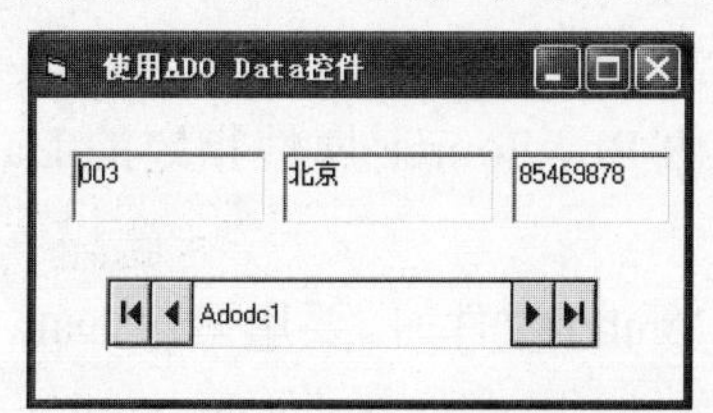

图 3-89　使用 ADO Data 控件示例

用 ADO Data 控件的 4 个箭头按钮，可以从数据源记录的开始、记录的末尾或在数据内从一个记录移动到另一个记录。

3.13　DataCombo 控件

3.13.1　DataCombo 控件的功能

DataCombo 控件是一个数据绑定组合框，它自动地由附加数据源中的一个字段充填，并且可选择地更新另一个数据源的相关表中的一个字段。

DataCombo 控件与 DBCombo 控件代码兼容。DataCombo 控件优化后同 ActiveX Data Objects(ADO)一起工作。

3.13.2 工具箱和窗体上的 DataCombo 控件

工具箱和窗体中的 DataCombo 控件，分别如图 3-90 和图 3-91 所示。

图 3-90 工具箱中的 DataCombo 控件　　图 3-91 窗体上的 DataCombo 控件

3.13.3 DataCombo 控件的属性

BoundColumn 属性

返回或设置一个 Recordset 对象的源字段的名称，该 Recordset 对象用来为另一个 Recordset 提供数据值。

- BoundColumn 属性语法

```
object.BoundColumn [=string]
```

string 为字符串表达式，表示由 RowSource 属性指定的 Data 控件创建的 Recordset 中的一个字段的名称。

在使用 DataList 控件和 DataCombo 控件时，要用两个 Data 控件：一个用来填充由 ListField 和 RowSource 属性指定的列表，另一个用来更新由 DataSource 和 DataField 属性指定的数据库中的字段。

ListField 属性指定用于填充列表的字段。由 DataSource 属性指定的第 2 个 Data 控件管理一个包含待更新字段的 Recordset。一旦选定了列表中的一项，由 BoundColumn 属性指定的字段就被送到由 DataSource 和 DataField 属性指定的第 2 个 Date 控件的字段中。这样，当选中一项时，就可以指定一个字段来填充列表，而使用另一个字段(在同一 Recordset 中)将数据传送到由 DataSource 和 DataField 属性指定的 Recordset 中。

- BoundColumn 属性示例

本例使用 BoundColumn 属性。要使用本例，在窗体上设置两个命名为 Adodc1 和 Adodc2 的 Ado Data 控件，它们的数据源同为 Biblio 记录源，记录源分别为 user 和 userinfo 数据库表。user 和 userinfo 数据库表的结构，如图 3-92 所示(它们有相同的 userid 字段)。

BoundColumn 属性示例的窗体上还需设置一个 DataCombo 控件。用属性窗口把 DataCombo 控件的 DataField 属性设置为 userinfo，把 DataSource 属性设置为 Adodc1，把 ListField 属性设置为 address，把 RowSource 属性设置为 Adodc2。运行时的窗体如图 3-93 所示。

图 3-92 user 和 userinfo 的结构

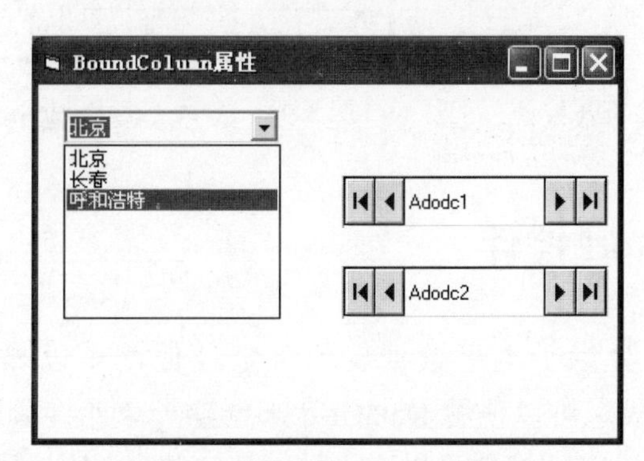

图 3-93 BoundColumn 属性示例

3.14 DataGrid 控件

DataGrid 控件显示并允许对 Recordset 对象中代表记录和字段的一系列行与列进行数据操纵。

3.14.1 DataGrid 控件的功能

DataGrid 控件实际上是一个固定的列集合，每一列的行数都是不确定的。DataGrid 控件的每一个单元格都可以包含文本值，但不能链接或内嵌对象。可以在代码中指定当前单元格，或者使用鼠标或箭头键在运行时改变它。通过在单元格中输入或以编程的方式，单元格可以交互地编辑。单元格能够被单独地选定或按照行来选定。

如果一个单元格的文本太长，以致于不能在单元格中全部显示，则文本将在同一单元格内转到下一行。要显示转行的文本，必须增加单元格的 Column 对象的 Width 属性或 DataGrid 控件的 RowHeight 属性。在设计时，可以通过调节列来交互地改变列宽度，或在 Column 对象的属性页中改变列宽度。

使用 DataGrid 控件的 Columns 集合的 Count 属性和 Recordset 对象的 RecordCount 属性，可以决定控件中行和列的数目。DataGrid 控件的可包含的行数取决于系统的资源，而列数最多可达 32767 列。

3.14.2 工具箱和窗体上的 DataGrid 控件

工具箱和窗体上的 DataGrid 控件，分别如图 3-94 和图 3-95 所示。

图 3-94 工具箱中的 DataGrid 控件

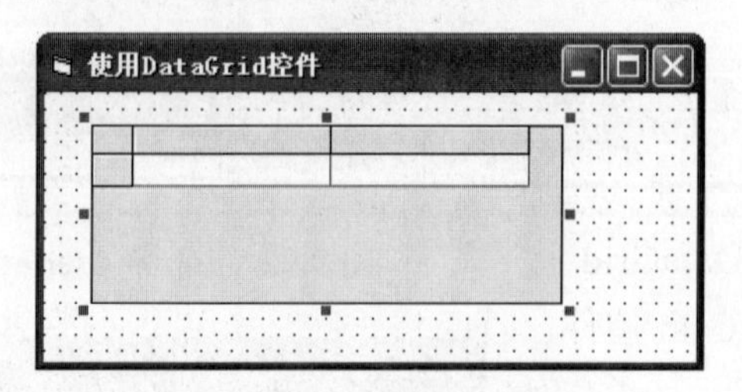

图 3-95 窗体上的 DataGrid 控件

3.14.3 使用 DataGrid 控件

DataGrid 控件是一种类似于电子数据表的绑定控件，可以显示一系列行和列来表示 Recordset 对象的记录和字段。可以使用 DataGrid 来创建一个允许最终用户阅读和写入到绝大多数数据库的应用程序。DataGrid 控件可以在设计时快速进行配置，只需少量代码或无需代码。当在设计时设置了 DataGrid 控件的 DataSource 属性后，就会用数据源的记录集来自动填充该控件，以及自动设置该控件的列标头。然后就可以编辑该网格的列；删除、重新安排、添加列标头，或者调整任意一列的宽度。在运行时，可以在程序中切换 DataSource 来查看不同的表，或者可以修改当前数据库的查询，以返回一个不同的记录集合。

1. 可能的用法

常用于查看和编辑在远程或本地数据库中的数据。为此要与另一个数据绑定的控件联合使用，使用 DataGrid 控件来显示一个表的记录。如在窗体上设置命名为 Adodc1 的 ADO Data 控件，数据源为 tt 记录源，记录源为 userinfo，DataGrid 控件的 DataSource 属性设置为 Adodc1。运行时的窗体如图 3-96 所示。可以编辑网格的列、删除、重新安排、添加列标头，或者调整任意一列的宽度。

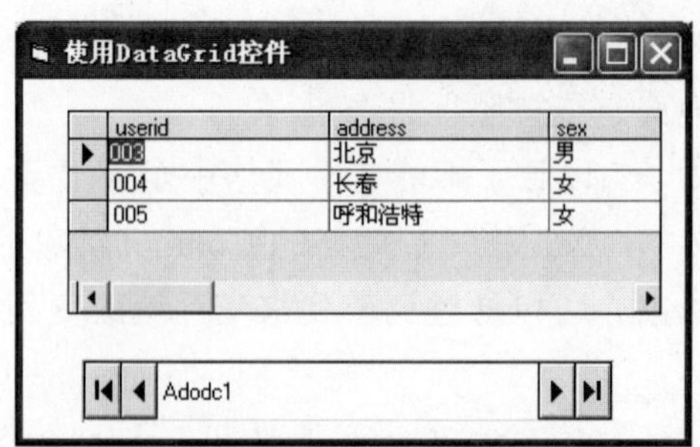

图 3-96 查看和编辑在远程或本地数据库中的数据

2. 使用 DataGrid 控件设计时特性实现一个应用

使用 DataGrid 控件设计时特性实现一个应用的步骤如下：

(1) 在窗体上放置一个 ADO Data 控件，为此 ADO Data 控件的 ConnectionString 属性设置数据源。

(2) 在窗体上放置一个 DataGrid 控件，为 DataGrid 控件的 DataSource 属性设置 ADO Data 控件。

(3) 右击 DataGrid 控件，然后单击"检索字段"，用图 3-96 已经设置好的属性，在设计时右击该 DataGrid 控件，然后单击"检索字段"的窗体，如图 3-97 所示。

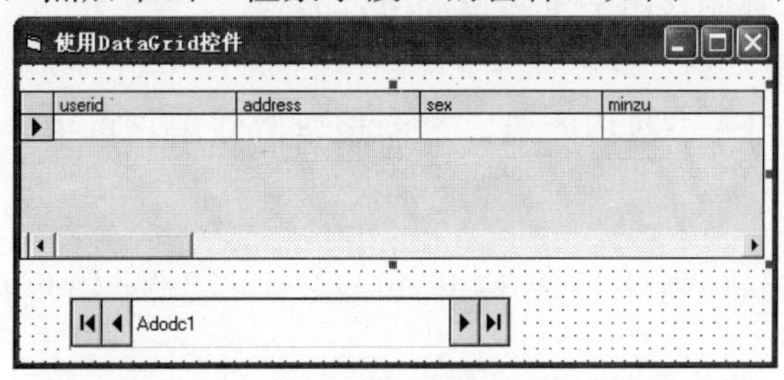

图 3-97 右击 DataGrid 控件后单击"检索字段"

(4) 右击 DataGrid 控件，然后单击"编辑"。

(5) 重新设置该网格的大小、删除或添加网格的列。

(6) 右击该 DataGrid 控件，然后单击"属性"。

使用"属性页"对话框来设置该控件的适当的属性，将该网格配置为所需的外观和行为。

3. 在运行时更改显示的数据

在创建了一个使用设计时特性的网格后，也可以在运行时动态地更改该网格的数据源。实现这一功能的通常方法如下：

● 更改 DataSource 的 RecordSource

更改所显示的数据的最通常的方法是改变该 DataSource 的查询。如果 DataGrid 控件使用一个 ADO Data 控件作为其 DataSource，则重写 RecordSource、刷新 ADO Data 控件，都将改变所显示的数据。

```
' ADO Data 控件连接的是 Biblio 数据库的 Products 表
' 新查询查找所有 SupplierID =12 的记录
Dim strQuery As String
strQuery = "SELECT * FROM Suppliers WHERE SupplierID = 12"
Adodc1.RecordSource = strQuery
Adodc1.Refresh
```

● 更改 DataSource

在运行时，可以将 DataSource 属性重新设置为一个不同的数据源。可能具有若干个 ADO Data 控件，每个控件连接不同的数据库，或设置为不同的 RecordSource 属性。可以简单地将

DataSource 从一个 ADO Data 控件重新设置为另一个 ADO Data 控件：

```
' 将 DataSource 重新设置为连接到 Pubs 数据库、使用 Authors 表的 ADO Data 控件
Set DataGrid1.DataSource = adoPubsAuthors
```

● 重新绑定 DataSource

当将 DataGrid 控件用于一个远程数据库，如 SQL Server 时，可以改变表的结构。可以给这个表添加一个字段，并调用 Rebind 方法根据新的结构来重新创建网格。如果已经在设计时改变了这个列的布局，DataGrid 控件将会试图重新创建当前的布局，包括任何空的列。通过调用 ClearFields 方法，可以强制该网格重新设置所有的列。

● 从 DataGrid 返回值

在 DataGrid 被连接到一个数据库后，可能想要监视用户单击了哪一个单元，可以使用 RowColChange 事件：

```
Private Sub DataGrid1_RowColChange(LastRow As Variant, ByVal LastCol_
As Integer)
    ' 显示用户所单击的单元的文字、行和列的信息
    Debug.Print DataGrid1.Text; DataGrid1.Row; DataGrid1.Col
End Sub
```

● 使用 CellText 和 CellValue 方法

当一个列使用 NumberFormat 属性设置格式后，CellText 和 CellValue 属性是很有用的。NumberFormat 属性不必更改实际的数据格式，就可以更改任何包含数字的列的格式。例如，给定一个网格，其中包含一个名为 ProductID 的、包含整数的列。下面的代码将使 DataGrid 以 P-0000 的格式来显示数据。在 ProductID 字段中所包含的实际数值为 3，但该网格所显示的值将是 P-0003。

```
Private Sub Form_Load()
    DataGrid1.Columns("ProductID").NumberFormat = "P-0000"
End Sub
```

要返回数据库中所包含的实际值，应使用 CellValue 方法，如下所示：

```
Private Sub DataGrid1_RowColChange(LastRow As Variant, ByVal LastCol_
As Integer)
    Debug.Print _
    DataGrid1.Columns("ProductID").CellValue(DataGrid1.Bookmark)
End Sub
```

3.15 DataList 控件

DataList 控件是一个数据绑定列表框，它自动地由一个附加数据源中的字段充填，并且可

选择地更新另一个数据源中相关表的一个字段。

3.15.1　DataList 控件的功能

DataList 控件与 DBList 控件代码兼容，但 DataList 控件被优化来同 ActiveX Data Objects (ADO) 一起工作。

3.15.2　工具箱和窗体上的 DataList 控件

工具箱和窗体上的 DataList 控件，分别如图 3-98 和图 3-99 所示。

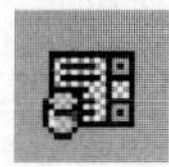

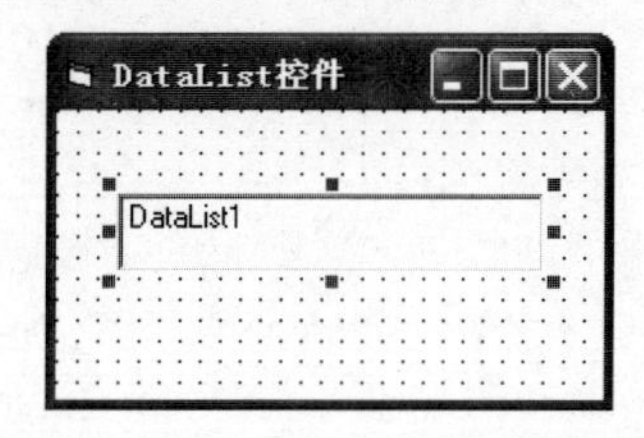

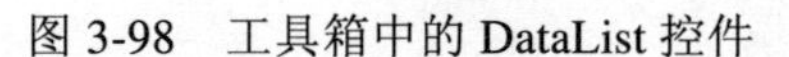

图 3-98　工具箱中的 DataList 控件

图 3-99　窗体上的 DataList 控件

3.15.3　使用 DataList 控件

DataList 与 ADO Data 控件连接的步骤如下：

(1) 在窗体中放置 ADO Data 和 DataList 控件。

(2) 打开 ADO Data 控件的“属性页”对话框，在 ADO Data 控件的“属性页”对话框中，设置连接资源(如 biblio.mdb)和记录源(如 Publishers)。

(3) 在 DataList 控件的属性窗口，设置 DataList 控件的属性。用 DataList 控件的属性窗口，设置 DataList 控件的 DataSource、RowSource 和 ListField 属性，前两个基本属性为 ADO Data 控件的名称，ListField 属性为在 DataList 控件中所显示的 Publishers 表中的某个字段的名称，如 CompanyName。

用上述连接步骤在运行时的窗体如图 3-100 所示。

图 3-100　DataList 与 ADO Data 控件的连接

第4章

仓库管理系统

随着计算机的飞速发展，越来越多的系统进入信息化，仓库管理系统也不例外。仓库管理系统是物流系统中的一个组成环节，同时也是其他很多系统中必不可少的一部分。许多大的公司都在开发这方面的大型程序，本章只是介绍具有基本功能的程序，主要目的是学习其基本方法。

4.1 需求分析

在进行一个项目的设计之前，首先要进行必要的需求分析。下面是对仓库管理系统的需求分析，我们将根据以下分析设计系统。

现某仓储公司需要管理其各种人员和货物信息，希望实现办公的信息化并能够用最少的时间来完成最多的任务，通过建立一个仓库管理系统来管理仓库。该系统完成的功能主要如下：

- 该系统能够实现对货物的各种信息的查询，并且查询时可以按照以货单号或日期进行查询，包括逐个浏览，及对货物出入库信息的增加、删除和编辑操作，另外可以根据输入的信息来检索某货物的信息。
- 对库房的货物信息进行汇总，其中汇总的内容主要包括日期，货单号，货物名称，货源地、金额等。汇总时可以按各种情况进行汇总，比如说按照日期，或者按照条件组合进行汇总。
- 另外，管理人员也可以直接增加和删除用户信息。系统还可以提供一定的附加功能来方便用户。

根据以上要求，可以把需求分析抽象为一个模型，把这个模型用结构图画出来就是系统的功能模块图，如图4-1所示。

本实例根据上面的设计规划出的实体有货物信息实体、入出库信息实体和用户信息实体。各个实体具体的描述E-R图如下。

入出库信息实体 E-R 图如图 4-2 所示。

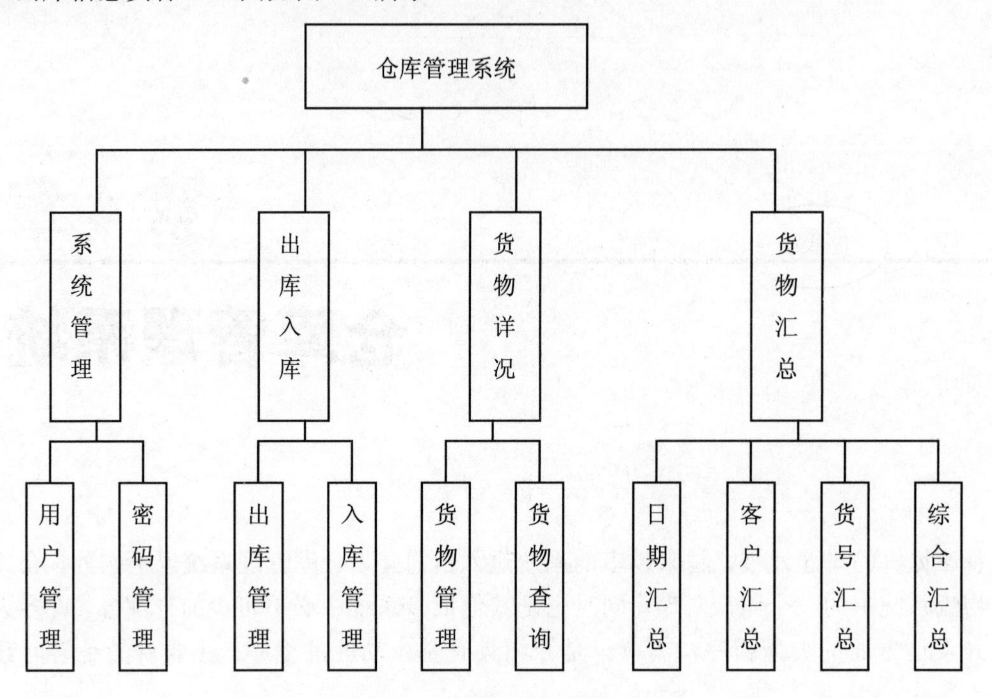

图 4-1　系统的功能模块图

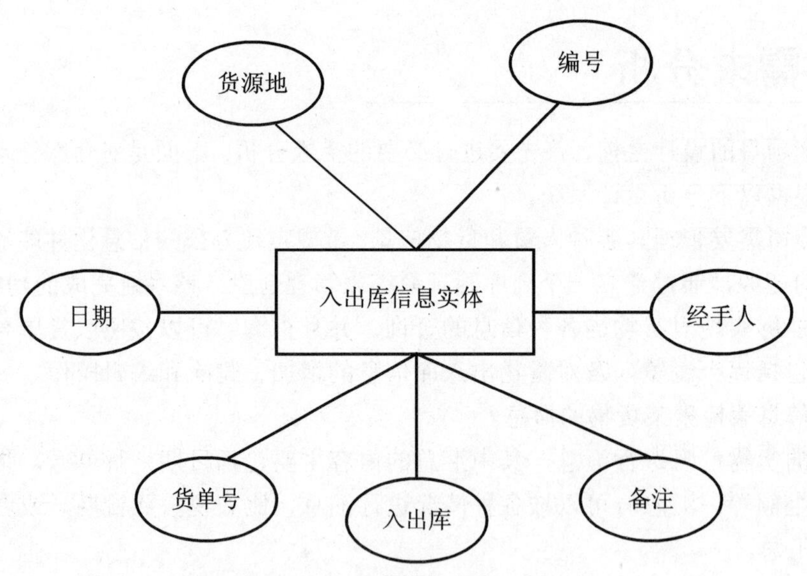

图 4-2　入出库信息实体 E-R 图

货物信息实体 E-R 图如图 4-3 所示。

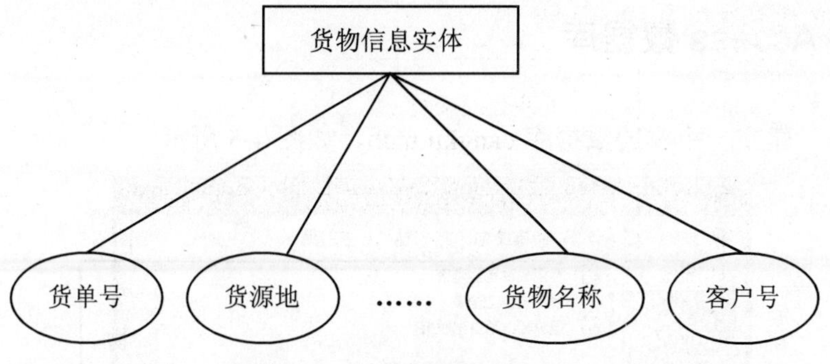

图 4-3　货物信息实体 E-R 图

用户信息实体 E-R 图如图 4-4 所示。

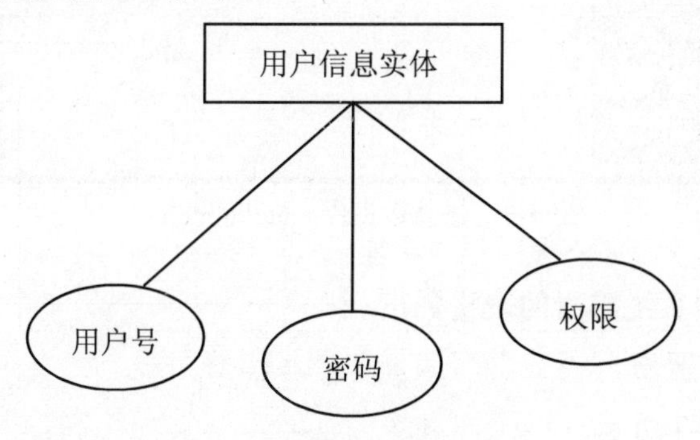

图 4-4　用户信息实体 E-R 图

4.2　结构设计

根据上面的需求分析，设计好数据库系统，然后开发应用程序可以考虑的窗体的系统，每一个窗体实现不同的功能，可以设计下面的几个模块。

- 入库出库模块：用来实现货物流通的查询。
- 货物详况模块：用来实现货物的浏览和查询。
- 货物汇总模块：用来实现货物资料增加、删除和修改等操作。
- 系统管理模块：用来实现用户的增加、删除，以及用户信息和密码的修改等操作。

各个模块的流程比较简单，这里就不再详细展开，在后面的程序实现中再具体介绍。

4.3　数据库设计

这里的数据库采用 Access，用 ADO 作为连接数据对象。

4.3.1 建立 Access 数据库

启动 Access，建立一个空的数据库 cangku.mdb，如图 4-5 所示。

cangku：数据库
打开(O)
设计(D)
新建(N)
对象
表
查询
窗体
报表
页
宏
模块
组
收藏夹
使用设计器创建表
使用向导创建表
通过输入数据创建表

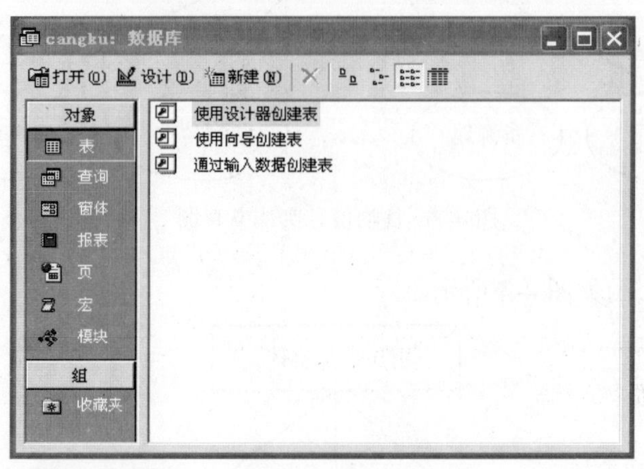

图 4-5　建立数据库 cangku.mdb

使用程序设计器建立系统需要的表格如下。

货源地表，如图 4-6 所示。

货物详况表，如图 4-7 所示。

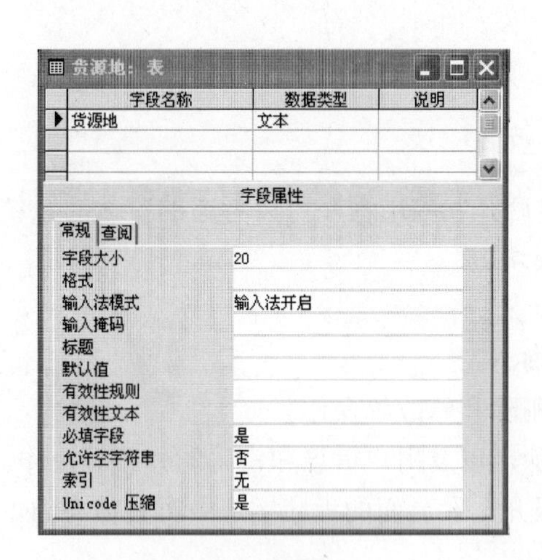

货源地：表
字段名称
数据类型
说明
货源地
文本
字段属性
常规
查阅
字段大小
20
格式
输入法模式
输入法开启
输入掩码
标题
默认值
有效性规则
有效性文本
必填字段
是
允许空字符串
否
索引
无
Unicode 压缩
是

图 4-6　货源地表

货物详况：表
字段名称
数据类型
说明
货单号
文本
日期
日期/时间
货源地
文本
物品名称
文本
单价
货币
数量
数字
单位
文本
金额
货币
客户名
文本
字段属性
常规
查阅
字段大小
20
格式
输入法模式
输入法开启
输入掩码
标题
默认值
有效性规则
有效性文本
必填字段
是
允许空字符串
否
索引
有(有重复)
Unicode 压缩
是

图 4-7　货物详况表

货物入出库表，如图 4-8 所示。

客户名表，如图 4-9 所示。

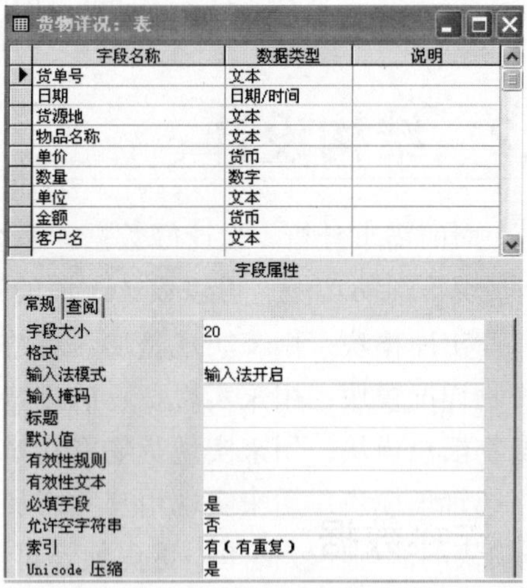

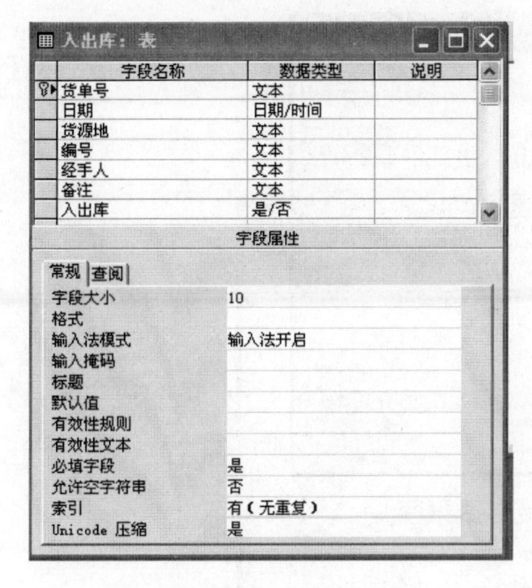

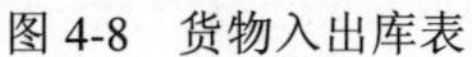

图 4-8　货物入出库表

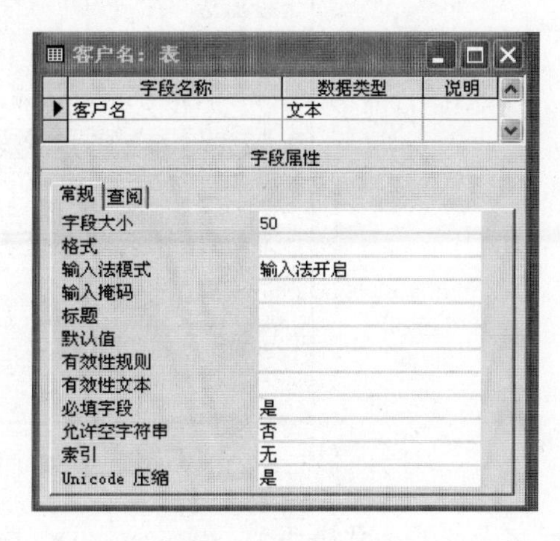

图 4-9　客户名表

系统管理表，如图 4-10 所示。

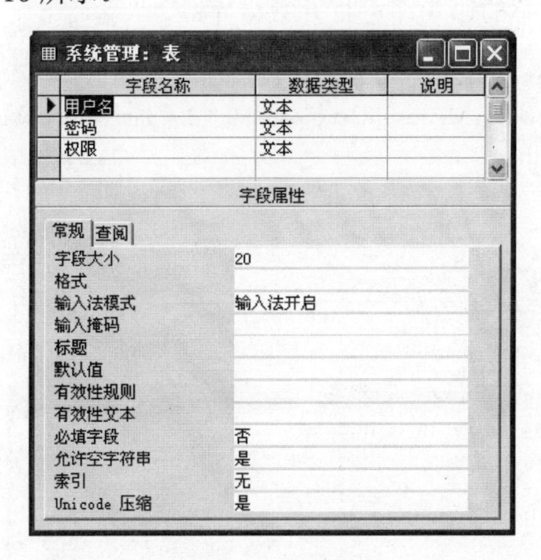

图 4-10　系统管理表

4.3.2　连接数据

在 Visual Basic 环境下，选择“工程”→“引用”命令，在随后出现的对话框中选择 Microsoft ActiveX Data Objects 2.0 Library，然后单击“确定”按钮，如图 4-11 所示。

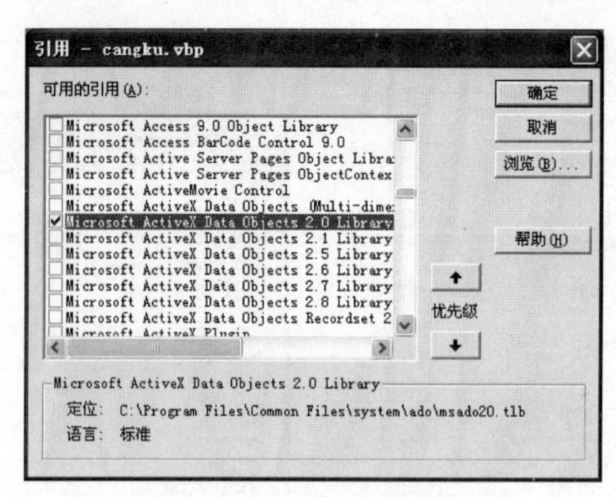

图 4-11 引用 ADO 连接数据库

在程序设计的公共模块中，先定义 ADO 连接对象。语句如下：

```
Public conn As New ADODB.Connection     ' 标记连接对象
```

然后在子程序中，用如下的语句即可打开数据库：

```
Dim connectionstring As String
connectionstring = "provider=Microsoft.Jet.oledb.4.0;" &_"data source=cangku.mdb"
conn.Open connectionstring
```

4.4 界面设计

设计好的界面如图 4-12 所示。

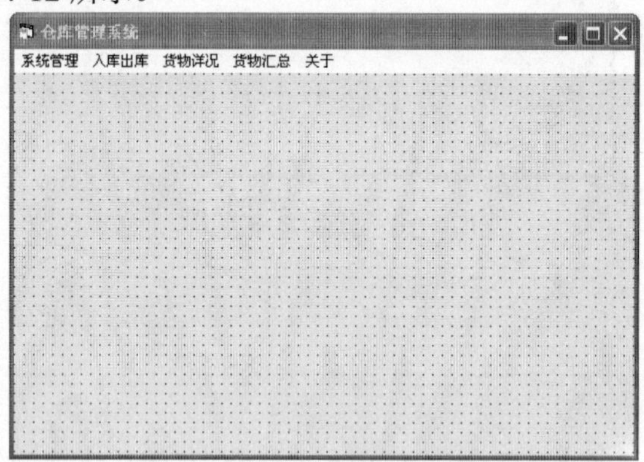

图 4-12 仓库管理系统界面

这是一个多文档界面(MDI)应用程序，可以同时显示多个文档，每个文档显示在各自的窗体中。MDI 应用程序中常有包含子菜单的“窗体”选项，用于在窗体或文档之间进行切换。

菜单应用程序中，有 5 个菜单选项，每个选项对应着 E-R 图的一个子项目。

4.4.1 创建主窗体

首先创建一个工程，命名为仓库管理系统，选择“工程”→“添加 MDI 窗体”命令，则在项目中添加了主窗体。该窗体的一些属性如表 4-1 所示。

表 4-1 主窗体的属性

属　　性	值
Text	仓库管理系统
Name	Main
Menu	Mainmenu1
Windowstate	Maxsize

Windowstate 的值为 Maxsize，即程序启动之后自动最大化。

将“菜单”组件从“工具箱”拖到窗体上。创建一个 Text 属性设置为“文件”的顶级菜单项，且带有名为“关闭”的子菜单项。类似地创建一些菜单项，如表 4-2 所示。

表 4-2 菜单项表

菜单名称	Text 属性	功能描述
MenuItem1	入库出库	顶级菜单，包含子菜单
MenuItem2	入库	调出入库查询窗体
MenuItem3	出库	调出出库窗体
MenuItem4	货物详况	顶级菜单，包含子菜单
MenuItem5	货物查询	调出货物查询窗体
MenuItem6	库房管理	调出库房管理窗体
MenuItem7	货物汇总	顶级菜单，包含子菜单
MenuItem8	货单号	按货单号汇总各种信息
MenuItem9	日期	按日期汇总各种信息
MenuItem10	客户	按客户汇总各种信息
MenuItem11	货单号+日期	按货单号+日期汇总各种信息
MenuItem12	客户+日期	按客户+日期汇总各种信息
MenuItem13	系统管理	顶级菜单，包含子菜单
MenuItem14	增加用户	调出用户窗体
MenuItem15	修改密码	调出密码窗体
MenuItem16	退出系统	退出

主窗体如图 4-13 所示。

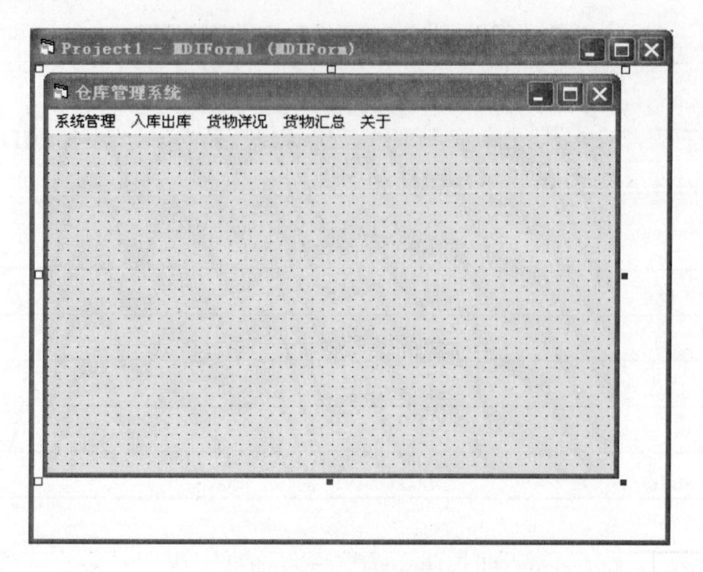

图 4-13 主窗体

4.4.2 创建各子窗体

选择“工程”→“添加窗体”命令，添加子窗体。

在新建 Visual Basic 工程时自带的窗体中，将其属性 MIDChild 改成 True，则这个窗体成为 MID 窗体的子窗体。

在这个项目中，要创建的子窗体如表 4-3 所示。

表 4-3 所有子窗体

子 窗 体 名	Text
入库	jinku
增加用户	adduser
修改密码	changepwd
库房管理	kumanage
查询	chaxun
登录系统	login
货物汇总	huizong

下面分别给出这些子窗体，以及它们所使用的控件。

(1) 入库子窗体如图 4-14 所示，其控件如表 4-4 所示。

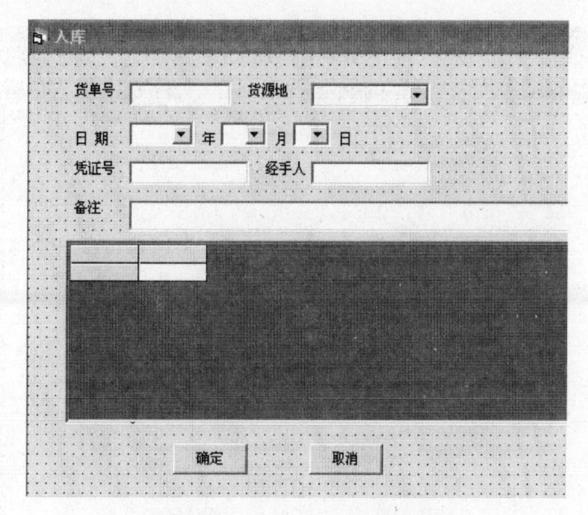

图 4-14　入库子窗体

表 4-4　入库子窗体控件

控 件 类 别	控件 Name	控件 Text
Label	Label1	货单号
	Label2	日期
	Label3	货源地
	Label4	凭证号
	Label5	经手人
	Label6	备注
	Label7	年
	Label8	月
	Label9	日
TextBox	Text1	(空)
	Text2	(空)
	Text3	(空)
	Text4	(空)
	Text5	(空)
	Txtsearch	(空)
CommandButton	Command1	确定
	Command2	取消
ComboBox	Combo1	(空)
	Combo1	(空)
	Comboy	(空)
	Combom	(空)
	Combod	(空)

(2) 增加用户子窗体，如图 4-15 所示，控件如表 4-5 所示。

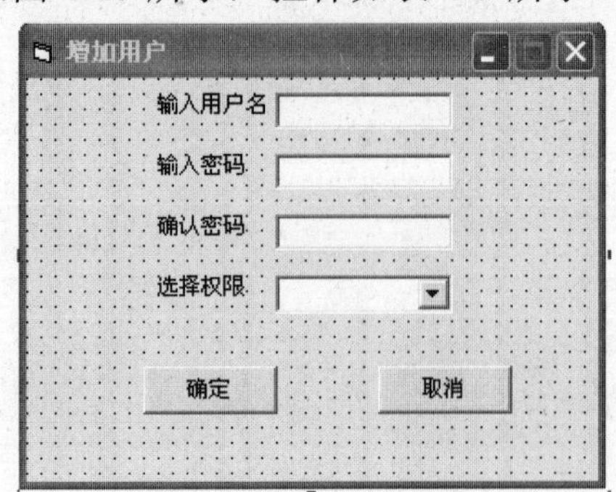

图 4-15 增加用户子窗体

表 4-5 增加用户子窗体控件

控 件 类 别	控件 Name	控件 Text
Label	Label1	输入用户名
	Label2	输入旧密码
	Label3	确认密码
	Label4	选择权限
TextBox	Text1	(空)
	Text2	(空)
	Text3	(空)
ComboBox	Comb1	(空)
CommandButton	Commandl	确定
	Command2	取消

(3) 修改密码子窗体，如图 4-16 所示。

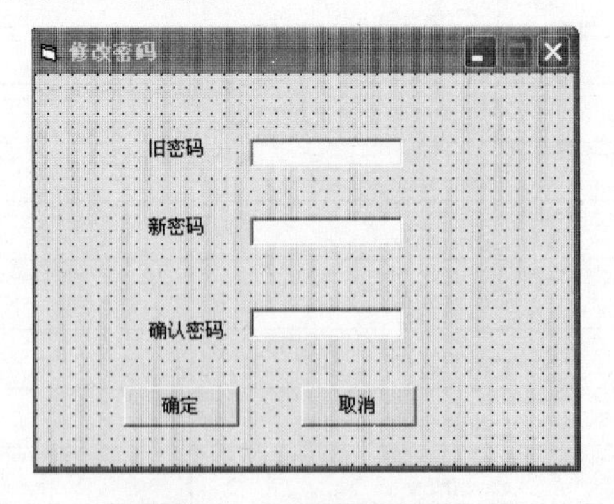

图 4-16 修改密码子窗体

(4) 库房管理子窗体如图 4-17 所示。

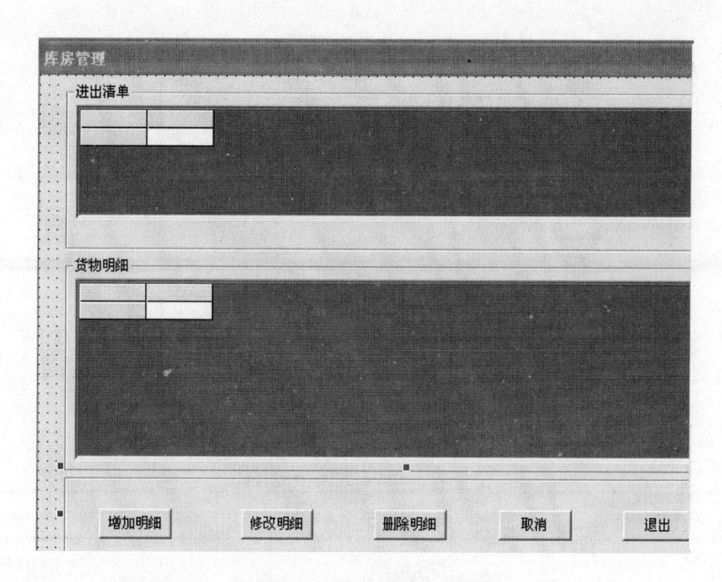

图 4-17　库房管理子窗体

其控件如表 4-6 所示。

表 4-6　库房管理子窗体控件

控 件 类 别	控件 Name	控件 Text
Frame	Frame1	进出清单
	Frame2	货物明细
	Frame3	(空)
MSFlexGrid	MSFlexGrid1	(空)
	MSFlexGrid2	(空)
TextBox	Text1	(空)
ComboBox	Comb1	
CommandButton	Command1	增加明细
	Command2	修改明细
	Command3	删除明细
	Command4	取消
	Command5	退出

(5) 查询子窗体如图 4-18 所示，其控件如表 4-7 所示。

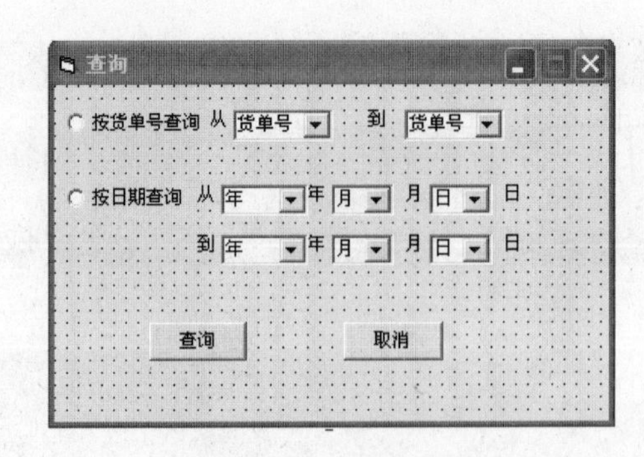

图 4-18 查询子窗体

表 4-7 查询子窗体控件

控 件 类 别	控件 Name	控件 Text
OptionButton	Option1	按货单号查询
	Option2	按日期查询
Label	Label1	从
	Label2	到
	Label3	从
	Label4	到
	Label5	年
	Label6	年
	Label7	月
	Label8	月
	Label9	日
	Label10	日
Combo(0)ComboBox	Combo1	货单号
Combo(1) ComboBox	Combo1	货单号
Comboy(0)ComboBox	Comboy	年
Comboy(1) ComboBox	Comboy	年
Combom(0)ComboBox	Combom	月
Combom(1)ComboBox	Combom	月
Combod(0)ComboBox	Combod	日
Combod(1) ComboBox	Combod	日
CommandButton	Command1	查询
	Command2	取消

(6) 用户登录子窗体如图 4-19 所示。

(7) 货物汇总子窗体如图 4-20 所示，其控件如表 4-8 所示。

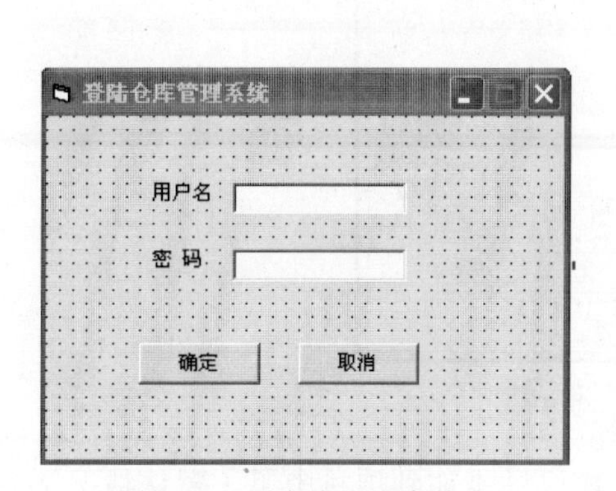

图 4-19 用户登录子窗体

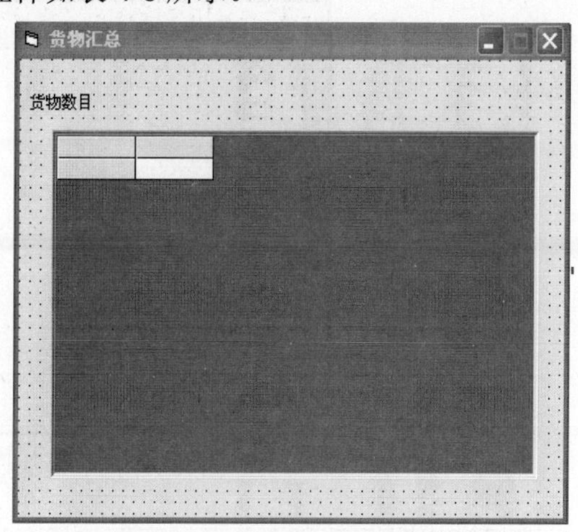

图 4-20 货物汇总子窗体

表 4-8 货物汇总子窗体控件

控 件 类 别	控件 Name	控件 Text
Label	Label1	货物数目
MSFlexGrid	MSFlexGrid1	(空)

(8) 关于窗体主要是列出关于此系统的一些版本信息，如图 4-21 所示。

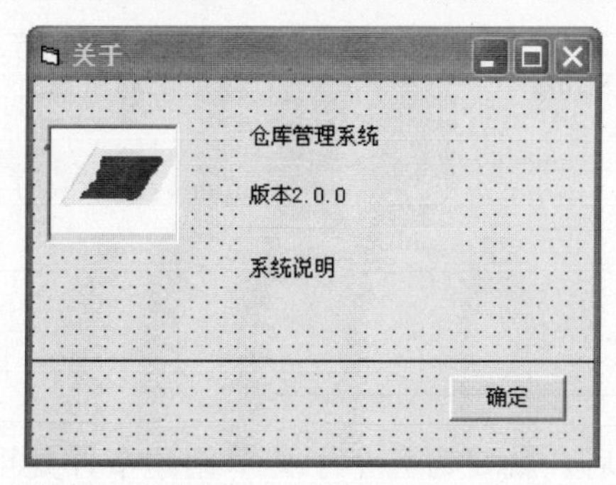

图 4-21 关于窗体

4.5 建立公共模块

建立公共模块可以提高代码的效率，同时使得修改和维护代码都很方便。

创建公共模块的步骤如下：

(1) 在菜单中选择“工程”→“添加模块”命令，则出现“添加模块”对话框，如图 4-22 所示。

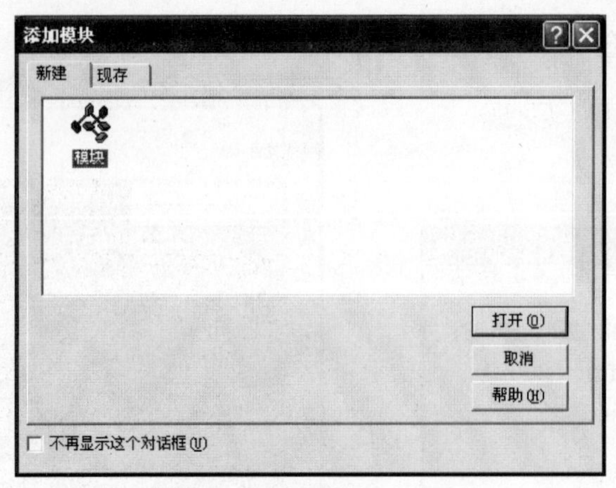

图 4-22 “添加模块”对话框

(2) 选择模块图标后，单击“打开”按钮，则模块已经添加到项目中了。默认情况下名为 Module1。

(3) 在模块中定义整个项目的公共变量。

```
Public conn As New ADODB.Connection          ' 标记连接对象
Public userID As String                      ' 标记当前用户 ID
Public userpow As String                     ' 标记用户权限
Public find As Boolean                       ' 标记查询
Public sqlfind As String                     ' 查询语句
Public rs_data1 As New ADODB.Recordset
Public findok As Boolean
Public summary_menu As String                ' 标记汇总种类
Public frmdata As Boolean
Public Const keyenter = 13                   ' enter 键的 ASCII 码
```

4.6 代码设计

在主窗体中添加完菜单之后，就要为各个子菜单创建事件处理程序。

4.6.1 主窗体代码

在本项目中，子菜单事件都是 Click 事件，这里先给出主窗体部分的代码。

下面是响应“增加用户”子菜单 Click 事件，调出增加用户窗体代码。

```
Private Sub add_user_Click()
adduser.Show
End Sub
```

下面是响应“货物查询”子菜单Click事件，调出货物查询窗体代码。

```
Private Sub check_find_Click()
chaxun.Show
End Sub
```

下面是响应“库房管理”子菜单Click事件，调出库房管理窗体代码。

```
Private Sub data_manage_Click()
sqlfind = "select * from 入出库"
rs_data1.Open sqlfind, conn, adOpenKeyset, adLockPessimistic
kumanage.Show
End Sub
```

下面是响应“退出”子菜单Click事件。

```
Private Sub exit_Click()
Unload Me
End Sub
```

下面是响应“入库”子菜单Click事件，调出入库窗体代码。

```
Private Sub in_check_Click()
jinku.Caption = "入库"
jinku.Show
End Sub
```

下面是响应“修改密码”子菜单Click事件，调出修改密码窗体代码。

```
Private Sub modify_pw_Click()
changepwd.Show
End Sub
```

下面是响应“出库”子菜单Click事件，调出出库窗体代码。

```
Private Sub out_check_Click()
jinku.Caption = "出库"
jinku.Show
End Sub
```

下面是响应“按日期汇总”子菜单Click事件，调出货物汇总窗体代码。

```
Private Sub sum_check_date_Click()
summary_menu = "check_date"
huizong.Show
End Sub
```

下面是响应“按日期+客户汇总”子菜单Click事件，调出货物汇总窗体代码。

```
Private Sub sum_date_custom_Click()
summary_menu = "date_custom"
huizong.Show
End Sub
```

下面是响应“按客户汇总”子菜单 Click 事件，调出货物汇总窗体代码。

```
Private Sub summary_custom_Click()
summary_menu = "custom"
huizong.Show
End Sub
```

在 MDIform1 中，主要代码如下：

```
Private Sub MDIForm_Load()
frmdata = False
find = False
End Sub

Private Sub modify_pw_Click()
changpwd.Show
End Sub

Private Sub out_check_Click()
jinku.Caption = "出库"
jinku.Show
End Sub

Private Sub sum_check_date_Click()
summary_menu = "check_date"
huizong.Show 1
End Sub

Private Sub sum_date_custom_Click()
summary_menu = "date_custom"
huizong.Show 1
End Sub

Private Sub summary_check_Click()
summary_menu = "check"
huizong.Show 1
End Sub

Private Sub summary_custom_Click()
```

```
summary_menu = "custom"
huizong.Show 1
End Sub

Private Sub summary_date_Click()
summary_menu = "date"
huizong.Show 1
End Sub

Private Sub Timer1_Timer()

End Sub
```

4.6.2 各子窗体的代码

在各个子窗体建立好后，就可以根据各子窗体的功能给它们添加相应代码了。

(1) 入库子窗体代码

本窗体用来查询货物入库的信息，用 ADO 来连接数据库，是本窗体的重点。采用 MDI 的子程序运行后，它出现在主程序的界面下，如图 4-23 所示。

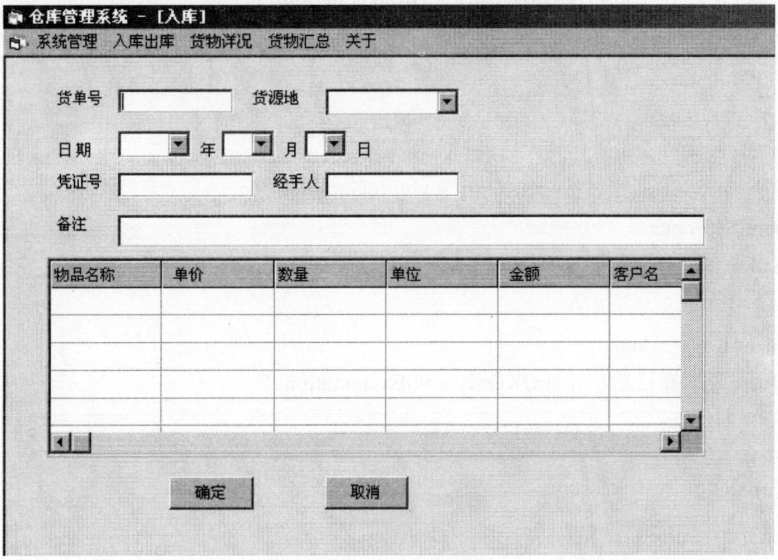

图 4-23 入库子窗体

下面的代码是定义几个变量。

```
Dim rs_checkname As New ADODB.Recordset        '货源地对应的数据对象
Dim rs_custom As New ADODB.Recordset           '客户名对应的数据对象
Const row_num = 10                             '表格行数
Const col_num = 6                              '表格列数
```

“确定”按钮控件要求先填写基本信息，然后与数据库信息比较。

```
Private Sub Command1_Click()
Dim rs_save As New ADODB.Recordset
Dim sql As String
Dim i As Integer
Dim s As String                                          ' 转换数据用
On Error GoTo saveerror
If Trim(Text1.Text) = "" Then
    MsgBox "货单不能为空!", vbOKOnly + vbExclamation, ""
    Text1.SetFocus
    Exit Sub
End If
If Combo1.Text = "请选择货源地" Then
    MsgBox "请选择货源地！", vbOKOnly + vbExclamation, ""
    Combo1.SetFocus
    Exit Sub
End If
If comboy.Text = "" Then
    MsgBox "请选择年份！", vbOKOnly + vbExclamation, ""
    comboy.SetFocus
    Exit Sub
End If
If combom.Text = "" Then
    MsgBox "请选择月份！", vbOKOnly + vbExclamation, ""
    combom.SetFocus
    Exit Sub
End If
If combod.Text = "" Then
    MsgBox "请选择日期！", vbOKOnly + vbExclamation, ""
    combod.SetFocus
    Exit Sub
End If
If MSFlexGrid1.Col <> 0 Then
    MsgBox "请输入完整的物品信息！", vbOKOnly + vbExclamation, ""
    Text5.SetFocus
    Exit Sub
End If
```

下面是数据库比较代码。

```
sql = "select * from 入出库 where 货单号='" & Text1.Text & "'"
rs_save.Open sql, conn, adOpenKeyset, adLockPessimistic
If rs_save.EOF Then
    rs_save.AddNew
    rs_save.Fields(0)  = Trim(Text1.Text)
    rs_save.Fields(1)  = CDate(Trim(comboy.Text) & "-" & Trim(combom.Text) & "-" &
                        Trim(combod.Text))
    rs_save.Fields(2)  = Trim(Combo1.Text)
    rs_save.Fields(3)  = Trim(Text2.Text)
    rs_save.Fields(4)  = Trim(Text3.Text)
    rs_save.Fields(5)  = Trim(Text4.Text)
    If jinku.Caption = "入库" Then                    ' 入出库标记
        rs_save.Fields(6)  = True
    Else
        rs_save.Fields(6)  = False
    End If
    rs_save.Update
    rs_save.Close
Else
    MsgBox "货单号重复！", vbOKOnly + vbExclamation, ""
    Text1.SetFocus
    Text1.Text = ""
    rs_save.Close
    Exit Sub
End If
sql = "select * from 货物详况"
rs_save.Open sql, conn, adOpenKeyset, adLockPessimistic
For i = 1 To MSFlexGrid1.Row - 1
     rs_save.AddNew
     rs_save.Fields(0) = Trim(Text1.Text)
     rs_save.Fields(1) = CDate(Trim(comboy.Text) & "-" & Trim(combom.Text) & "-" &
                        Trim(combod.Text))
     rs_save.Fields(2)  = Trim(Combo1.Text)
     MSFlexGrid1.Row = i
     MSFlexGrid1.Col = 0
     rs_save.Fields(3)  = Trim(MSFlexGrid1.Text)
     MSFlexGrid1.Col = 1
     If checkfrm.Caption = "出库" Then
          s = "-" & Trim(MSFlexGrid1.Text)
          rs_save.Fields(4)  = CDbl(s)
     Else
          rs_save.Fields(4)  = CDbl(Trim(MSFlexGrid1.Text))
     End If
```

```
        MSFlexGrid1.Col = 2
        rs_save.Fields(5)  = Trim(MSFlexGrid1.Text)
        MSFlexGrid1.Col = 3
        rs_save.Fields(6)  = Trim(MSFlexGrid1.Text)
        MSFlexGrid1.Col = 4
        If checkfrm.Caption = "出库" Then
            s = "-" & Trim(MSFlexGrid1.Text)
            rs_save.Fields(7)  = CDbl(s)
        Else
            rs_save.Fields(7)  = CDbl(Trim(MSFlexGrid1.Text))
        End If
        MSFlexGrid1.Col = 5
        rs_save.Fields(8)  = Trim(MSFlexGrid1.Text)
    Next i
    rs_save.Update
    rs_save.Close
    MsgBox "添加成功！", vbOKOnly + vbExclamation, ""
    Unload Me
    Exit Sub
    saveerror:
        MsgBox Err.Description
    End Sub
```

(2) 增加用户子窗体代码

增加用户窗体是用来增加用户的用户名、密码和权限的，其运行效果如图 4-24 所示。单击“确定”按钮后，还要弹出信息框，提示成功信息，如图 4-25 所示。

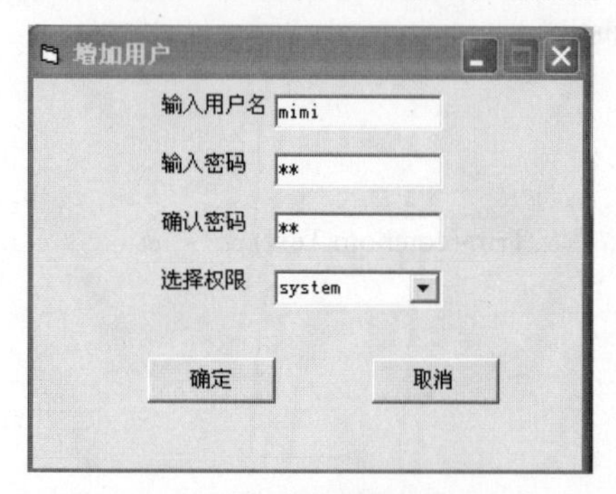

图 4-24 运行效果(增加用户)

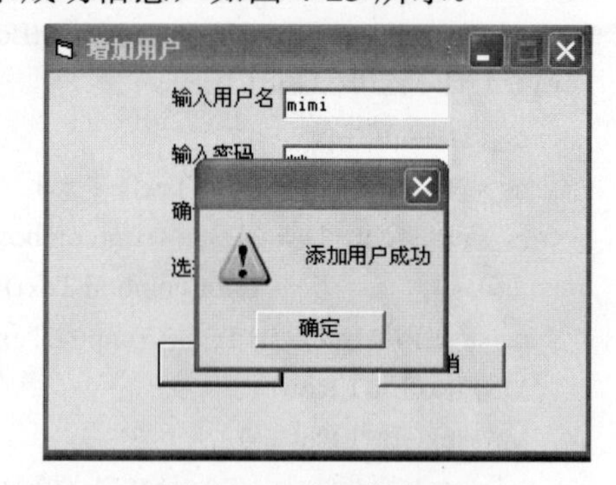

图 4-25 成功信息框

窗体部分代码的思路是，收集输入的表中的字符串，然后与数据库中的系统的用户数据比较，如果不存在，则允许添加。

```
Private Sub Command1_Click()
Dim sql As String
Dim rs_add As New ADODB.Recordset
```

```
If Trim(Text1.Text) = "" Then
    MsgBox "用户名不能为空", vbOKOnly + vbExclamation, ""
    Exit Sub
    Text1.SetFocus
Else
    sql = "select * from 系统管理"
    rs_add.Open sql, conn, adOpenKeyset, adLockPessimistic
    While (rs_add.EOF = False)
         If Trim(rs_add.Fields(0)) = Trim(Text1.Text) Then
             MsgBox "已有这个用户", vbOKOnly + vbExclamation, ""
             Text1.SetFocus
             Text1.Text = ""
             Text2.Text = ""
             Text3.Text = ""
             Combo1.Text = ""
             Exit Sub
          Else
             rs_add.MoveNext
          End If
     end
     If Trim(Text2.Text) <> Trim(Text3.Text) Then
         MsgBox "两次密码不一致", vbOKOnly + vbExclamation, ""
         Text2.SetFocus
         Text2.Text = ""
         Text3.Text = ""
         Exit Sub
     ElseIf Trim(Combo1.Text) <> "system" And Trim(Combo1.Text) <> "guest" Then
         MsgBox "请选择正确的用户权限", vbOKOnly + vbExclamation, ""
         Combo1.SetFocus
         Combo1.Text = ""
         Exit Sub
     Else
         rs_add.AddNew
         rs_add.Fields(0) = Text1.Text
         rs_add.Fields(1)   = Text2.Text
         rs_add.Fields(2)   = Combo1.Text
         rs_add.Update
         rs_add.Close
```

下面是返回成功信息对话框的代码。

```
MsgBox "添加用户成功", vbOKOnly + vbExclamation, ""
     Unload Me
     End If
```

```
End If
End Sub
```

(3) 修改密码子窗体代码

修改密码子窗体是用来修改用户密码的，其运行效果如图 4-26 所示。

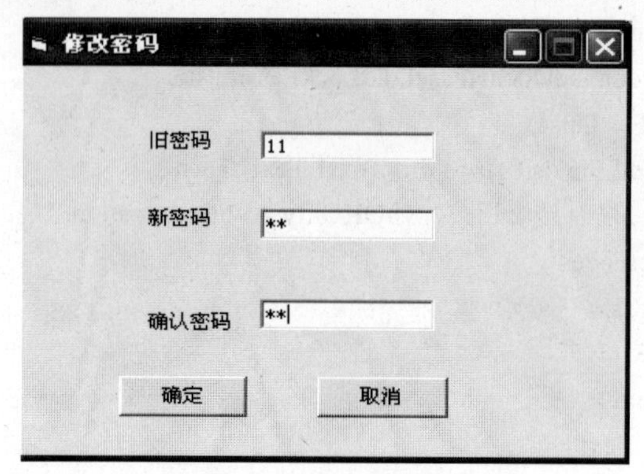

图 4-26　运行效果(修改密码)

在“确定”按钮的 Click 事件中添加如下代码：

```
Private Sub Command1_Click()
Dim rs_chang As New ADODB.Recordset
Dim sql As String
If Trim(rs_chang.Fields(1) ) <> Trim(txtpwd.Text) Then
    MsgBox "原密码错误！", vbOKOnly + vbExclamation, ""
elseIf Trim(Text1.Text) <> Trim(Text2.Text) Then
    MsgBox "密码不一致！", vbOKOnly + vbExclamation, ""
    Text1.SetFocus
    Text1.Text = ""
    Text2.Text = ""
Else
    sql = "select * from 系统管理 where 用户名='" & userID & "'"
    rs_chang.Open sql, conn, adOpenKeyset, adLockPessimistic
    rs_chang.Fields(1) = Text1.Text
    rs_chang.Update
    rs_chang.Close
    MsgBox "密码修改成功", vbOKOnly + vbExclamation, ""
    Unload Me
End If
End Sub
```

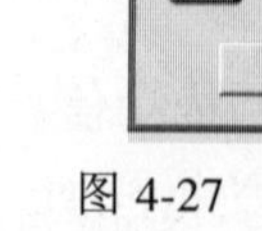

图 4-27　提示修改成功

在上述代码中，首先比较两个表中的数据是否一致，然后用 rs_chang.Fields(1)= Text1.Text 语句把代码输入到数据库中。

最后，用 MsgBox "密码修改成功", vbOKOnly + vbExclamation, ""语句弹出一个信息框，

告诉用户修改成功，如图 4-27 所示。

(4) 库房管理子窗体代码

库房管理子窗体是用来管理仓库中货物详况的，其运行效果如图 4-28 所示。

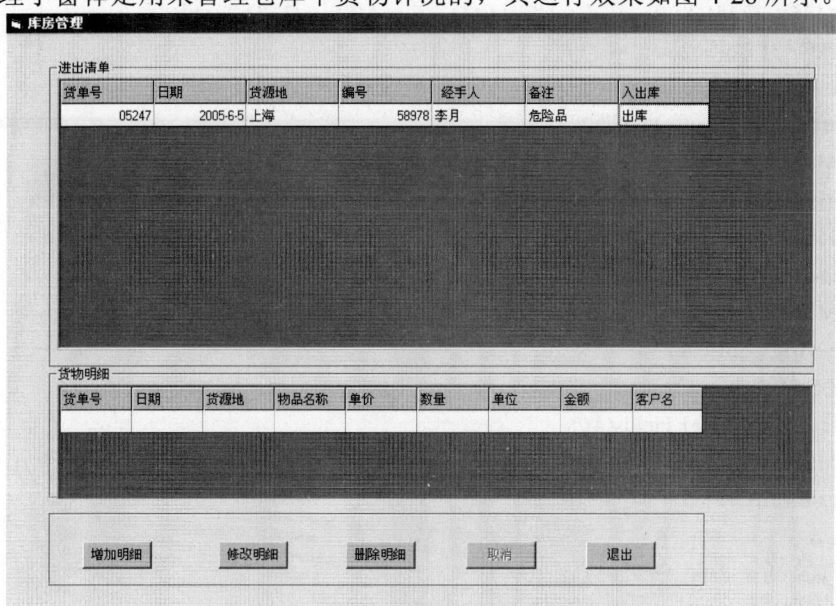

图 4-28 运行效果(库房管理)

实际上，设计库房管理子窗体的程序代码与设计增加用户子窗体的代码在思路上是完全相同的。就是在 MSFlexGrid 的文本框中添加要增加的货物详况明细，然后在“增加明细”按钮控件的 Click()事件中添加检查代码，以检查填写的明细是否规范。最后把填写的明细存储到数据库中。

检查代码如下：

```
Public Sub displaygrid1()
Dim i As Integer
On Error GoTo displayerror
setgrid
setgridhead
MSFlexGrid1.Row = 0
If Not rs_data1.EOF Then
    rs_data1.MoveFirst
    Do While Not rs_data1.EOF
            MSFlexGrid1.Row = MSFlexGrid1.Row + 1
            MSFlexGrid1.Col = 0
' 明细 1
If Not IsNull(rs_data1.Fields(0))
Then MSFlexGrid1.Text =
rs_data1.Fields(0) Else MSFlexGrid1.Text = ""
```

```
            MSFlexGrid1.Col = 1
' 明细 2
If Not IsNull(rs_data1.Fields(1) )
Then MSFlexGrid1.Text = rs_data1.Fields(1)    Else MSFlexGrid1.Text = ""
MSFlexGrid1.Col = 2
' 明细 3
 If Not IsNull(rs_data1.Fields(2) )
Then MSFlexGrid1.Text = rs_data1.Fields(2)    Else MSFlexGrid1.Text = ""
MSFlexGrid1.Col = 3
' 明细 4
If Not IsNull(rs_data1.Fields(3) )
Then MSFlexGrid1.Text = rs_data1.Fields(3)    Else MSFlexGrid1.Text = ""
MSFlexGrid1.Col = 4
' 明细 5
If Not IsNull(rs_data1.Fields(4) )
Then MSFlexGrid1.Text = rs_data1.Fields(4)    Else MSFlexGrid1.Text = ""
MSFlexGrid1.Col = 5
' 明细 6
If Not IsNull(rs_data1.Fields(5) )
Then MSFlexGrid1.Text = rs_data1.Fields(5)    Else MSFlexGrid1.Text = ""
MSFlexGrid1.Col = 6
' 判断明细尾数据
            If rs_data1.Fields(6)    = True Then MSFlexGrid1.Text = "入库" Else
                                    MSFlexGrid1.Text = "出库"
            rs_data1.MoveNext
    Loop
End If
displayerror:
If Err.Number <> 0 Then
    MsgBox Err.Description
End If
End Sub
```

下面是“增加明细”按钮控件的 Click()事件代码。

```
Private Sub cmdmodify_Click()
On Error GoTo modifyerror
Dim i As Integer
Dim j As Integer
If modify = False Then
    MsgBox "无法修改,请选择货物!", vbOKOnly + vbExclamation, ""
    Exit Sub
Else
If cmdmodify.Caption = "修改明细" Then
```

```
        cmdmodify.Caption = "确定"
        cmdexit.Enabled = False
        cmdadd.Enabled = False
        cmddel.Enabled = False
        cmdcancel.Enabled = True
        MSFlexGrid2.Row = 1
        MSFlexGrid2.Col = 3
        Text1.Text = MSFlexGrid2.Text
        nextpos MSFlexGrid2.Row, MSFlexGrid2.Col
    Else
        MSFlexGrid2.Row = 1
        For i = 0 To rs_data2.RecordCount - 1
            MSFlexGrid2.Row = i + 1
            For j = 0 To 8
            MSFlexGrid2.Col = j
            If j = 4 Or j = 7 Then
                If jinchu = "出库" Then
                    rs_data2.Fields(j) = CDbl(Trim(MSFlexGrid2.Text))
                Else
                    rs_data2.Fields(j) = CDbl(Trim(MSFlexGrid2.Text))
                End If
            Else
            rs_data2.Fields(j) = MSFlexGrid2.Text
            End If
            Next j
        Next i
        rs_data2.Update
        MsgBox "修改信息成功！", vbOKOnly + vbExclamation, ""
        cmdmodify.Caption = "修改明细"
        cmdadd.Enabled = True
        cmddel.Enabled = True
        cmdexit.Enabled = True
        cmdcancel.Enabled = False
        Combo1.Visible = False
        Text1.Visible = False
    End If
    End If
    modifyerror:
    If Err.Number <> 0 Then
        MsgBox Err.Description
    End If
    End Sub
```

下面是修改成功后，把明细显示到 MSFlexGrid 控件上的代码。

```
Public Sub showdata()
With MSFlexGrid2
        .Rows = rs_data2.RecordCount + 1
        .Row = 0
If Not rs_data2.EOF Then
    rs_data2.MoveFirst
    Do While Not rs_data2.EOF
            .Row = .Row + 1
            .Col = 0
```

下面是各个明细的代码。

```
If Not IsNull(rs_data2.Fields(0))
Then .Text = rs_data2.Fields(0) Else .Text = ""
.Col = 1
' 明细 1
  If Not IsNull(rs_data2.Fields(1) )
Then .Text = rs_data2.Fields(1)    Else .Text = ""
.Col = 2
' 明细 2
  If Not IsNull(rs_data2.Fields(2) )
Then .Text = rs_data2.Fields(2)    Else .Text = ""
.Col = 3
' 明细 3
  If Not IsNull(rs_data2.Fields(3) )
Then .Text = rs_data2.Fields(3)    Else .Text = ""
.Col = 4
' 明细 4
   If Not IsNull(rs_data2.Fields(4) )
And CDbl(rs_data2.Fields(4) ) < 0 Then
 .Text = -CDbl(rs_data2.Fields(4) )
 Else
 .Text = rs_data2.Fields(4)
 End If
.Col = 5
' 明细 5
  If Not IsNull(rs_data2.Fields(5) )
Then .Text = rs_data2.Fields(5)    Else .Text = ""
.Col = 6
' 明细 6
 If Not IsNull(rs_data2.Fields(6) )
Then .Text = rs_data2.Fields(6)    Else .Text = ""
```

```
.Col = 7
  If Not IsNull(rs_data2.Fields(7) ) And
CDbl(rs_data2.Fields(4) ) < 0 Then
     .Text = -CDbl(rs_data2.Fields(7) )
Else
.Text = rs_data2.Fields(7)
End If
.Col = 8
 If Not IsNull(rs_data2.Fields(8) )
Then .Text = rs_data2.Fields(8)   Else .Text = ""
 rs_data2.MoveNext
    Loop
```

下面是在输入不规范时，给出的信息提示代码。

```
Private Sub Text1_KeyPress(KeyAscii As Integer)
Dim i As Integer, j As Integer
Dim price As Double, coun As Integer
On Error GoTo texterror
If KeyAscii = 13 Then
    MSFlexGrid2.Text = Text1.Text
    i = MSFlexGrid2.Row
    j = MSFlexGrid2.Col
    If j = 3 And Trim(Text1.Text) = "" Then
        MsgBox "物品名称不能为空", vbOKOnly + vbExclamation, ""
        Text1.SetFocus
        Exit Sub
    End If
    If j = 4 And Not IsNumeric(Text1.Text) Then
        MsgBox "单价请输入数字！", vbOKOnly + vbExclamation, ""
        Text1.SetFocus
        Exit Sub
    End If
    If j = 5 And Not IsNumeric(Text1.Text) Then
        MsgBox "数量请输入数字！", vbOKOnly + vbExclamation, ""
        Text1.SetFocus
        Exit Sub
    End If
    If j = 6 And Trim(Text1.Text) = "" Then
        MsgBox "单位不能为空！", vbOKOnly + vbExclamation, ""
        Text1.SetFocus
        Exit Sub
    End If
    If j = 6 And Not IsNull(Text1.Text) Then
```

```
            MSFlexGrid2.Col = 4                    ' 金额由程序算出
            price = CDbl(MSFlexGrid2.Text)
            MSFlexGrid2.Col = 5
            coun = CInt(MSFlexGrid2.Text)
            MSFlexGrid2.Col = 7
            MSFlexGrid2.Text = price * coun
            MSFlexGrid2.Col = MSFlexGrid2.Col + 1
            Text1.Visible = False
            Combo1.Width = MSFlexGrid2.CellWidth
         Combo1.Left = MSFlexGrid2.Left + MSFlexGrid2.ColPos(8)
   Combo1.Top = MSFlexGrid2.Top
                     + MSFlexGrid2.RowPos(MSFlexGrid2.Row)
            Combo1.Text = MSFlexGrid2.Text
            Combo1.Visible = True
            Combo1.SetFocus
            KeyAscii = 0
            Exit Sub
       End If
   MSFlexGrid2.Col = MSFlexGrid2.Col + 1
   KeyAscii = 0
   nextpos MSFlexGrid2.Row, MSFlexGrid2.Col
   End If
   Exit Sub
   texterror:
         MsgBox Err.Description
   End Sub
```

(5) 查询子窗体代码

查询子窗体是用来查询仓库中货物详况明细的。其运行效果如图 4-29 所示。

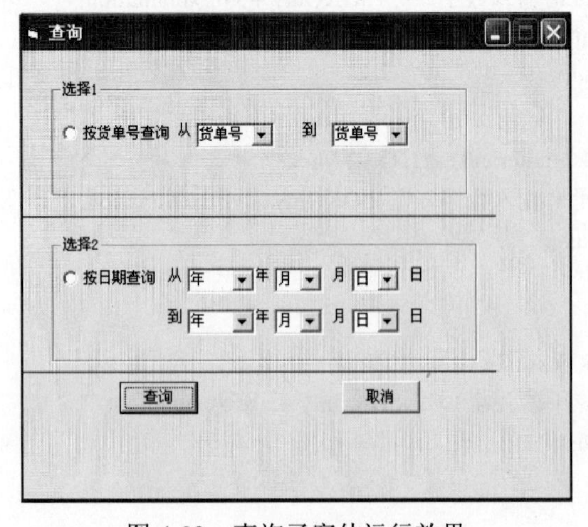

图 4-29　查询子窗体运行效果

在选择列表框中给出货单号或年月日后，“查询”按钮的Click事件将给出与数据库查找比较的结果。

```
Private Sub Command1_Click()
On Error GoTo cmderror
Dim find_date1 As String
Dim find_date2 As String
If Option1.Value = True Then
  sqlfind = "select * from 入出库 where 货单号 between '" & _
          Combo1(0).Text & "'" & " and " & "'" & Combo1(1) .Text & "'"
End If
If Option2.Value = True Then
    find_date1 = Format(CDate(comboy(0).Text & "-" & _
                combom(0).Text & "-" & combod(0).Text), "yyyy-mm-dd")
    find_date2 = Format(CDate(comboy(1) .Text & "-" & _
                combom(1) .Text & "-" & combod(1) .Text), "yyyy-mm-dd")
    sqlfind = "select * from 入出库 where 日期 between #" & _
                find_date1 & "#" & " and" & " #" & find_date2 & "#"
End If
rs_data1.Open sqlfind, conn, adOpenKeyset,
adLockPessimistic
kumanage.displaygrid1
Unload Me
cmderror:
If Err.Number <> 0 Then
    MsgBox Err.Description
End If
End Sub
```

运行查询子窗体时，组合框中就已经从数据库中提取了货单号和年月日两个待查条件。

```
Private Sub Form_Load()
Dim i As Integer
Dim j As Integer
Dim sql As String
If findok = True Then
    rs_data1.Close
End If
sql = "select * from 入出库 order by 货单号 desc"
rs_find.CursorLocation = adUseClient
rs_find.Open sql, conn, adOpenKeyset, adLockPessimistic
If rs_find.EOF = False Then                    ' 添加货单号
    With rs_find
          Do While Not .EOF
```

```
                Combo1(0).AddItem .Fields(0)
                Combo1(1) .AddItem .Fields(0)
                .MoveNext
            Loop
        End With
    End If
    For i = 2001 To 2005                        ' 添加年
        comboy(0).AddItem i
        comboy(1) .AddItem i
    Next i
    For i = 1 To 12                             ' 添加月
        combom(0).AddItem i
        combom(1) .AddItem i
    Next i
    For i = 1 To 31                             ' 添加日
        combod(0).AddItem i
        combod(1) .AddItem i
    Next i
    End Sub
```

查询完毕后，输出查询结果，如图 4-30 所示。

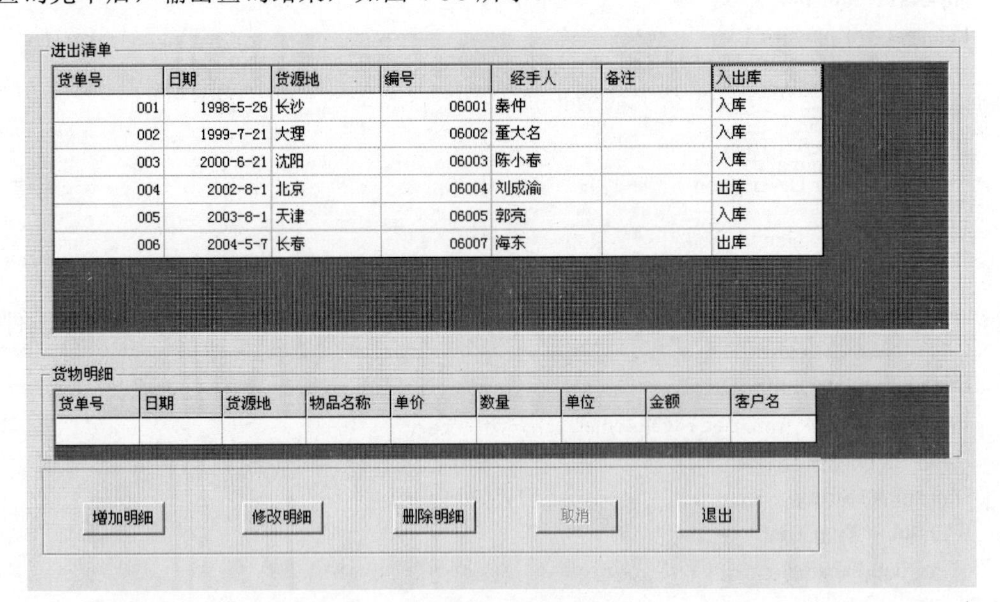

图 4-30　查询结果

(6) 用户登录子窗体代码

运行的用户登录子窗体如图 4-31 所示。

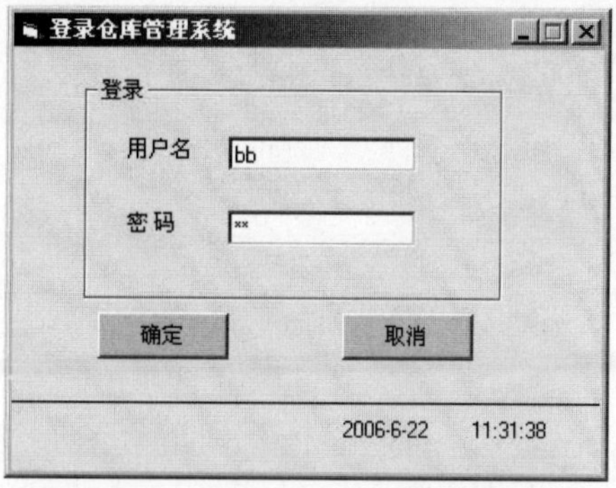

图 4-31　运行的用户登录子窗体

在本项目中，用户登录子窗体是运行的第一个界面，它的作用是检查用户名和密码是否正确。由于用户的资料是存放在数据库中的，所以在启动该子窗体时，就已经连接了数据库。其代码如下：

```
Private Sub Form_Load()
Dim connectionstring As String
connectionstring = "provider=Microsoft.Jet.oledb.4.0;" & _
                    "data source=cangku.mdb"
conn.Open connectionstring
cnt = 0
End Sub
```

“确定”按钮的作用是检查输入的数据是否与数据库中的数据一致。

```
Private Sub Command1_Click()
Dim sql As String
Dim rs_login As New ADODB.Recordset
If Trim(txtuser.Text) = "" Then            ' 判断输入的用户名是否为空
   MsgBox "没有这个用户", vbOKOnly + vbExclamation, ""
   txtuser.SetFocus
Else
   sql = "select * from 系统管理 where 用户名='" &
         txtuser.Text & "'"
  rs_login.Open sql, conn, adOpenKeyset, adLockPessimistic
   If rs_login.EOF = True Then
      MsgBox "没有这个用户", vbOKOnly + vbExclamation, ""
      txtuser.SetFocus
   Else                                    ' 检验密码是否正确
```

用户名和密码通过后，要关闭本窗体并打开主窗体。

```
If Trim(rs_login.Fields(1) ) = Trim(txtpwd.Text) Then
         userID = txtuser.Text
```

```
            userpow = rs_login.Fields(2)
            rs_login.Close
            Unload Me
            MDIForm1.Show
        Else
           MsgBox "密码不正确", vbOKOnly + vbExclamation, ""
           txtpwd.SetFocus
        End If
    End If
End If
' 只能输入 3 次
cnt = cnt + 1
If cnt = 3 Then
    Unload Me
End If
Exit Sub
End Sub
```

(7) 货物汇总子窗体代码

货物汇总子窗体的作用是按一定的类别，把货物按其汇总列表。运行的货物汇总子窗体如图 4-32 所示。

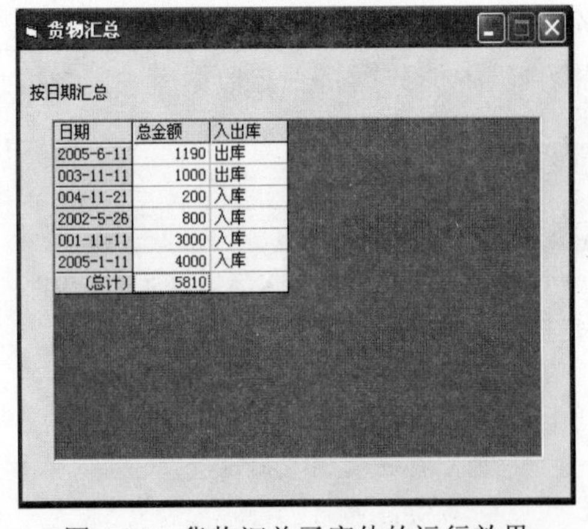

图 4-32　货物汇总子窗体的运行效果

货物汇总子窗体是由选择响应“货物汇总”命令出现的窗体，在主窗体中，“货物汇总”菜单共有 5 个选项，所以窗体应该对应这 5 个部分的代码。

先定义连接数据库的变量。

```
Dim rs_sum As New ADODB.Recordset
```

然后列出窗体部分的代码。

```
Private Sub Form_Load()
Dim sql As String
```

下面是按货单号汇总的部分代码。

```
Select Case summary_menu
        Case "check"          ' 按货单号汇总
            Label1.Caption = "按货单号汇总"
            sql = "select 货源地,sum(金额) as 总金额 from 货物详况 group by 货源地 order
                by sum(金额)"
        rs_sum.CursorLocation = adUseClient
        rs_sum.Open sql, conn, adOpenKeyset, adLockPessimistic
            addup = 0
            MSFlexGrid1.Rows = rs_sum.RecordCount + 2
            MSFlexGrid1.Cols = 3
            ' 设置表头
            MSFlexGrid1.Row = 0
            MSFlexGrid1.Col = 0
            MSFlexGrid1.Text = "货源地"
            MSFlexGrid1.Col = 1
            MSFlexGrid1.Text = "总金额"
            MSFlexGrid1.Col = 2
            MSFlexGrid1.Text = "入出库"
            If rs_sum.EOF = False Then
                rs_sum.MoveFirst
                Do While Not rs_sum.EOF
                        MSFlexGrid1.Row = MSFlexGrid1.Row + 1
                        MSFlexGrid1.Col = 0
                        MSFlexGrid1.Text = rs_sum.Fields(0)
                        MSFlexGrid1.Col = 1
                        If CDbl(rs_sum.Fields(1) ) < 0 Then
        MSFlexGrid1.Text = Replace(rs_sum.Fields(1) , "-", "")
                            MSFlexGrid1.Col = 2
                            MSFlexGrid1.Text = "出库"
                        Else
                            MSFlexGrid1.Text = rs_sum.Fields(1)
                            MSFlexGrid1.Col = 2
                            MSFlexGrid1.Text = "入库"
                        End If
                        addup = addup + CDbl(rs_sum.Fields(1) )
                        rs_sum.MoveNext
                Loop
                        MSFlexGrid1.Row = MSFlexGrid1.Row + 1
                        MSFlexGrid1.Col = 0
```

```
                        MSFlexGrid1.Text = "(总计)"
                        MSFlexGrid1.Col = 1
                        MSFlexGrid1.Text = addup
                End If
        rs_sum.Close
```

下面是按货物日期汇总的部分代码。

```
        Case "date"                ' 按日期汇总
            Label1.Caption = "按日期汇总"
            sql = "select 日期,sum(金额) as 总金额 from 货物详况 group by 日期 order by
                sum(金额)"
        rs_sum.CursorLocation = adUseClient
        rs_sum.Open sql, conn, adOpenKeyset, adLockPessimistic
            addup = 0
            MSFlexGrid1.Rows = rs_sum.RecordCount + 2
            MSFlexGrid1.Cols = 3
            MSFlexGrid1.Row = 0
            MSFlexGrid1.Col = 0
            MSFlexGrid1.Text = "日期"
            MSFlexGrid1.Col = 1
            MSFlexGrid1.Text = "总金额"
            MSFlexGrid1.Col = 2
            MSFlexGrid1.Text = "入出库"
            If rs_sum.EOF = False Then
                rs_sum.MoveFirst
                Do While Not rs_sum.EOF
                        MSFlexGrid1.Row = MSFlexGrid1.Row + 1
                        MSFlexGrid1.Col = 0
                        MSFlexGrid1.Text = rs_sum.Fields(0)
                        MSFlexGrid1.Col = 1
                        If CDbl(rs_sum.Fields(1) ) < 0 Then
    MSFlexGrid1.Text = Replace(rs_sum.Fields(1) , "-", "")
                            MSFlexGrid1.Col = 2
                            MSFlexGrid1.Text = "出库"
                        Else
                            MSFlexGrid1.Text = rs_sum.Fields(1)
                            MSFlexGrid1.Col = 2
                            MSFlexGrid1.Text = "入库"
                        End If
                        addup = addup + CDbl(rs_sum.Fields(1) )
                        rs_sum.MoveNext
                Loop
                        MSFlexGrid1.Row = MSFlexGrid1.Row + 1
```

```
                MSFlexGrid1.Col = 0
                MSFlexGrid1.Text = "(总计)"
                MSFlexGrid1.Col = 1
                MSFlexGrid1.Text = addup
        End If
    rs_sum.Close
```

下面是按客户汇总的部分代码。

```
    Case "custom"              ' 按客户汇总
        Label1.Caption = "按客户汇总"
        sql = "select 客户名,sum(金额) as 总金额 from 货物详况 group by 客户名 order
            by sum(金额)"
        rs_sum.CursorLocation = adUseClient
        rs_sum.Open sql, conn, adOpenKeyset,
adLockPessimistic
        addup = 0
        MSFlexGrid1.Rows = rs_sum.RecordCount + 2
        MSFlexGrid1.Cols = 3
        MSFlexGrid1.Row = 0
        MSFlexGrid1.Col = 0
        MSFlexGrid1.Text = "客户"
        MSFlexGrid1.Col = 1
        MSFlexGrid1.Text = "总金额"
        MSFlexGrid1.Col = 2
        MSFlexGrid1.Text = "入出库"
        If rs_sum.EOF = False Then
            rs_sum.MoveFirst
            Do While Not rs_sum.EOF
                MSFlexGrid1.Row = MSFlexGrid1.Row + 1
                MSFlexGrid1.Col = 0
                MSFlexGrid1.Text = rs_sum.Fields(0)
                MSFlexGrid1.Col = 1
                If CDbl(rs_sum.Fields(1) ) < 0 Then
    MSFlexGrid1.Text = Replace(rs_sum.Fields(1) , "-", "")
                    MSFlexGrid1.Col = 2
                    MSFlexGrid1.Text = "出库"
                Else
                    MSFlexGrid1.Text = rs_sum.Fields(1)
                    MSFlexGrid1.Col = 2
                    MSFlexGrid1.Text = "入库"
                End If
                addup = addup + CDbl(rs_sum.Fields(1) )
                rs_sum.MoveNext
```

```
            Loop
                        MSFlexGrid1.Row = MSFlexGrid1.Row + 1
                        MSFlexGrid1.Col = 0
                        MSFlexGrid1.Text = "(总计)"
                        MSFlexGrid1.Col = 1
                        MSFlexGrid1.Text = addup
        End If
    rs_sum.Close
```

下面是按货单号+日期汇总的部分代码。

```
        Case "check_date"     ' 按货单号+日期汇总
            Label1.Caption = "按货单号+日期汇总"
            sql = "select 货源地,日期,sum(金额) as 总金额 from 货物详况 " & _
                        "group by 货源地,日期 order by sum(金额)"
        rs_sum.CursorLocation = adUseClient
        rs_sum.Open sql, conn, adOpenKeyset, adLockPessimistic
            addup = 0
            MSFlexGrid1.MergeCells = flexMergeRestrictRows
            MSFlexGrid1.MergeCol(0) = True
            MSFlexGrid1.Rows = rs_sum.RecordCount + 2
            MSFlexGrid1.Rows = rs_sum.RecordCount + 2
            MSFlexGrid1.Cols = 4
            MSFlexGrid1.Row = 0
            MSFlexGrid1.Col = 0
            MSFlexGrid1.Text = "货源地"
            MSFlexGrid1.Col = 1
            MSFlexGrid1.Text = "日期"
            MSFlexGrid1.Col = 2
            MSFlexGrid1.Text = "总金额"
            MSFlexGrid1.Col = 3
            MSFlexGrid1.Text = "入出库"
            If rs_sum.EOF = False Then
                rs_sum.MoveFirst
                Do While Not rs_sum.EOF
                        MSFlexGrid1.Row = MSFlexGrid1.Row + 1
                        MSFlexGrid1.Col = 0
                        MSFlexGrid1.Text = rs_sum.Fields(0)
                        MSFlexGrid1.Col = 1
                        MSFlexGrid1.Text = rs_sum.Fields(1)
                        MSFlexGrid1.Col = 2
                        If CDbl(rs_sum.Fields(2) ) < 0 Then
    MSFlexGrid1.Text = Replace(rs_sum.Fields(2) , "-", "")
                            MSFlexGrid1.Col = 3
```

```
                MSFlexGrid1.Text = "出库"
            Else
                MSFlexGrid1.Text = rs_sum.Fields(2)
                MSFlexGrid1.Col = 3
                MSFlexGrid1.Text = "入库"
            End If
            addup = addup + CDbl(rs_sum.Fields(2) )
            rs_sum.MoveNext
        Loop
            MSFlexGrid1.Row = MSFlexGrid1.Row + 1
            MSFlexGrid1.Col = 0
            MSFlexGrid1.Text = "(总计)"
            MSFlexGrid1.Col = 2
            MSFlexGrid1.Text = addup
    End If
rs_sum.Close
```

下面是按客户+日期汇总的部分代码。

```
Case "date_custom"      ' 按客户+日期汇总
    Label1.Caption = "按客户+日期汇总"
    sql = "select 客户名,日期,sum(金额) as 总金额 from 货物详况 " & _
                "group by 客户名,日期 order by sum(金额)"
    rs_sum.CursorLocation = adUseClient
rs_sum.Open sql, conn, adOpenKeyset, adLockPessimistic
    addup = 0
    MSFlexGrid1.MergeCells = flexMergeRestrictRows
    MSFlexGrid1.MergeCol(0) = True
    MSFlexGrid1.Rows = rs_sum.RecordCount + 2
    MSFlexGrid1.Rows = rs_sum.RecordCount + 2
    MSFlexGrid1.Cols = 4
    MSFlexGrid1.Row = 0
    MSFlexGrid1.Col = 0
    MSFlexGrid1.Text = "客户名"
    MSFlexGrid1.Col = 1
    MSFlexGrid1.Text = "日期"
    MSFlexGrid1.Col = 2
    MSFlexGrid1.Text = "总金额"
    MSFlexGrid1.Col = 3
    MSFlexGrid1.Text = "入出库"
    If rs_sum.EOF = False Then
        rs_sum.MoveFirst
        Do While Not rs_sum.EOF
                MSFlexGrid1.Row = MSFlexGrid1.Row + 1
```

```
                    MSFlexGrid1.Col = 0
                    MSFlexGrid1.Text = rs_sum.Fields(0)
                    MSFlexGrid1.Col = 1
                    MSFlexGrid1.Text = rs_sum.Fields(1)
                    MSFlexGrid1.Col = 2
                    If CDbl(rs_sum.Fields(2) ) < 0 Then
MSFlexGrid1.Text = Replace(rs_sum.Fields(2) , "-", "")
                        MSFlexGrid1.Col = 3
                        MSFlexGrid1.Text = "出库"
                    Else
                        MSFlexGrid1.Text = rs_sum.Fields(2)
                        MSFlexGrid1.Col = 3
                        MSFlexGrid1.Text = "入库"
                    End If
                    addup = addup + CDbl(rs_sum.Fields(2) )
                    rs_sum.MoveNext
            Loop
                    MSFlexGrid1.Row = MSFlexGrid1.Row + 1
                    MSFlexGrid1.Col = 0
                    MSFlexGrid1.Text = "(总计)"
                    MSFlexGrid1.Col = 2
                    MSFlexGrid1.Text = addup
        End If
        rs_sum.Close
    End Select
    End Sub
```

到这里，各个窗体的界面和代码都介绍完了。发布后可以作为一个实际的项目应用。

第 5 章

房屋销售管理系统

随着科学技术的不断提高，计算机科学日渐成熟，其强大的功能已被人们深刻认识。它已进入人类社会的各个领域并发挥着越来越重要的作用。计算机技术的发展，计算机应用的普及和深入，必然引发房地产业对计算机软件的迫切需求，以满足现代社会高效能的办事程序。正是基于对这种形式的认识，本章将介绍一套适合房屋管理系统的软件。

5.1　系统设计

本项目的数据库系统的设计分为以下几步：

(1) 需求分析；

(2) 概念结构设计；

(3) 逻辑结构设计；

(4) 数据库的物理设计；

下面就按照以上步骤对这个数据库系统进行设计。

5.1.1　需求分析

现某房屋公司需要管理其各种人员和房屋信息，希望实现办公的信息化，通过建立一个房屋管理系统来管理。系统功能分析是在系统开发的总体任务的基础上完成。本例中的房屋管理系统需要完成的功能主要如下：

(1) 能够实现对房屋信息的添加、删除和编辑操作。

(2) 对基础设施进行设置。

(3) 可以与内部人员进行信息交互。

(4) 可以对房屋的成本和报价信息进行编辑。

5.1.2 结构设计

将需求分析得到的用户需求抽象为信息结构，即概念模型的过程就是概念结构设计，概念结构的设计是本数据库项目设计的关键。将上面的需求分析画出功能模块图，如图 5-1 所示。

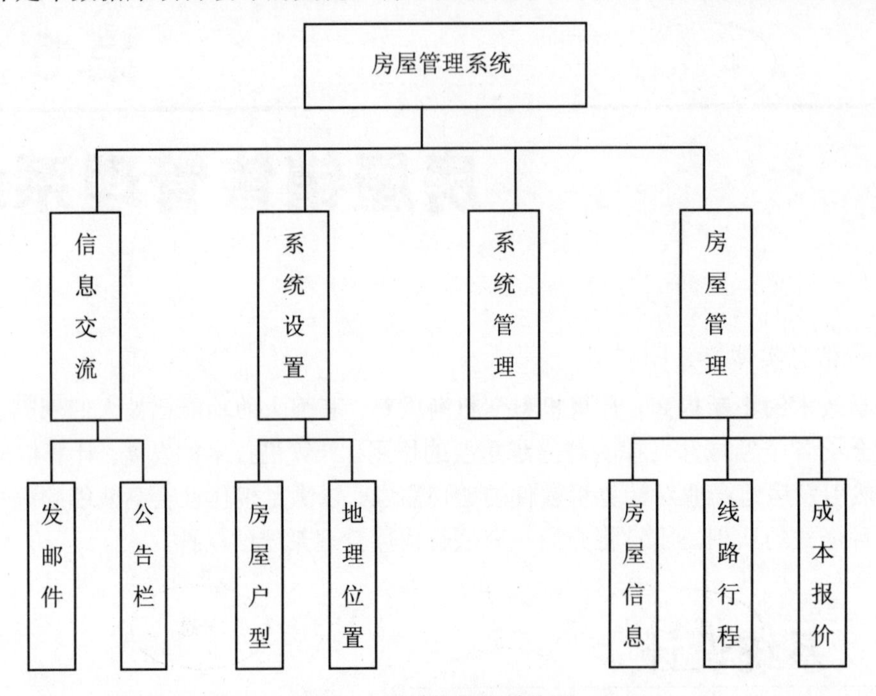

图 5-1 系统的功能模块图

本实例根据功能模块图设计规划出的实体有房屋信息实体、邮件信息实体、成本报价信息实体。各个实体具体的描述 E-R 图如下。

房屋信息实体 E-R 图如图 5-2 所示。

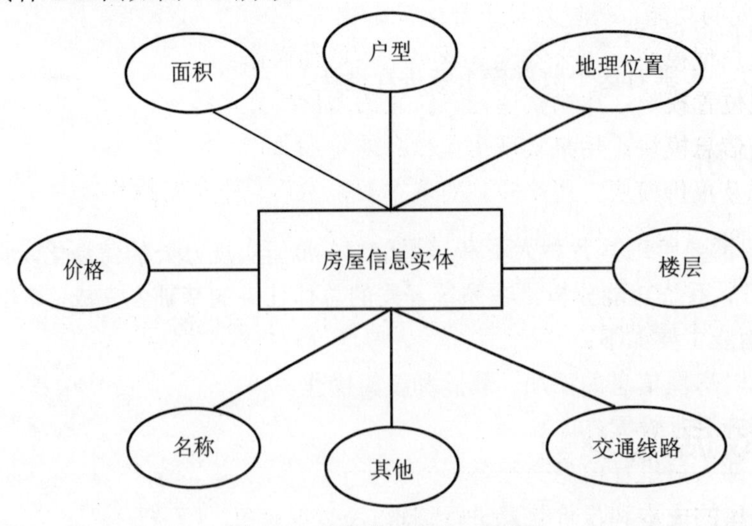

图 5-2 房屋信息实体 E-R 图

邮件信息实体E-R图如图5-3所示。

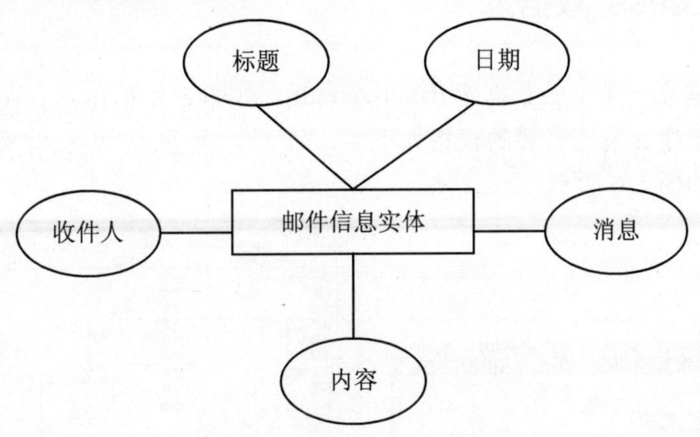

图5-3　邮件信息实体E-R图

成本报价信息实体E-R图如图5-4所示。

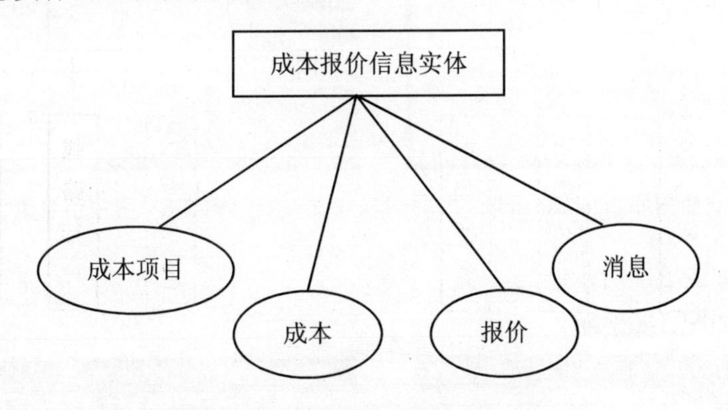

图5-4　成本报价信息实体E-R图

根据上面的需求分析，设计好数据库系统，然后开发应用程序可以考虑的窗体的系统，每一个窗体实现不同的功能，可以设计下面的几个模块。

- 设置房屋户型模块：用来实现房屋户型的增加操作。
- 设置地理位置模块：用来实现地理位置的增加操作。
- 设置房屋信息模块：用来实现房屋信息的添加操作。
- 设置成本及报价模块：用来实现对成本及报价信息添加的操作。
- 发邮件模块：用来实现内部人员的信息交流。
- 公告栏模块：用来发布公告信息。

各个模块的流程比较简单，这里就不再详细展开，在后面的程序实现中再具体介绍。

5.2　数据库设计

这里的数据库采用Access，用ADO作为连接数据对象。

5.2.1 建立 Access 数据库

启动 Access，建立一个空的数据库 database.mdb，如图 5-5 所示。

使用程序设计器建立系统需要的表格如下。

房屋信息表，如图 5-6 所示。

database: 数据库
打开(O)
设计(D)
新建(N)
对象
表
查询
窗体
报表
页
宏
模块
组
收藏夹
使用设计器创建表
使用向导创建表
通过输入数据创建表

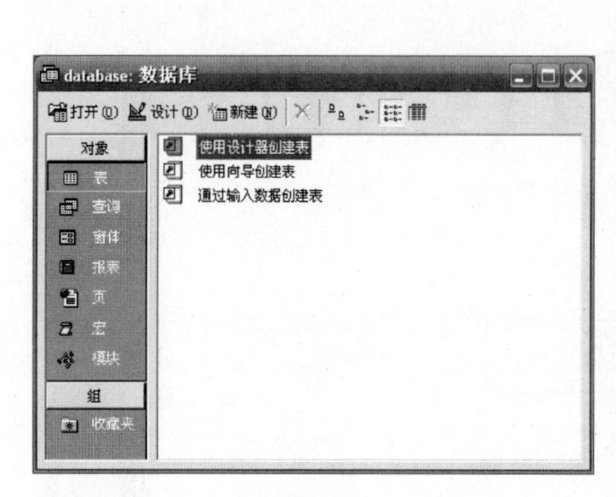

图 5-5 建立数据库 database.mdb

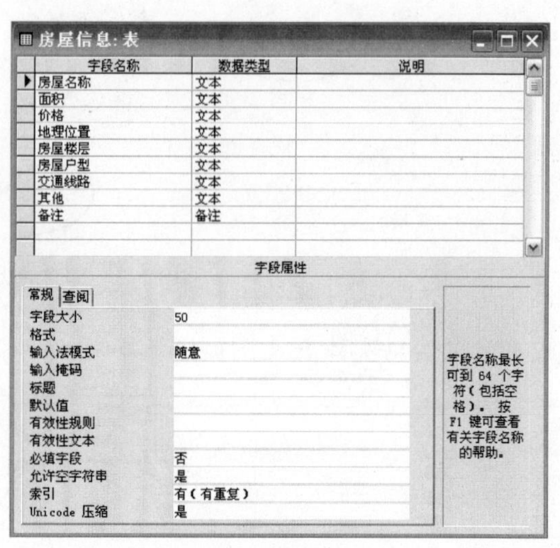

房屋信息: 表
字段名称
数据类型
说明
房屋名称 文本
面积 文本
价格 文本
地理位置 文本
房屋楼层 文本
房屋户型 文本
交通线路 文本
其他 文本
备注 备注
字段属性
常规
查阅
字段大小 50
格式
输入法模式 随意
输入掩码
标题
默认值
有效性规则
有效性文本
必填字段 否
允许空字符串 是
索引 有(有重复)
Unicode 压缩 是
字段名称最长可到 64 个字符(包括空格)。按 F1 键可查看有关字段名称的帮助。

图 5-6 房屋信息表

地理位置表，如图 5-7 所示。

房屋户型表，如图 5-8 所示。

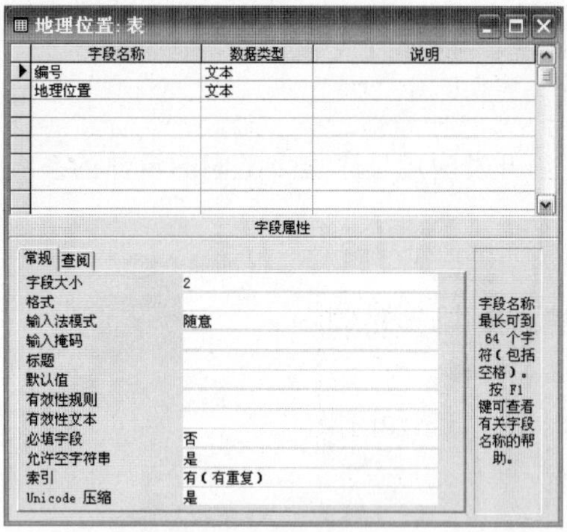

地理位置: 表
字段名称
数据类型
说明
编号 文本
地理位置 文本
字段属性
常规
查阅
字段大小 2
格式
输入法模式 随意
输入掩码
标题
默认值
有效性规则
有效性文本
必填字段 否
允许空字符串 是
索引 有(有重复)
Unicode 压缩 是
字段名称最长可到 64 个字符(包括空格)。按 F1 键可查看有关字段名称的帮助。

图 5-7 地理位置表

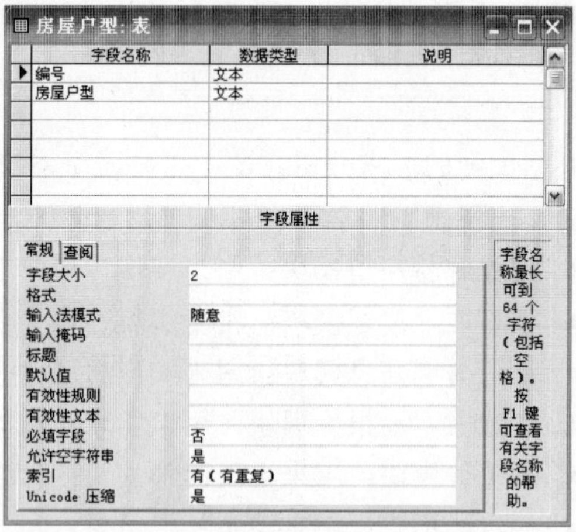

房屋户型: 表
字段名称
数据类型
说明
编号 文本
房屋户型 文本
字段属性
常规
查阅
字段大小 2
格式
输入法模式 随意
输入掩码
标题
默认值
有效性规则
有效性文本
必填字段 否
允许空字符串 是
索引 有(有重复)
Unicode 压缩 是
字段名称最长可到 64 个字符(包括空格)。按 F1 键可查看有关字段名称的帮助。

图 5-8 房屋户型表

房屋楼层表，如图 5-9 所示。

公告表，如图 5-10 所示。

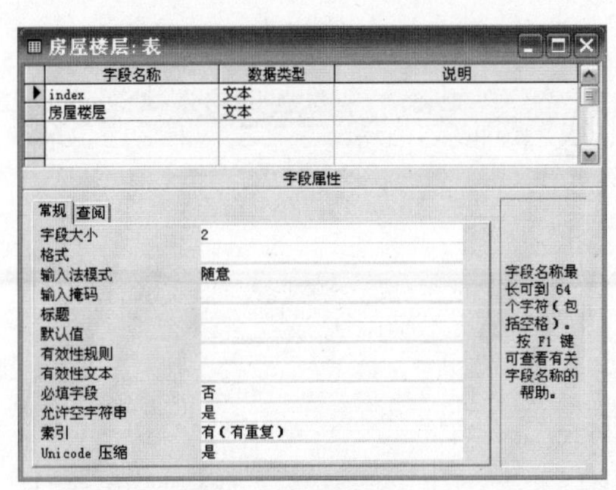

图 5-9　房屋楼层表

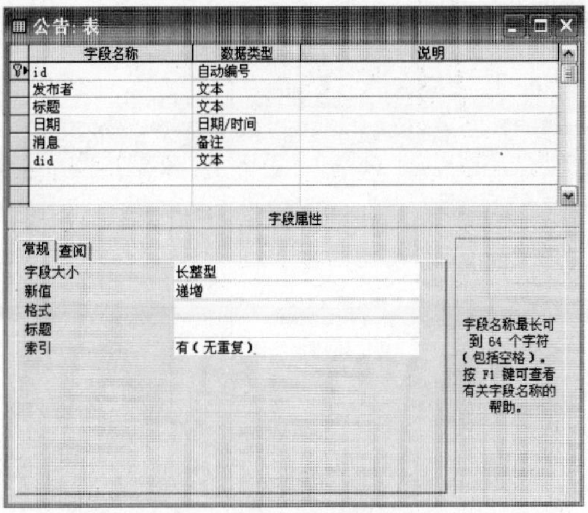

图 5-10　公告表

价格表，如图 5-11 所示。

交通线路表，如图 5-12 所示。

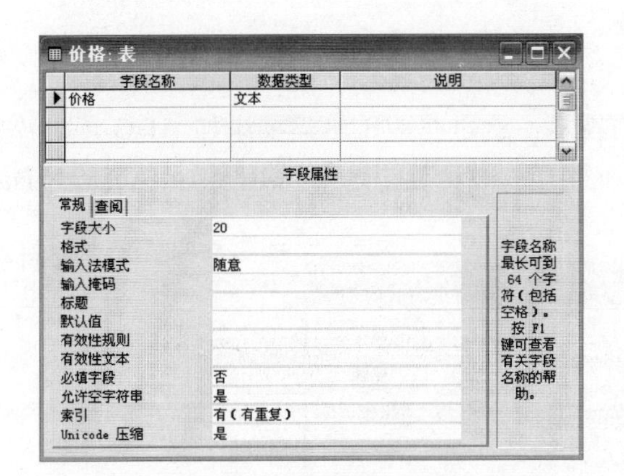

图 5-11　价格表

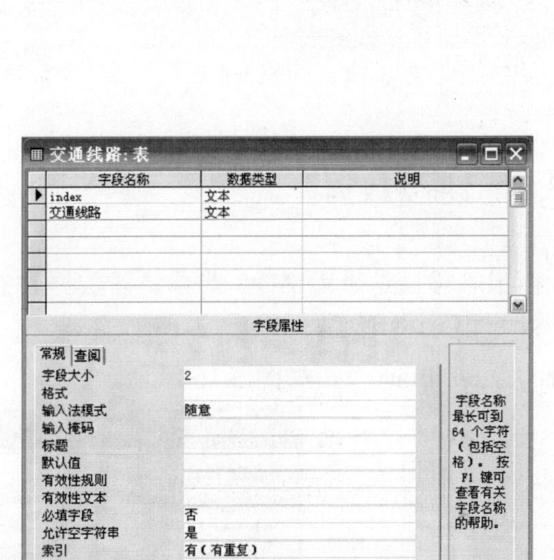

图 5-12　交通线路表

面积表，如图 5-13 所示。

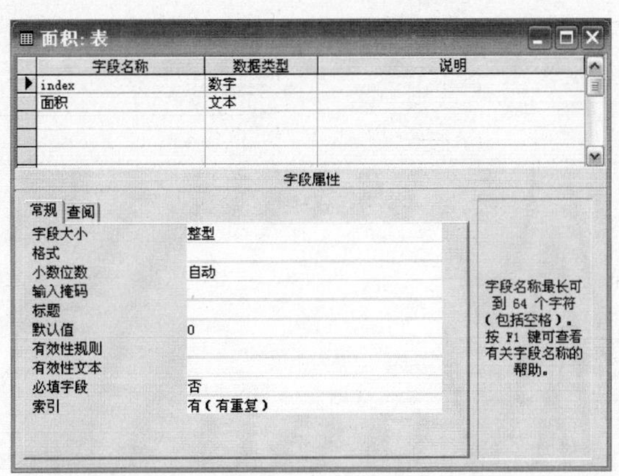

图 5-13　面积表

系统管理表，如图 5-14 所示。

邮件表，如图 5-15 所示。

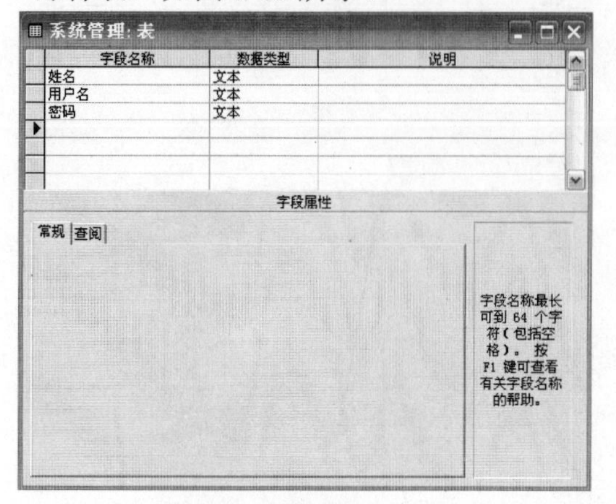

图 5-14 系统管理表

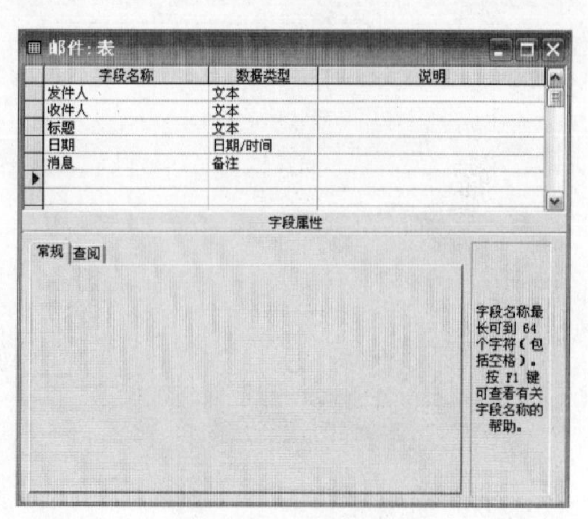

图 5-15 邮件表

5.2.2 连接数据

由于本项目是采用 ADO 对象访问数据库的技术，所以在 VB 中需要添加 ADO 库。添加的方法是在 VB 中选择“工程”→“引用”命令，在打开的对话框中选择“Microsoft ActiveX Data Objects 2.6 Library”，如图 5-16 所示。

图 5-16 引用 ADO 连接数据库

5.3 界面设计

完成有关数据库结构的所有后台工作后，就开始创建 Visual Basic 数据库系统的客户端程序了。在创建窗体时首先是创建主窗体。

5.3.1 创建主窗体

启动VB，选择“文件”→“新建工程”命令，在工程模板中选择“Standard 标准EXE”，Visual Basic 将自动产生一个Form 窗体，属性都是默认设置。这里删除这个窗体，选择“文件”→“保存工程”命令，将这个工程项目命名为frmmain。

设计好的界面如图5-17所示。

这是一个多文档界面(MDI)应用程序，可以同时显示多个文档，每个文档显示在各自的窗体中。MDI 应用程序中常有包含子菜单的“窗体”选项，用于在窗体或文档之间进行切换。

图5-17 房屋管理系统界面

菜单应用程序中，有4个菜单选项，每个选项对应着E-R图的一个子项目。该窗体的一些属性如表5-1所示。

表5-1 主窗体的属性

属性	值
Text	房屋管理系统
Name	Main
Menu	frmmain
Windowstate	Maxsize

Windowstate 的值为Maxsize，即程序启动之后自动最大化。

将“菜单”组件从“工具箱”拖到窗体上。创建一个 Text 属性设置为“文件”的顶级菜单项，且带有名为“关闭”的子菜单项。类似地创建一些菜单项，如表5-2所示。

表5-2 菜单项表

菜单名称	Text属性	功能描述
MenuItem1	系统管理	顶级菜单，包含子菜单
MenuItem2	退出系统	退出系统
MenuItem3	系统设置	顶级菜单，包含子菜单

(续表)

菜 单 名 称	Text 属性	功 能 描 述
MenuItem4	设置房屋户型	调出设置房屋户型窗体
MenuItem5	设置地理位置	调出设置地理位置窗体
MenuItem6	信息交流	顶级菜单，包含子菜单
MenuItem7	发邮件	调出发邮件窗体
MenuItem8	公告栏	调出公告栏窗体
MenuItem9	房屋管理	调出房屋管理窗体

主窗体如图 5-18 所示。

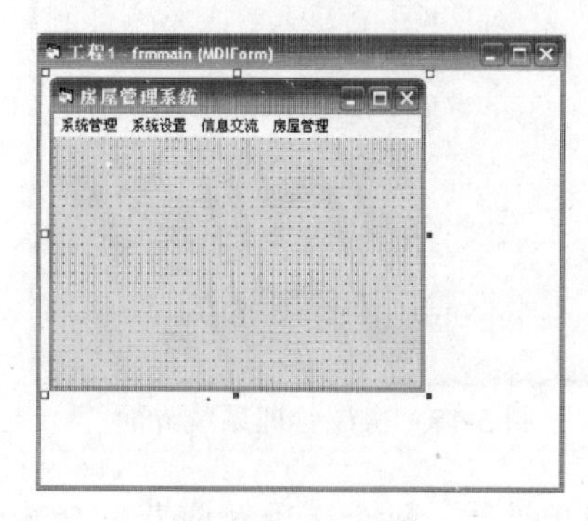

图 5-18　主窗体

5.3.2　创建各子窗体

选择“工程”→“添加窗体”命令，添加子窗体。

在新建 Visual Basic 工程时自带的窗体中，将其属性 MIDChild 改成 True，则这个窗体成为 MID 窗体的子窗体。

在这个项目中，要创建的子窗体如表 5-3 所示。

表 5-3　所有子窗体

子 窗 体 名	Text
设置房屋户型	frmfw
设置地理位置	frmdl
发邮件	frmmaif
公告栏	frmgg
房屋管理	frmfwgl
用户登录	frmlogin

下面分别给出这些子窗体，以及它们所使用的控件。

(1) 设置房屋户型子窗体如图5-19所示，其控件如表5-4所示。

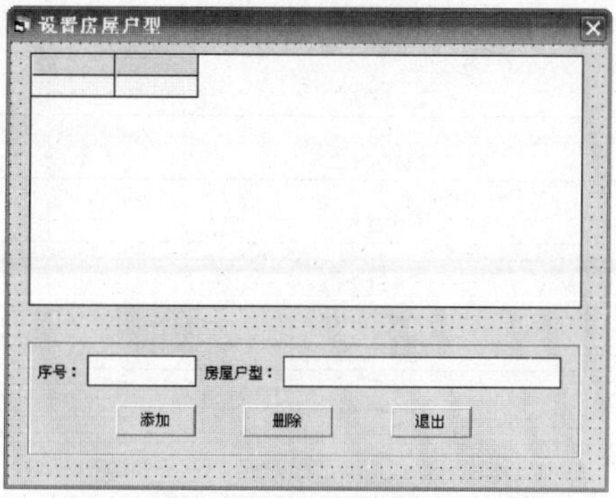

图5-19　房屋户型子窗体

表5-4　房屋户型子窗体控件列

控件类别	控件 Name	控件 Text
Label	Label1	序号：
	Label2	房屋户型：
TextBox	Text1	(空)
	Text2	(空)
CommandButton	Command1	确定
	Command2	删除
	Command3	退出
MSHFlexGrid	HFGrid	(空)
Frame	Frame1	(空)

(2) 设置地理位置子窗体如图5-20所示，其控件如表5-5所示。

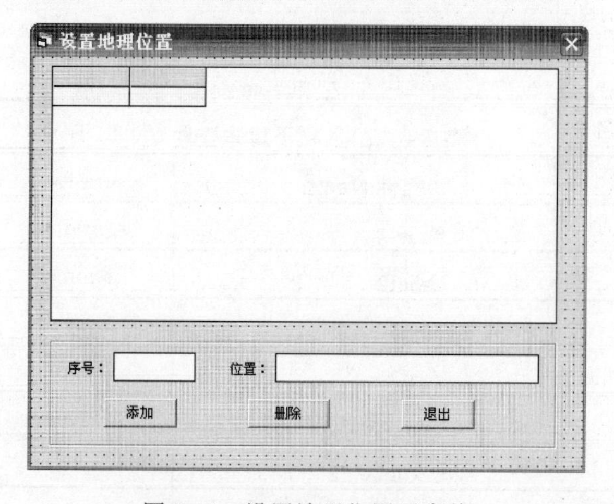

图5-20　设置地理位置子窗体

表 5-5　地理位置子窗体控件

控 件 类 别	控件 Name	控件 Text
Label	Label1	序号：
	Label2	位置：
TextBox	Text1	(空)
	Text2	(空)
CommandButton	Command1	确定
	Command2	删除
	Command3	退出
MSHFlexGrid	HFGrid	(空)
Frame	Frame1	(空)

(3) 公告栏子窗体如图 5-21 所示，其控件如表 5-6 所示。

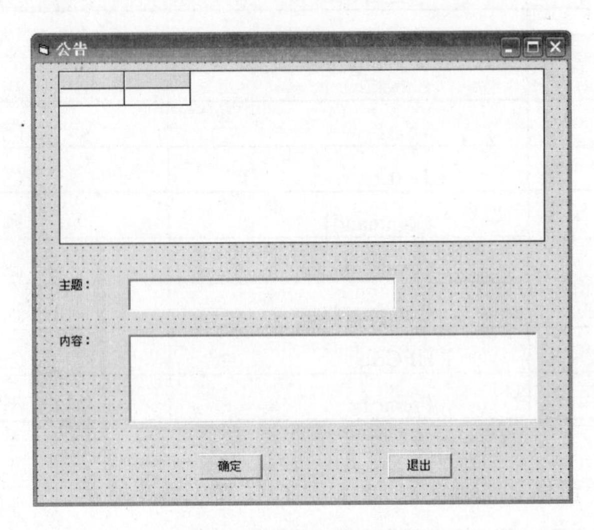

图 5-21　公告栏子窗体

表 5-6　公告栏子窗体控件

控 件 类 别	控件 Name	控件 Text
Label	Label1	主题：
	Label2	内容：
TextBox	Text1	(空)
	Text2	(空)
CommandButton	Command1	确定
	Command2	退出
MSHFlexGrid	HFGrid	(空)

(4) 用户登录子窗体如图 5-22 所示。

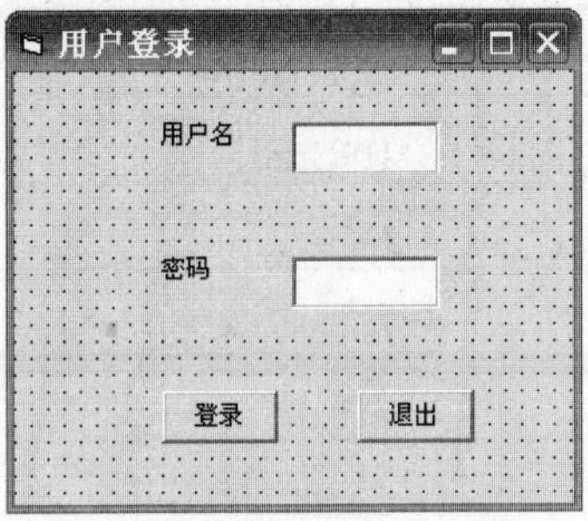

图 5-22　用户登录子窗体

其中的控件如表 5-7 所示。

表 5-7　用户登录子窗体控件

控 件 类 别	控件 Name	控件 Text
Label	Label1	用户名
	Label2	密码
TextBox	txtname	(空)
	txtpwd	(空)
CommandButton	Commandl	登录
	Command2	退出

(5) 发邮件子窗体如图 5-23 所示，其控件如表 5-8 所示。

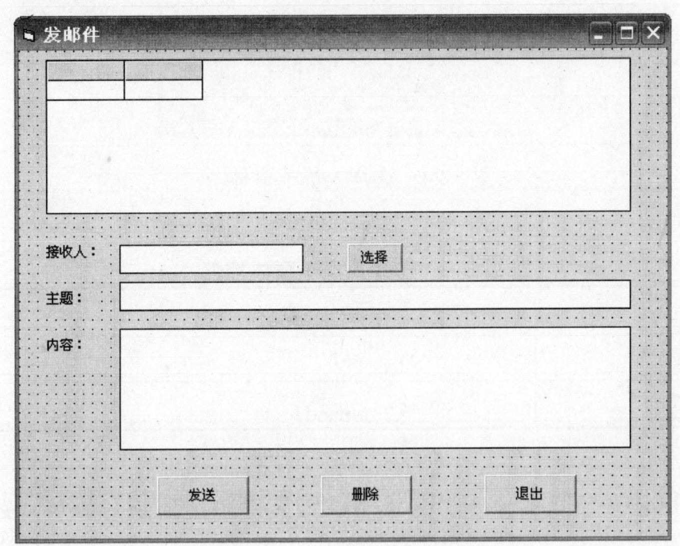

图 5-23　发邮件子窗体

表 5-8 发邮件子窗体控件

控 件 类 别	控件 Name	控件 Text
MSHFlexGrid	HFGrid	(空)
Label	Label1	接收人:
	Label2	主题:
	Label3	内容
CommandButton	Command1	选择
	Command2	发送
	Command3	退出
	Command4	删除

在此窗体中，单击“选择”按钮，会弹出人员列表，如图 5-24 所示，其控件如表 5-9 所示。

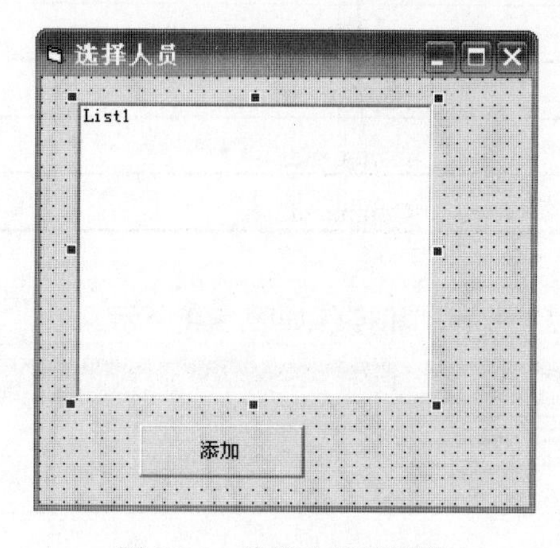

图 5-24 选择人员子窗体

表 5-9 选择人员子窗体控件

控 件 类 别	控件 Name	控件 Text
ListBox	List1	(空)
CommandButton	Command1	添加

(6) 房屋管理子窗体。在此窗体中有 4 部分，首先介绍房屋信息窗体，如图 5-25 所示，其控件如表 5-10 所示。

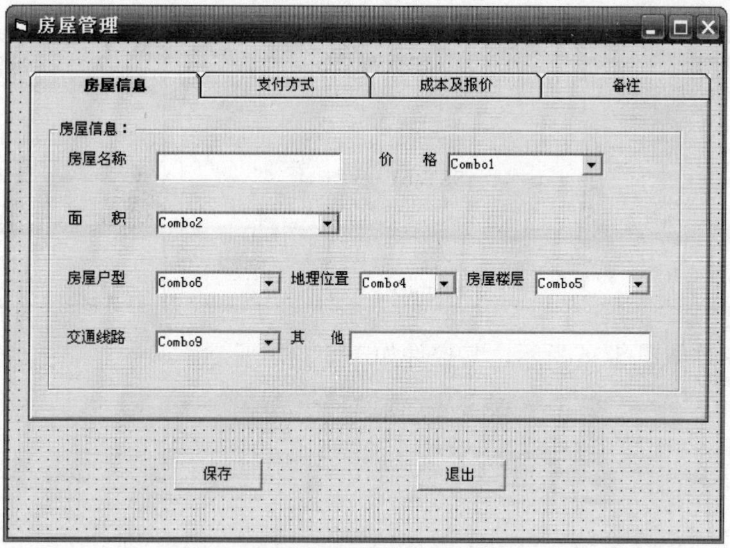

图 5-25 房屋信息子窗体

表 5-10 房屋信息子窗体控件

控 件 类 别	控件 Name	控件 Text
Label	Label1	房屋名称
	Label2	价格
	Label3	面积
	Label4	房屋户型
	Label5	地理位置
	Label6	房屋楼层
	Label7	交通线路
	Label8	其他
TextBox	Text1	(空)
	Text2	(空)
CommandButton	Command1	保存
	Command2	退出
ComboBox	Combo1	(空)
	Combo2	(空)
	Combo3	(空)
	Combo4	(空)
	Combo5	(空)
	Combo6	(空)

(续表)

控 件 类 别	控件 Name	控件 Text
SSTab	SSTab1	房屋信息
		支付方式
		备注
		成本及报价
Frame	Frame3	房屋信息

支付方式子窗体如图 5-26 所示，其控件如表 5-11 所示。

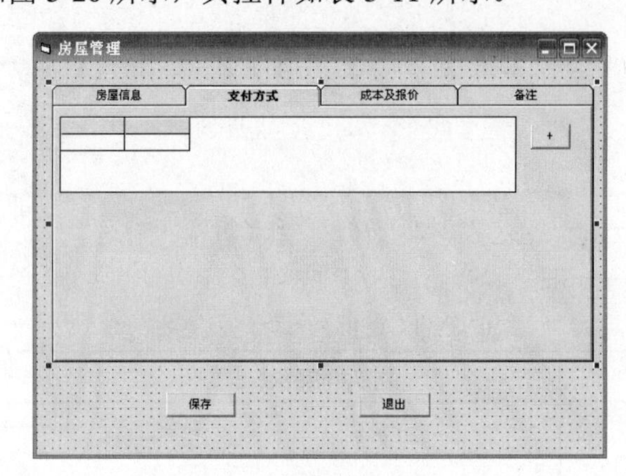

图 5-26　支付方式子窗体

表 5-11　支付方式子窗体控件

控 件 类 别	控件 Name	控件 Text
SSTab	SSTab1	房屋信息
		支付方式
		成本及报价
		备注
CommandButton	Command1	保存
	Command2	退出
	Command3	+
MSFlexGrid	HFGrid	(空)

成本及报价子窗体如图 5-27 所示，其控件如表 5-12 所示。

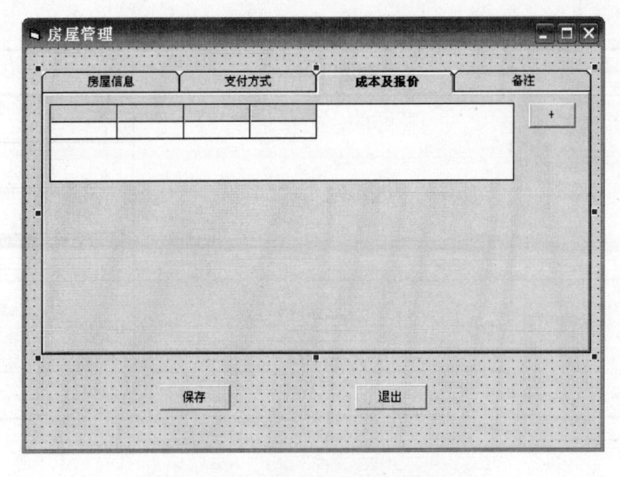

图 5-27　成本及报价子窗体

表 5-12　成本及报价子窗体控件

控 件 类 别	控件 Name	控件 Text
SSTab	SSTab1	房屋信息
		支付方式
		成本及报价
		备注
CommandButton	Command1	保存
	Command2	退出
	Command3	+
MSFlexGrid	HFGrid	(空)

备注子窗体如图 5-28 所示，其控件如表 5-13 所示。

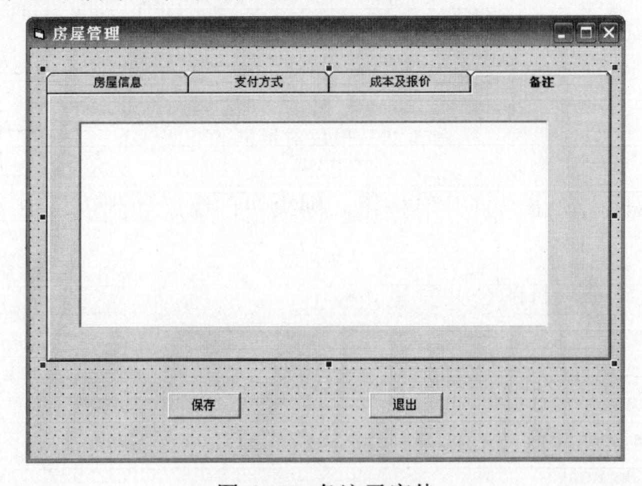

图 5-28　备注子窗体

表 5-13 备注子窗体控件

控 件 类 别	控件 Name	控件 Text
SSTab	SSTab1	房屋信息
		支付方式
		成本及报价
		备注
CommandButton	Command1	保存
	Command2	退出
TextBox	Text1	(空)

5.3.3 建立公共模块

公共模块是用来存放整个工程项目公用的函数、过程和全局变量等。建立公共模块可以提高代码的效率，同时使得修改和维护代码都很方便。

创建公共模块的步骤如下：

(1) 在菜单中选择“工程”→“添加模块”命令，则出现模块对话框，如图 5-29 所示。

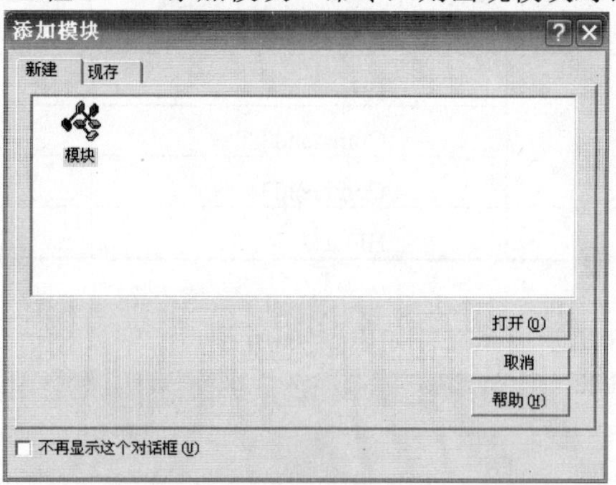

图 5-29 模块对话框

(2) 选择模块图标后，单击“打开”按钮，则模块已经添加到项目中了。默认情况下名为 Module1。

(3) 在模块中定义整个项目的公共变量。

发送消息的代码：

```
Public Declare Function SendMessage Lib "user32" Alias "SendMessageA" _
(ByVal hWnd As Long, ByVal wMsg As Long, ByVal wParam As Long, _
lParam As Any) As Long
Public Declare Sub ReleaseCapture Lib "user32" ()
```

```
Public Declare Function GetPrivateProfileString Lib _
"kernel32" Alias "GetPrivateProfileStringA" (ByVal lpApplicationName As String, _
ByVal lpKeyName As Any, ByVal lpDefault As String, ByVal lpReturnedString As String, _
ByVal nSize As Long, ByVal lpFileName As String) As Long

Public Const WM_NCLBUTTONDOWN = &HA1
Public Const HTCAPTION = 2
Public lngReturnValue As Long
Public Loginname As String
Public Access As Single

Public Function AdoSet(sql As String) As ADODB.Recordset
    On Error Resume Next

    ' 给一个 sql 语句返回记录集
    Dim re    As ADODB.Recordset

    On Error GoTo doexit
    Set re = New ADODB.Recordset
    re.Open sql, CN, adOpenStatic, adLockReadOnly
doexit:
    Set AdoSet = re
    Set re = Nothing
    ' MsgBox sql
End Function

Sub Main()
 Call cnSet
 frmlogin.Show      ' 登录主界面
End Sub

Public Function exsql(ParamArray sql()) As Boolean

    ' 事务执行一个 sql 语句
    Dim cnConn As ADODB.Connection
    Set cnConn = New ADODB.Connection
    Dim Mysql
    On Error GoTo err1

    cnConn.Open CN
    cnConn.BeginTrans     ' 开始一个事务
```

```
        For Each Mysql In sql
            cnConn.Execute Mysql
        Next
        cnConn.CommitTrans  ' 提交一个事务

        Set cnConn = Nothing
        exsql = True

    Exit Function

err1:
        cnConn.RollbackTrans        ' 回滚一个事务
        exsql = False
End Function
```

5.4 代码设计

在主窗体添加完菜单之后，就要为各个子菜单创建事件处理程序。

5.4.1 主窗体代码

在本项目中，子菜单事件都是 Click 事件，下面给出主窗体部分的代码。

下面是响应“退出系统”子菜单 Click 事件，调出退出系统的代码。

```
Private Sub tcxt_Click()
Unload Me
End Sub
```

下面是响应“设置房屋户型”子菜单 Click 事件，调出设置房屋户型窗体代码。

```
Private Sub fwhx_Click()
frmfw.Show
End Sub
```

下面是响应“设置地理位置”子菜单 Click 事件，调出设置地理位置窗体代码。

```
Private Sub dlwz_Click()
frmdl.Show
End Sub
```

下面是响应“发邮件”子菜单 Click 事件，调出发邮件窗体代码。

```
Private Sub fyj_Click()
frmmaif.Show
End Sub
```

下面是响应“公告栏”子菜单 Click 事件，调出公告栏窗体代码。

```
Private Sub ggl_Click()
frmgg.Show
End Sub
```

下面是响应“房屋管理”子菜单 Click 事件，调出房屋管理窗体代码。

```
Private Sub fwgl_Click()
frmfwgl.Show
End Sub
```

5.4.2 各子窗体的代码

在各个子窗体建立好后，就可以根据各个子窗体的功能给它们添加相应代码了。

(1) 设置房屋户型子窗体代码

本窗体用来设置房屋户型的基本信息，如图 5-30 所示。

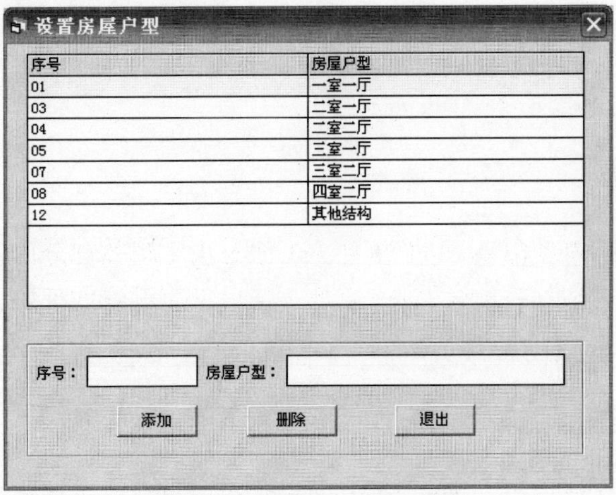

图 5-30 设置房屋户型子窗体

“添加”按钮代码如下：

```
Private Sub Command1_Click()
If Trim(Text1.Text) = "" Then
        MsgBox "对不起，序号不能为空", vbInformation, App.Title

                Text1.SetFocus
    Exit Sub
End If
If Trim(Text2.Text) = "" Then
        MsgBox "对不起，房屋户型不能为空", vbInformation, App.Title
            Text2.SetFocus
```

```
            Exit Sub
    End If

    Dim rs As New ADODB.Recordset
    rs.Open "select * from 房屋户型 where 编号='" & Trim(Text1.Text) & "'", CN, 1, 3
    If Not rs.EOF Then
        MsgBox "此序号已经存在", vbInformation, App.Title
        Text1.Text = ""
        Text1.SetFocus
         Exit Sub
    Else
    sql = "insert into 房屋户型 values ('" & Trim(Text1.Text) & "','" & Trim(Text2.Text) & "')"
    If exsql(sql) Then
    Call datagrid
        MsgBox "添加成功", vbInformation, App.Title
        Text1.Text = ""
        Text2.Text = ""
        Text1.SetFocus

    End If
    End If
    End Sub
```

下面对网格进行编辑：

```
    Sub datagrid()
         Dim sql As String

    Dim rs As ADODB.Recordset
    Set rs = New ADODB.Recordset

        Me.HFGrid.ColAlignment(0) = 0
         Me.HFGrid.ColAlignment(1)   = 0
         HFGrid.ColWidth(0) = Me.HFGrid.Width / 2
         HFGrid.ColWidth(1)   = Me.HFGrid.Width / 2

    rs.Open "select 编号 as 序号,房屋户型 from 房屋户型", CN, 1, 3
    Set HFGrid.DataSource = rs
    End Sub
```

“删除”按钮代码如下：

```
    Private Sub Command2_Click()
    Dim str As String
```

```
Dim strsql As String
str = MsgBox("你真的要删除吗", vbInformation + vbYesNo, App.Title)
' 判断信息列表中内容是否与要删除的内容一致
If str = vbYes Then
strsql = "delete from 房屋户型 where 编号 ='" &
Me.HFGrid.TextMatrix(HFGrid.Row, 0) & "'"
If exsql(strsql) Then
   MsgBox "删除成功", vbInformation, App.Title
   Call datagrid
Exit Sub
End If
End If
End Sub
' 退出本窗体
Private Sub Command3_Click()
Unload Me

End Sub

Private Sub Form_Load()
Position Me

Call datagrid
End Sub
```

(2) 设置地理位置子窗体代码

本窗体用来设置地理位置的基本信息，如图5-31所示。

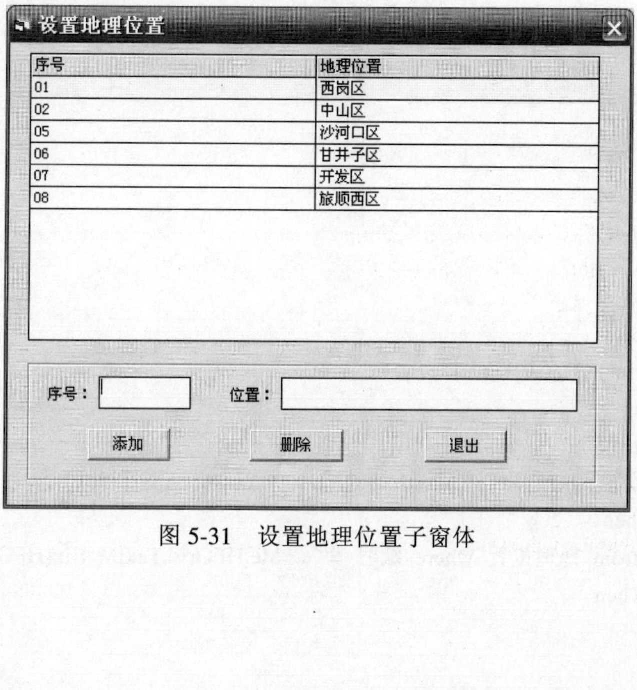

设置地理位置

序号	地理位置
01	西岗区
02	中山区
05	沙河口区
06	甘井子区
07	开发区
08	旅顺西区

序号：　位置：

添加　删除　退出

图5-31　设置地理位置子窗体

“添加”按钮代码如下：

```
Private Sub Command1_Click()
If Trim(Text1.Text) = "" Then
        MsgBox "对不起，序号不能为空", vbInformation, App.Title

                Text1.SetFocus
      Exit Sub
End If
If Trim(Text2.Text) = "" Then
        MsgBox "对不起，地理位置不能为空", vbInformation, App.Title
            Text2.SetFocus
          Exit Sub
End If

Dim rs As New ADODB.Recordset
rs.Open "select * from 地理位置 where 编号='" & Trim(Text1.Text) & "'", CN, 1, 3
If Not rs.EOF Then
    MsgBox "此序号已经存在", vbInformation, App.Title
    Text1.Text = ""
    Text1.SetFocus
     Exit Sub
Else
sql = "insert into 地理位置 values ('" & Trim(Text1.Text) & "','" & Trim(Text2.Text) & "')"
If exsql(sql) Then
Call datagrid
    MsgBox "添加成功", vbInformation, App.Title
    Text1.Text = ""
    Text2.Text = ""
    Text1.SetFocus

End If
End If
End Sub
```

“删除”按钮代码如下：

```
Private Sub Command2_Click()
Dim str As String
Dim strsql As String
str = MsgBox("你真的要删除吗", vbInformation + vbYesNo, App.Title)
If str = vbYes Then
strsql = "delete from 地理位置 where 编号 ='" & Me.HFGrid.TextMatrix(HFGrid.Row, 0) & "'"
If exsql(strsql) Then
```

```
    MsgBox "删除成功", vbInformation, App.Title
    Call datagrid
  Exit Sub
  End If
  End If
  End Sub
```

对网格的设计：

```
Sub datagrid()
    Dim sql As String

Dim rs As ADODB.Recordset
Set rs = New ADODB.Recordset

   Me.HFGrid.ColAlignment(0) = 0
    Me.HFGrid.ColAlignment(1)   = 0
    HFGrid.ColWidth(0) = Me.HFGrid.Width / 2
    HFGrid.ColWidth(1)   = Me.HFGrid.Width / 2

rs.Open "select 编号 as 序号,地理位置 from 地理位置", CN, 1, 3
Set HFGrid.DataSource = rs
End Sub
' 退出本窗体
Private Sub Command3_Click()
Unload Me
End Sub
```

对整个窗体的设计：

```
Private Sub Form_Load()
Position Me

Call datagrid
End Sub
```

(3) 用户登录子窗体代码

在本项目中，用户登录子窗体是运行的第一个界面，它的作用是检查用户名和密码是否正确。由于用户的资料是存放在数据库中，所以在启动该子窗体时，就已经连接了数据库。其代码的部分思路是，收集输入的表中的字符串，然后与数据库中的系统的用户数据比较，如果不存在，则退出，如图 5-32 所示。

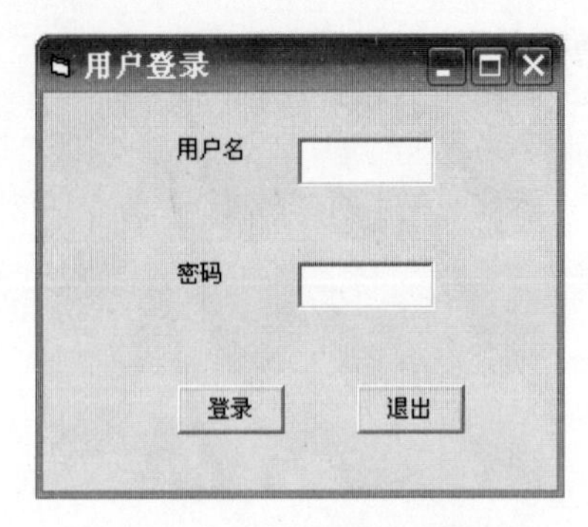

图 5-32　用户登录子窗体

“登录”按钮的作用是检查输入的数据是否与数据库中的数据一致。

```
Private Sub cmdenter_Click()
If Trim(txtname) = "" Then
            MsgBox "对不起，请输入用户名", vbInformation, App.Title
            txtname.SetFocus
            Exit Sub
        End If

          If InStr(1, txtname.Text, "'") <> 0 Or InStr(1, txtname.Text, "and") <> 0 Or InStr(1,
                txtname.Text, "or") <> 0 Then
            MsgBox "用户名不合法！", vbInformation, App.Title
            txtname.Text = ""
            txtname.SetFocus
            Exit Sub
        End If

    Dim Login_rs As New ADODB.Recordset
    Login_rs.Open "select 用户名,密码 from 系统管理 where 用户名='" & _
    Trim(txtname.Text) & "'", CN, 1, 3

    If Login_rs.EOF Then
        MsgBox "用户名不存在！", vbInformation, App.Title
        txtname.Text = ""
        txtname.SetFocus

        Exit Sub
    End If

    If LCase(txtpwd.Text) <> Login_rs(1)   Then
        MsgBox "用户密码错误！", vbInformation, App.Title
        txtpwd.Text = ""
```

```
            txtpwd.SetFocus
            Pwdtimes = Pwdtimes + 1
                If Pwdtimes >= 3 Then
                    MsgBox "密码输入错误超过 3 次！系统强制退出！", vbInformation, App.Title
                End
            End If
            Exit Sub
        End If

        Set Login_rs = Nothing
        Loginname = LCase(Trim(txtname.Text))
        Access = 1
        Load frmmain
        frmmain.Show
        Unload Me
    End Sub
```

单击“退出”按钮后，还要弹出一个信息框，提示是否真的要退出系统的信息，如图 5-33 所示。

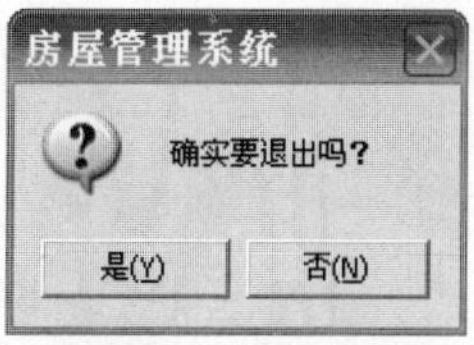

图 5-33 提示框

下面是退出系统的代码：

```
Private Sub Command2_Click()
If MsgBox("确实要退出吗？", vbQuestion + vbYesNo +
      vbDefaultButton2, App.Title) = vbYes Then _
    Unload Me
End Sub
' 提示是否要退出
Private Sub Sysleft_Click()
On Error Resume Next

    If MsgBox("确实要退出吗？", vbQuestion + vbYesNo + vbDefaultButton2, App.Title) =
          vbYes Then _
    Unload Me
End Sub
```

下面是鼠标回滚部分的代码：

```
Private Sub Bar_MouseDown(Button As Integer, Shift As Integer, x As Single, y As Single)
    On Error Resume Next

    If Button = 1 Then
        ReleaseCapture
        lngReturnValue = SendMessage(hWnd, WM_NCLBUTTONDOWN,
HTCAPTION, 0&)
    End If
```

```
End Sub
```

(4) 发邮件子窗体代码

发邮件子窗体的运行效果如图 5-34 所示。

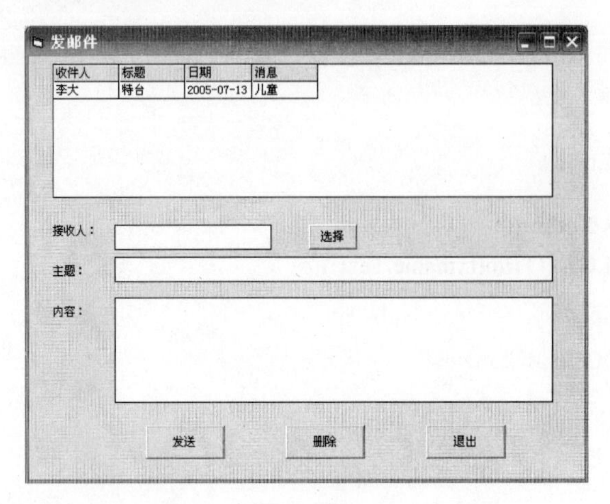

图 5-34　发邮件子窗体的运行效果

在“发送”按钮的 Click 事件中添加如下代码：

```
Private Sub Command2_Click()
If Text1.Text = "" Then
MsgBox "收件人不能为空"
Exit Sub
End If

Dim strsql As String
Dim a As String

a = Date
strsql = "insert into 邮件 values ('" & Loginname & "','" & Text1.Text & "','" & Text2.Text & "','" &
        a & "', '" & Text3.Text & "',0)"
If exsql(strsql) Then
Call aa
MsgBox "发送成功"
Else
MsgBox "发送失败"
End If
End Sub
```

在“删除”按钮的 Click 事件中添加如下代码：

```
Private Sub Command4_Click()
strsql = "delete from 邮件 "
```

```
If exsql(strsql) Then
MsgBox "删除成功"
Call aa
End If
End Sub
```

对整个窗体进行编辑：

```
Private Sub Form_Load()
Call aa

End Sub
Sub aa()
Dim rs As New ADODB.Recordset
Dim str As String
str = "select  收件人,标题,日期,消息  from  邮件"
Set rs = AdoSet(str)

Set HFGrid.DataSource = rs

End Sub
```

单击“选择”按钮，弹出另一个窗体 frmemail，如图 5-35 所示。

```
Private Sub Command1_Click()
frmemail.Show
End Sub
```

图 5-35　选择人员子窗体

代码如下：

```
Private Sub Command1_Click()
frmmaif.Text1.Text = List1.Text
```

```
Unload Me

End Sub

Private Sub Form_Load()
Dim rs As New ADODB.Recordset
rs.Open "Select 姓名 from 系统管理", CN, 1, 3
Do While Not rs.EOF
List1.AddItem rs(0)

rs.MoveNext
Loop

End Sub

Private Sub List1_Click()
Command1_Click

End Sub
```

(5) 公告栏子窗体代码

公告栏子窗体是用来对外发布消息的。其运行效果如图 5-36 所示。

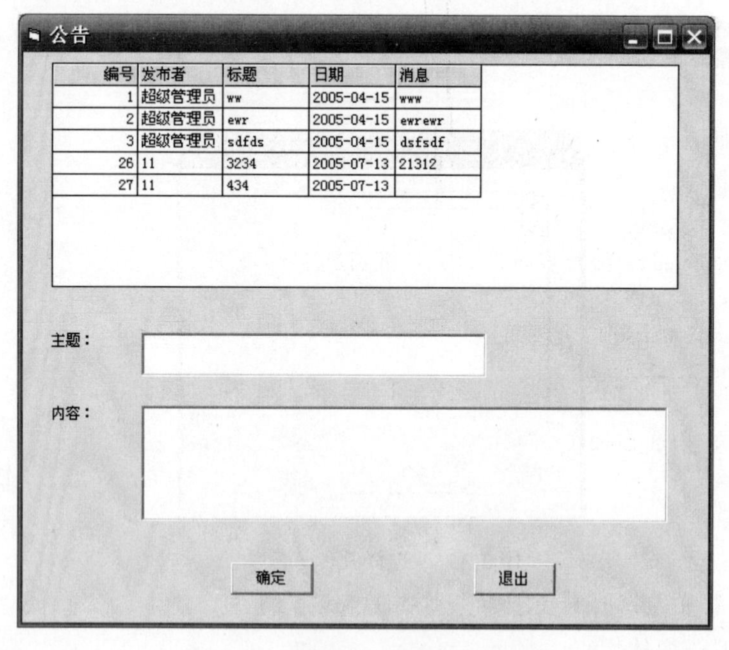

图 5-36 公告栏子窗体的运行效果

“确定”按钮的代码如下：

```
Private Sub Command1_Click()
If Text1.Text = "" Then
    MsgBox "主题不能为空"
    Exit Sub

End If
Dim a As String
a = Date

Dim strsql As String
strsql = "insert into 公告(发布者,标题,日期,消息,did) values ('" & Loginname & "','" & Text1.Text
        & "','" & a & "','" & Text2.Text & "',0)"
If exsql(strsql) Then
    MsgBox "发布成功"
    Text1.SetFocus
    Call aaa
    Text1.Text = ""
    Text2.Text = ""

    Else
    MsgBox "发布失败"

End If

End Sub
```

其他部分代码：

```
Public Sub aaa()
Dim strsql As String
strsql = "select id as 编号,发布者,标题,日期,消息 from 公告"
Dim rs As New ADODB.Recordset
Set rs = AdoSet(strsql)
Set HFGrid.DataSource = rs
End Sub
Private Sub Form_Load()
Call aaa

End Sub
```

该窗体其他部分代码请参考配书光盘中源代码。

(6) 房屋管理子窗体代码

房屋管理子窗体是本系统的核心部分，在此模块中分为4个部分。下面分别来看看房屋信息、支付方式、成本及报价和备注的运行效果，如图5-37~图5-40所示。

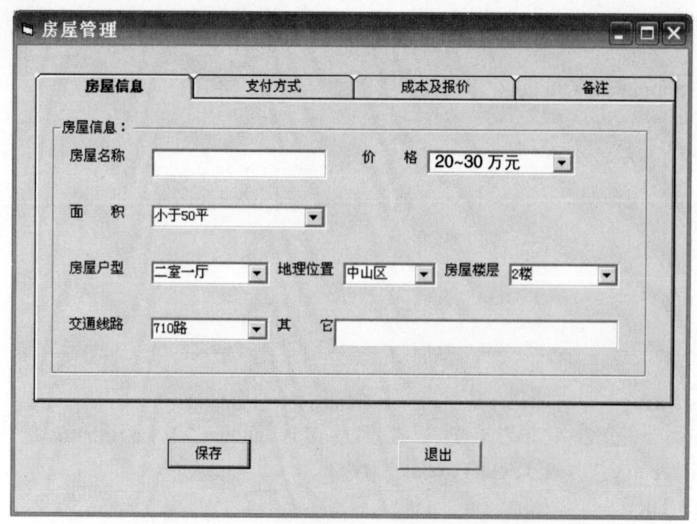

图 5-37 房屋信息子窗体运行效果

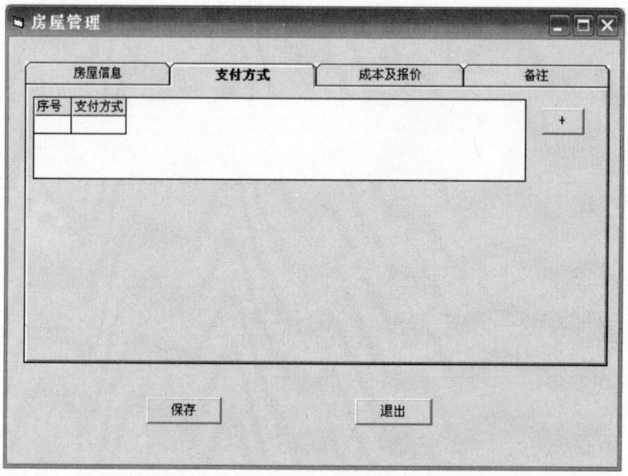

图 5-38 支付方式子窗体运行效果

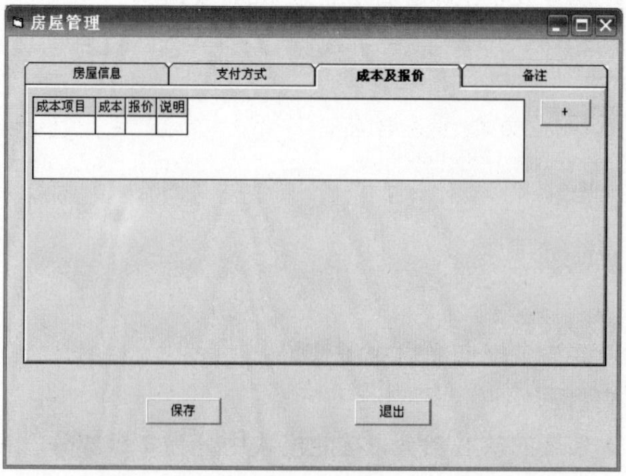

图 5-39 成本及报价子窗体运行效果

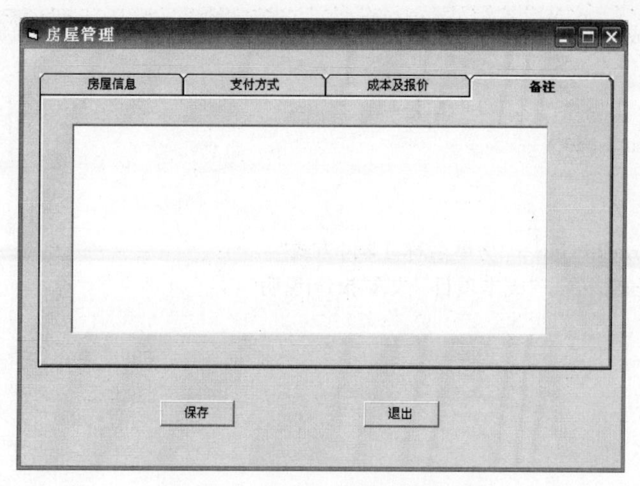

图 5-40　备注子窗体运行效果

“保存”按钮的代码如下：

```
Private Sub Command5_Click()
Dim strffz

Dim str As String
str = "insert into 房屋信息 values ('" & Text1.Text & "','" & Combo2.Text & "','" & Combo1.Text &
        "','" & Combo4.Text & "','" & Combo5.Text & "','" & Combo6.Text & "','" & Combo9.Text &
        "','" & Text2.Text & "','" & Text3.Text & "')"
Dim strff As String
Call exsql(str)

Dim j As Integer
Dim i As Integer
Dim a As Integer
Dim b As Integer
  a = hfgrid1.Rows - 2
     j = HFGrid.Rows - 2
     For i = 1 To j
     strff = "insert into 支付方式 (房屋名称,支付方式) values ('" & HFGrid.TextMatrix(i, 0) & "','"
             & HFGrid.TextMatrix(i, 1)   & "') "
Call exsql(strff)
     For b = 1 To a

     strffz = "insert into 费用 (房屋名称,成本项目,成本,报价,说明) values ('" & Text1.Text & "','"
             & hfgrid1.TextMatrix(a, 0) & "','" & hfgrid1.TextMatrix(a, 1)   & "','" & hfgrid1.Text
             Matrix(a, 2) & "','" & hfgrid1.TextMatrix(a, 3) & "','" & hfgrid1.TextMatrix(a, 4) & "') "

Next
Next
```

```
MsgBox "添加成功"
End Sub

Private Sub Form_Load()
' 调用过程

     HFGrid.FormatString = "房屋名称 |支付方式"
  hfgrid1.FormatString = "成本项目 |成本|报价|说明"
Call tjj

End Sub

Sub tjj()
' 定义过程向列表中添加值

Combo1.AddItem "10~20 万元"

Combo1.AddItem "20~30 万元"
Combo1.AddItem "30~40 万元"
Combo1.AddItem "40~50 万元"
Combo1.AddItem "50 万元以上"
Dim list As New ADODB.Recordset
list.Open "Select 价格 from 价格 ", CN, 1, 3
Do While Not list.EOF

list.MoveNext
Loop
     ' 打开数据库中面积表
Dim rssd As New ADODB.Recordset
rssd.Open "select 面积 from 面积", CN, 1, 3
Do While Not rssd.EOF
Combo2.AddItem rssd(0)

rssd.MoveNext
Loop

' 打开数据库中地理位置表
Dim rss4 As New ADODB.Recordset
rss4.Open "select 地理位置 from 地理位置", CN, 1, 3
Do While Not rss4.EOF
Combo4.AddItem rss4(0)

rss4.MoveNext
Loop
```

```
' 打开数据库中房屋楼层表
Dim rss5 As New ADODB.Recordset
rss5.Open "select 房屋楼层 from 房屋楼层", CN, 1, 3
Do While Not rss5.EOF
Combo5.AddItem rss5(0)

rss5.MoveNext
Loop
' 打开数据库中房屋户型表
Dim rss6 As New ADODB.Recordset
rss6.Open "select 房屋户型 from 房屋户型", CN, 1, 3
Do While Not rss6.EOF
Combo6.AddItem rss6(0)

rss6.MoveNext
Loop
' 打开数据库中交通线路表
Dim rss9 As New ADODB.Recordset
rss9.Open "select 交通线路 from 交通线路", CN, 1, 3
Do While Not rss9.EOF
Combo9.AddItem rss9(0)

rss9.MoveNext
Loop
Combo1.ListIndex = 1

Combo2.ListIndex = 1
Combo4.ListIndex = 1
Combo5.ListIndex = 1
Combo6.ListIndex = 1
Combo9.ListIndex = 1
End Sub
```

单击成本及报价子窗体中的“+”按钮，弹出的窗体如图 5-41 所示。

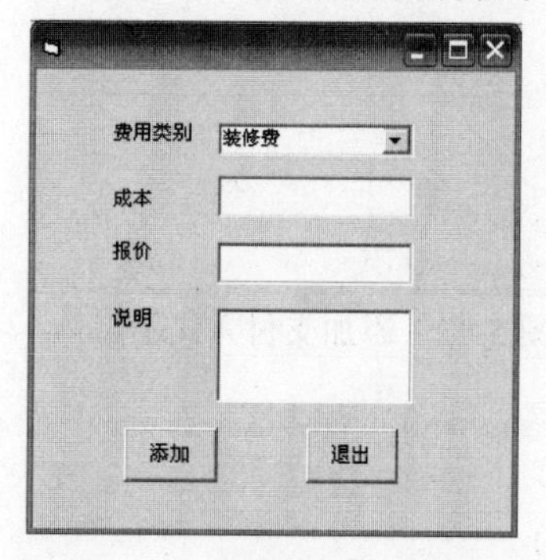

图 5-41 添加费用子窗体

代码如下：

```
Private Sub Command1_Click()
 Dim i As Integer
     i = frmxlgl.hfgrid1.Rows - 1

     frmxlgl.hfgrid1.Rows = frmxlgl.hfgrid1.Rows + 1

     frmxlgl.hfgrid1.TextMatrix(i, 0) = Combo1.Text
     frmxlgl.hfgrid1.TextMatrix(i, 1)    = Text1.Text
         frmxlgl.hfgrid1.TextMatrix(i, 2)    = Text2.Text
     frmxlgl.hfgrid1.TextMatrix(i, 3)    = Text3.Text

End Sub

Private Sub Command2_Click()
Unload Me
End Sub

Private Sub Form_Load()
Combo1.AddItem "装修费"
Combo1.AddItem "房费"
Combo1.AddItem "物业费"
Combo1.AddItem "材料费"
Combo1.ListIndex = 0
Combo1.ListIndex = 0

End Sub
```

单击支付方式子窗体中的“+”按钮，弹出的窗体如图 5-42 所示。

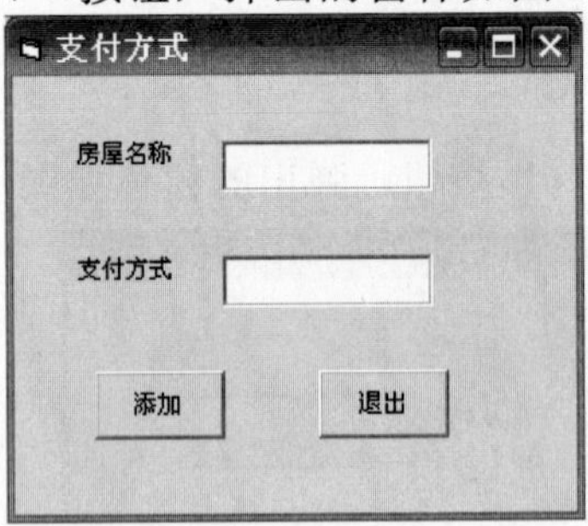

图 5-42 添加支付方式子窗体

代码如下：

```
Private Sub Command1_Click()
 Dim i As Integer
```

```
        i = frmfwgl.HFGrid.Rows - 1

        frmfwgl.HFGrid.Rows = frmfwgl.HFGrid.Rows + 1

        frmfwgl.HFGrid.TextMatrix(i, 0) = Text1.Text
        frmfwgl.HFGrid.TextMatrix(i, 1)   = Text2.Text

End Sub
```

第 6 章

员工信息管理系统

公司员工信息管理系统是现代企业管理工作不可缺少的一部分，是适应现代企业制度要求、推动企业劳动人事管理走向科学化和规范化的必要条件。

公司员工信息管理系统可以用于支持企业完成劳动人事管理工作，它具备如下处理信息的能力：

(1) 新增信息，包括新增员工信息和新增员工考勤；

(2) 编辑信息，包括员工信息编辑和员工考勤编辑；

(3) 查询信息，包括员工信息查询和员工考勤查询；

(4) 系统信息，包括用户管理和密码管理。

这些，需要有合理的数据库结构保存数据信息，并要有有效的程序结构支持各种数据操作的执行。本章以一个公司员工信息管理系统为例，介绍如何建立一个信息管理系统。

6.1 系统设计

本项目的数据库系统的设计分为下列的几步：

(1) 需求分析；

(2) 概念结构设计。

下面就按照这个步骤对这个数据库系统进行设计。

6.1.1 需求分析

系统功能分析是在系统开发的总体任务的基础上完成的。本例中的公司员工信息管理系统需要完成的功能主要如下：

(1) 员工信息的输入、修改和查询，包括姓名、生日、性别、籍贯、参加工作时间和进入公司时间等。

(2) 考勤信息的输入、修改和查询，包括员工、考勤年月、迟到次数、请假天数、早退次数、加班天数等。

6.1.2 概念结构的设计

将需求分析得到的用户需求抽象为信息结构，即概念模型的过程就是概念结构设计，概念结构的设计是本数据库项目设计的关键。将上面的需求分析画出功能模块图，如图6-1所示。

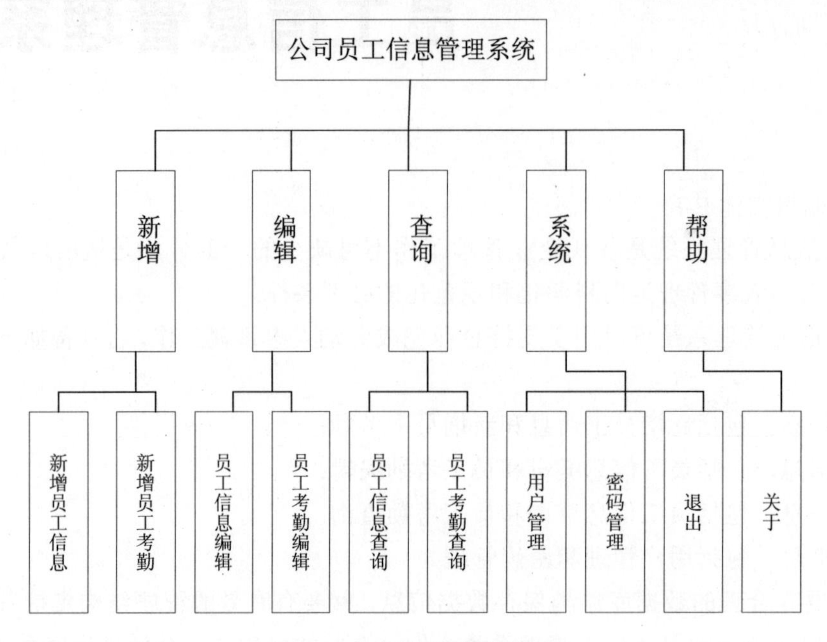

图6-1 系统的功能模块图

本实例根据上面的设计规划出的实体有新增员工信息实体、新增员工考勤实体、员工信息编辑实体、员工考勤编辑实体、员工信息查询实体、员工考勤查询实体。各个实体具体的描述E-R图如下。

新增员工信息实体E-R图如图6-2所示。

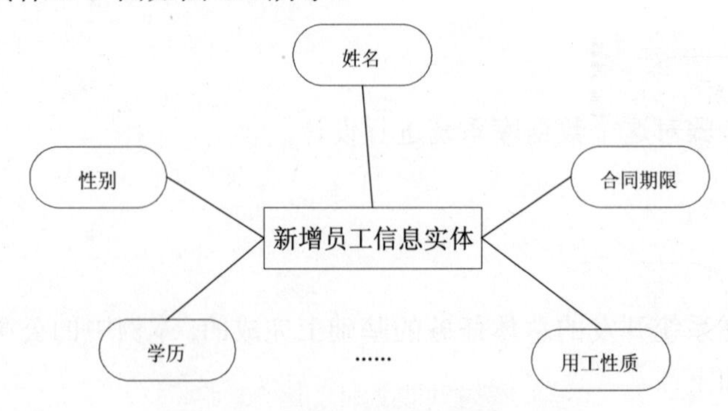

图6-2 新增员工信息实体E-R图

新增员工考勤实体 E-R 图如图 6-3 所示。

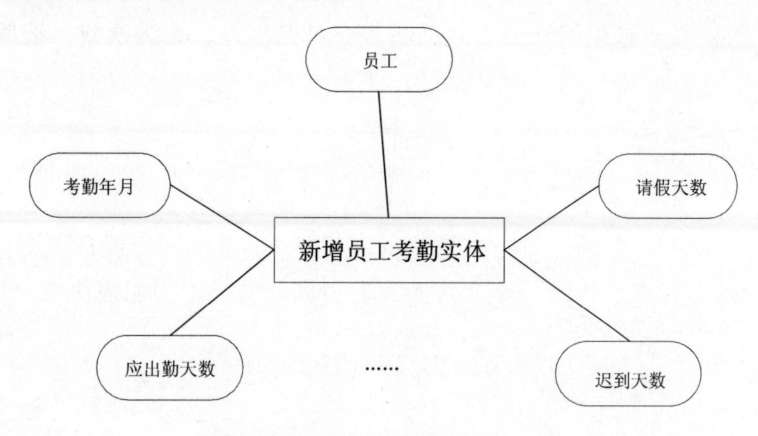

图 6-3　新增员工考勤实体 E-R 图

员工信息编辑实体 E-R 图如图 6-4 所示。

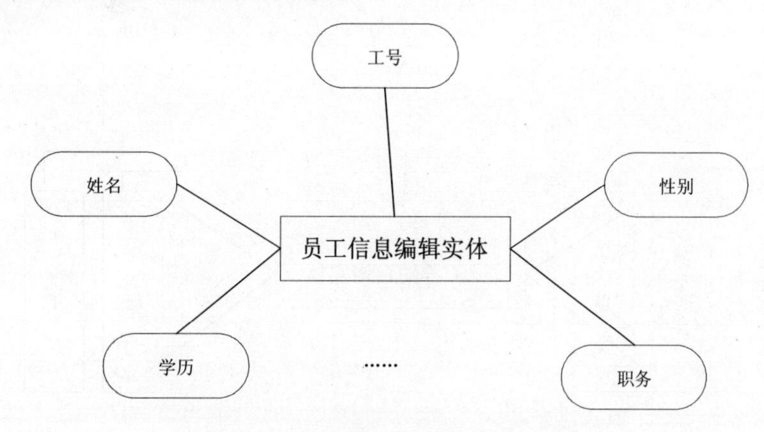

图 6-4　员工信息编辑实体 E-R 图

员工考勤编辑实体 E-R 图如图 6-5 所示。

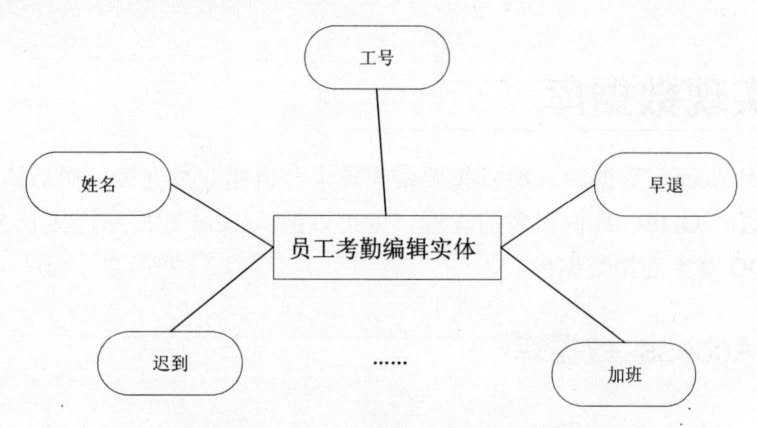

图 6-5　员工考勤编辑实体 E-R 图

员工信息查询实体 E-R 图如图 6-6 所示。

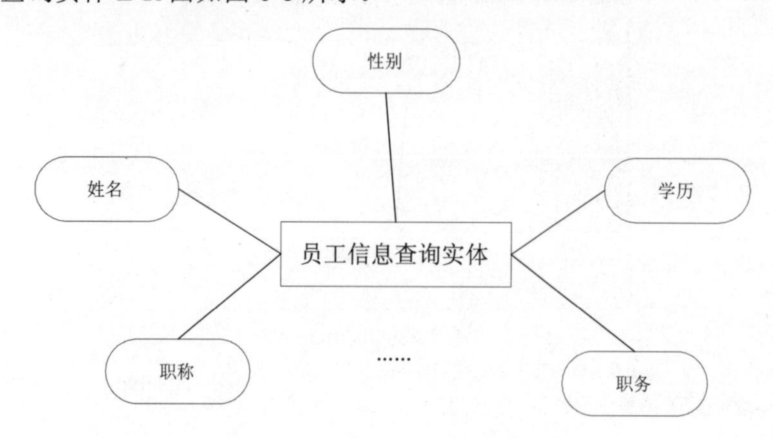

图 6-6 员工信息查询实体 E-R 图

员工考勤查询实体 E-R 图如图 6-7 所示。

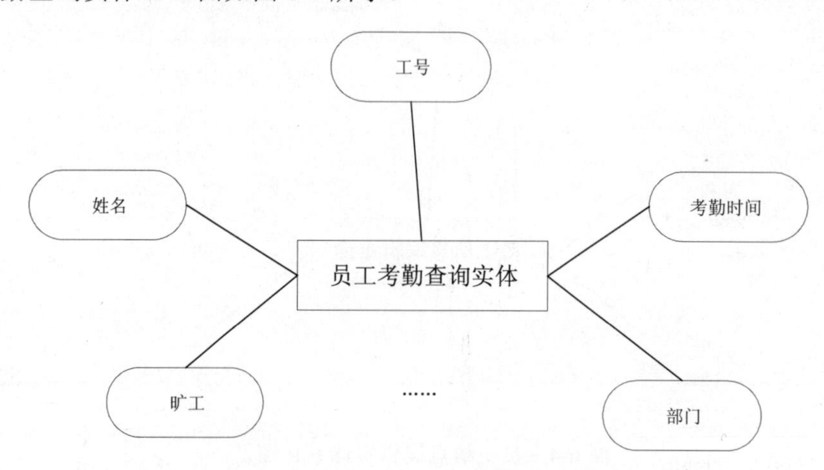

图 6-7 员工考勤查询实体 E-R 图

6.2 实现数据库

本数据库采用 Access 数据库。所以先要根据需求分析建立数据表，然后通过 Access 编写数据表，最后通过对 ODBC 数据引擎的设置，就可以把 Access 数据库连接到 VB 项目中。本项目 VB 通过 ADO 对象连接数据库。

6.2.1 建立 Access 数据库

启动 Access，建立一个空的数据库 man.mdb，如图 6-8 所示。

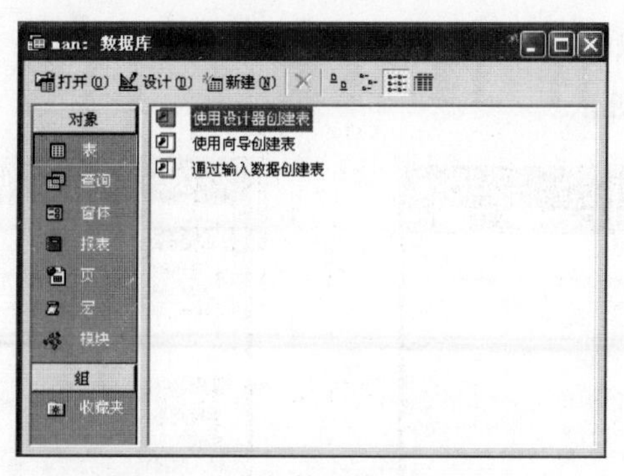

图 6-8　建立数据库 man.mdb

使用程序设计器建立系统需要的表格如下。

employee 表，如图 6-9 所示。

checkin 表，如图 6-10 所示。

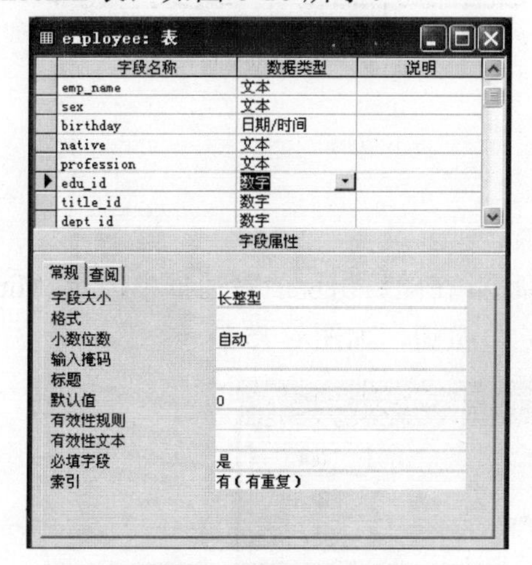

图 6-9　employee 表

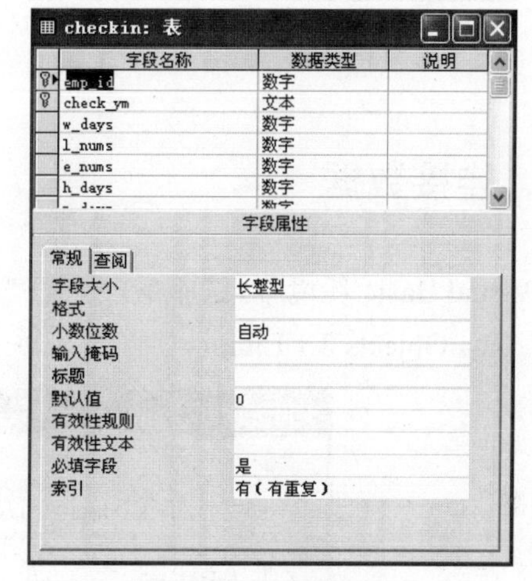

图 6-10　checkin 表

title 表，如图 6-11 所示。

department 表，如图 6-12 所示。

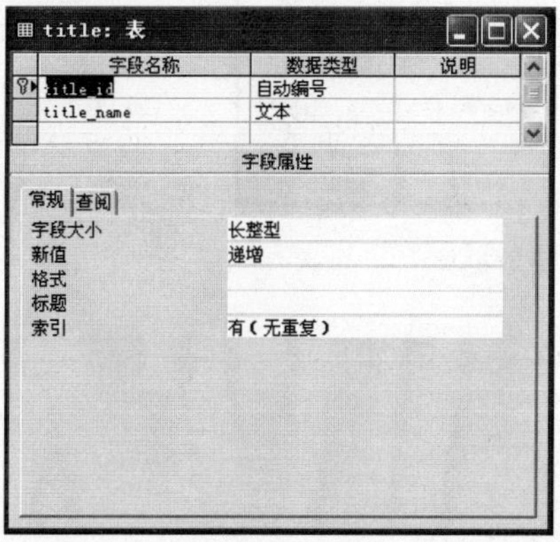

图 6-11　title 表

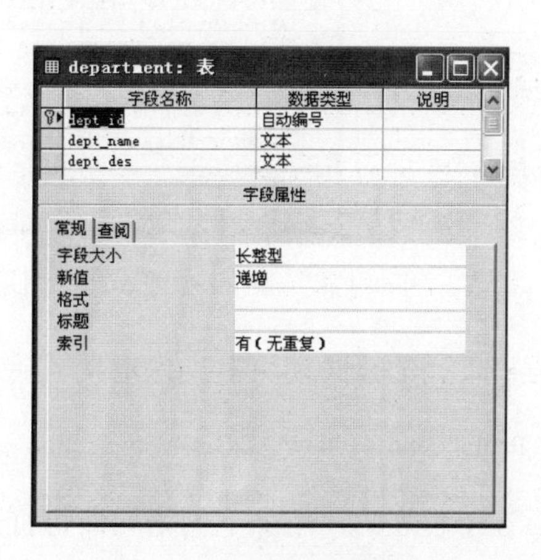

图 6-12　department 表

duty 表，如图 6-13 所示。

sysuser 表，如图 6-14 所示。

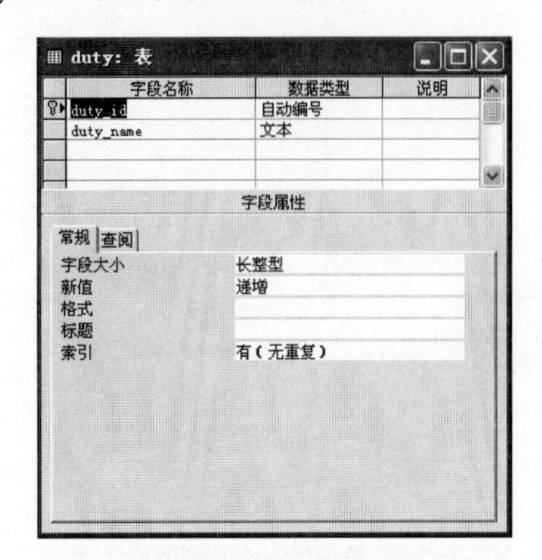

图 6-13　duty 表

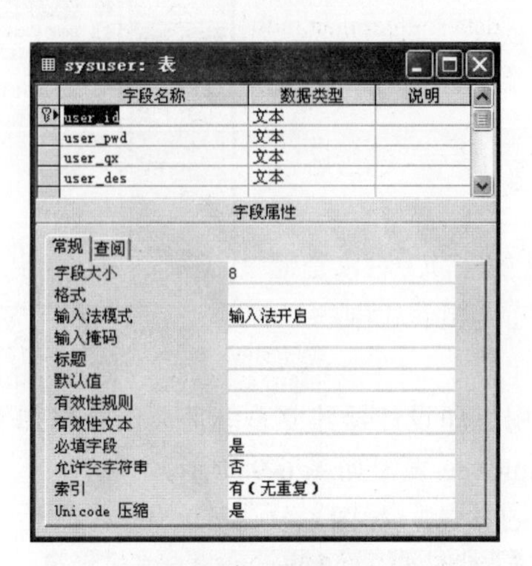

图 6-14　sysuser 表

6.2.2　连接数据

在 Visual Basic 环境下，选择“工程”→“引用”命令，在随后出现的对话框中选择“Microsoft ActiveX Data Objects 2.1 Library”，然后单击“确定”按钮，如图 6-15 所示。

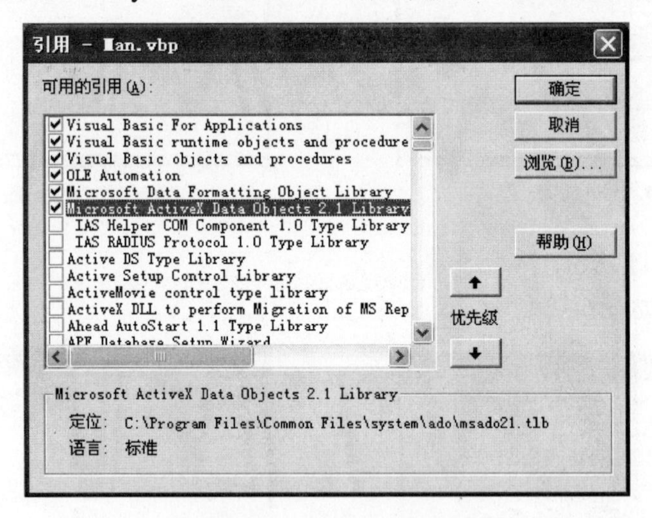

图 6-15　引用 ADO 连接数据库

在程序设计的公共模块中，先定义 ADO 连接对象。语句如下：

```
Public conn As New ADODB.Connection      '标记连接对象
```

然后在子程序中，用如下的语句即可打开数据库：

```
Dim connectionstring As String
connectionstring = "provider=Microsoft.Jet.oledb.4.0;" &_
"data source=man.mdb"
conn.Open connectionstring
```

6.2.3 设置 ODBC

VB 的 ADO 对象是通过 ODBC 来访问数据库，所以还要建立 ODBC 数据引擎接口。

打开控制面板中的“管理工具”→“数据源”(ODBC)，出现如图 6-16 所示的对话框。

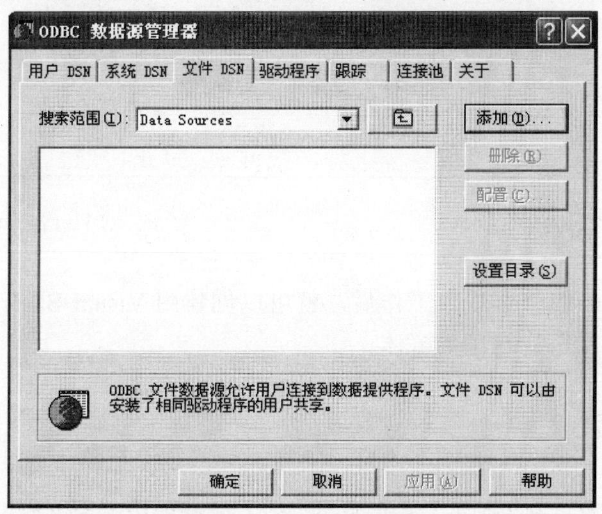

图 6-16　ODBC 对话框

单击“添加”按钮，出现“创建新数据源”对话框，如图 6-17 所示。

图 6-17　“创建新数据源”对话框

选择 Microsoft Access Driver(*.mdb)，单击“完成”按钮，出现如图 6-18 所示对话框。

在“数据源名”文本框中添加一个名字，单击“确定”按钮完成系统默认连接设置。然后在 ODBC 对话框中单击“确定”按钮完成 ODBC 设置。

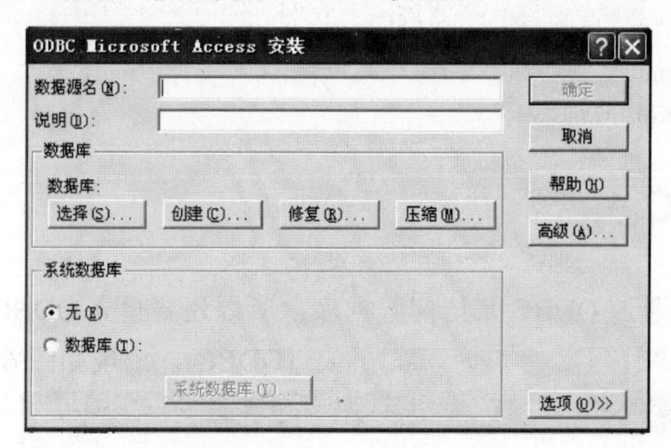

图 6-18 设置连接数据源

6.3 界面设计

完成有关数据库结构的所有后台工作后，就可以创建用 Visual Basic 数据库系统的客户端程序了。在创建窗体时首先是创建主窗体。

6.3.1 创建主窗体

启动 VB，选择“文件”→“新建工程”命令，在工程模板中选择“标准 EXE”，Visual Basic 将自动产生一个 Form 窗体，属性都是默认设置。这里删除这个窗体，选择“文件”→“保存工程”命令，将这个工程项目命名为 man。

这个项目使用多文档界面，窗体和控件的属性设置如表 6-1 所示。创建好的窗体如图 6-19 所示。

表 6-1 主窗体属性设置

控　件	属　性		值
MDIForm	Name		MDIForm1
	Caption		公司员工信息管理系统
	StartUpPositon		CenterScreen
	WindowState		Maximized
SbStatusBar(StatusBar)	Name		SbStatusBar
	Panels(1)	Style	SbrText
	Panels(2)	Style	SbrDate
	Panels(3)	Style	SbrTime

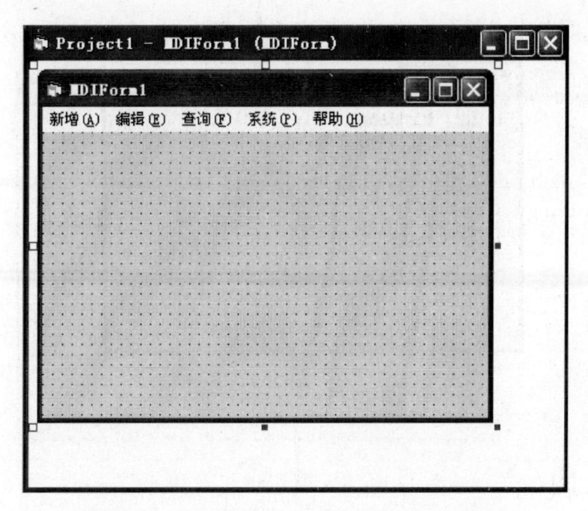

图 6-19　公司员工信息管理系统主窗体

这是一个多文档界面(MDI)应用程序，可以同时显示多个文档，每个文档显示在各自的窗体中。MDI 应用程序中常有包含子菜单的“窗体”选项，用于在窗体或文档之间进行切换。

菜单应用程序中，有 5 个菜单选项，每个选项对应着 E-R 图的一个子项目。在主窗体中加入状态栏控件，可以实时反映系统中的各个状态的变化。状态栏控件需要在通常的属性窗口中设置一般属性，还需要在其特有的弹出式菜单中进行设置。

6.3.2　创建主窗体的菜单

在主窗体中的工具栏中，选择菜单编辑器，创建如图 6-20 所示的菜单结构。

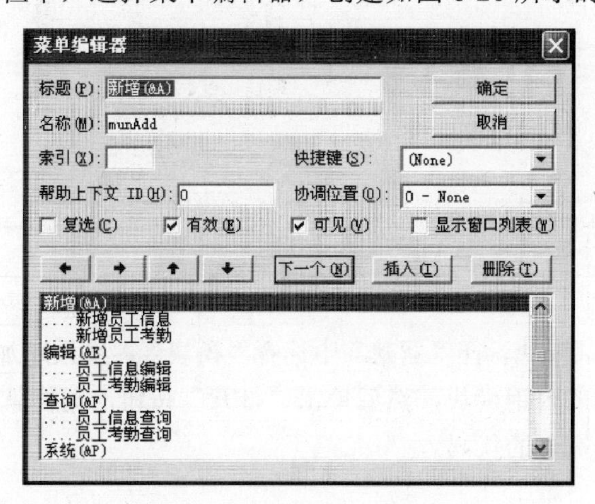

图 6-20　主窗体中的菜单结构

设置好的主窗体如图 6-21 所示。

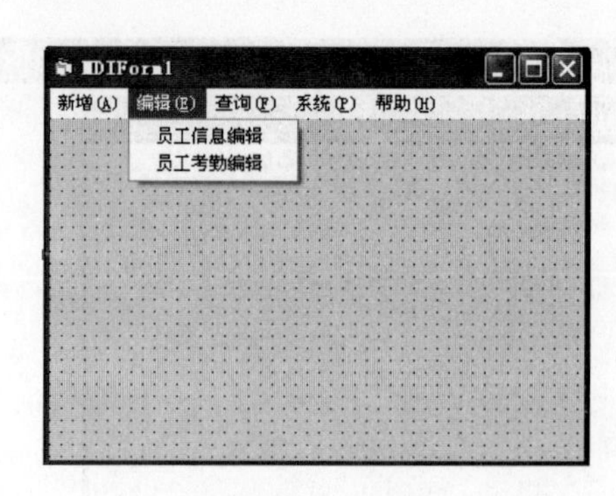

图 6-21　主窗体

6.3.3　创建公共模块

公共模块用来存放整个工程项目公用的函数、过程和全局变量等，使用它可以提高代码的效率。

创建公共模块的步骤如下：

(1) 在项目资源管理器中为项目添加一个 Module，保存为 Module1.bas。在菜单中选择“工程”→“添加模块”命令，则出现模块对话框，如图 6-22 所示。

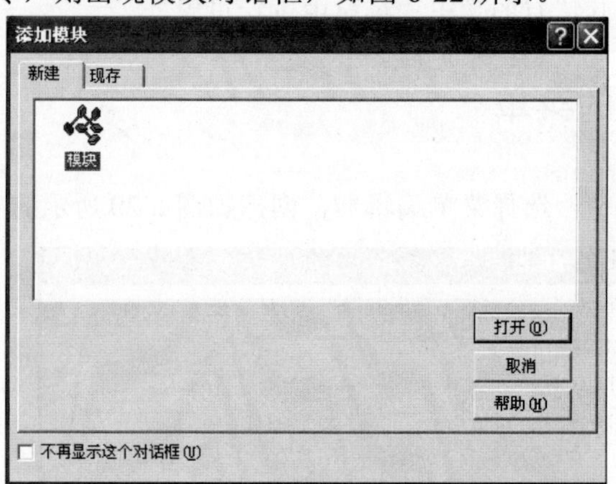

图 6-22　模块对话框

(2) 如果添加新的公共模块，在“新建”中选择“模块”；如果添加已经建好的功用模块，在“现存”中选择要添加的公用模块，然后单击“打开”按钮，这样就创建完毕了。

下面就可以开始添加需要的代码。

```
Option Explicit
Public dbConn As New ADODB.Connection
Public loginUser As String
Public loginOK As Boolean
Public cmdType As String
Public tUser_id As String
```

```
Public tDept_id As Integer
Public tEmp_id As Integer
Public tCheck_ym As String
Public tQx As String

Sub Main()
    If ConnectToDatabase = False Then
        MsgBox "连接数据库出错！"
        End
    End If
     loginOK = False
    cmdType = ""

    frmLogin.Show vbModal
    Unload frmLogin

    If loginOK Then
        MDIForm1.Show
    End If
End Sub

' 连接到数据库
Function ConnectToDatabase() As Boolean
    On Error GoTo ERR_CONN

    ' 设置服务器名称，数据库名称，登录名(此时假设密码为空)
   dbConn.ConnectionString = "dsn=rsgl;Database=man;uid=sa;pwd="
   'dbConn.ConnectionString =
"Provider=msdasql;Database=man;server=computer;uid=sa;pwd="
    dbConn.Open

    ConnectToDatabase = True
    Exit Function

ERR_CONN:
    ConnectToDatabase = False
End Function
```

6.4 创建各子窗体

选择“工程”→“添加窗体”命令，添加子窗体。

在这个项目中，要创建的子窗体如表 6-2 所示。

表 6-2 所有子窗体列表

子 窗 体 名	Text
增加员工信息	frmEmpAdd
增加员工考勤	frmCheckAdd
员工信息编辑	frmEmpInfo
员工考勤编辑	frmCheckSel
员工信息查询	frmEmpInfo2
员工考勤查询	frmCheckInfo2
用户管理	frmUserManger
密码管理	frmPwdChange
关于	frmGuanYu

下面分别给出这些子窗体，以及它们所使用的控件。

6.4.1 创建增加员工信息子窗体

增加员工信息模块可以实现员工信息的添加入库。增加员工信息子窗体如图 6-23 所示，其控件如表 6-3 所示。

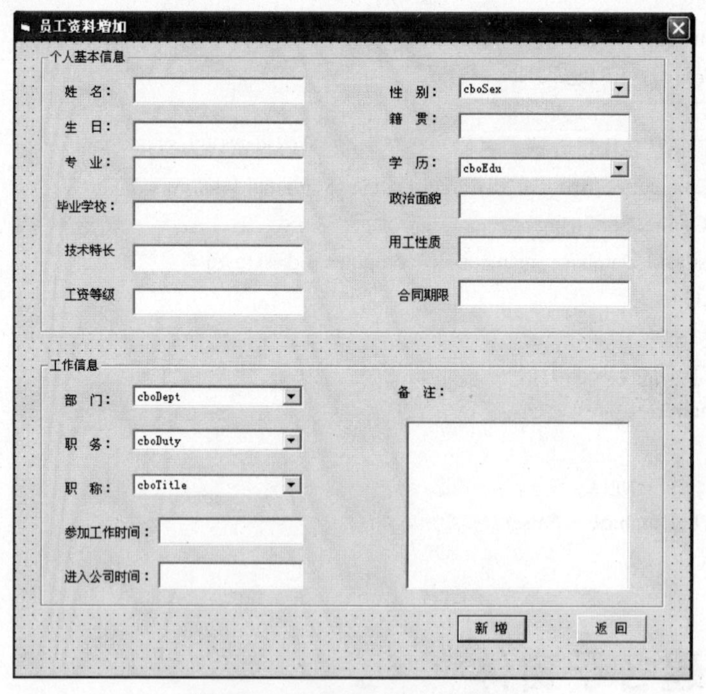

图 6-23 增加员工信息子窗体

表 6-3 增加员工信息子窗体控件

控件类别	控件 Name	控件 Text
Label	Label1	姓名
	Label2	性别
	Label3	生日
	Label4	学历
	Label5	籍贯
	Label6	专业
	Label7	毕业学校
	Label8	政治面貌
	Label9	技术特长
	Label10	用工性质
	Label11	工资等级
	Label12	合同期限
	Label13	部门
	Label14	职务
	Label15	职称
	Label16	参加工作时间
	Label17	进入公司时间
	Label18	备注
ComboBox	cboSex	cboSex
	cboEdu	cboEdu
	cboDept	cboDept
	cboDuty	cboDuty
	cboTItle	cboTItle

6.4.2 创建员工考勤编辑子窗体

员工考勤编辑子窗体如图 6-24 所示，其控件如表 6-4 所示。

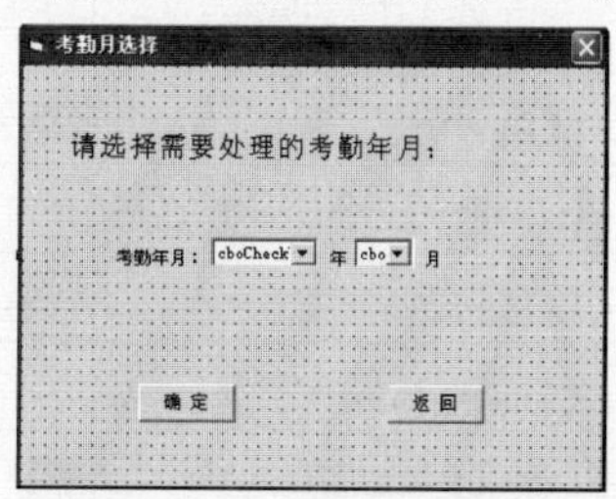

图 6-24 员工考勤编辑子窗体

表 6-4　员工考勤编辑子窗体控件

控 件 类 别	控件 Name	控件 Text
Label	Label1	请选择需要处理的考勤年月
	Label2	考勤年月
	Label3	年
	Label4	月
ComboBox	cboCheckYear	cboCheckYear
	cboCheckMonth	cboCheckMonth
Command	Command1	确定
	Command2	取消

6.4.3　创建员工信息查询子窗体

员工信息查询子窗体如图 6-25 所示，其控件如表 6-5 所示。

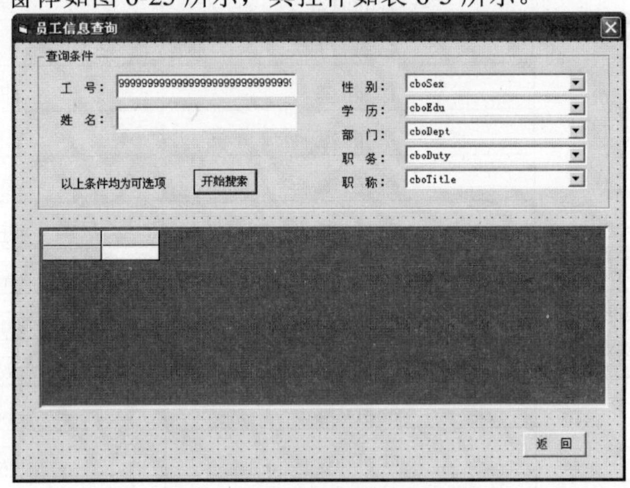

图 6-25　员工信息查询子窗体

表 6-5　员工信息查询子窗体控件

控 件 类 别	控件 Name	控件 Text
Label	Label1	工号
	Label2	工资年月
	Label3	年
	Label4	月
	Label5	姓名
	Label6	部门
	Label7	以上条件均为可选项

(续表)

控 件 类 别	控件 Name	控件 Text
MSFlexGrid	flexShow	(空)
Command	Command1	开始搜索
	Command2	返回

6.4.4 创建用户登录子窗体

用户登录子窗体如图 6-26 所示，其控件如表 6-6 所示。

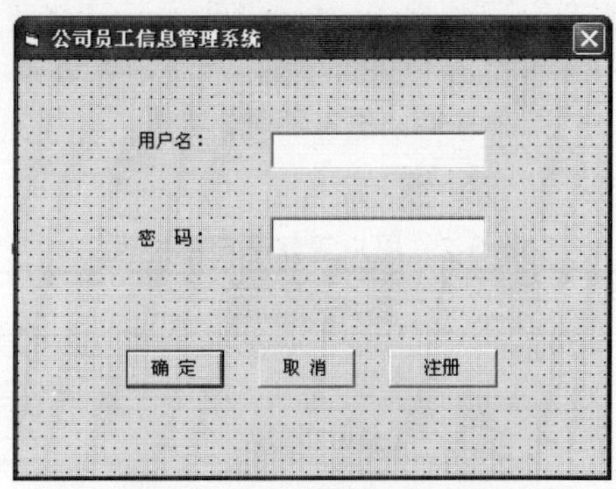

图 6-26 用户登录子窗体

表 6-6 用户登录子窗体控件

控 件 类 别	控件 Name	控件 Text
Label	Label1	用户名
	Label2	密码
Command	Command1	确定
	Command2	取消
	Command3	注册
Text	Text1	(空)
	Text2	(空)

6.4.5 创建用户管理子窗体

用户管理子窗体如图 6-27 所示，其控件如表 6-7 所示。

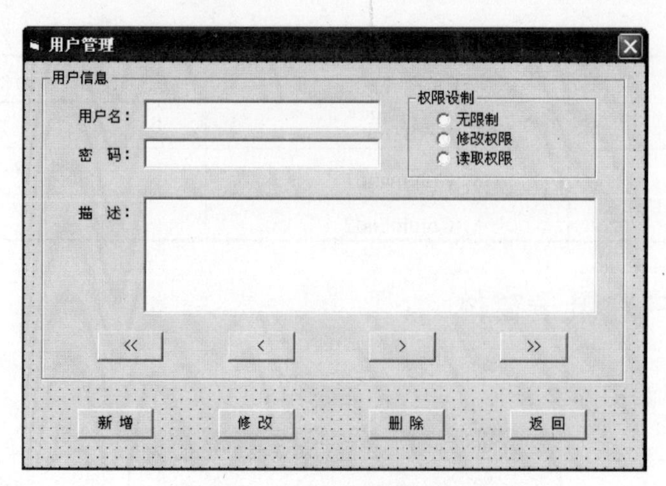

图 6-27 用户管理子窗体

表 6-7 用户管理子窗体控件

控 件 类 别	控件 Name	控件 Text
Label	Label1	用户名：
	Label2	密码：
	Label3	描述：
TextBox	Text1	(空)
	Text2	(空)
	Text3	(空)
CommandButton	Command1	新增
	Command2	修改
	Command3	删除
	Command4	返回
	Command5	<<
	Command6	<
	Command7	>
	Command8	>>
OptionButton	Option1	无限制
	Option2	修改权限
	Option3	读取权限

6.4.6 创建密码管理子窗体

修改密码子窗体如图 6-28 所示，其控件如表 6-8 所示。

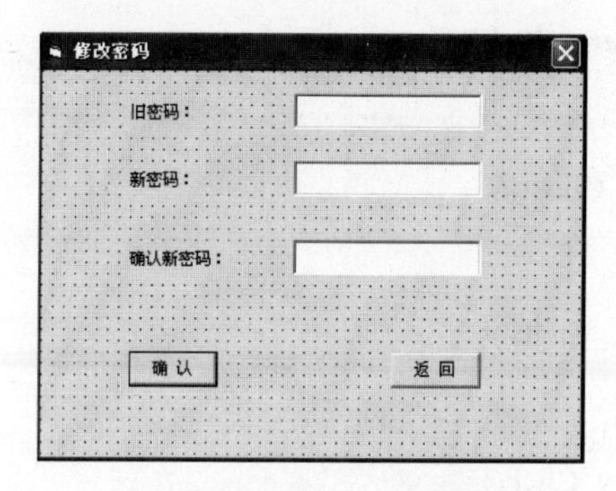

图 6-28 修改密码子窗体

表 6-8 修改密码子窗体控件

控 件 类 别	控件 Name	控件 Text
Label	Label1	旧密码：
	Label2	新密码：
	Label3	确认新密码：
Command	Command1	确认
	Command2	返回：
Text	Text1	(空)
	Text2	(空)
	Text3	(空)

6.5 代码设计

在主窗体添加完菜单之后，就要为各个子菜单创建事件处理程序。

6.5.1 主窗体代码

在本项目中，子菜单事件都是 Click 事件，这里先给出主窗体部分的代码。

```
Private Sub mnuCheckModi_Click()
frmCheckSel.Show
End Sub
Private Sub mnuGuanyu_Click()
frmGuanyu.Show
End Sub
Private Sub munCheckAdd_Click()
frmCheckAdd.Show
End Sub
```

```
Private Sub munCheckQuery_Click()
frmCheckInfo2.Show
End Sub
Private Sub munEmpAdd_Click()
frmEmpAdd.Show
End Sub
Private Sub munEmpModi_Click()
frmEmpInfo.Show
End Sub
Private Sub munEmpQuery_Click()
frmEmpInfo2.Show
End Sub
Private Sub munExit_Click()
Unload Me
End Sub
Private Sub munPwdManager_Click()
frmPwdChange.Show
End Sub
Private Sub munUserManager_Click()
frmUserManger.Show
End Sub
```

6.5.2 各子窗体的代码

在各个子窗体建立好后，就可以根据各个子窗体的功能给它们添加相应代码了。

(1) 增加员工信息子窗体代码

本窗体用来添加员工信息，用 ADO 来连接数据库，是本窗体的重点。采用 MDI 的子程序，所以运行后，它出现在主程序的界面下，如图 6-29 所示。

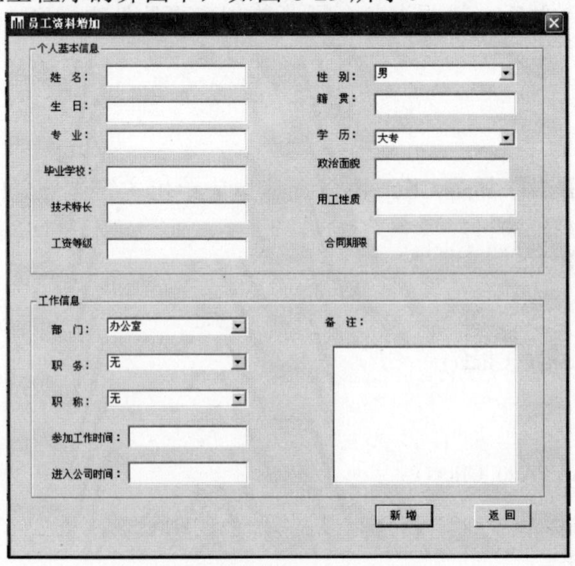

图 6-29 增加员工信息子窗体

下面的代码是定义几个变量。

```
Option Explicit
Dim rs As New ADODB.Recordset
Dim strSql As String
Private Sub cmdAdd_Click()
    If Trim(txtNative.Text) = "" Then
        txtNative.Text = " "
    End If

    If Trim(txtEmpPro.Text) = "" Then
        txtEmpPro.Text = " "
    End If

    If Trim(txtEmp_des.Text) = "" Then
        txtEmp_des.Text = " "
    End If

    If Trim(txtEmp_name.Text) = "" Then
        MsgBox "姓名不能为空，请重新输入！", vbOKOnly + vbExclamation, "警告"
        txtEmp_name.Text = ""
        txtEmp_name.SetFocus
        Exit Sub
    End If

    If Not IsDate(Trim(txtbirthday.Text)) Then
      MsgBox "生日必须为合法日期，请重新输入！", vbOKOnly + vbExclamation, "警告"
      txtbirthday.Text = "    -  -  "
      txtbirthday.SetFocus
        Exit Sub
    End If

    If Not IsDate(Trim(txtEmpDate1.Text)) Then
        MsgBox "参加工作时间必须为合法日期，请重新输入！", vbOKOnly + vbExclamation, "
            警告"
      txtEmpDate1.Text = "    -  -  "
        txtEmpDate1.SetFocus
        Exit Sub
    End If

    If Not IsDate(Trim(txtEmpDate2.Text)) Then
        MsgBox "进入公司时间必须为合法日期，请重新输入！", vbOKOnly + vbExclamation, "
            警告"
```

```
            txtEmpDate2.Text = "    -   -   "
            txtEmpDate2.SetFocus
            Exit Sub
        End If

    strSql = "Insert into employee
(emp_name,sex,birthday,native,profession,edu_id,title_id,dept_id,duty_id,emp_date1,emp_date2,
            emp_des,zzmm,ygjstc,bisx,ygxz,gzdj,htqx) Values (" & _
                "'" & txtEmp_name.Text & _
                "','" & cboSex.Text & _
                "','" & txtbirthday.Text & _
                "','" & txtNative.Text & _
                "','" & txtEmpPro.Text & _
                "'," & cboEdu.ItemData(cboEdu.ListIndex) & _
                "," & cboTitle.ItemData(cboTitle.ListIndex) & _
                "," & cboDept.ItemData(cboDept.ListIndex) & _
                "," & cboDuty.ItemData(cboDuty.ListIndex) & _
                ",'" & txtEmpDate1.Text & _
                "','" & txtEmpDate2.Text & _
                "','" & txtEmp_des.Text & _
                "','" & zzmm.Text & _
                "','" & ygjstc.Text & _
                "','" & bisx.Text & _
                "','" & ygxz.Text & _
                "','" & gzdj.Text & _
                "','" & htqx.Text & _
                "')"

        'dbConn.Execute strSql

        MsgBox "增加员工成功！", vbOKOnly + vbInformation, "提示"

        txtEmp_name.SetFocus
        txtEmp_name.Text = ""
'       DTPBirthday = ""
'       DTPEmpDate1.Text = "    -   -   "
'       DTPEmpDate2.Text = "    -   -   "
    End Sub

    Private Sub cmdReturn_Click()
        Unload Me
    End Sub
```

```
Private Sub Form_Load()
    Me.Icon = LoadPicture(App.Path & "\Graph07.ico")
  ' 性别
  cboSex.AddItem "男"
  cboSex.AddItem "女"
  cboSex.ListIndex = 0

  ' 学历
  strSql = "Select edu_id,edu_name from education Order By edu_id"
  rs.Open strSql, dbConn, adOpenForwardOnly, adLockReadOnly
  Do While Not rs.EOF
      cboEdu.AddItem (rs.Fields("edu_name").Value)
      cboEdu.ItemData(cboEdu.NewIndex) = rs.Fields("edu_id").Value
      rs.MoveNext
  Loop
  rs.Close
  cboEdu.ListIndex = 3

  ' 部门
  strSql = "Select dept_id,dept_name from department Order By dept_id"
  rs.Open strSql, dbConn, adOpenForwardOnly, adLockReadOnly
  Do While Not rs.EOF
      cboDept.AddItem (rs.Fields("dept_name").Value)
      cboDept.ItemData(cboDept.NewIndex) = rs.Fields("dept_id").Value
      rs.MoveNext
  Loop
  rs.Close
  cboDept.ListIndex = 0

  ' 职务
  strSql = "Select duty_id,duty_name from duty Order By duty_id"
  rs.Open strSql, dbConn, adOpenForwardOnly, adLockReadOnly
  Do While Not rs.EOF
      cboDuty.AddItem (rs.Fields("duty_name").Value)
      cboDuty.ItemData(cboDuty.NewIndex) = rs.Fields("duty_id").Value
      rs.MoveNext
  Loop
  rs.Close
  cboDuty.ListIndex = 0

  ' 职称
  strSql = "Select title_id,title_name from title Order By title_id"
  rs.Open strSql, dbConn, adOpenForwardOnly, adLockReadOnly
```

```
        Do While Not rs.EOF
            cboTitle.AddItem (rs.Fields("title_name").Value)
            cboTitle.ItemData(cboTitle.NewIndex) = rs.Fields("title_id").Value
            rs.MoveNext
        Loop
        rs.Close
        cboTitle.ListIndex = 0
    End Sub

    Private Sub Form_Unload(Cancel As Integer)
        Set rs = Nothing
    End Sub
```

(2) 增加员工考勤子窗体代码

运行后，它出现在主程序的界面下，如图 6-30 所示。

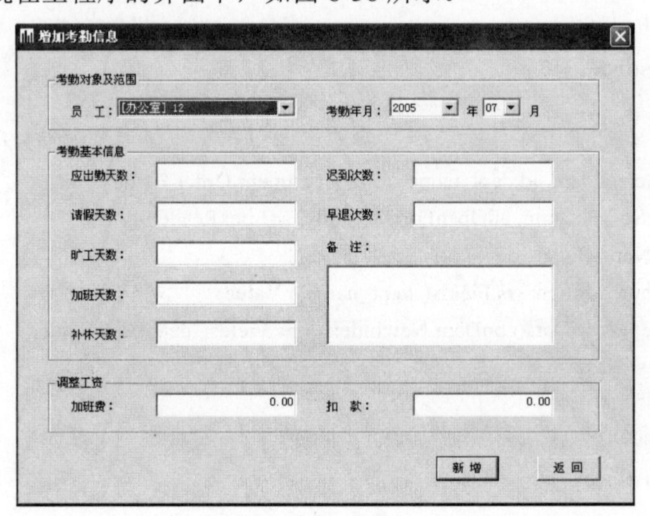

图 6-30　增加员工考勤子窗体

窗体代码如下：

```
    Option Explicit

    Dim rs As New ADODB.Recordset
    Dim strSql As String
    Function Bhbx(strBhb As String) As String
    Dim intA As Integer
    Dim intB As Integer
    If Left(Trim(strBhb), 1) = "." Then
        strBhb = "0" & strBhb
    End If
```

```
intA = InStr(Trim(strBhb), ".")
If Trim(strBhb) = "" Then
    strBhb = "0.00"
Else
    If intA = 0 Then
        strBhb = Trim(strBhb) & ".00"
    Else
        intB = Len(Trim(strBhb)) - intA
        If intB = 1 Then
            strBhb = Trim(strBhb) & "0"
        Else
            If intB = 0 Then
                strBhb = Trim(strBhb) & "00"
            Else
                strBhb = Left(Trim(strBhb), intA + 2)
            End If
        End If
    End If
End If
Bhbx = strBhb
End Function

Private Sub txtCD_LostFocus()
    txtCD = Bhbx(txtCD)
End Sub
Private Sub txtOS_LostFocus()
    txtOS = Bhbx(txtOS)
End Sub

Private Sub cboEmpInfo_Click()
    tEmp_id = cboEmpInfo.ItemData(cboEmpInfo.ListIndex)
End Sub

Private Sub cmdAdd_Click()
   On Error GoTo ERR_CONN
    If Trim(txtDes.Text) = "" Then
        txtDes.Text = " "
    End If

    If Trim(txtW.Text) = "" Then
        MsgBox "应出勤天数不能为空！", vbOKOnly + vbExclamation, "警告"
        txtW.Text = ""
        txtW.SetFocus
```

```
        Exit Sub
    End If

    If Trim(txtH.Text) = "" Then
        MsgBox "请假天数不能为空！", vbOKOnly + vbExclamation, "警告"
        txtH.Text = ""
        txtH.SetFocus
        Exit Sub
    End If

    If Trim(txtN.Text) = "" Then
        MsgBox "旷工次数不能为空！", vbOKOnly + vbExclamation, "警告"
        txtN.Text = ""
        txtN.SetFocus
        Exit Sub
    End If

    If Trim(txtO.Text) = "" Then
        MsgBox "加班次数不能为空！", vbOKOnly + vbExclamation, "警告"
        txtO.Text = ""
        txtO.SetFocus
        Exit Sub
    End If

    If Trim(txtR.Text) = "" Then
        MsgBox "补休天数不能为空！", vbOKOnly + vbExclamation, "警告"
        txtR.Text = ""
        txtR.SetFocus
        Exit Sub
    End If

    If Trim(txtL.Text) = "" Then
        MsgBox "迟到次数不能为空！", vbOKOnly + vbExclamation, "警告"
        txtL.Text = ""
        txtL.SetFocus
        Exit Sub
    End If
    If Trim(txtE.Text) = "" Then
        MsgBox "早退次数不能为空！", vbOKOnly + vbExclamation, "警告"
        txtE.Text = ""
        txtE.SetFocus
        Exit Sub
    End If
```

```
        If Trim(txtOS.Text) = "" Then
            MsgBox "加班费不能为空！ ", vbOKOnly + vbExclamation, "警告"
            txtOS.Text = ""
            txtOS.SetFocus
            Exit Sub
        End If
        If Trim(txtCD.Text) = "" Then
            MsgBox "扣款不能为空！ ", vbOKOnly + vbExclamation, "警告"
            txtCD.Text = ""
            txtCD.SetFocus
            Exit Sub
        End If

        tCheck_ym = cboCheckYear & cboCheckMonth
        strSql = "select emp_id ,check_ym from checkin where emp_id =clng('" & tEmp_id & "')and
                check_ym='" & tCheck_ym & "'"
        rs.Open strSql, dbConn, adOpenForwardOnly, adLockReadOnly
        If Not rs.EOF Then
            MsgBox "此记录已存在！ ", vbOKOnly + vbExclamation, "警告"
            cboEmpInfo.SetFocus
            rs.Close
            Exit Sub
        End If
        rs.Close
    strSql = "Insert into checkin
    (emp_id,check_ym,w_days,l_nums,e_nums,h_days,n_days,o_days,r_days,overtime_s,d_check,
            check_des ) Values (" & _
                "'" & tEmp_id & _
                "','" & cboCheckYear & cboCheckMonth & _
                "','" & Trim(txtW) & _
                "','" & Trim(txtL) & _
                "','" & Trim(txtE) & _
                "'," & Trim(txtH) & _
                "," & Trim(txtN) & _
                "," & Trim(txtO) & _
                "," & Trim(txtR) & _
                ",'" & Trim(txtOS) & _
                "','" & Trim(txtCD) & _
                "','" & txtDes & _
                "')"

        dbConn.Execute strSql
```

```
        MsgBox "增加员工考勤成功！", vbOKOnly + vbInformation, "提示"
        cmdReturn.SetFocus
    Exit Sub
    ERR_CONN:
    MsgBox "请检查数据是否有效！", vbOKOnly + vbExclamation, "警告"
    cboEmpInfo.SetFocus
    End Sub

    Private Sub cmdReturn_Click()
        Set rs = Nothing
        Unload Me
    End Sub

    Private Sub Form_Load()
        Dim i As Integer
         Me.Icon = LoadPicture(App.Path & "\Graph07.ico")
        strSql = "Select a.emp_id,a.emp_name,b.dept_name  from employee a,department b where
                a.dept_id=b.dept_id "
        rs.Open strSql, dbConn, adOpenForwardOnly, adLockReadOnly

        If rs.EOF Then
            MsgBox "没有员工资料，请先输入资料！", vbOKOnly + vbExclamation, "警告"
            rs.Close
            cmdAdd.Enabled = False
            Exit Sub
        End If

        Do While Not rs.EOF
            cboEmpInfo.AddItem "[" & rs.Fields("dept_name").Value & "] " &
                    rs.Fields("emp_name").Value
            cboEmpInfo.ItemData(cboEmpInfo.NewIndex) = rs.Fields("emp_id").Value
            rs.MoveNext
        Loop
        rs.Close
        cboEmpInfo.ListIndex = 0

        cboCheckYear.AddItem Year(Date)
        cboCheckYear.AddItem Year(Date) - 1
        cboCheckYear.ListIndex = 0

        For i = 1 To 12
            If i < 10 Then
                cboCheckMonth.AddItem "0" & i
```

```
            Else
                cboCheckMonth.AddItem i
            End If

            If i = Month(Date) Then
                cboCheckMonth.ListIndex = cboCheckMonth.NewIndex
            End If
        Next i
        txtCD = Bhbx(txtCD)
        txtOS = Bhbx(txtOS)
    End Sub
```

(3) 用户管理子窗体代码

用户管理子窗体是用来编辑用户的用户名、密码和权限的。其运行效果如图 6-31 所示。

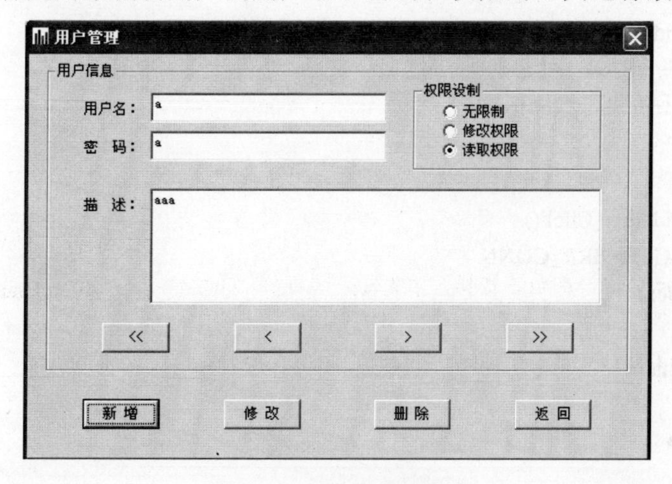

图 6-31 用户管理子窗体

窗体部分代码的思路是，收集输入的表中的字符串，然后与数据库中的系统的用户数据比较，如果不存在，则允许添加。

```
Option Explicit

Dim rs As New ADODB.Recordset
Dim strSql As String
Dim strQx As String

Private Sub cmdAdd_Click()
    frmUserAdd.Show vbModal
End Sub

Private Sub cmdDel_Click()
    strSql = "Delete from sysuser where user_id = '" & txtUser_id & "'"
```

```
        dbConn.Execute strSql
        Form_Activate
    End Sub

    Private Sub cmdFirst_Click()
        rs.MoveFirst
        refreshData
    End Sub

    Private Sub cmdLast_Click()
        rs.MoveLast
        refreshData
    End Sub

    Private Sub cmdmodi_Click()
        tUser_id = txtUser_id.Text
        frmUserModi.Show vbModal
    End Sub

    Private Sub cmdNext_Click()
        On Error GoTo ERR_CONN
        rs.MoveNext

        refreshData
        Exit Sub

    ERR_CONN:
        rs.MoveLast
        refreshData
    End Sub

    Private Sub cmdPre_Click()
        On Error GoTo ERR_CONN
        rs.MovePrevious

        refreshData
        Exit Sub

    ERR_CONN:
        rs.MoveFirst
        refreshData
    End Sub
```

```
Private Sub cmdReturn_Click()
    Unload Me
End Sub

Private Sub Form_Activate()
    txtUser_id.Text = ""
    txtUser_pwd.Text = ""
    txtUser_des.Text = ""
    txtUser_id.Locked = True
    txtUser_pwd.Locked = True
    txtUser_des.Locked = True

    strSql = "Select user_id,user_pwd,user_qx,user_des from sysuser where user_id <> 'admin' order
            by user_id "

    If rs.State = adStateOpen Then
        rs.Close
    End If

    rs.Open strSql, dbConn, adOpenStatic, adLockReadOnly

    If rs.EOF Then
        cmdFirst.Enabled = False
        cmdLast.Enabled = False
        cmdPre.Enabled = False
        cmdNext.Enabled = False
        cmdmodi.Enabled = False
        cmdDel.Enabled = False
    Else
        rs.MoveFirst
        refreshData
    End If
End Sub

Private Sub Form_Load()
    Me.Icon = LoadPicture(App.Path & "\Graph07.ico")
End Sub

Private Sub Form_Unload(Cancel As Integer)
    rs.Close
    Set rs = Nothing
End Sub
```

```
Private Sub refreshData()
    txtUser_id.Text = rs.Fields("user_id")
    txtUser_pwd.Text = rs.Fields("user_pwd")
    strQx = rs.Fields("user_qx")
        Select Case strQx
            Case "a"
                Option1.Value = True
            Case "b"
                Option2.Value = True
            Case "c"
                Option3.Value = True
        End Select
    If Not IsNull(rs.Fields("user_des")) Then
        txtUser_des.Text = rs.Fields("user_des")
    End If
End Sub

Private Sub Option1_Click()
    Select Case strQx
            Case "a"
                Option1.Value = True
            Case "b"
                Option2.Value = True
            Case "c"
                Option3.Value = True
        End Select
End Sub

Private Sub Option2_Click()
    Select Case strQx
            Case "a"
                Option1.Value = True
            Case "b"
                Option2.Value = True
            Case "c"
                Option3.Value = True
        End Select
End Sub

Private Sub Option3_Click()
    Select Case strQx
            Case "a"
                Option1.Value = True
```

```
        Case "b"
            Option2.Value = True
        Case "c"
            Option3.Value = True
    End Select
End Sub
```

单击“新增”按钮时，出现如图 6-32 所示窗体。

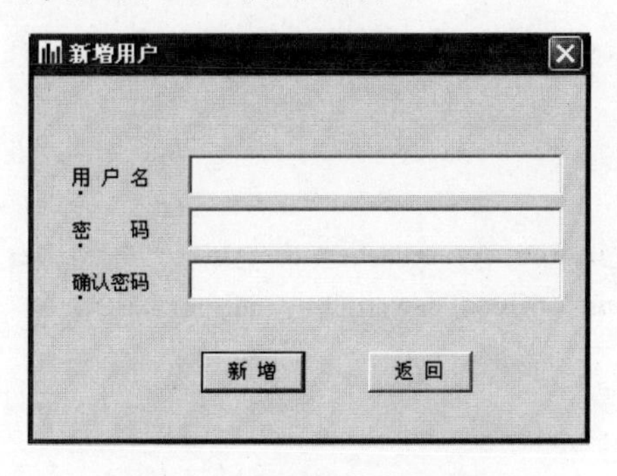

图 6-32 新增用户运行效果

新增用户代码如下：

```
Option Explicit

Private Sub cmdAdd_Click()
    Dim strSql As String
    Dim rs As New ADODB.Recordset
    Dim strQx As String

    If Trim(txtUser_id.Text) = "" Then
        MsgBox "用户名不能为空，请重新输入！", vbOKOnly + vbExclamation, "警告"
        txtUser_id.Text = ""
        txtUser_id.SetFocus
        Exit Sub
    End If

    If Trim(txtUser_pwd.Text) = "" Then
        MsgBox "密码不能为空，请重新输入！", vbOKOnly + vbExclamation, "警告"
        txtUser_pwd.Text = ""
        txtUser_pwd.SetFocus
        Exit Sub
    End If

    If Trim(txtUser_pwd.Text) <> Trim(Text1.Text) Then
    MsgBox "两次输入的密码不相同，请重新输入！", vbOKOnly + vbExclamation, "警告"
```

```
            txtUser_pwd.Text = ""
            txtUser_pwd.SetFocus
            Exit Sub
        End If
        If Option1.Value Then
            strQx = "a"
        ElseIf Option2.Value Then
            strQx = "b"
        Else
            strQx = "c"
        End If

        strSql = "Select user_id from sysuser where user_id = '" & txtUser_id.Text & "'"
        rs.Open strSql, dbConn, adOpenForwardOnly, adLockReadOnly

        If rs.EOF Then

            strSql = "Insert into sysuser (user_id,user_pwd,user_qx,user_des) Values ('" _
                      & txtUser_id.Text & "','" & txtUser_pwd.Text & "','" & strQx & "','" &
                              txtUser_des.Text & " ')"
            dbConn.Execute strSql
            MsgBox "用户增加成功！", vbOKOnly + vbInformation, "提示"
            cmdReturn.SetFocus
        Else
            MsgBox "这个用户名已存在，请重新输入！", vbOKOnly + vbExclamation, "警告"
            txtUser_id.SetFocus
            SendKeys "{HOME}"
            SendKeys "+{end}"
            End If

        rs.Close
        Set rs = Nothing
End Sub

Private Sub cmdReturn_Click()
        Unload Me
End Sub

Private Sub Form_Load()
        Me.Icon = LoadPicture(App.Path & "\Graph07.ico")
        Option3.Value = True
End Sub
```

单击“修改”按钮时，出现如图6-33所示的窗体。

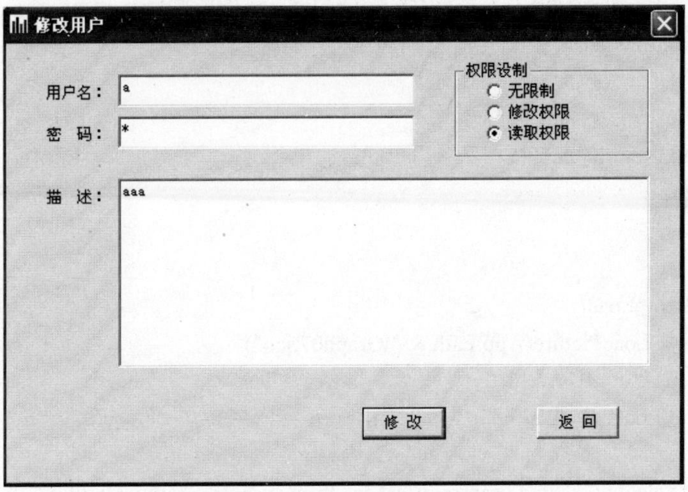

图6-33 修改用户运行效果

修改用户代码如下：

```
Option Explicit

Dim rs As New ADODB.Recordset
Dim strSql As String
Dim strQx As String


Private Sub cmdmodi_Click()
    If Trim(txtUser_pwd.Text) = "" Then
        MsgBox "密码不能为空，请重新输入！", vbOKOnly + vbExclamation, "警告"
        txtUser_pwd.Text = ""
        txtUser_pwd.SetFocus
        Exit Sub
    End If
    If Option1.Value Then
        strQx = "a"
    ElseIf Option2.Value Then
        strQx = "b"
    Else
        strQx = "c"
    End If

    strSql = "Update sysuser set user_pwd = '" & txtUser_pwd.Text & "',user_qx='" & strQx
        & "' ,user_des = '" & Trim(txtUser_des.Text) & " ' Where user_id = '" & tUser_id & "'"
    dbConn.Execute strSql
```

```
        MsgBox "用户修改成功！", vbOKOnly + vbInformation, "提示"
        cmdReturn.SetFocus
    End Sub

    Private Sub cmdReturn_Click()
        Unload Me
    End Sub

    Private Sub Form_Load()
          Me.Icon = LoadPicture(App.Path & "\Graph07.ico")
        txtUser_id.Text = tUser_id
        txtUser_id.Locked = True

        strSql = "Select user_pwd,user_qx,user_des from sysuser where user_id = '" & tUser_id & "'"
        rs.Open strSql, dbConn, adOpenForwardOnly, adLockReadOnly

        If rs.EOF Then
            MsgBox "没有这个用户，请联系系统管理员！", vbOKOnly + vbExclamation, "警告"
            cmdmodi.Enabled = False
        Else
            txtUser_pwd.Text = rs.Fields("user_pwd")
            If Not IsNull(rs.Fields("user_des")) Then
                txtUser_des.Text = rs.Fields("user_des")
            End If
            strQx = rs.Fields("user_qx")
            Select Case strQx
                Case "a"
                    Option1.Value = True
                Case "b"
                    Option2.Value = True
                Case "c"
                    Option3.Value = True
            End Select
        End If

        rs.Close
        Set rs = Nothing
    End Sub
```

(4) 密码管理子窗体代码

密码管理子窗体是用来修改用户密码的。其运行效果如图 6-34 所示。

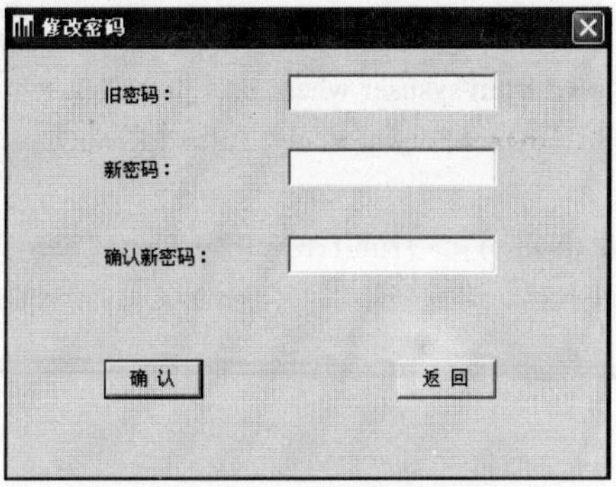

图 6-34　修改密码运行效果

代码如下：

```
Option Explicit

Private Sub cmdReturn_Click()
    Unload Me
End Sub

Private Sub cmdOK_Click()
    If Trim(txtOldPwd.Text = "") Then
        MsgBox "旧密码不能为空，请重新输入！", vbOKOnly + vbExclamation, "警告"
        txtOldPwd.SetFocus
        txtOldPwd.Text = ""
        Exit Sub
    End If

    If Trim(txtNewPwd1.Text = "") Then
        MsgBox "新密码不能为空，请重新输入！", vbOKOnly + vbExclamation, "警告"
        txtNewPwd1.SetFocus
        txtNewPwd1.Text = ""
        Exit Sub
    End If

    If txtNewPwd1.Text <> txtNewPwd2.Text Then
      MsgBox "两次输入的新密码不同，请重新输入！", vbOKOnly + vbExclamation, "警告"
        txtNewPwd1.SetFocus
        txtNewPwd1.Text = ""
        txtNewPwd2.Text = ""
        Exit Sub
    End If

    Dim strSql As String
    Dim rs As New ADODB.Recordset
```

```
    strSql = "Select user_pwd from sysuser where user_id = '" & loginUser & "'"
    rs.Open strSql, dbConn, adOpenForwardOnly, adLockReadOnly

    If Trim(rs.Fields("user_pwd")) <> Trim(txtOldPwd.Text) Then
        MsgBox "旧密码不对，请重新输入！", vbOKOnly + vbExclamation, "警告"
        txtOldPwd.SetFocus
        txtOldPwd.Text = ""
    Else
        strSql = "Update sysuser set user_pwd = '" & txtNewPwd1.Text & "' where user_id = '"
              & loginUser & "'"
        dbConn.Execute strSql
        MsgBox "密码修改成功！", vbOKOnly + vbInformation, "提示"
        txtOldPwd.Text = ""
        txtNewPwd1.Text = ""
        txtNewPwd2.Text = ""
        cmdReturn.SetFocus
    End If

    rs.Close
    Set rs = Nothing
End Sub

Private Sub Form_Load()
    Me.Icon = LoadPicture(App.Path & "\Graph07.ico")
End Sub
```

(5) 员工信息查询子窗体代码

员工信息查询子窗体是用来查询员工基本信息的。其运行效果如图 6-35 所示。

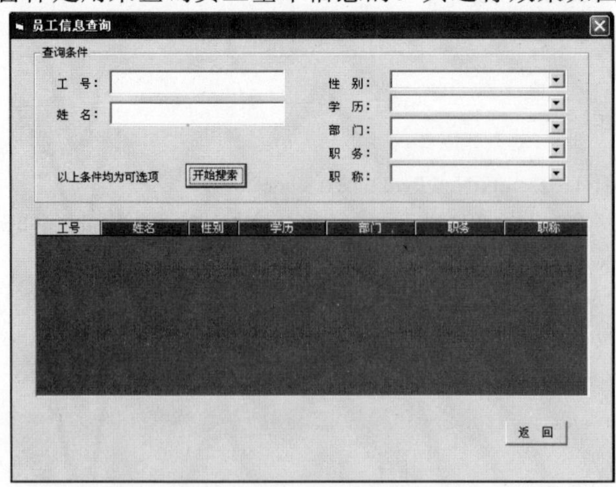

图 6-35　员工信息查询子窗体运行效果

代码如下：

```
Option Explicit
Dim strSql As String
Dim rs As New ADODB.Recordset
Dim i As Integer

Private Sub Command1_Click()
    Dim strId As String
    Dim strName As String
    Dim strDept As String
    Dim strTitle As String
    Dim strDuty As String
    Dim strEdu As String
    Dim strSex As String
    ' 设置错误陷阱
    On Error GoTo ERR_CONN
    If Trim(MskId) = "" Then
        strId = ""
    Else
        strId = "and a.emp_id= clng('" & MskId & "')"
    End If
    If Trim(Text2) = "" Then
        strName = ""
    Else
        strName = "and a.emp_name='" & Trim(Text2) & "'"
    End If
    If cboDept.ListIndex = 0 Then
        strDept = ""
    Else
        strDept = "and c.dept_name='" & cboDept.Text & "'"
    End If
    If cboTitle.ListIndex = 0 Then
        strTitle = ""
    Else
        strTitle = "and e.title_name='" & cboTitle.Text & "'"
    End If
    If cboDuty.ListIndex = 0 Then
        strDuty = ""
    Else
        strDuty = "and d.duty_name='" & cboDuty.Text & "'"
    End If
    If cboEdu.ListIndex = 0 Then
        strEdu = ""
```

```
        Else
            strEdu = "and b.edu_name='" & cboEdu.Text & "'"
        End If
        If cboSex.ListIndex = 0 Then
            strSex = ""
        Else
            strSex = "and a.sex='" & cboSex.Text & "'"
        End If
        ' 打开一个数据集
    strSql = "select
a.emp_id,a.emp_name,a.sex,b.edu_name,c.dept_name,d.duty_name,e.title_name from employee
a,education b,department c,duty d,title e where a.edu_id=b.edu_id and a.dept_id=c.dept_id and
a.duty_id=d.duty_id  and a.title_id=e.title_id " & strId & "   " & strName & " " & strDept & " " &
strTitle & " " & strTitle & "" & strDuty & " " & strEdu & " " & strSex & " order by a.emp_id"
        rs.Open strSql, dbConn, adOpenForwardOnly, adLockReadOnly

        If rs.EOF Then
             Label9 = "找到 0 条记录"
             flxShow.Rows = 1

        Else
            ' 填写数据
            flxShow.Rows = 1

            Do While Not rs.EOF
                flxShow.Rows = flxShow.Rows + 1

                flxShow.TextMatrix(flxShow.Rows - 1, 0) = rs.Fields(0).Value
                For i = 2 To rs.Fields.Count
                    flxShow.TextMatrix(flxShow.Rows - 1, i) = rs.Fields(i - 1).Value
                Next i

                rs.MoveNext
            Loop
            Label9 = "找到" & flxShow.Rows - 1 & "条记录"

        End If
        rs.Close
        Exit Sub

    ERR_CONN:
        MsgBox "请检查输入的数据是否有效"
    End Sub
```

```
Private Sub Command3_Click()
    Unload Me
End Sub

Private Sub Form_Load()

    ' 性别
    cboSex.AddItem ""
    cboSex.AddItem "男"
    cboSex.AddItem "女"
    cboSex.ListIndex = 0

    ' 学历
    strSql = "Select edu_id,edu_name from education Order By edu_id"
    rs.Open strSql, dbConn, adOpenForwardOnly, adLockReadOnly
    cboEdu.AddItem ""
    Do While Not rs.EOF
        cboEdu.AddItem (rs.Fields("edu_name").Value)
        cboEdu.ItemData(cboEdu.NewIndex) = rs.Fields("edu_id").Value
        rs.MoveNext
    Loop
    rs.Close
    cboEdu.ListIndex = 0

    ' 部门
    strSql = "Select dept_id,dept_name from department Order By dept_id"
    rs.Open strSql, dbConn, adOpenForwardOnly, adLockReadOnly
    cboDept.AddItem ""
    Do While Not rs.EOF
        cboDept.AddItem (rs.Fields("dept_name").Value)
        cboDept.ItemData(cboDept.NewIndex) = rs.Fields("dept_id").Value
        rs.MoveNext
    Loop
    rs.Close
    cboDept.ListIndex = 0

    ' 职务
    strSql = "Select duty_id,duty_name from duty Order By duty_id"
    rs.Open strSql, dbConn, adOpenForwardOnly, adLockReadOnly
    cboDuty.AddItem ""
    Do While Not rs.EOF
        cboDuty.AddItem (rs.Fields("duty_name").Value)
```

```
        cboDuty.ItemData(cboDuty.NewIndex) = rs.Fields("duty_id").Value
        rs.MoveNext
    Loop
    rs.Close
    cboDuty.ListIndex = 0

    ' 职称
    strSql = "Select title_id,title_name from title Order By title_id"
    rs.Open strSql, dbConn, adOpenForwardOnly, adLockReadOnly
    cboTitle.AddItem ""
    Do While Not rs.EOF
        cboTitle.AddItem (rs.Fields("title_name").Value)
        cboTitle.ItemData(cboTitle.NewIndex) = rs.Fields("title_id").Value
        rs.MoveNext
    Loop
    rs.Close
    cboTitle.ListIndex = 0
    ' 设置列数
    flxShow.Cols = 8
    ' 列标题
    flxShow.TextMatrix(0, 0) = "工号"
    flxShow.TextMatrix(0, 1) = ""
    flxShow.TextMatrix(0, 2) = "姓名"
    flxShow.TextMatrix(0, 3) = "性别"
    flxShow.TextMatrix(0, 4) = "学历"
    flxShow.TextMatrix(0, 5) = "部门"
    flxShow.TextMatrix(0, 6) = "职务"
    flxShow.TextMatrix(0, 7) = "职称"

    ' 设置列宽
    flxShow.ColWidth(0) = 1000
    flxShow.ColWidth(1) = 0
    flxShow.ColWidth(2) = 1400
    flxShow.ColWidth(3) = 800
    flxShow.ColWidth(4) = 1400
    flxShow.ColWidth(5) = 1400
    flxShow.ColWidth(6) = 1400
    flxShow.ColWidth(7) = 1410

    ' 设置各列的对齐方式
    For i = 0 To 7
        flxShow.ColAlignment(i) = 0
    Next i
```

```
        ' 表头项居中
        flxShow.FillStyle = flexFillRepeat
        flxShow.Col = 0
        flxShow.Row = 0
        flxShow.RowSel = 1
        flxShow.ColSel = flxShow.Cols - 1
        flxShow.CellAlignment = 4
        flxShow.Rows = 1
        ' 强制跨越整个行选择
        flxShow.SelectionMode = flexSelectionByRow
End Sub
```

(6) 用户登录子窗体

运行的用户登录子窗体如图6-36所示。

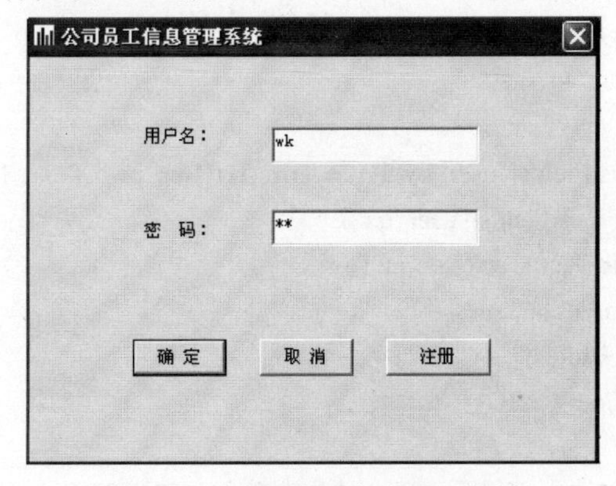

图6-36　运行的用户登录子窗体

在本项目中，用户登录子窗体是运行的第一个界面，它的作用是检查用户名和密码是否正确。由于用户的资料是存放在数据库中，所以在启动该子窗体时，就已经连接了数据库。

代码如下：

```
Option Explicit

Dim tryCount As Integer
Private Sub Command1_Click()
frmUserAdd.Show vbModal
End Sub

Private Sub Form_Load()
        Me.Icon = LoadPicture(App.Path & "\Graph07.ico")
        tryCount = 0
End Sub
```

```
Private Sub cmdOK_Click()
    Dim strSql As String
    Dim rs As New ADODB.Recordset

    If Trim(txtUser_id.Text = "") Then
      MsgBox "用户名不能为空，请重新输入用户名！", vbOKOnly + vbExclamation, "警告"
        txtUser_id.SetFocus
        txtUser_id.Text = ""
    Else
     strSql = "select user_pwd ,user_qx from sysuser where user_ID = '" & txtUser_id.Text & "'"
        rs.Open strSql, dbConn, adOpenForwardOnly, adLockReadOnly

        If rs.EOF Then
          MsgBox "没有这个用户，请重新输入用户名!", vbOKOnly + vbExclamation, "警告"
            txtUser_id.SetFocus
            SendKeys "{HOME}"
            SendKeys "+{end}"
        Else
            If Trim(rs.Fields("user_pwd")) = Trim(txtUser_pwd.Text) Then
                tQx = rs.Fields("user_qx")
                loginUser = txtUser_id.Text
                loginOK = True
                Me.Hide
                tryCount = 1
            Else
            MsgBox "输入密码不正确，请重新输入！", vbOKOnly + vbExclamation, "警告"
                txtUser_pwd.SetFocus
                txtUser_pwd.Text = ""
            End If
        End If
        rs.Close
    End If

    Set rs = Nothing

    tryCount = tryCount + 1
    If tryCount = 3 Then
        MsgBox "输入不正确密码达到三次，请重新启动程序！", vbOKOnly + vbExclamation, "
                警告"
        Me.Hide
        Unload Me
    End If
```

```
End Sub

Private Sub cmdCancel_Click()
    Unload Me
End Sub
```

(7) 关于子窗体代码

为了使程序更具有专业风格，可以在其中加入通常的应用程序信息。这些信息包括公司名称、版本号、修订号等。Visual Basic 允许使用 APP 对象来保存这些信息，APP 对象是一个预定义对象，不需要在程序中创建它。APP 对象的大多数属性被应用程序用来提供常规的信息，通过使用这些 APP 提供的属性，可以在应用程序和用户之间交流重要信息，在项目属性框中可以设置它的属性。关于子窗体如图 6-37 所示。

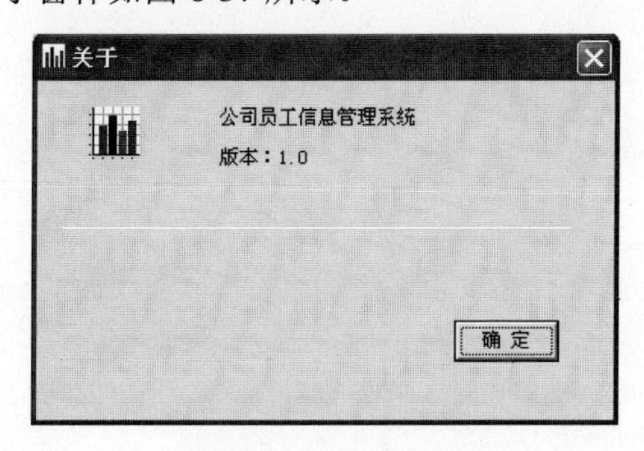

图 6-37 关于子窗体

关于子窗体的代码如下：

```
Private Sub Command1_Click()
    Unload Me
End Sub

Private Sub Form_Load()
    Me.Icon = LoadPicture(App.Path & "\Graph07.ico")
    Image1.Picture = LoadPicture(App.Path & "\Graph07.ico")
End Sub
```

第 7 章

图书管理系统

图书管理系统是管理系统中的一个组成环节，许多大的公司都在开发这方面的大型程序。本章将介绍具有基本功能程序的图书管理系统。

7.1 需求分析

在进行一个项目的设计之前，先要进行必要的需求分析。

现某图书馆需要管理其各种人员和图书信息，希望实现办公的信息化，通过建立一个图书管理系统来管理图书。其完成的功能如下：

(1) 可以实现图书的登记、借阅和赔偿的管理。

(2) 可以实现对图书的各种信息的查询，包括逐个浏览，以及对图书信息的增加、删除和编辑操作。另外，可以根据输入的信息来检索某个图书的信息。

(3) 可以实现对管理人员的投诉管理。

(4) 可以实现对值班人员的管理。

系统的功能模块图如图 7-1 所示。

本实例根据上面的设计规划出的实体有图书登记实体、图书借阅实体、图书赔偿实体、查询输出实体、值班管理实体、投诉管理实体。各个实体具体的描述 E-R 图如下。

图书登记实体 E-R 图如图 7-2 所示。

图书借阅实体 E-R 图如图 7-3 所示。

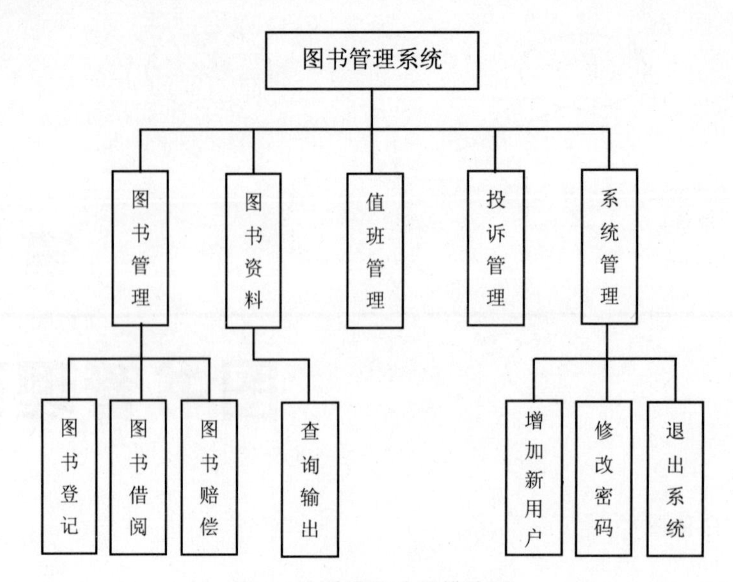

图 7-1　系统的功能模块图

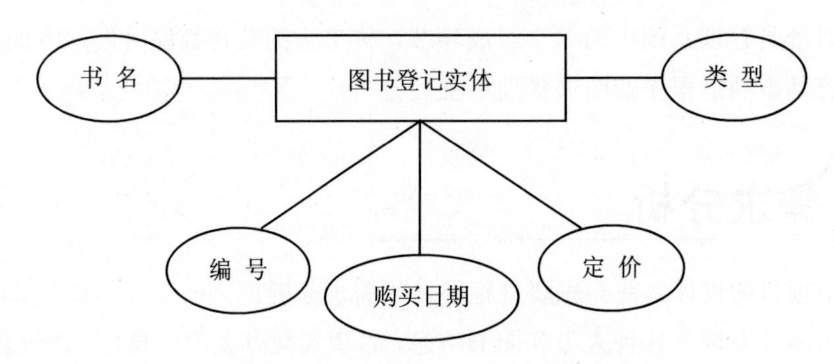

图 7-2　图书登记实体 E-R 图

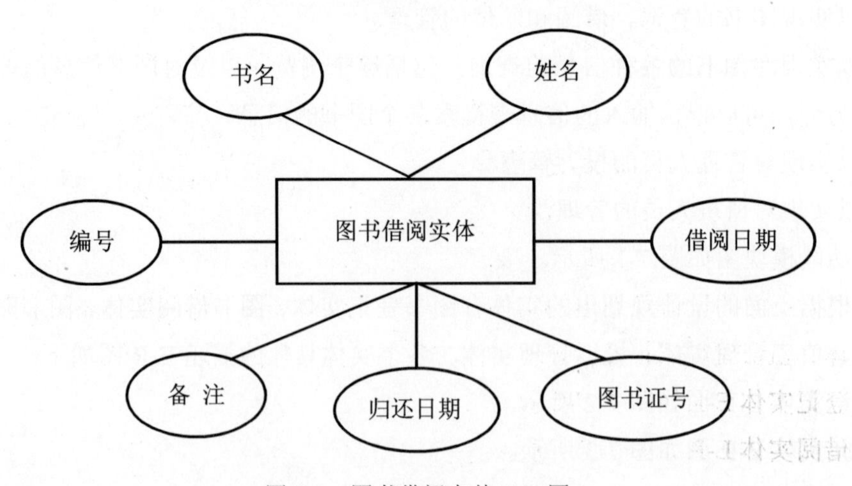

图 7-3　图书借阅实体 E-R 图

图书赔偿实体 E-R 图如图 7-4 所示。

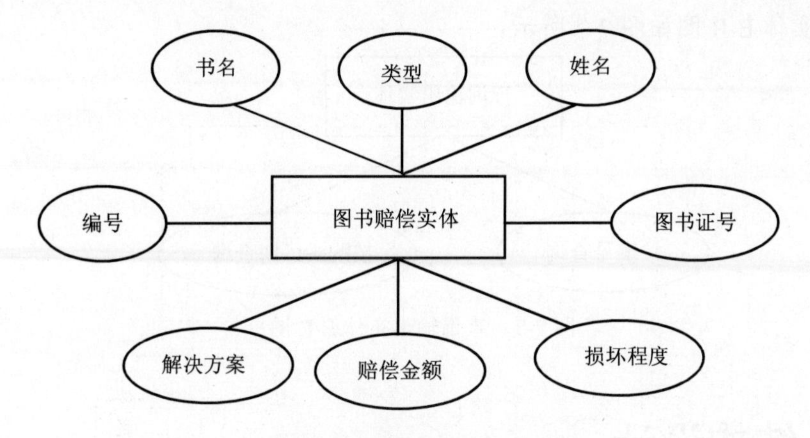

图 7-4　图书赔偿实体 E-R 图

投诉管理实体 E-R 图如图 7-5 所示。

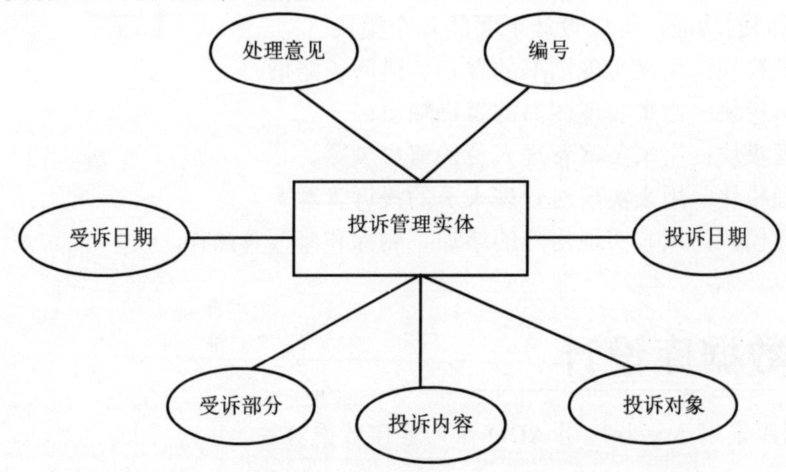

图 7-5　投诉管理实体 E-R 图

值班管理实体 E-R 图如图 7-6 所示。

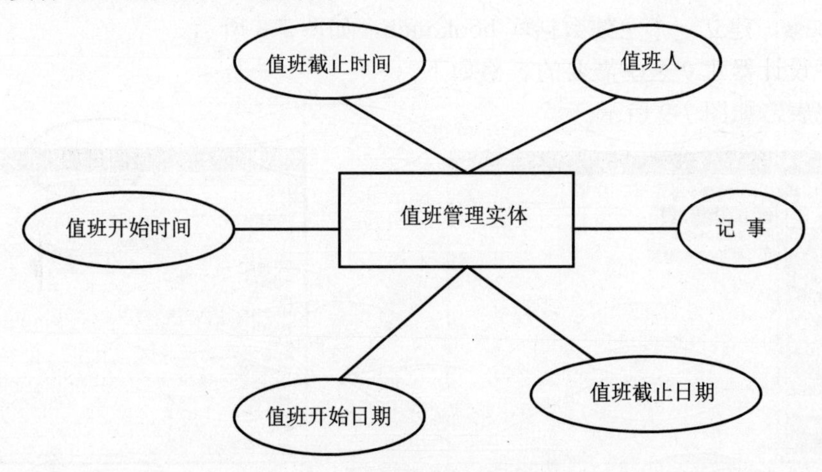

图 7-6　值班管理实体 E-R 图

查询输出实体 E-R 图如图 7-7 所示。

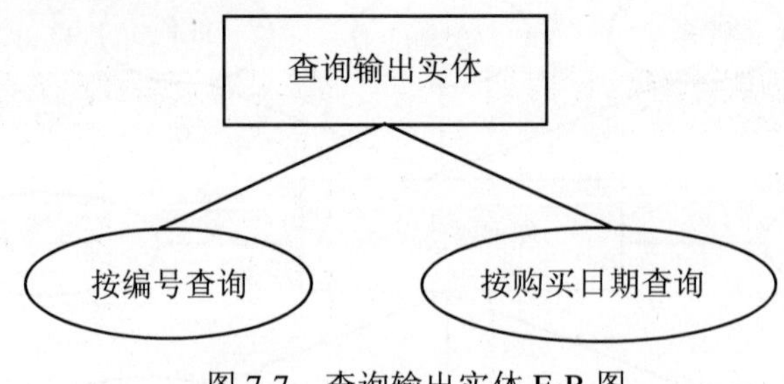

图 7-7　查询输出实体 E-R 图

7.2　结构设计

根据上面的需求分析，设计好数据库系统，然后开发应用程序可以考虑的窗体的系统，每一个窗体实现不同的功能，可以设计下面的几个模块。

- 图书管理模块：用来实现图书的登记、借阅、赔偿。
- 图书资料模块：用来实现图书的查询输出。
- 值班管理模块：用来实现管理人员的值班浏览。
- 投诉管理模块：用来实现对管理人员的投诉管理。
- 系统管理模块：用来实现用户的增加、删除和修改等操作。

7.3　数据库设计

这里的数据库采用 Access，用 ADO 作为连接数据对象。

7.3.1　建立 Access 数据库

启动 Access，建立一个空的数据库 book.mdb，如图 7-8 所示。

使用程序设计器建立系统需要的表格如下。

图书登记表，如图 7-9 所示。

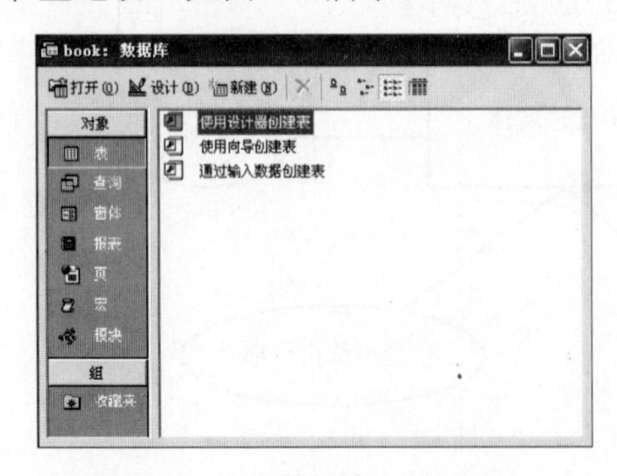

图 7-8　建立数据库 book.mdb

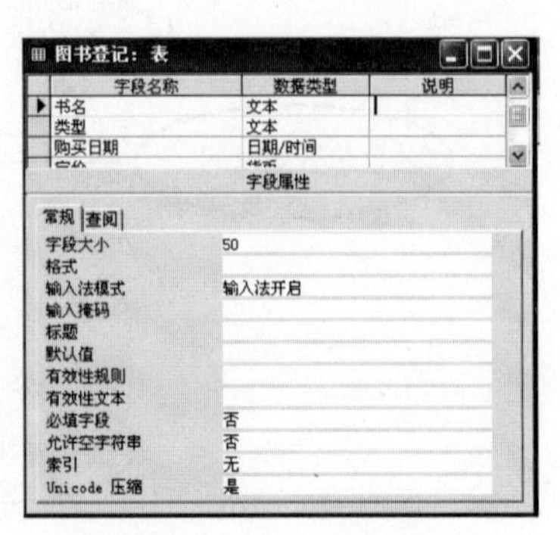

图 7-9　图书登记表

图书借阅表，如图 7-10 所示。

图书赔偿表，如图 7-11 所示。

图书借阅：表

字段名称	数据类型	说明
编号	文本	
书名	文本	
姓名	文本	
图书证号	数字	
借阅日期	日期/时间	
归还日期	日期/时间	
备注	文本	

字段属性

常规 查阅

属性	值
字段大小	50
格式	
输入法模式	输入法开启
输入掩码	
标题	
默认值	
有效性规则	
有效性文本	
必填字段	否
允许空字符串	否
索引	无
Unicode 压缩	是

图 7-10 图书借阅表

图书赔偿：表

字段名称	数据类型	说明
编号	文本	
书名	文本	
类型	文本	
姓名	文本	
图书证号	数字	
损坏程度	文本	
赔偿金额	货币	
解决方案	文本	

字段属性

常规 查阅

属性	值
字段大小	50
格式	
输入法模式	输入法开启
输入掩码	
标题	
默认值	
有效性规则	
有效性文本	
必填字段	否
允许空字符串	否
索引	无
Unicode 压缩	是

图 7-11 图书赔偿表

图书资料表，如图 7-12 所示。

系统管理表，如图 7-13 所示。

图书资料：表

字段名称	数据类型	说明
编号	文本	
书名	文本	
类型	文本	
购买日期	日期/时间	
定价	货币	
备注	文本	

字段属性

常规 查阅

属性	值
字段大小	50
格式	
输入法模式	输入法开启
输入掩码	
标题	
默认值	
有效性规则	
有效性文本	
必填字段	否
允许空字符串	否
索引	无
Unicode 压缩	是

图 7-12 图书资料表

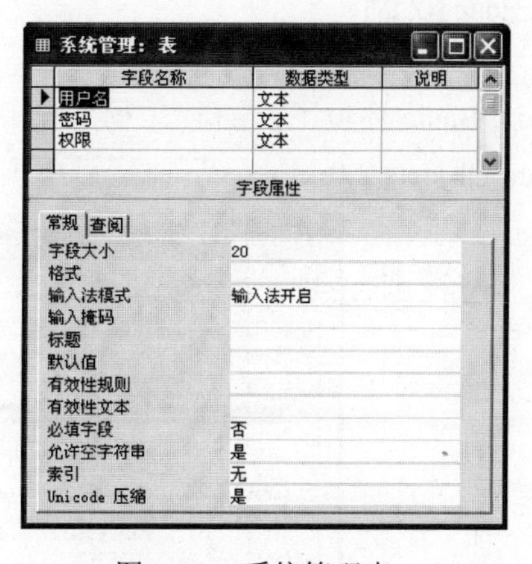

系统管理：表

字段名称	数据类型	说明
用户名	文本	
密码	文本	
权限	文本	

字段属性

常规 查阅

属性	值
字段大小	20
格式	
输入法模式	输入法开启
输入掩码	
标题	
默认值	
有效性规则	
有效性文本	
必填字段	否
允许空字符串	是
索引	无
Unicode 压缩	是

图 7-13 系统管理表

投诉管理表，如图 7-14 所示。

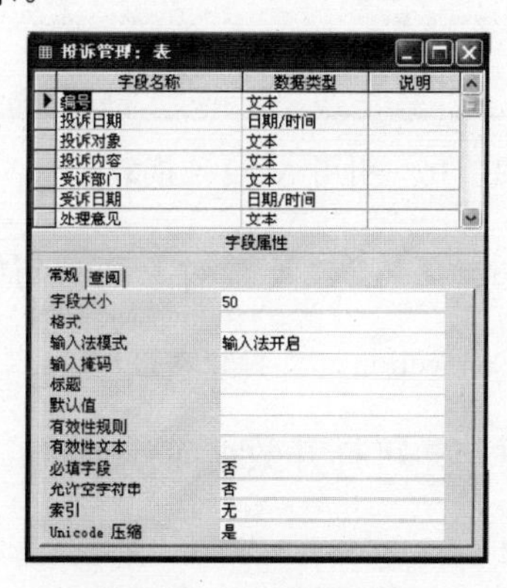

投诉管理：表

字段名称	数据类型	说明
编号	文本	
投诉日期	日期/时间	
投诉对象	文本	
投诉内容	文本	
受诉部门	文本	
受诉日期	日期/时间	
处理意见	文本	

字段属性

常规 查阅

属性	值
字段大小	50
格式	
输入法模式	输入法开启
输入掩码	
标题	
默认值	
有效性规则	
有效性文本	
必填字段	否
允许空字符串	否
索引	无
Unicode 压缩	是

图 7-14 投诉管理表

值班管理表，如图 7-15 所示。

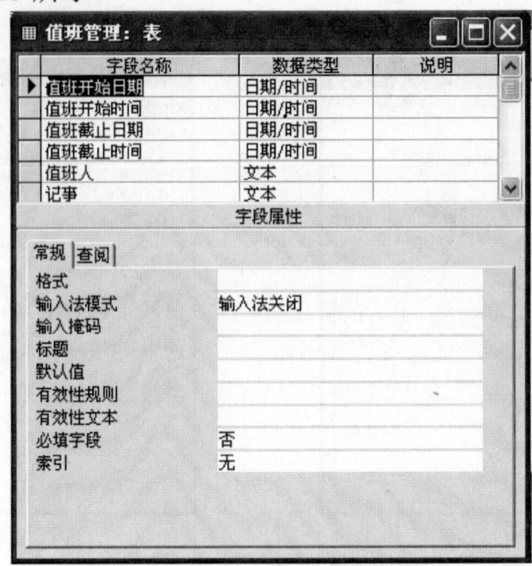

图 7-15　值班管理表

7.3.2　连接数据

在 Visual Basic 环境下，选择“工程”→“引用”命令，在随后出现的对话框中选择“Microsoft ActiveX Data Objects 2.0 Library”，然后单击“确定”按钮，如图 7-16 所示。

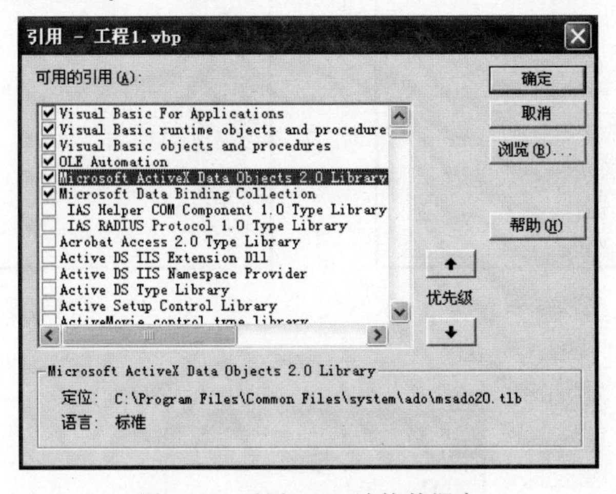

图 7-16　引用 ADO 连接数据库

在程序设计的公共模块中，先定义 ADO 连接对象。语句如下：

```
Public conn As New ADODB.Connection      '标记连接对象
```

然后在子程序中，用如下的语句即可打开数据库：

```
Dim connectionstring As String
connectionstring = "provider=Microsoft.Jet.oledb.4.0;" &_
```

```
"data source=book.mdb"
conn.Open connectionstring
```

7.3.3 设置 ODBC

VB 的 ADO 对象是通过 ODBC 来访问数据库，所以还要建立 ODBC 数据引擎接口。

打开控制面板中的“管理工具”→“数据源”(ODBC)，出现如图 7-17 所示的对话框。

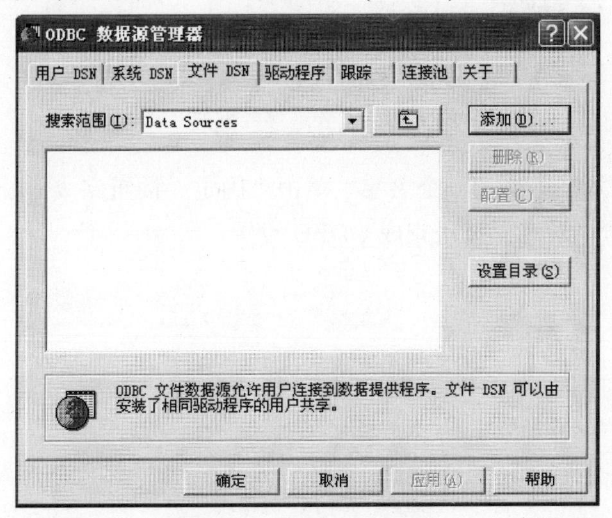

图 7-17　ODBC 对话框

单击“添加”按钮，出现“创建新数据源”对话框，如图 7-18 所示。

图 7-18　“创建新数据源”对话框

选择 Microsoft Access Driver(*.mdb)，单击“完成”按钮，出现如图 7-19 所示对话框。

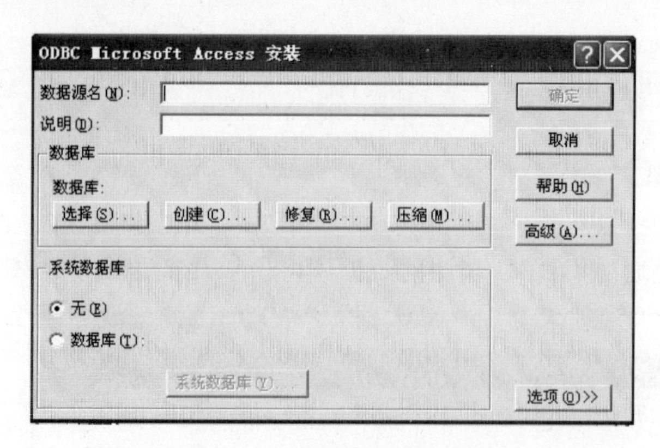

图 7-19 设置连接数据源

在“数据源名”文本框中添加一个名字，单击“确定”按钮完成系统默认连接设置。然后在 ODBC 对话框中单击“确定”按钮完成 ODBC 设置。

7.4 界面设计

设计好的界面如图 7-20 所示。

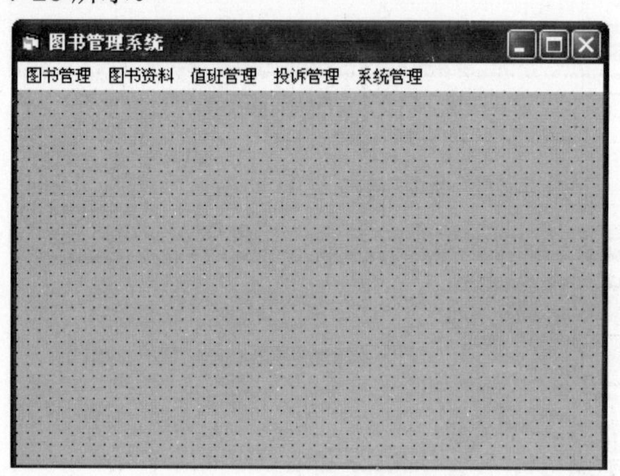

图 7-20 图书管理系统界面

这是一个多文档界面(MDI)应用程序，可以同时显示多个文档，每个文档显示在各自的窗体中。MDI 应用程序中常有包含子菜单的“窗体”选项，用于在窗体或文档之间进行切换。

菜单应用程序中，有 5 个菜单选项，每个选项对应着 E-R 图的一个子项目。

7.4.1 创建主窗体

首先创建一个工程，命名为图书管理系统，选择“工程”→“添加 MDI 窗体”命令，则在项目中添加了主窗体。该窗体的一些属性如表 7-1 所示。

表 7-1 主窗体的属性

属　性	值
Caption	图书管理系统
Name	Main
Menu	Mainmenu1
Windowstate	Maxsize

Windowstate 的值为 Maxsize，即程序启动之后自动最大化。

将“菜单”组件从“工具箱”拖到窗体上。创建一个 Text 属性设置为“文件”的顶级菜单项，且带有名为“关闭”的子菜单项。类似地创建一些菜单项，如表 7-2 所示。

表 7-2 菜 单 项 表

菜 单 名 称	Text 属性	功 能 描 述
MenuItem1	图书管理	顶级菜单，包含子菜单
MenuItem2	图书登记	调出图书登记窗体
MenuItem3	图书借阅	调出图书借阅窗体
MenuItem4	图书赔偿	调出图书赔偿窗体
MenuItem5	图书资料	顶级菜单，包含子菜单
MenuItem6	查询输出	调出查询输出窗体
MenuItem7	值班管理	顶级菜单，没有子菜单
MenuItem8	投诉管理	顶级菜单，没有子菜单
MenuItem9	系统管理	顶级菜单，包含子菜单
MenuItem10	增加用户	调出用户窗体
MenuItem11	修改密码	调出密码窗体
MenuItem12	退出系统	退出

主窗体如图 7-21 所示。

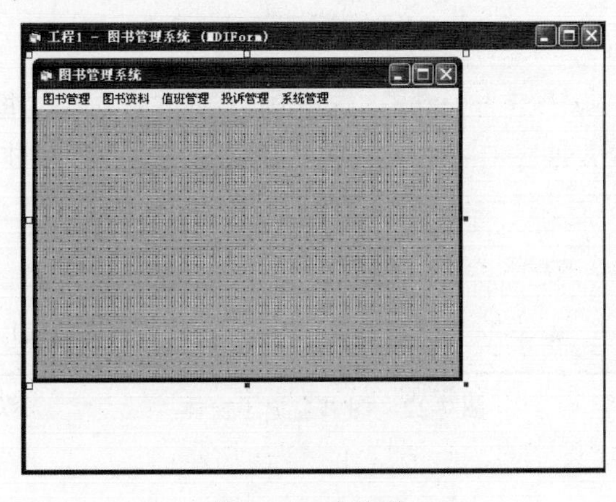

图 7-21 主窗体

7.4.2 创建各子窗体

选择“工程”→“添加窗体”命令，添加子窗体。

在新建 Visual Basic 工程时自带的窗体中，将其属性 MIDChild 改成 True，则这个窗体成为 MID 窗体的子窗体。

在这个项目中，要创建的子窗体如表 7-3 所示。

表 7-3 所有子窗体

子 窗 体 名	Text
图书登记	frmdengji
图书借阅	frmjieyue
图书赔偿	frmpeichang
增加新用户	frmadduser
查询输出	frmfind
登录系统	frmlogin
修改密码	frmchangepwd

下面分别给出这些子窗体，以及它们所使用的控件。

(1) 图书登记子窗体如图 7-22 所示，其控件如表 7-4 所示。

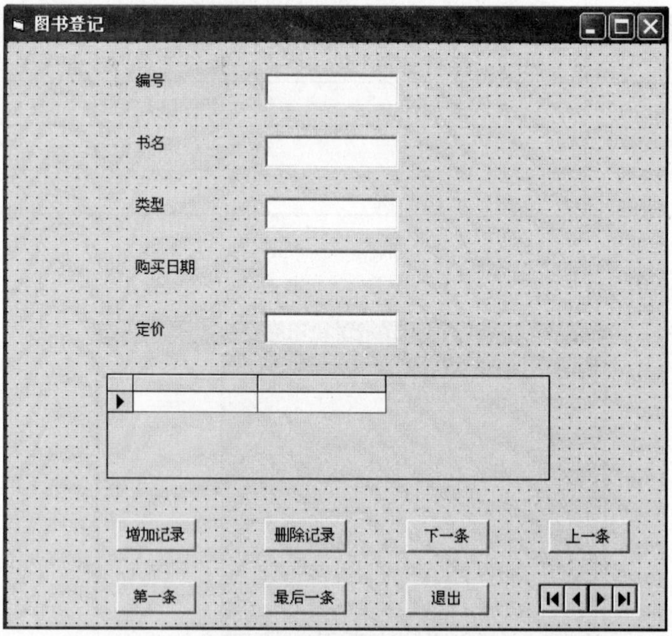

图 7-22 图书登记子窗体

表 7-4　图书登记子窗体控件

控 件 类 别	控件 Name	控件 Text
Label	Label1	编号
	Label2	书名
	Label3	类型
	Label4	购买日期
	Label5	定价
TextBox	Text1	(空)
	Text2	(空)
	Text3	(空)
	Text4	(空)
	Text5	(空)
CommandButton	Command1	增加记录
	Command2	删除记录
	Command3	下一条
	Command4	上一条
	Command5	第一条
	Command6	最后一条
	Command7	退出
ADO Data	Adodc1	(空)
DataGrid	DataGrid1	(空)

图书借阅和图书赔偿子窗体分别如图 7-23 和图 7-24 所示，因为它们的控件与图书登记子窗体的雷同，在此不作介绍。

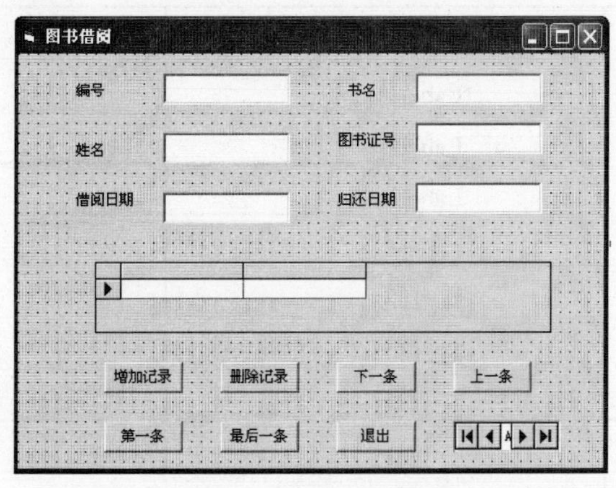

图 7-23　图书借阅子窗体

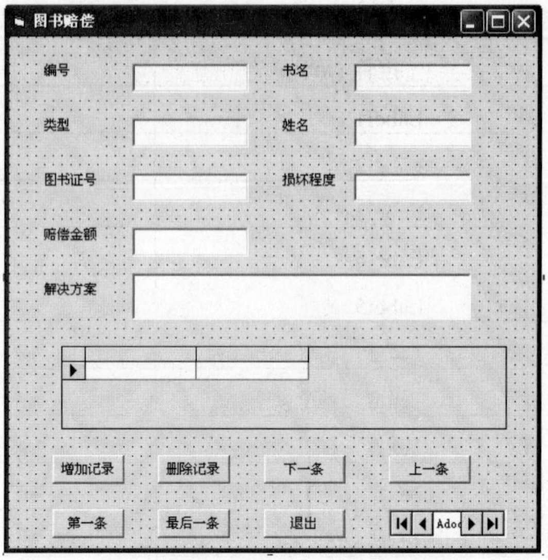

图 7-24　图书赔偿子窗体

(2) 增加用户子窗体如图 7-25 所示，其控件如表 7-5 所示。

图 7-25　增加用户子窗体

表 7-5　增加用户子窗体控件

控 件 类 别	控件 Name	控件 Text
Label	Label1	输入用户名
	Label2	输入密码
	Label3	确认密码
	Label4	选择权限
TextBox	Text1	(空)
	Text2	(空)
	Text3	(空)
ComboBox	Comb1	(空)
CommandButton	Commandl	确定
	Command2	取消

(3) 修改密码子窗体如图 7-26 所示。

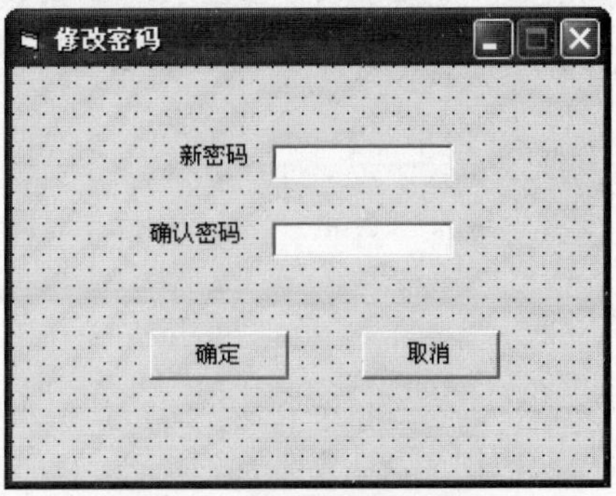

图 7-26　修改密码子窗体

(4) 库房管理子窗体如图 7-27 所示。

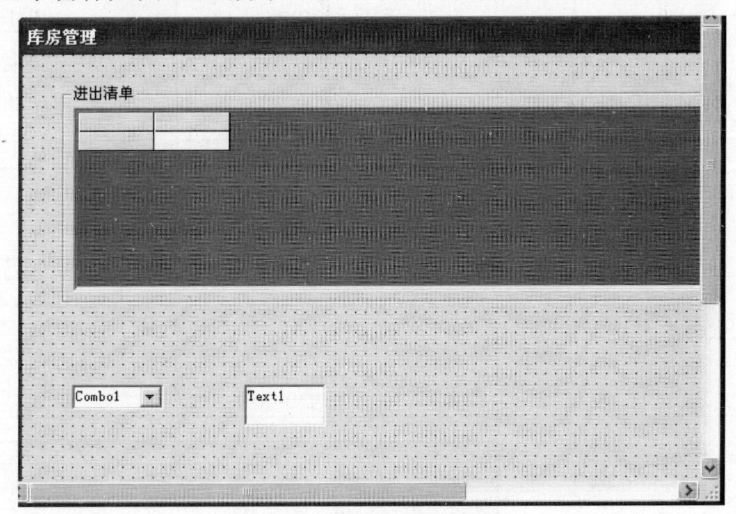

图 7-27　库房管理子窗体

其控件如表 7-6 所示。

表 7-6　库房管理子窗体控件

控 件 类 别	控件 Name	控件 Text
TextBox	Text1	(空)
ComboBox	Combo1	
MSFlexGrid	MSFlexGrid1	

(5) 查询子窗体如图 7-28 所示，其控件如表 7-7 所示。

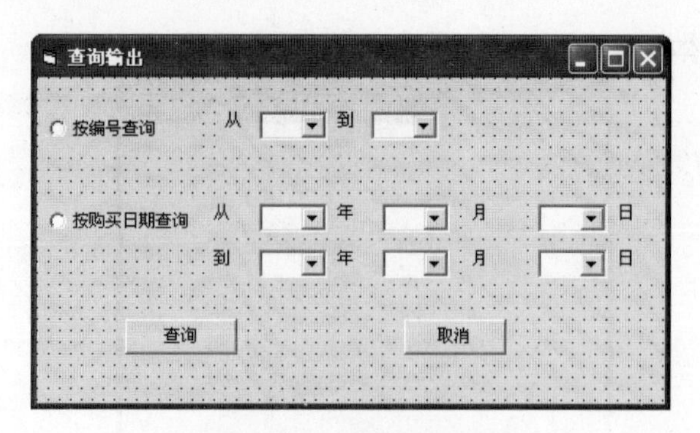

图 7-28　查询子窗体

表 7-7　查询子窗体控件

控 件 类 别	控件 Name	控件 Text
OptionButton	Option1	按编号查询
	Option2	按购买日期查询
Label	Label1	从
	Label2	到
	Label3	从
	Label4	年
	Label5	月
	Label6	日
	Label7	到
	Label8	年
	Label9	月
	Label10	日
Combo(0) ComboBox	Combo1	(空)
Combo(1) ComboBox	Combo1	(空)
Comboy(0) ComboBox	Comboy	(空)
Comboy(1) ComboBox	Comboy	(空)
Combom(0) ComboBox	Combom	(空)
Combom(1) ComboBox	Combom	(空)
Combod(0) ComboBox	Combod	(空)
Combod(1) ComboBox	Combod	(空)
CommandButton	Command1	查询
	Command2	取消

(6) 用户登录子窗体如图 7-29 所示。

(7) 值班管理子窗体如图 7-30 所示，其控件如表 7-8 所示。

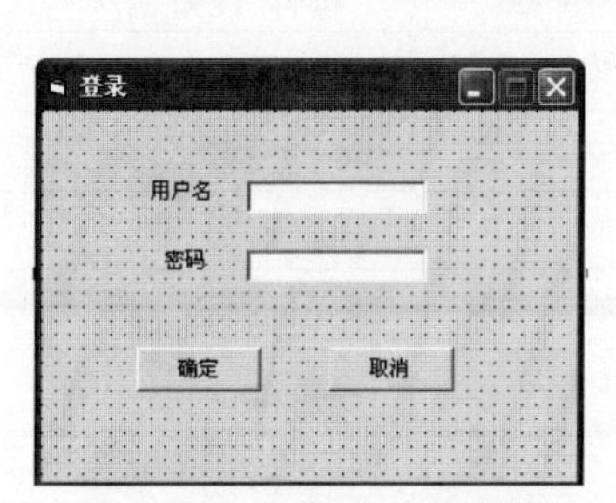

图 7-29　用户登录子窗体

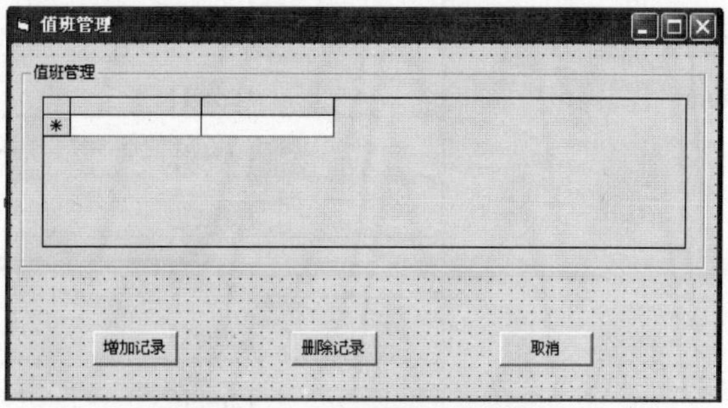

图 7-30　值班管理子窗体

表 7-8　值班管理子窗体控件

控 件 类 别	控件 Name	控件 Text
Frame	Frame1	值班管理
DataGrid	DataGrid1	(空)
Command	Command1	增加记录
	Command2	删除记录
	Command3	取消

(8) 投诉管理子窗体如图 7-31 所示，其控件如表 7-9 所示。

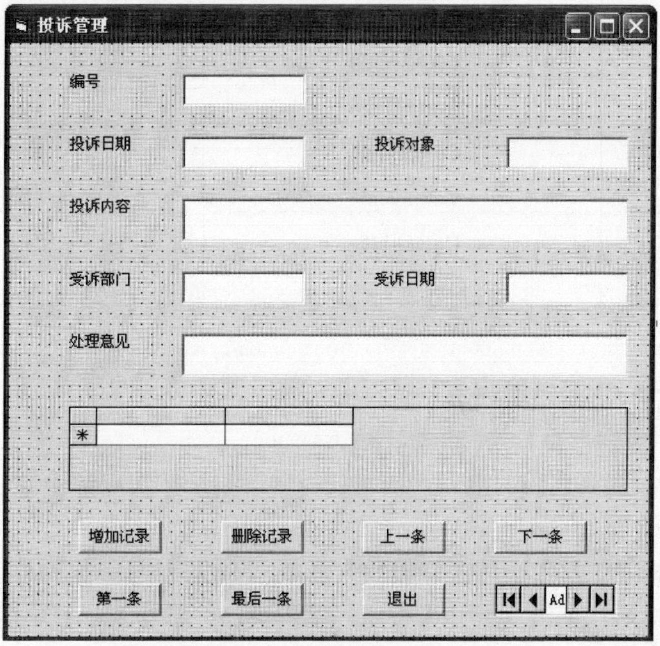

图 7-31　投诉管理子窗体

表 7-9 投诉管理子窗体控件

控件类别	控件 Name	控件 Text
Label	Label1	编号
	Label2	投诉日期
	Label3	投诉对象
	Label4	投诉内容
	Label5	受诉部门
	Label6	受诉日期
	Label7	处理意见
TextBox	Text1	(空)
	Text2	(空)
	Text3	(空)
	Text4	(空)
	Text5	(空)
	Text6	(空)
	Text7	(空)
CommandButton	Command1	增加记录
	Command2	删除记录
	Command3	下一条
	Command4	上一条
	Command5	第一条
	Command6	最后一条
	Command7	退出
DataGrid	DataGrid1	(空)
Adodc	Adodc1	(空)

7.5 建立公共模块

建立公共模块可以提高代码的效率，同时使得修改和维护代码都很方便。

创建公共模块的步骤如下：

(1) 在菜单中选择“工程”→“添加模块”命令，则出现模块对话框，如图 7-32 所示。

(2) 选择模块图标后，单击“打开”按钮，则模块已经添加到项目中了。默认情况下名为 Module1。

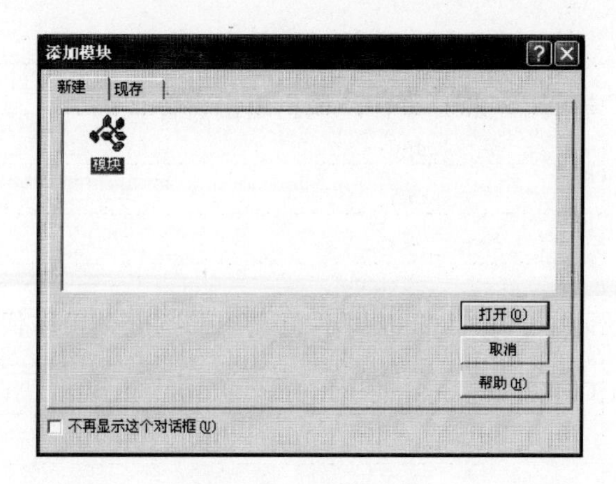

图 7-32 模块对话框

(3) 在模块中定义整个项目的公共变量。

```
Public conn As New ADODB.Connection          ' 标记连接对象
Public userID As String                      ' 标记当前用户 ID
Public userpow As String                     ' 标记用户权限
Public find As Boolean                       ' 标记查询
Public sqlfind As String                     ' 查询语句
Public rs_data1 As New ADODB.Recordset
Public findok As Boolean
Public frmdata As Boolean
Public Const keyenter = 13                   ' enter 键的 ASCII 码
```

7.6 代码设计

在主窗体添加完菜单之后，就要为各个子菜单创建事件处理程序。

7.6.1 主窗体代码

在本项目中，子菜单事件都是 Click 事件，这里先给出主窗体部分的代码。

下面是响应“增加用户”子菜单 Click 事件，调出增加用户窗体代码。

```
Private Sub adduser_Click()
frmadduser.Show
End Sub
```

下面是响应“查询输出”子菜单 Click 事件，调出查询输出窗体代码。

```
Private Sub chaxunshuchu_Click()
frmfind.Show
```

```
End Sub
```

下面是响应“退出”子菜单 Click 事件，调出退出窗体代码。

```
Private Sub exit_Click()
Unload Me
End Sub
```

下面是响应“图书登记”子菜单 Click 事件，调出图书登记窗体代码。

```
Private Sub checkin_Click()
frmdengji.Show
End Sub
```

下面是响应“修改密码”子菜单 Click 事件，调出修改密码窗体代码。

```
Private Sub changepwd_Click()
frmchangepwd.Show
End Sub
```

下面是响应“图书借阅”子菜单 Click 事件，调出图书借阅窗体代码。

```
Private Sub borrow_Click()
frmjieyue.Show
End Sub
```

下面是响应“图书赔偿”子菜单 Click 事件，调出图书赔偿窗体代码。

```
Private Sub tushupeichang_Click()
frmpeichang.Show 1
End Sub
```

下面是响应“值班管理”菜单 Click 事件，调出值班管理窗体代码。

```
Private Sub zhibanguanli_Click()
frmzhiban.Show 1
End Sub
```

下面是响应“投诉管理”子菜单 Click 事件，调出投诉管理窗体代码。

```
Private Sub tousuguanli_Click()
frmtousu.Show 1
End Sub
```

7.6.2 各子窗体的代码

在各个子窗体建立好后，就可以根据各个子窗体的功能给它们添加相应代码了。

(1) 图书登记子窗体代码

本窗体用来填写图书登记的信息，用 ADO 来连接数据库，是本窗体的重点。采用 MDI 的子程序，所以运行后，它出现在主程序的界面下，如图 7-33 所示。

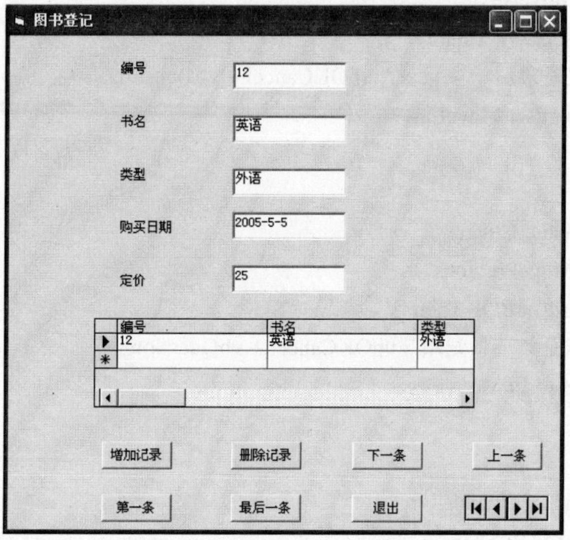

图 7-33 图书登记子窗体

按钮控件要求先填写基本信息，然后与数据库信息比较。

```
Private Sub Command1_Click()
On Error GoTo adderr
    Text1.SetFocus
    Adodc1.Recordset.AddNew
    Exit Sub
adderr:
    MsgBox Err.Description
End Sub
Private Sub Command2_Click()
 On Error GoTo deleteerr
    With Adodc1.Recordset
        If Not .EOF And Not .BOF Then
            If MsgBox("删除当前记录吗？", vbYesNo + vbQuestion) = vbYes Then
                .Delete
                .MoveNext
If .EOF Then .MoveLast
            End If
        End If
   End With
   Exit Sub
deleteerr:
```

```
        MsgBox Err.Description
    End Sub
    Private Sub Command3_Click()
    Adodc1.Recordset.MoveNext
     If Adodc1.Recordset.EOF Then
            MsgBox "这是最后一条记录", vbOKCancel + vbQuestion
            Adodc1.Recordset.MoveLast
       End If
    End Sub
    Private Sub Command4_Click()
    Adodc1.Recordset.MovePrevious
        If Adodc1.Recordset.BOF Then
            MsgBox "这是第一条记录", vbOKCancel + vbQuestion
            Adodc1.Recordset.MoveFirst
        End If
    End Sub
    Private Sub Command5_Click()
    If Adodc1.Recordset.EOF Then
          MsgBox "记录空", vbOKCancel + vbQuestion
          End
       Else
          Adodc1.Recordset.MoveFirst
       Exit Sub
    End Sub
    Private Sub Command6_Click()
    If Adodc1.Recordset.RecordCount = 0 Then
             MsgBox "空记录", vbOKCancel + vbQuestion
             End
       Else
          Adodc1.Recordset.MoveLast
       End If
    End Sub
    Private Sub Command7_Click()
    MDIForm1.Show
    frmdengji.Hide
    End Sub
```

图书借阅和图书赔偿子窗体运行后如图 7-34 和图 7-35 所示，因为它们的代码和图书登记子窗体的代码雷同，在此不做重复。

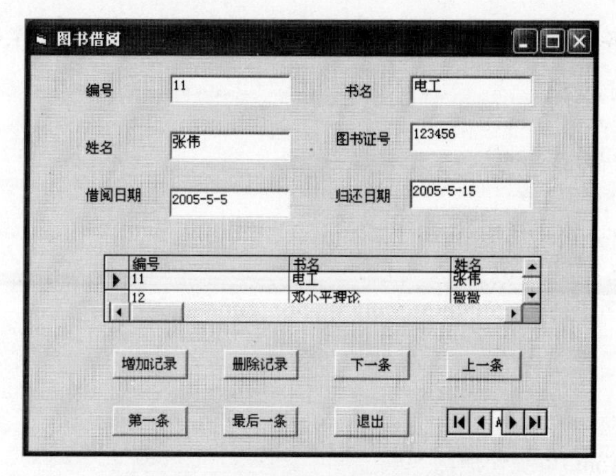

图 7-34　图书借阅子窗体运行效果

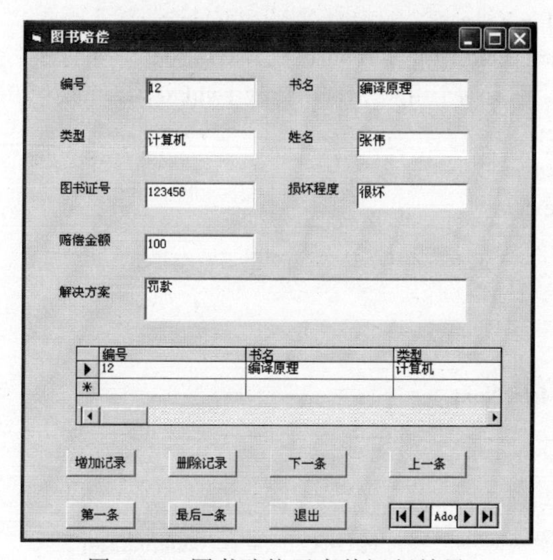

图 7-35　图书赔偿子窗体运行效果

(2) 增加用户子窗体代码

增加用户子窗体是用来增加用户的用户名、密码和权限的。其运行效果如图 7-36 所示。单击"确定"按钮后，还要返回一个信息框，提示成功信息，如图 7-37 所示。

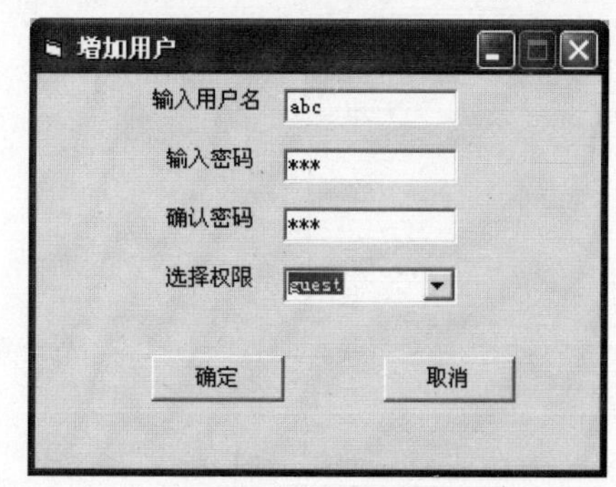

图 7-36　增加用户子窗体运行效果

图 7-37　成功信息框

窗体部分代码的思路是，收集输入的表中的字符串，然后与数据库中的系统的用户数据比较，如果不存在，则允许添加。

```
Private Sub Command1_Click()
Dim sql As String
Dim rs_add As New ADODB.Recordset
If Trim(Text1.Text) = "" Then
    MsgBox "用户名不能为空", vbOKOnly + vbExclamation, ""
    Exit Sub
    Text1.SetFocus
Else
    sql = "select * from  系统管理"
    rs_add.Open sql, conn, adOpenKeyset, adLockPessimistic
    While (rs_add.EOF = False)
          If Trim(rs_add.Fields(0)) = Trim(Text1.Text) Then
              MsgBox "已有这个用户", vbOKOnly + vbExclamation, ""
              Text1.SetFocus
              Text1.Text = ""
              Text2.Text = ""
              Text3.Text = ""
              Combo1.Text = ""
              Exit Sub
          Else
              rs_add.MoveNext
          End If
     Wend
     If Trim(Text2.Text) <> Trim(Text3.Text) Then
         MsgBox "两次密码不一致", vbOKOnly + vbExclamation, ""
         Text2.SetFocus
         Text2.Text = ""
         Text3.Text = ""
         Exit Sub
     ElseIf Trim(Combo1.Text) <> "system" And Trim(Combo1.Text) <> "guest" Then
         MsgBox "请选择正确的用户权限", vbOKOnly + vbExclamation, ""
         Combo1.SetFocus
         Combo1.Text = ""
         Exit Sub
     Else
         rs_add.AddNew
         rs_add.Fields(0) = Text1.Text
         rs_add.Fields(1) = Text2.Text
         rs_add.Fields(2) = Combo1.Text
         rs_add.Update
         rs_add.Close
```

下面是返回成功信息对话框的代码：

```
MsgBox "添加用户成功", vbOKOnly + vbExclamation, ""
        Unload Me
    End If
End If
End Sub
```

(3) 修改密码子窗体代码

修改密码子窗体是用来修改用户密码的。其运行效果如图7-38所示。

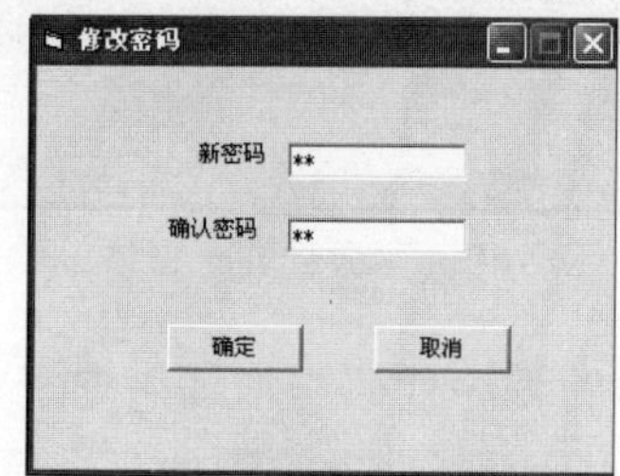

图7-38 修改密码子窗体运行效果

在“确定”按钮的Click事件中添加如下代码：

```
Private Sub Command1_Click()
Dim rs_chang As New ADODB.Recordset
Dim sql As String
If Trim(Text1.Text) <> Trim(Text2.Text) Then
    MsgBox "密码不一致！", vbOKOnly + vbExclamation, ""
    Text1.SetFocus
    Text1.Text = ""
    Text2.Text = ""
Else
    sql = "select * from 系统管理 where 用户名='" & userID & "'"
    rs_chang.Open sql, conn, adOpenKeyset, adLockPessimistic
    rs_chang.Fields(1) = Text1.Text
    rs_chang.Update
    rs_chang.Close
    MsgBox "密码修改成功", vbOKOnly + vbExclamation, ""
    Unload Me
End If
End Sub
```

在上述代码中，首先比较两个表中的数据是否一致，然后用rs_chang.Fields(1) = Text1.Text语句把代码输入到数据库中。最后，用MsgBox "密码修改成功", vbOKOnly + vbExclamation，""语句弹出一个信息框，告诉修改成功，如图7-39所示。

图7-39 提示修改成功

(4) 库房管理子窗体代码

库房管理子窗体是用来管理图书资料的。其运行效果如图 7-40 所示。

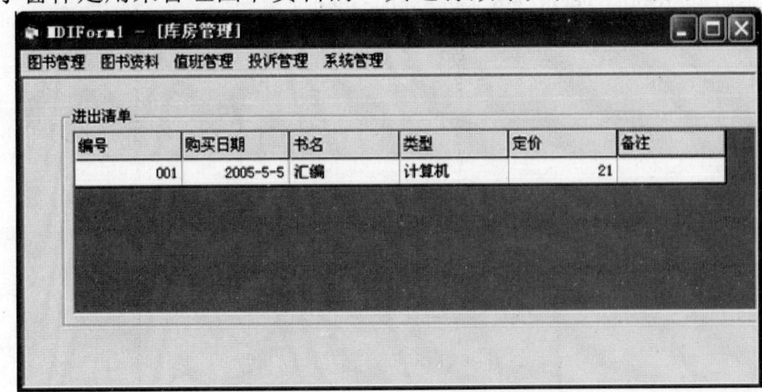

图 7-40 库房管理子窗体

实际上，设计库房管理子窗体的程序代码与增加用户子窗体的代码在思路上是完全相同的。就是在 DataGrid 的文本框中显示图书进出的清单，最后把填写的明细存储到数据库中。

检查代码如下：

```
Option Explicit
Dim rs_data2 As New ADODB.Recordset
Dim select_row As String
Dim showgrid2 As Boolean
Dim rs_custom As New ADODB.Recordset
Dim jinchu As String                          ' 进出库标志
Dim modify As Boolean                         ' 修改状态标志

Private Sub cmdexit_Click()
Unload Me
End Sub

Private Sub Form_Load()
On Error GoTo loaderror
Dim sql As String
sql = "select * from 图书资料"
rs_custom.CursorLocation = adUseClient
rs_custom.Open sql, conn, adOpenKeyset, adLockPessimistic
While Not rs_custom.EOF
    Combo1.AddItem rs_custom.Fields(0)
    rs_custom.MoveNext
Wend
findok = True
modify = False                                非修改状态
showgrid2 = False
```

```
displaygrid1                                     ' 调用显示 Datagrid1 子程序
loaderror:
If Err.Number <> 0 Then
    MsgBox Err.Description
End If
End Sub
'显示 msflexgrid1 子程序
Public Sub displaygrid1()
Dim i As Integer
On Error GoTo displayerror
setgrid
setgridhead
MSFlexGrid1.Row = 0
If Not rs_data1.EOF Then
    rs_data1.MoveFirst
    Do While Not rs_data1.EOF
                MSFlexGrid1.Row = MSFlexGrid1.Row + 1
                MSFlexGrid1.Col = 0
                If Not IsNull(rs_data1.Fields(0)) Then MSFlexGrid1.Text = rs_data1.Fields(0) Else
                        MSFlexGrid1.Text = ""
                MSFlexGrid1.Col = 1
                If Not IsNull(rs_data1.Fields(1)) Then MSFlexGrid1.Text = rs_data1.Fields(1) Else
                MSFlexGrid1.Text = ""
                MSFlexGrid1.Col = 2
                If Not IsNull(rs_data1.Fields(2)) Then MSFlexGrid1.Text = rs_data1.Fields(2) Else
                MSFlexGrid1.Text = ""
                MSFlexGrid1.Col = 3
                If Not IsNull(rs_data1.Fields(3)) Then MSFlexGrid1.Text = rs_data1.Fields(3) Else
                MSFlexGrid1.Text = ""
                MSFlexGrid1.Col = 4
                If Not IsNull(rs_data1.Fields(4)) Then MSFlexGrid1.Text = rs_data1.Fields(4) Else
                MSFlexGrid1.Text = ""
                MSFlexGrid1.Col = 5
                If Not IsNull(rs_data1.Fields(5)) Then MSFlexGrid1.Text = rs_data1.Fields(5) Else
                MSFlexGrid1.Text = ""
                rs_data1.MoveNext
    Loop
End If
displayerror:
If Err.Number <> 0 Then
    MsgBox Err.Description
End If
End Sub
```

```
Public Sub setgrid()
Dim i As Integer
On Error GoTo seterror
With MSFlexGrid1
      .ScrollBars = flexScrollBarBoth
      .FixedCols = 0
      .Rows = rs_data1.RecordCount + 1
      .Cols = 6
      .SelectionMode = flexSelectionByRow
For i = 0 To .Rows - 1
      .RowHeight(i) = 315
Next
For i = 0 To .Cols - 1
      .ColWidth(i) = 1300
Next i
End With
Exit Sub
seterror:
       MsgBox Err.Description
End Sub

Public Sub setgridhead()
On Error GoTo setheaderror
MSFlexGrid1.Row = 0
MSFlexGrid1.Col = 0
MSFlexGrid1.Text = "编号"
MSFlexGrid1.Col = 1
MSFlexGrid1.Text = "购买日期"
MSFlexGrid1.Col = 2
MSFlexGrid1.Text = "书名"
MSFlexGrid1.Col = 3
MSFlexGrid1.Text = "类型"
MSFlexGrid1.Col = 4
MSFlexGrid1.Text = "定价"
MSFlexGrid1.Col = 5
MSFlexGrid1.Text = "备注"
Exit Sub
setheaderror:
     MsgBox Err.Description
End Sub

Private Sub Form_Unload(Cancel As Integer)
```

```
findok = False
rs_data1.Close
rs_custom.Close
End Sub

Private Sub MSFlexGrid1_Click()
On Error GoTo griderror
Dim getrow As Long
getrow = MSFlexGrid1.Row
If MSFlexGrid1.Rows = 1 Then
    MsgBox "无相关记录", vbOKOnly + vbExclamation, ""
Else
select_row = MSFlexGrid1.TextMatrix(getrow, 0)
End If
griderror:
If Err.Number <> 0 Then
    MsgBox Err.Description
End If
End Sub
Public Sub showdata()
With MSFlexGrid2
        .Rows = rs_data2.RecordCount + 1
        .Row = 0
If Not rs_data2.EOF Then
    rs_data2.MoveFirst
    Do While Not rs_data2.EOF
            .Row = .Row + 1
            .Col = 0
        If Not IsNull(rs_data2.Fields(0)) Then .Text = rs_data2.Fields(0) Else .Text = ""
            .Col = 1
        If Not IsNull(rs_data2.Fields(1)) Then .Text = rs_data2.Fields(1) Else .Text = ""
            .Col = 2
        If Not IsNull(rs_data2.Fields(2)) Then .Text = rs_data2.Fields(2) Else .Text = ""
            .Col = 3
        If Not IsNull(rs_data2.Fields(3)) Then .Text = rs_data2.Fields(3) Else .Text = ""
            .Col = 4
            If Not IsNull(rs_data2.Fields(4)) And CDbl(rs_data2.Fields(4)) < 0 Then
                    .Text = -CDbl(rs_data2.Fields(4))
            Else
                    .Text = rs_data2.Fields(4)
            End If
            .Col = 5
        If Not IsNull(rs_data2.Fields(5)) Then .Text = rs_data2.Fields(5) Else .Text = ""
```

```
            .Col = 6
          If Not IsNull(rs_data2.Fields(6)) Then .Text = rs_data2.Fields(6) Else .Text = ""
            .Col = 7
            If Not IsNull(rs_data2.Fields(7)) And CDbl(rs_data2.Fields(4)) < 0 Then
                .Text = -CDbl(rs_data2.Fields(7))
            Else
                .Text = rs_data2.Fields(7)
            End If
            .Col = 8
          If Not IsNull(rs_data2.Fields(8)) Then .Text = rs_data2.Fields(8) Else .Text = ""
            rs_data2.MoveNext
    Loop
    rs_data2.MoveLast
End If
End With
End Sub
```

(5) 查询子窗体代码

查询子窗体是用来查询库房中图书资料明细的。其运行效果如图 7-41 所示。

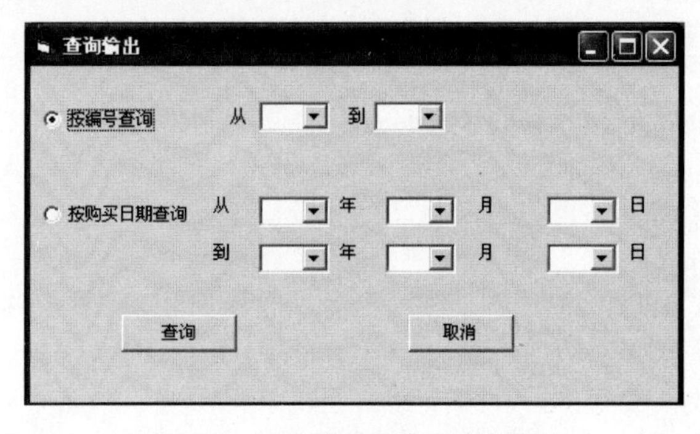

图 7-41　查询子窗体运行效果

在列表框中给出编号或年月日后，“查询”按钮的 Click 事件将给出与数据库查找比较的结果。

```
Private Sub Command1_Click()
On Error GoTo cmderror
Dim find_date1 As String
Dim find_date2 As String
If Option1.Value = True Then
    sqlfind = "select * from 图书资料 where 编号 between '" & _
    Combo1(0).Text & "'" & " and " & "'" & Combo1(1).Text & "'"
End If
If Option2.Value = True Then
    find_date1 = Format(CDate(Comboy(0).Text & "-" & _
```

```
        Combom(0).Text & "-" & Combod(0).Text), "yyyy-mm-dd")
        find_date2 = Format(CDate(Comboy(1).Text & "-" & _
        Combom(1).Text & "-" & Combod(1).Text), "yyyy-mm-dd")
        sqlfind = "select * from 图书资料 where 购买日期 between #" & _
        find_date1 & "#" & " and" & " #" & find_date2 & "#"
    End If
    rs_data1.Open sqlfind, conn, adOpenKeyset, adLockPessimistic
    frmdatamanage.displaygrid1
    Unload Me
    cmderror:
    If Err.Number <> 0 Then
        MsgBox Err.Description
    End If
    End Sub
```

运行查询子窗体时，组合框中就已经从数据库中提取了货单号和年月日两个待查条件。

```
    Dim i As Integer
    Dim sql As String
    If findok = True Then
        rs_data1.Close
    End If
    sql = "select * from 图书资料 order by 编号 desc"
    rs_find.CursorLocation = adUseClient
    rs_find.Open sql, conn, adOpenKeyset, adLockPessimistic
    If rs_find.EOF = False Then                              '添加编号
        With rs_find
            Do While Not .EOF
                Combo1(0).AddItem .Fields(0)
                Combo1(1).AddItem .Fields(0)
                .MoveNext
            Loop
        End With
    End If
    For i = 2001 To 2005                                '添加年
        Comboy(0).AddItem i
        Comboy(1).AddItem i
    Next i
    For i = 1 To 12                                     '添加月
        Combom(0).AddItem i
        Combom(1).AddItem i
    Next i
    For i = 1 To 31                                     '添加日
        Combod(0).AddItem i
```

```
        Combod(1).AddItem i
    Next i
    End Sub
```

查询完毕后，输出查询结果，如图 7-42 所示。

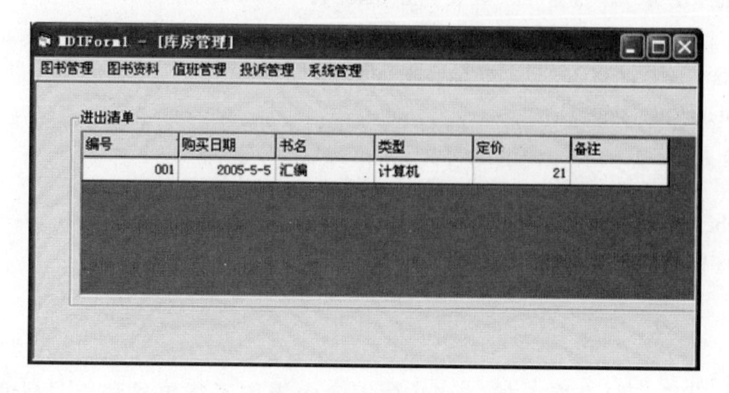

图 7-42 查询结果

(6) 用户登录子窗体代码

运行的用户登录子窗体如图 7-43 所示。

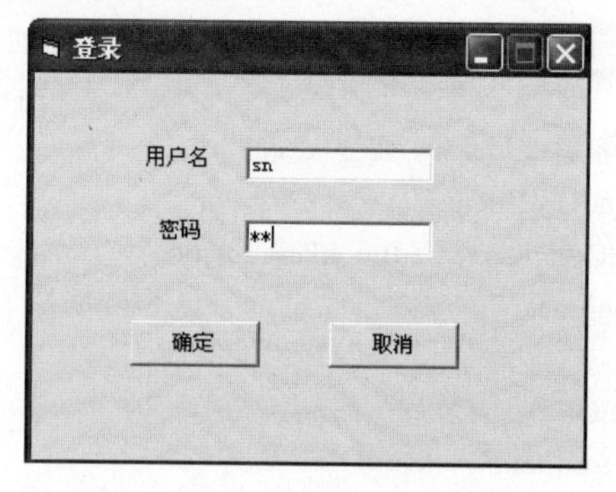

图 7-43 运行的用户登录子窗体

在本项目中，用户登录子窗体是运行的第一个界面，它的作用是检查用户名和密码是否正确。由于用户的资料是存放在数据库中，所以在启动该子窗体时，就已经连接了数据库。其代码如下：

```
Private Sub Form_Load()
Dim connectionstring As String
connectionstring = "provider=Microsoft.Jet.oledb.4.0;" & _
                   "data source=book.mdb"
conn.Open connectionstring
cnt = 0
End Sub
```

“确定”按钮的作用是检查输入的数据是否与数据库中的数据一致。

```
Private Sub Command1_Click()
Dim sql As String
Dim rs_login As New ADODB.Recordset
If Trim(txtuser.Text) = "" Then                ' 判断输入的用户名是否为空
    MsgBox "没有这个用户", vbOKOnly + vbExclamation, ""
    txtuser.SetFocus
Else
    sql = "select * from 系统管理 where 用户名='" & txtuser.Text & "'"
    rs_login.Open sql, conn, adOpenKeyset, adLockPessimistic
    If rs_login.EOF = True Then
        MsgBox "没有这个用户", vbOKOnly + vbExclamation, ""
        txtuser.SetFocus
    Else                                        ' 检验密码是否正确
```

用户名和密码通过后，要关闭本窗体并打开主窗体。

```
If Trim(rs_login.Fields(1)) = Trim(txtpwd.Text) Then
            userID = txtuser.Text
            userpow = rs_login.Fields(2)
            rs_login.Close
            Unload Me
            MDIForm1.Show
        Else
            MsgBox "密码不正确", vbOKOnly + vbExclamation, ""
            txtpwd.SetFocus
        End If
    End If
End If
' 只能输入 3 次
cnt = cnt + 1
If cnt = 3 Then
    Unload Me
End If
Exit Sub
End Sub
```

(7) 值班管理子窗体代码

值班管理子窗体的作用是把值班人员的时间安排形成列表。运行的值班管理子窗体如图7-44 所示。

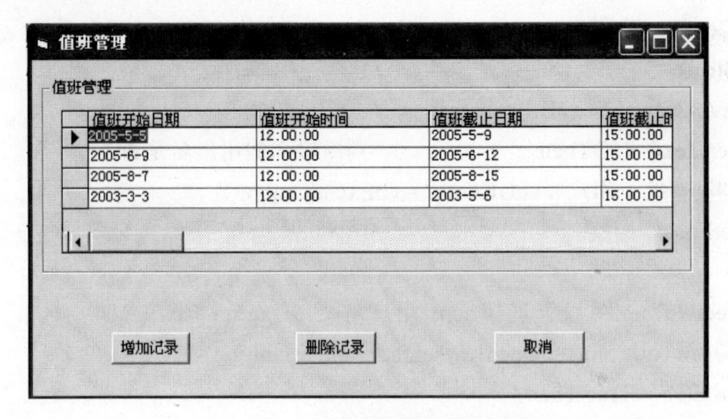

图 7-44　运行的值班管理子窗体

先定义连接数据库的变量：

```
Option Explicit
Dim rs_zhiban As New ADODB.Recordset
```

然后列出窗体部分的代码。

```
Private Sub cmdadd_Click()
On Error GoTo adderror
If cmdadd.Caption = "新增记录" Then                ' 当此按钮的状态为为“增加记录”时
   cmdadd.Caption = "确定"                         ' 按钮名称改“确定”
   cmddel.Enabled = False
   DataGrid1.AllowAddNew = True
   DataGrid1.AllowUpdate = True                    ' 设定 DataGrid 可以增加记录
Else
If Not IsNull(DataGrid1.Bookmark) Then
   If Not IsDate(Trim(DataGrid1.Columns("值班开始日期").CellText(DataGrid1.Bookmark))) Then
       MsgBox "请按照格式 yyyy-mm-dd 输入值班开始日期", vbOKOnly + vbExclamation, ""
          Exit Sub
   End If
   If Not IsDate(Trim(DataGrid1.Columns("值班开始时间").CellText(DataGrid1.Bookmark))) Then
          MsgBox "请按照格式 hh-mm 输入值班开始时间", vbOKOnly + vbExclamation, ""
          Exit Sub
   End If
   If Not IsDate(Trim(DataGrid1.Columns("值班截止日期").CellText(DataGrid1.Bookmark))) Then
          MsgBox "请按照格式 yyyy-mm-dd 输入值班截止日期", vbOKOnly + vbExclamation, ""
          Exit Sub
   End If
   If Not IsDate(Trim(DataGrid1.Columns("值班截止时间").CellText(DataGrid1.Bookmark))) Then
          MsgBox "请按照格式 hh-mm 输入值班截止时间", vbOKOnly + vbExclamation, ""
          Exit Sub
   End If
```

```
    If Trim(DataGrid1.Columns("值班人").CellText(DataGrid1.Bookmark)) = "" Then
            MsgBox "值班人不能为空！", vbOKOnly + vbExclamation, ""
            Exit Sub
    End If
    rs_zhiban.Update
    MsgBox "添加信息成功！", vbOKOnly + vbExclamation, ""
    DataGrid1.AllowAddNew = False
    DataGrid1.AllowUpdate = False
Else
    MsgBox "没有添加信息！", vbOKOnly + vbExclamation, ""
End If
    cmdadd.Caption = "新增记录"
    cmddel.Enabled = True
End If
adderror:
If Err.Number <> 0 Then
    MsgBox Err.Description
End If
End Sub

Private Sub cmdcancel_Click()
Unload Me
MDIForm1.Show
End Sub

Private Sub cmddel_Click()
Dim answer As String
On Error GoTo delerror
answer = MsgBox("确定要删除吗？", vbYesNo, "")
If answer = vbYes Then
    DataGrid1.AllowDelete = True
    rs_zhiban.Delete
    rs_zhiban.Update
    DataGrid1.Refresh
    MsgBox "成功删除！", vbOKOnly + vbExclamation, ""
    DataGrid1.AllowDelete = False
Else
    Exit Sub
End If
delerror:
If Err.Number <> 0 Then
    MsgBox Err.Description
End If
```

```
End Sub
Private Sub Form_Load()
Dim sql As String
On Error GoTo loaderror
sql = "select * from 值班管理"
rs_zhiban.CursorLocation = adUseClient
rs_zhiban.Open sql, conn, adOpenKeyset, adLockPessimistic          ' 打开数据库
' 设定 DataGrid 控件属性
DataGrid1.AllowAddNew = False                                      ' 不可增加
DataGrid1.AllowDelete = False                                      ' 不可删除
DataGrid1.AllowUpdate = False
Set DataGrid1.DataSource = rs_zhiban
Exit Sub
loaderror:
    MsgBox Err.Description
End Sub

Private Sub Form_Unload(Cancel As Integer)
Set DataGrid1.DataSource = Nothing
rs_zhiban.Close
End Sub
```

(8) 投诉管理子窗体代码

投诉管理子窗体是为了对人员进行更好的管理而设置的，可以向其添加投诉的对象、时间和内容等。投诉管理运行后的子窗体如图 7-45 所示。

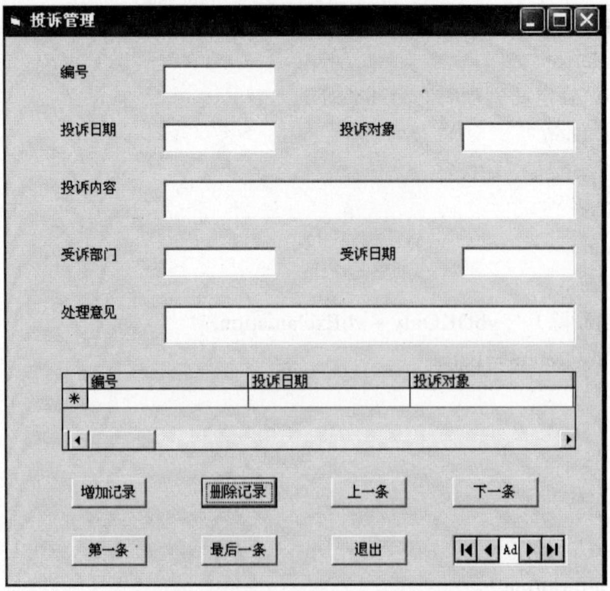

图 7-45 运行的投诉管理子窗体

以下为窗体的代码：

```
Private Sub Command1_Click()
On Error GoTo adderr
    Text1.SetFocus
    Adodc1.Recordset.AddNew
    Exit Sub
adderr:
    MsgBox Err.Description
End Sub

Private Sub Command2_Click()
 On Error GoTo deleteerr
    With Adodc1.Recordset
          If Not .EOF And Not .BOF Then
               If MsgBox("删除当前记录吗？ ", vbYesNo + vbQuestion) = vbYes Then
                    .Delete
                    .MoveNext
                    If .EOF Then .MoveLast
               End If
          End If
  End With
  Exit Sub
deleteerr:
    MsgBox Err.Description
End Sub

Private Sub Command3_Click()
Adodc1.Recordset.MovePrevious
    If Adodc1.Recordset.BOF Then
        MsgBox "这是第一条记录", vbOKCancel + vbQuestion
        Adodc1.Recordset.MoveFirst
    End If
End Sub

Private Sub Command4_Click()
Adodc1.Recordset.MoveNext
 If Adodc1.Recordset.EOF Then
        MsgBox "这是最后一条记录", vbOKCancel + vbQuestion
        Adodc1.Recordset.MoveLast
  End If
End Sub
```

```
Private Sub Command5_Click()
If Adodc1.Recordset.EOF Then
        MsgBox "记录空", vbOKCancel + vbQuestion
        End
   Else
        Adodc1.Recordset.MoveFirst
   End If
   Exit Sub
End Sub

Private Sub Command6_Click()
If Adodc1.Recordset.RecordCount = 0 Then
          MsgBox "空记录", vbOKCancel + vbQuestion
          End
   Else
        Adodc1.Recordset.MoveLast
   End If
End Sub

Private Sub Command7_Click()
MDIForm1.Show
frmtousu.Hide
End Sub
```

到这里，各个窗体的界面和代码都介绍完了。发布后可以作为一个实际的项目应用。

第8章

酒店管理系统

酒店管理系统是现代服务行业不可缺少的一个组成环节，许多大的公司都在开发这方面的大型程序。本章将介绍具有基本功能程序的酒店管理系统。

8.1 需求分析

在进行一个项目的设计之前，首先要进行必要的需求分析。现某酒店需要管理其各种人员和入住信息，希望实现酒店管理的信息化，通过建立一个酒店管理系统来管理酒店的日常业务。其完成的功能如下：

(1) 能够实现对客人登记信息的查询，包括逐个浏览，以及对客人资料的增加、删除和编辑操作。

(2) 能够对酒店人员的值班情况进行管理。

(3) 另外，管理人员也可以直接增加和删除用户信息。系统还可以提供一定的附加功能来方便用户。

系统的功能模块图如图 8-1 所示。

本实例根据功能模块图设计规划出的实体有散客入住实体、团队入住实体、投诉管理实体、值班管理实体。各个实体具体的描述 E-R 图如下。

散客入住实体 E-R 图如图 8-2 所示。

团队入住实体 E-R 图如图 8-3 所示。

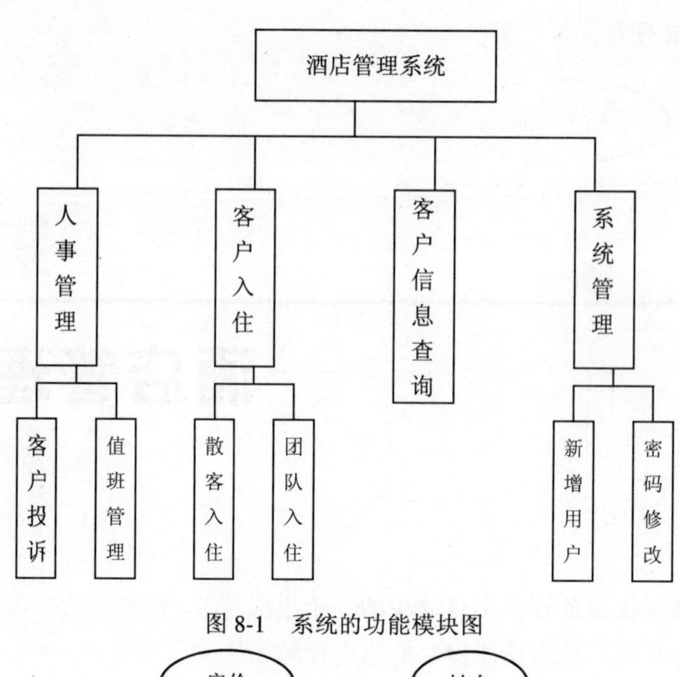

图 8-1　系统的功能模块图

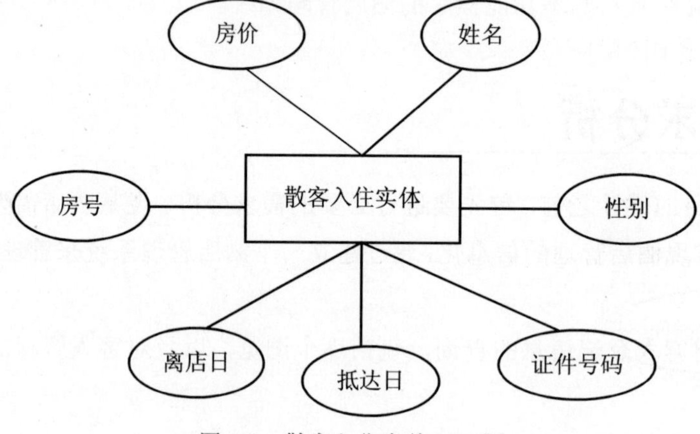

图 8-2　散客入住实体 E-R 图

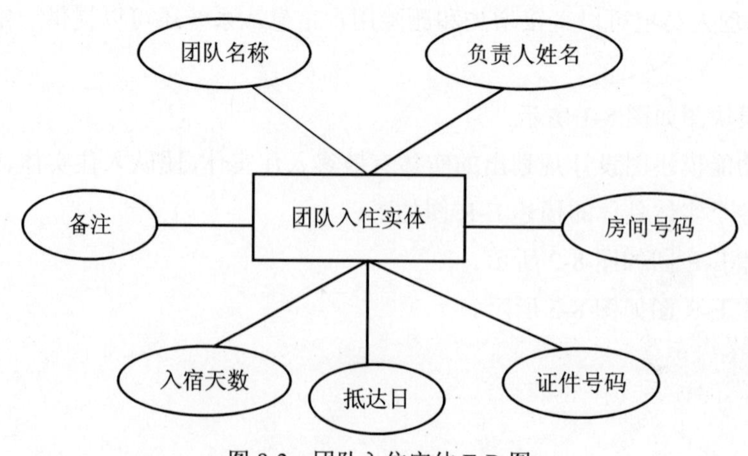

图 8-3　团队入住实体 E-R 图

投诉管理实体 E-R 图如图 8-4 所示。

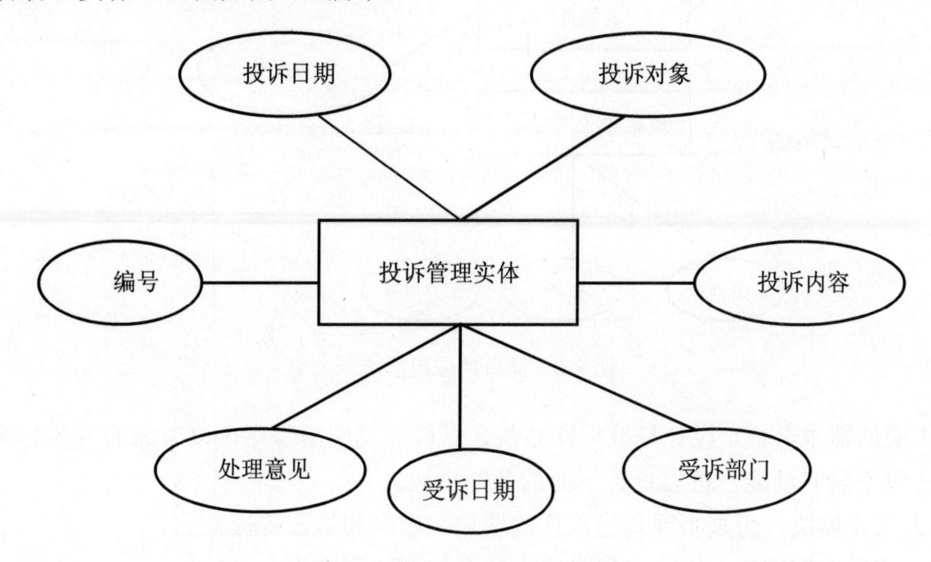

图 8-4　投诉管理实体 E-R 图

值班管理实体 E-R 图如图 8-5 所示。

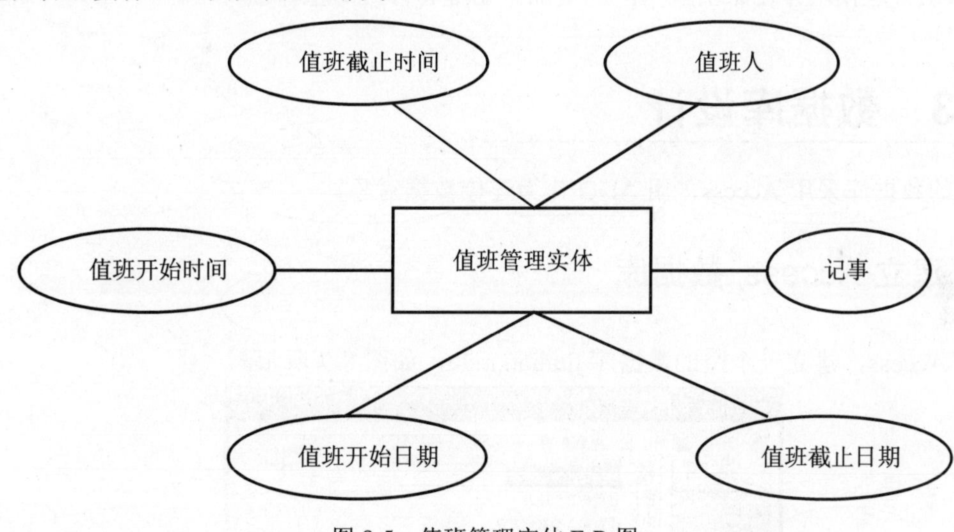

图 8-5　值班管理实体 E-R 图

8.2　结构设计

使用 Windows 操作系统、开发维护系统即 Visual Basic 软件系统、一套数据库系统 Access 2000 即可。它们之间的关系如图 8-6 所示。

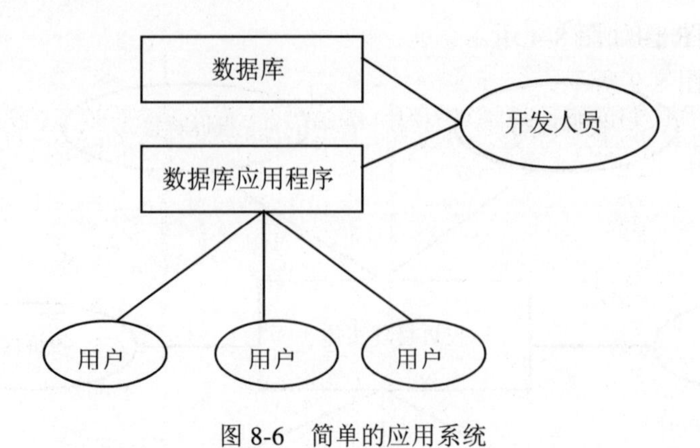

图 8-6 简单的应用系统

根据上面的需求分析，设计好数据库系统，然后开发应用程序可以考虑的窗体的系统，每一个窗体实现不同的功能，可以设计下面的几个模块。

- 客人入住模块：用来实现登记入住的增加、删除和修改等操作。
- 客人信息查询模块：用来实现对客人信息的浏览和查询。
- 值班管理模块：用来实现对工作人员值班情况的增加、删除和修改等操作。
- 系统管理模块：用来实现用户的增加、删除和修改等操作。

8.3 数据库设计

这里的数据库采用 Access，用 ADO 作为连接数据对象。

8.3.1 建立 Access 数据库

启动 Access，建立一个空的数据库 jiudian.mdb，如图 8-7 所示。

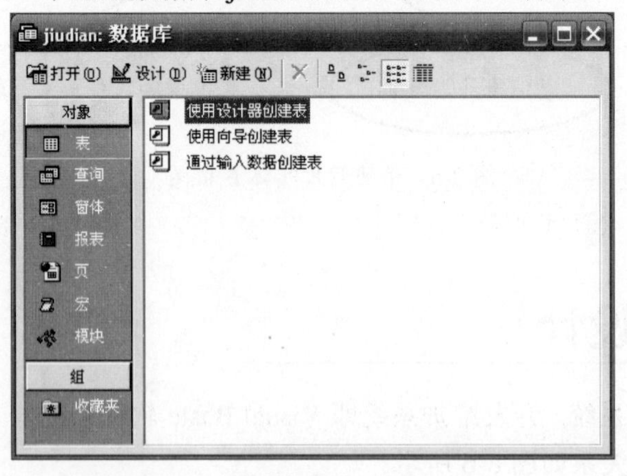

图 8-7 建立数据库 jiudian.mdb

使用程序设计器建立系统需要的表格如下。

散客资料表，如图 8-8 所示。

团队资料表，如图 8-9 所示。

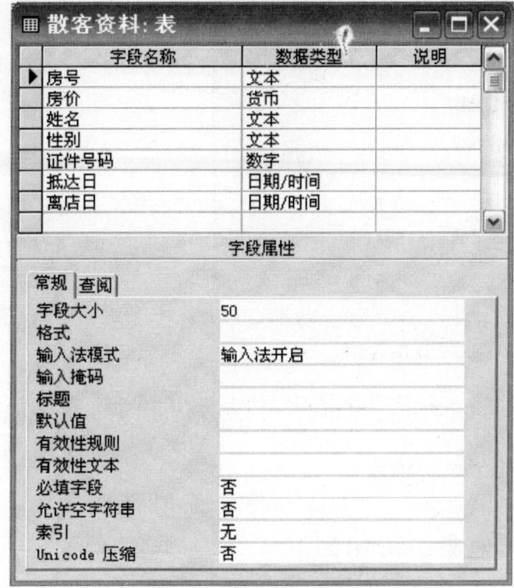

图 8-8　散客资料表

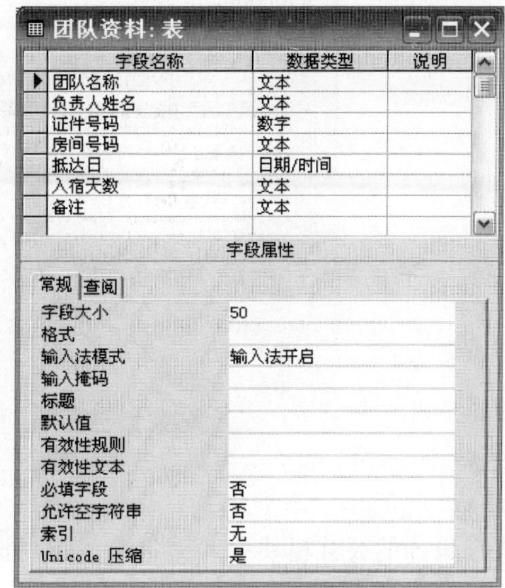

图 8-9　团队资料表

值班管理表，如图 8-10 所示。

系统管理表，如图8-11所示。

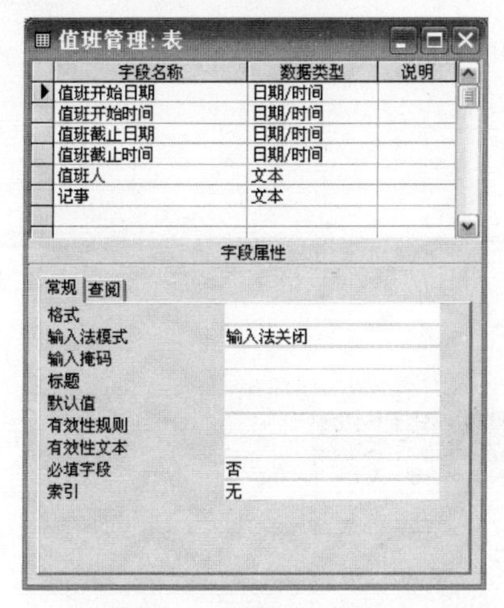

图 8-10　值班管理表

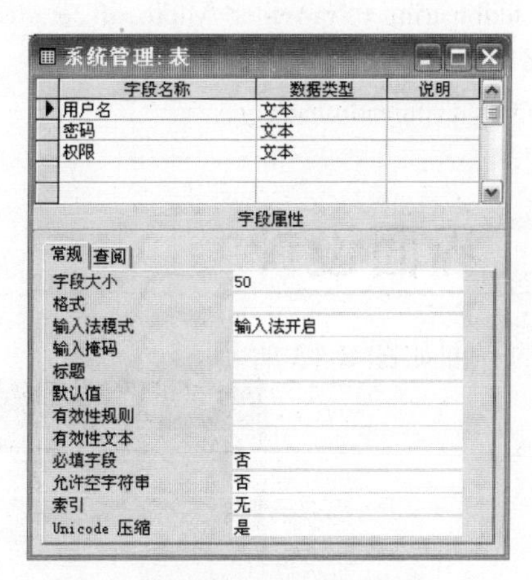

图 8-11　系统管理表

8.3.2　连接数据

在 Visual Basic 环境下，选择“工程”→“引用”命令，在随后出现的对话框中，选择“Microsoft ActiveX Data Objects 2.0 Library”，然后单击“确定”按钮，如图 8-12 所示。

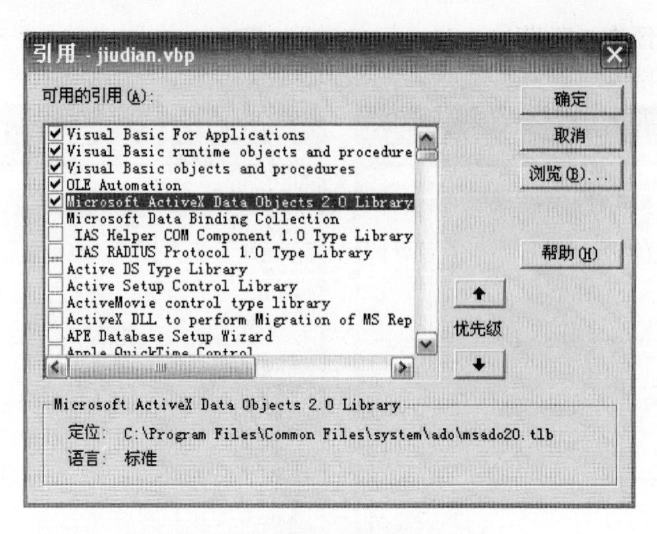

图 8-12　引用 ADO 连接数据库

在程序设计的公共模块中，先定义 ADO 连接对象。语句如下：

```
Public conn As New ADODB.Connection    ' 标记连接对象
```

然后在子程序中，用如下的语句即可打开数据库：

```
Dim connectionstring As String
connectionstring = "provider=Microsoft.Jet.oledb.4.0;" &_
"data source=jiudian.mdb"
conn.Open connectionstring
```

8.4　界面设计

设计好的界面如图 8-13 所示。

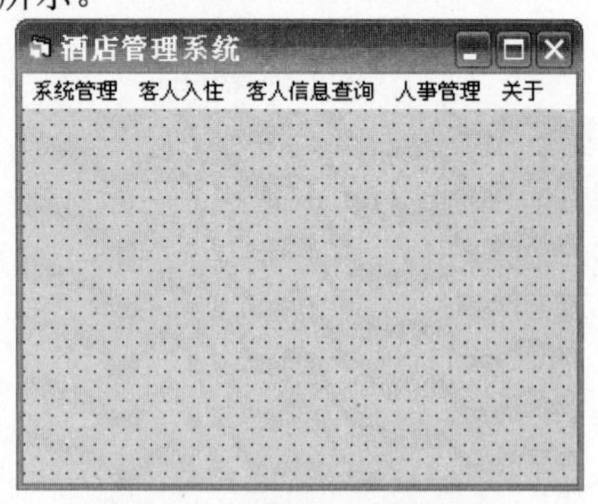

图 8-13　酒店管理系统界面

这是一个多文档界面(MDI)应用程序，可以同时显示多个文档，每个文档显示在各自的窗体中。MDI 应用程序中常有包含子菜单的“窗体”选项，用于在窗体或文档之间进行切换。

菜单应用程序中，有5个菜单选项，每个选项对应着E-R图的一个子项目。

8.4.1 创建主窗体

首先创建一个工程，命名为酒店管理系统，选择“工程”→“添加MDI窗体”命令，则在项目中添加了主窗体。该窗体的一些属性如表8-1所示。

表8-1 主窗体的属性

属性	值
Text	酒店管理系统
Windowstate	Maxsize

Windowstate的值为Maxsize，即程序启动之后自动最大化。

在主窗体中的工具栏中，选择菜单编辑器，创建如图8-14所示的菜单结构。

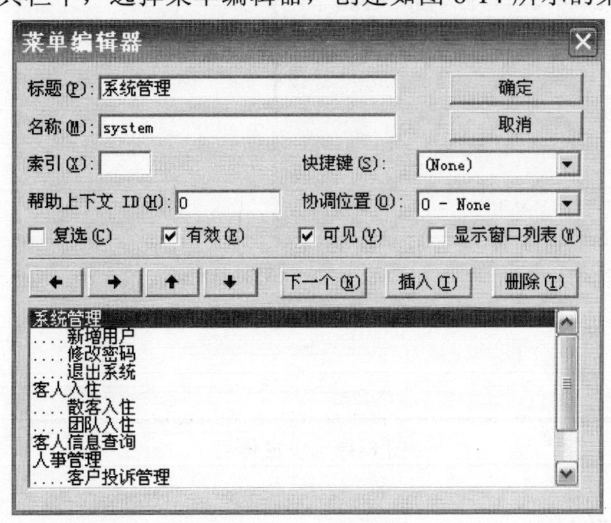

图8-14 菜单编辑

将“菜单”组件从“工具箱”拖到窗体上。创建一个Text属性设置为“文件”的顶级菜单项，且带有名为“关闭”的子菜单项。类似地创建一些菜单项，如表8-2所示。

表8-2 菜单项表

菜单名称	Text属性	功能描述
MenuItem1	系统管理	顶级菜单，包含子菜单
MenuItem2	新增用户	调出用户窗体
MenuItem3	修改密码	调出密码窗体
MenuItem4	退出系统	退出
MenuItem5	客人入住	顶级菜单，包含子菜单

(续表)

菜 单 名 称	Text 属性	功 能 描 述
MenuItem6	散客入住	调出散客入住信息窗体
MenuItem7	团队入住	调出团队入住信息窗体
MenuItem8	客人信息查询	调出查询窗体
MenuItem9	人事管理	顶级菜单，包含子菜单
MenuItem10	客户投诉管理	调出客户投诉信息窗体
MenuItem11	值班管理	调出值班信息窗体
MenuItem12	关于	调出对系统的要求

主窗体如图 8-15 所示。

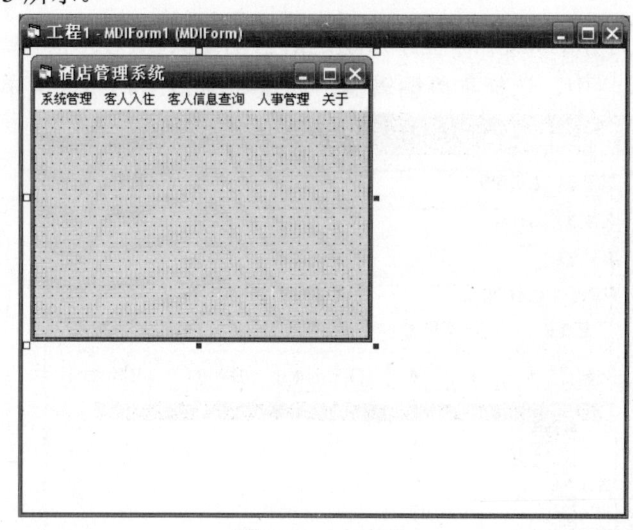

图 8-15　主窗体

8.4.2　创建各子窗体

选择“工程”→“添加窗体”命令，添加子窗体。

在新建 Visual Basic 工程时自带的窗体中，将其属性 MIDChild 改成 True，则这个窗体成为 MID 窗体的子窗体。

在这个项目中，要创建的子窗体如表 8-3 所示。

表 8-3　所有子窗体

子 窗 体 名	Text
散客入住	frmonly_client
团队入住	frmdouble_client
增加用户	frmadduser

(续表)

子窗体名	Text
修改密码	frmchangepwd
客人资料	frmdatamanage
查询输出	frmfind
关于	frmAbout
用户登录	frmlogin
客户投诉管理	frmkhts
值班管理	frmzhiban

下面分别给出这些子窗体，以及它们所使用的控件。

(1) 散客入住子窗体如图8-16所示，其控件如表8-4所示。

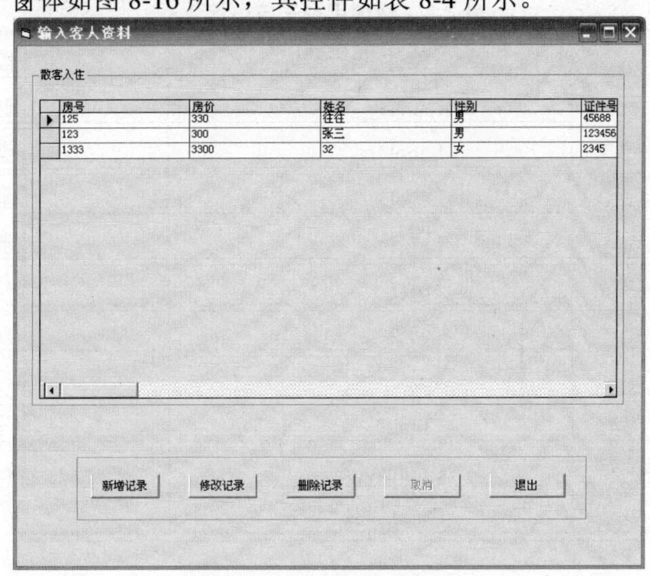

图8-16 散客入住子窗体

表8-4 散客入住子窗体控件

控件类别	控件Name	控件Text
Frame	Frame1	散客入住
	Frame2	(空)
DataGrid	DataGrid1	(空)
CommandButton	Command1	新增记录
	Command2	修改记录
	Command3	删除记录
	Command4	取消
	Command5	退出

(2) 增加用户子窗体如图 8-17 所示，其控件如表 8-5 所示。

图 8-17　增加用户子窗体

表 8-5　增加用户子窗体控件

控 件 类 别	控件 Name	控件 Text
Label	Label1	输入用户名
	Label2	输入密码
	Label3	确认密码
	Label4	选择权限
TextBox	Text1	(空)
	Text2	(空)
	Text3	(空)
ComboBox	Comb1	(空)
CommandButton	Command1	确定
	Command2	取消

(3) 修改密码子窗体如图 8-18 所示，其控件如表 8-6 所示。

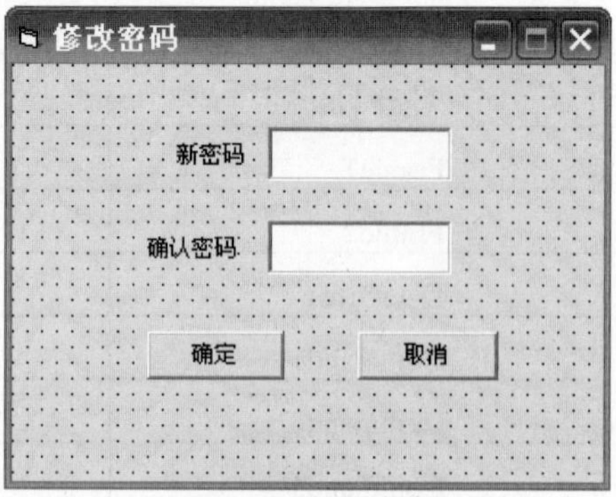

图 8-18　修改密码子窗体

表 8-6　修改密码子窗体控件

控 件 类 别	控件 Name	控件 Text
Label	Label1	新密码
	Label2	确认密码
TextBox	Text1	(空)
	Text2	(空)
CommandButton	Commandl	确定
	Command2	取消

(4) 团队入住子窗体如图 8-19 所示，其控件如表 8-7 所示。

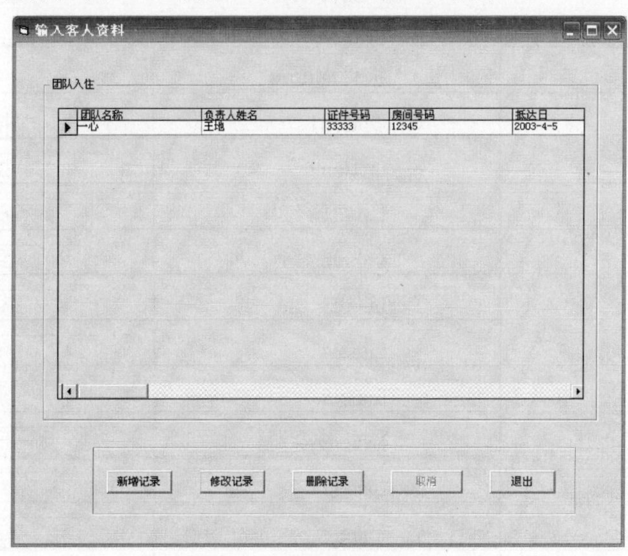

图 8-19　团队入住子窗体

表 8-7　团队入住子窗体控件

控 件 类 别	控件 Name	控件 Text
Frame	Frame1	团队入住
	Frame2	(空)
DataGrid	DataGrid1	(空)
CommandButton	Command1	新增记录
	Command2	修改记录
	Command3	删除记录
	Command4	取消
	Command5	退出

(5) 查询子窗体如图 8-20 所示，其控件如表 8-8 所示。

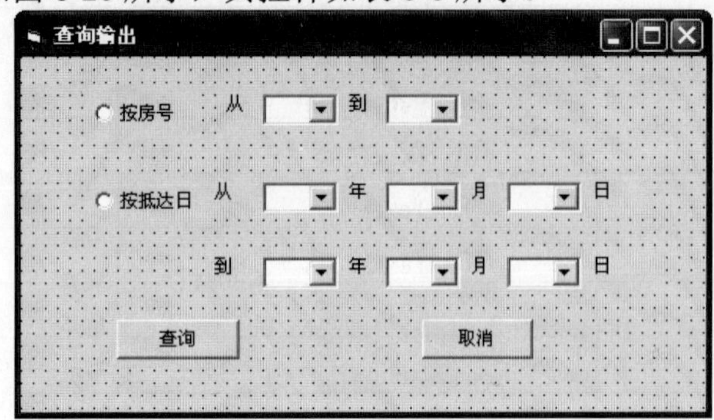

图 8-20 查询子窗体

表 8-8 查询子控件

控 件 类 别	控件 Name	控件 Text
OptionButton	Option1	按房号
	Option2	按抵达日
Label	Label1	从
	Label2	到
	Label3	从
	Label4	年
	Label5	月
	Label6	日
	Label7	到
	Label8	年
	Label9	月
	Label10	日
Combo(0) CoboBox	Combo1	(空)
Combo(1) CoboBox	Combo1	(空)
Comboy(0) CoboBox	Comboy	(空)
Comboy(1) CoboBox	Comboy	(空)
Combom(0) CoboBox	Combom	(空)
Combom(1) CoboBox	Combom	(空)
Combod(0) CoboBox	Combod	(空)
Combod(1) CoboBox	Combod	(空)
CommandButton	Command1	查询
	Command2	取消

(6) 用户登录子窗体如图 8-21 所示，其控件如表 8-9 所示。

图 8-21　用户登录子窗体

表 8-9　用户登录子窗体控件

控 件 类 别	控件 Name	控件 Text
Label	Label1	用户名
	Label2	密码
TextBox	Text1	(空)
	Text2	(空)
CommandButton	Commandl	确定
	Command2	取消

(7) 值班管理子窗体如图 8-22 所示，其控件如表 8-10 所示。

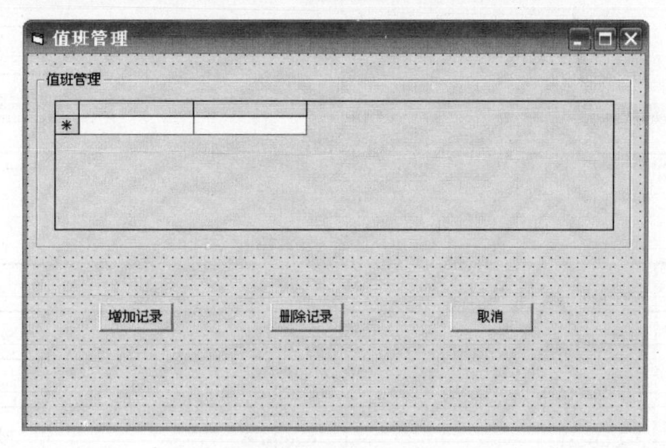

图 8-22　值班管理子窗体

表 8-10　值班管理子窗体控件

控 件 类 别	控件 Name	控件 Text
Frame	Frame1	值班管理
DataGrid	DataGrid1	(空)

(续表)

控 件 类 别	控件 Name	控件 Text
CommandButton	CmdAdd	增加记录
	CmdDel	删除记录
	CmdCancel	取消

(8) 投诉管理子窗体如图 8-23 所示，其控件如表 8-11 所示。

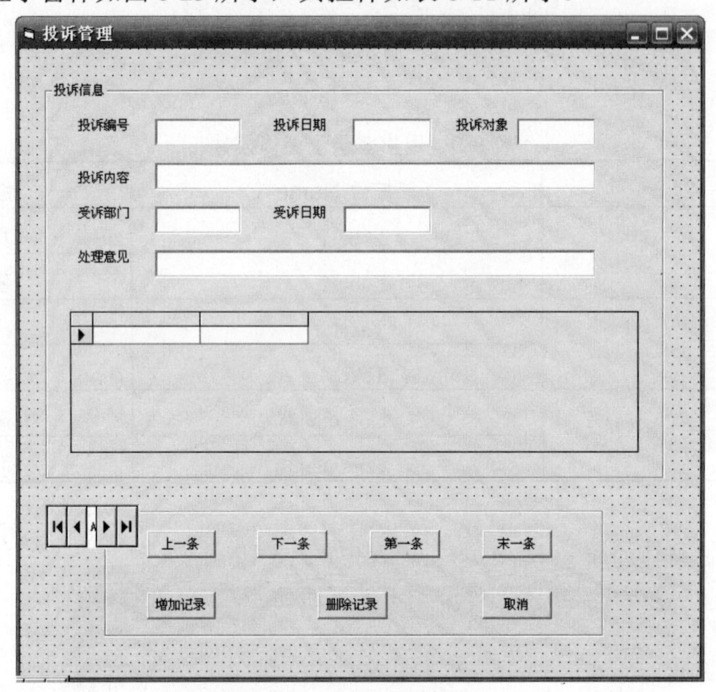

图 8-23 投诉管理子窗体

表 8-11 投诉管理子窗体控件

控 件 类 别	控件 Name	控 件 属 性	控件属性值
Frame	Frame1	Caption	投诉信息
	Frame2	Caption	(空)
Label	Label1	Caption	投诉编号
	Label2	Caption	投诉日期
	Label3	Caption	投诉对象
	Label4	Caption	投诉内容
	Label5	Caption	受诉部门
	Label6	Caption	受诉日期
	Label7	Caption	处理意见

(续表)

控件类别	控件 Name	控件属性	控件属性值
DataGrid	DataGrid1	DataSource	Adodc1
		AllowAddNew	True
		AllowDelete	True
		AllowUpdate	True
		AllowArrows	True
CommandButton	Command1	上一条	(空)
	Command2	下一条	(空)
	Command3	第一条	(空)
	Command4	末一条	(空)
	Command5	增加记录	(空)
	Command6	删除记录	(空)
	Command7	取消	(空)
Adodc	Adodc1	ConnectionString	jiudian.mdb
		RecordSource	投诉管理
Text	Text1	Text	(空)
		DataField	投诉编号
		DataSource	Adodc1
	Text2	Text	(空)
		DataField	投诉日期
		DataSource	Adodc1
	Text3	Text	(空)
		DataField	投诉对象
		DataSource	Adodc1
Text	Text4	Text	(空)
		DataField	投诉内容
		DataSource	Adodc1
	Text5	Text	(空)
		DataField	受诉部门
		DataSource	Adodc1
	Text6	Text	(空)
		DataField	受诉日期
		DataSource	Adodc1
	Text7	Text	(空)
		DataField	处理意见
		DataSource	Adodc1

8.5 建立公共模块

建立公共模块可以提高代码的效率，同时使得修改和维护代码都很方便。

创建公共模块的步骤如下：

(1) 在菜单中选择“工程”→“添加模块”命令，则出现模块对话框，如图 8-24 所示。

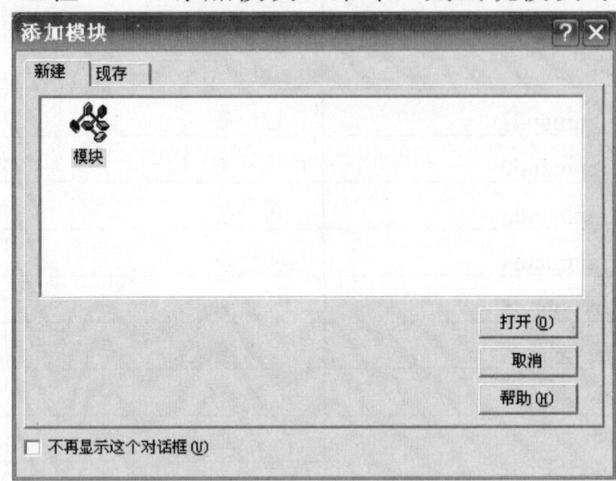

图 8-24 模块对话框

(2) 选择模块图标后，单击“打开”按钮，则模块已经添加到项目中了。默认情况下名为Module1。

(3) 在模块中定义整个项目的公共变量。

```
Public conn As New ADODB.Connection      '标记连接对象
Public userID As String                  '标记当前用户 ID
Public userpow As String                 '标记用户权限
Public find As Boolean                   '标记查询
Public sqlfind As String                 '查询语句
Public rs_data1 As New ADODB.Recordset
Public findok As Boolean
Public frmdata As Boolean
```

8.6 代码设计

在主窗体添加完菜单之后，就要为各个子菜单创建事件处理程序。

8.6.1 主窗体代码

在本项目中，子菜单事件都是 Click 事件，这里先给出主窗体部分的代码。

下面是响应“新增用户”子菜单 Click 事件，调出增加用户窗体代码。

```
Private Sub add_user_Click()
frmadduser.Show
End Sub
```

下面是响应“修改密码”子菜单 Click 事件，调出修改密码窗体代码。

```
Private Sub modify_pw_Click()
frmchangepwd.Show
End Sub
```

下面是响应“退出系统”子菜单 Click 事件，调出退出系统窗体代码。

```
Private Sub exit_Click()
Unload Me
End Sub
```

下面是响应“散客入住”子菜单 Click 事件，调出散客入住窗体代码。

```
Private Sub only_client_Click()
frmonly_client.Show
End Sub
```

下面是响应“团队入住”子菜单 Click 事件，调出团队入住窗体代码。

```
Private Sub double_client_Click()
frmdouble_client.Show
End Sub
```

下面是响应“客人信息查询”子菜单 Click 事件，调出客人信息查询窗体代码。

```
Private Sub check_Click()
frmfind.Show
End Sub
```

下面是响应“投诉管理”子菜单 Click 事件，调出投诉管理窗体代码。

```
Private Sub khts_Click()
frmkhts.Show
End Sub
```

下面是响应“值班管理”子菜单 Click 事件，调出值班管理窗体代码。

```
Private Sub zbgl_Click()
frmzhiban.Show
End Sub
```

下面是响应“关于”子菜单 Click 事件，调出关于窗体代码。

```
Private Sub about_Click()
frmAbout.Show
End Sub
```

8.6.2 各子窗体的代码

在各个子窗体建立好后，就可以根据各个子窗体的功能给它们添加相应代码了。

(1) 散客入住子窗体代码

本窗体用来录入散客入住的信息，用 ADO 来连接数据库，是本窗体的重点。采用 MDI 的子程序，所以运行后，它出现在主程序的界面下，如图 8-25 所示。

下面的代码是定义变量。

```
Option Explicit
Dim rs_client As New ADODB.Recordset
```

“新增记录”按钮要求先填写基本信息，然后与数据库信息比较。

```
Private Sub Command1_Click()
On Error GoTo adderror
If Command1.Caption = "新增记录" Then        ' 当此按钮的状态为“增加记录”时
    Command1.Caption = "确定"                ' 按钮名称改为“确定”
```

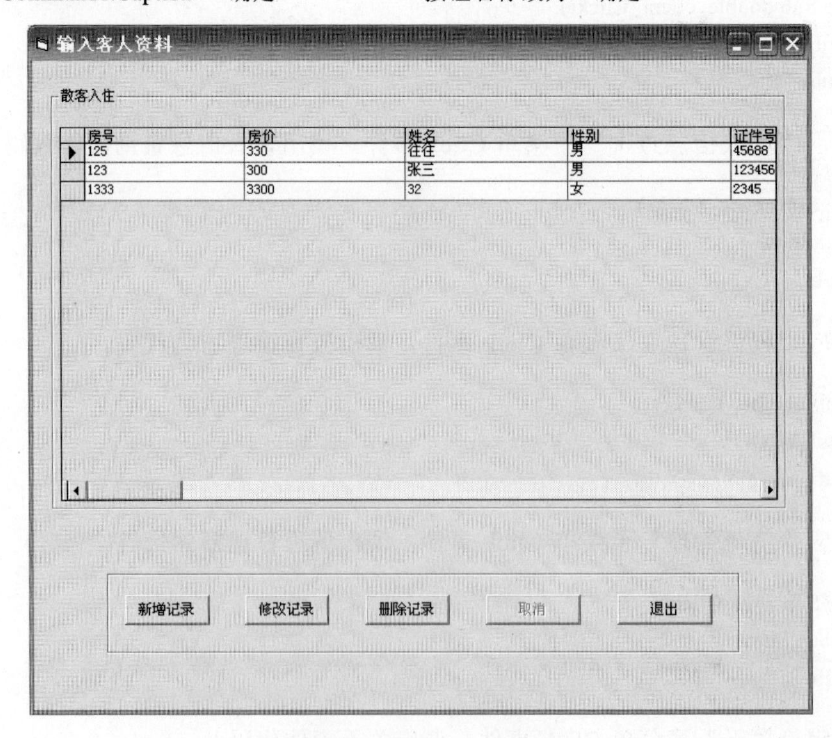

图 8-25 散客入住子窗体

```
    Command2.Enabled = False                ' 删除与修改按钮不可用
    Command3.Enabled = False
    Command4.Enabled = True                 ' 取消按钮可用
    DataGrid1.AllowAddNew = True
    DataGrid1.AllowUpdate = True            ' 设定 DataGrid 可以增加记录
Else
If Not IsNull(DataGrid1.Bookmark) Then
  If Trim(DataGrid1.Columns("房号").CellText(DataGrid1.Bookmark)) = "" Then
          MsgBox "房号不能为空！", vbOKOnly + vbExclamation, ""
          Exit Sub
    End If
    If Trim(DataGrid1.Columns("房价").CellText(DataGrid1.Bookmark)) = "" Then
          MsgBox "房价不能为空！", vbOKOnly + vbExclamation, ""
          Exit Sub
    End If
  If Trim(DataGrid1.Columns("姓名").CellText(DataGrid1.Bookmark)) = "" Then
          MsgBox "姓名不能为空！", vbOKOnly + vbExclamation, ""
          Exit Sub
    End If
  If Trim(DataGrid1.Columns("性别").CellText(DataGrid1.Bookmark)) = "" Then
          MsgBox "性别不能为空！", vbOKOnly + vbExclamation, ""
          Exit Sub
    End If
    If Not IsDate(Trim(DataGrid1.Columns("抵达日").CellText(DataGrid1.Bookmark))) Then
          MsgBox "请按照格式 hh-mm 输入抵达日", vbOKOnly + vbExclamation, ""
          Exit Sub
    End If
  If Not IsDate(Trim(DataGrid1.Columns("离店日").CellText(DataGrid1.Bookmark))) Then
          MsgBox "请按照格式 hh-mm 输入离店日", vbOKOnly + vbExclamation, ""
          Exit Sub
    End If

    rs_client.Update
    MsgBox "添加信息成功！", vbOKOnly + vbExclamation, ""
    DataGrid1.AllowAddNew = False
    DataGrid1.AllowUpdate = False
Else
    MsgBox "没有添加信息！", vbOKOnly + vbExclamation, ""
End If
    Command1.Caption = "新增记录"
    Command2.Enabled = True
    Command3.Enabled = True
    Command4.Enabled = False
```

```
End If
adderror:
If Err.Number <> 0 Then
    MsgBox Err.Description
End If
End Sub
```

“修改记录”按钮的部分代码如下：

```
Private Sub Command2_Click()
Dim answer As String
On Error GoTo cmdmodify
If Command2.Caption = "修改记录" Then
    answer = MsgBox("确定要修改吗？", vbYesNo, "")
    If answer = vbYes Then
        Command2.Caption = "确定"
        Command1.Enabled = False
        Command3.Enabled = False
        Command4.Enabled = True
        DataGrid1.AllowUpdate = True
    Else
        Exit Sub
    End If
Else
    If Not IsNull(DataGrid1.Bookmark) Then
        rs_client.Update
    End If
    Command3.Caption = "修改记录"
    Command1.Enabled = True
    Command2.Enabled = True
    Command4.Enabled = False
    DataGrid1.AllowUpdate = False
    MsgBox "修改成功！", vbOKOnly + vbExclamation, ""
End If
cmdmodify:
If Err.Number <> 0 Then
    MsgBox Err.Description
End If
End Sub
```

“删除记录”按钮的代码如下：

```
Private Sub Command3_Click()
Dim answer As String
```

```
On Error GoTo delerror
answer = MsgBox("确定要删除吗？", vbYesNo, "")
If answer = vbYes Then
    DataGrid1.AllowDelete = True
    rs_client.Delete
    rs_client.Update
    DataGrid1.Refresh
    MsgBox "成功删除！", vbOKOnly + vbExclamation, ""
    DataGrid1.AllowDelete = False
Else
    Exit Sub
End If
delerror:
If Err.Number <> 0 Then
    MsgBox Err.Description
End If
End Sub
```

“取消”按钮的代码如下：

```
Private Sub Command4_Click()
If Command4.Caption = "确定" Then
    rs_client.Cancel
    DataGrid1.ReBind
    DataGrid1.AllowAddNew = False
    DataGrid1.AllowUpdate = False
    Command1.Caption = "新增记录"
    Command2.Enabled = True
    Command3.Enabled = True
    Command4.Enabled = False
ElseIf Command2.Caption = "确定" Then
    rs_client.Cancel
    DataGrid1.ReBind
   DataGrid1.Refresh
    DataGrid1.AllowUpdate = False
    Command2.Caption = "修改记录"
    Command1.Enabled = True
    Command3.Enabled = True
    Command4.Enabled = False
End If
Frame2.Enabled = True
End Sub

Private Sub Form_Load()
```

```
Dim sql As String
On Error GoTo loaderror
sql = "select * from 散客资料"
rs_client.CursorLocation = adUseClient
rs_client.Open sql, conn, adOpenKeyset, adLockPessimistic          ' 打开数据库
' 设定 datagrid 控件属性
DataGrid1.AllowAddNew = False                                       ' 不可增加
DataGrid1.AllowDelete = False                                       ' 不可删除
DataGrid1.AllowUpdate = False
Set DataGrid1.DataSource = rs_client
Command4.Enabled = False
Exit Sub
loaderror:
   MsgBox Err.Description

End Sub
Private Sub Form_Unload(Cancel As Integer)
Set DataGrid1.DataSource = Nothing
rs_client.Close
End Sub
```

(2) 团队入住子窗体代码

本窗体用来录入团队入住的信息，也是用 ADO 来连接数据库。运行效果如图 8-26 所示。

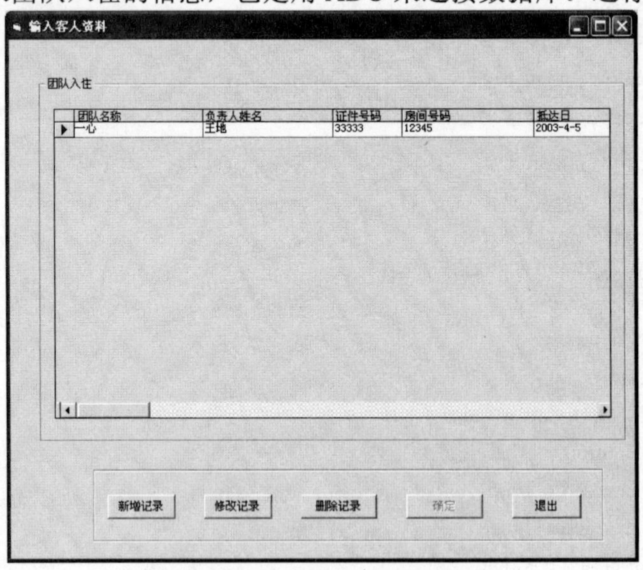

图 8-26 团队入住子窗体

定义变量：

```
Option Explicit
Dim rs_dclient As New ADODB.Recordset
```

“新增记录”按钮要求先填写基本信息，然后与数据库信息比较。

```
Private Sub Command1_Click()
On Error GoTo adderror
If Command1.Caption = "新增记录" Then              ' 当此按钮的状态为“增加记录”时
    Command1.Caption = "确定"                     ' 按钮名称改为“确定”
    Command2.Enabled = False                      ' 删除与修改按钮不可用
    Command3.Enabled = False
    Command4.Enabled = True                             ' 取消按钮可用
    DataGrid1.AllowAddNew = True
    DataGrid1.AllowUpdate = True                  ' 设定 DataGrid 可以增加记录
Else
If Not IsNull(DataGrid1.Bookmark) Then
   If Trim(DataGrid1.Columns("团队名称
").CellText(DataGrid1.Bookmark)) = "" Then
            MsgBox "团队名称不能为空！", vbOKOnly + vbExclamation, ""
            Exit Sub
    End If
    If Trim(DataGrid1.Columns("负责人姓名
").CellText(DataGrid1.Bookmark)) = "" Then
            MsgBox "负责人姓名不能为空！", vbOKOnly + vbExclamation, ""
            Exit Sub
    End If
   If Trim(DataGrid1.Columns("证件号码").
CellText(DataGrid1.Bookmark)) = "" Then
            MsgBox "证件号码不能为空！", vbOKOnly + vbExclamation, ""
            Exit Sub
    End If
   If Trim(DataGrid1.Columns("房间号码").
CellText(DataGrid1.Bookmark)) = "" Then
            MsgBox "房间号码！", vbOKOnly + vbExclamation, ""
            Exit Sub
    End If

      rs_dclient.Update
    MsgBox "添加信息成功！", vbOKOnly + vbExclamation, ""
    DataGrid1.AllowAddNew = False
    DataGrid1.AllowUpdate = False
Else
    MsgBox "没有添加信息！", vbOKOnly + vbExclamation, ""
End If
    Command1.Caption = "新增记录"
    Command2.Enabled = True
```

```
        Command3.Enabled = True
        Command4.Enabled = False
    End If
    adderror:
    If Err.Number <> 0 Then
        MsgBox Err.Description
    End If
    End Sub
```

“修改记录”按钮的部分代码如下：

```
    Private Sub Command2_Click()
    Dim answer As String
    On Error GoTo cmdmodify
    If Command2.Caption = "修改记录" Then
        answer = MsgBox("确定要修改吗？ ", vbYesNo, "")
        If answer = vbYes Then
            Command2.Caption = "确定"
            Command1.Enabled = False
            Command3.Enabled = False
            Command4.Enabled = True
            DataGrid1.AllowUpdate = True
        Else
            Exit Sub
        End If
    Else
        If Not IsNull(DataGrid1.Bookmark) Then
            rs_dclient.Update
        End If
        Command3.Caption = "修改记录"
        Command1.Enabled = True
        Command2.Enabled = True
        Command4.Enabled = False
        DataGrid1.AllowUpdate = False
        MsgBox "修改成功！ ", vbOKOnly + vbExclamation, ""
    End If
    cmdmodify:
    If Err.Number <> 0 Then
        MsgBox Err.Description
    End If
    End Sub
```

选择入住信息列表中需要删除的记录，然后单击“删除记录”按钮，可以删除所选记录。“删除”按钮的代码如下：

```
Private Sub Command3_Click()
Dim answer As String
On Error GoTo delerror
answer = MsgBox("确定要删除吗？", vbYesNo, "")
If answer = vbYes Then
    DataGrid1.AllowDelete = True
    rs_dclient.Delete
    rs_dclient.Update
    DataGrid1.Refresh
    MsgBox "成功删除！", vbOKOnly + vbExclamation, ""
    DataGrid1.AllowDelete = False
Else
    Exit Sub
End If
delerror:
If Err.Number <> 0 Then
    MsgBox Err.Description
End If

End Sub
```

"确定"按钮的代码如下：

```
Private Sub Command4_Click()
If Command4.Caption = "确定" Then
    rs_dclient.Cancel
    DataGrid1.ReBind
    DataGrid1.AllowAddNew = False
    DataGrid1.AllowUpdate = False
    Command1.Caption = "新增记录"
    Command2.Enabled = True
    Command3.Enabled = True
    Command4.Enabled = False
ElseIf Command2.Caption = "确定" Then
    rs_dclient.Cancel
    DataGrid1.ReBind
   DataGrid1.Refresh
    DataGrid1.AllowUpdate = False
    Command2.Caption = "修改记录"
    Command1.Enabled = True
    Command3.Enabled = True
    Command4.Enabled = False
End If
Frame2.Enabled = True
End Sub
```

窗体载入时自动在网格中添加数据库中的信息，代码如下：

```
Private Sub Form_Load()
Dim sql As String
On Error GoTo loaderror
sql = "select * from 团队资料"
rs_dclient.CursorLocation = adUseClient
rs_dclient.Open sql, conn, adOpenKeyset, adLockPessimistic        ' 打开数据库
' 设定 DataGrid 控件属性
DataGrid1.AllowAddNew = False                                     ' 不可增加
DataGrid1.AllowDelete = False                                     ' 不可删除
DataGrid1.AllowUpdate = False

Set DataGrid1.DataSource = rs_dclient
Command4.Enabled = False
Exit Sub
loaderror:
    MsgBox Err.Description
End Sub

Private Sub Form_Unload(Cancel As Integer)
Set DataGrid1.DataSource = Nothing
rs_dclient.Close
End Sub
```

(3) 增加用户子窗体代码

增加用户窗体是用来增加用户的用户名、密码和权限的。其运行效果如图 8-27 所示。单击“确定”按钮后，还要返回一个信息框，提示成功信息，如图 8-28 所示。

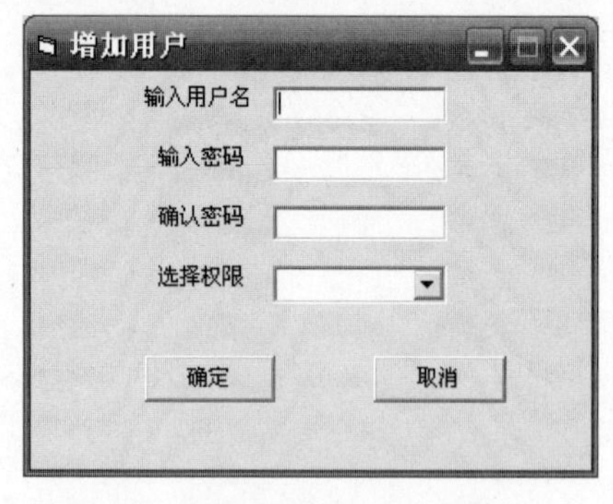

图 8-27　增加用户窗体运行效果

图 8-28　成功信息框

窗体部分代码的思路是，收集输入的表中的字符串，然后与数据库中的系统的用户数据比较，如果不存在，则允许添加。

```
Private Sub Command1_Click()
Dim sql As String
Dim rs_add As New ADODB.Recordset
If Trim(Text1.Text) = "" Then
    MsgBox "用户名不能为空", vbOKOnly + vbExclamation, ""
    Exit Sub
    Text1.SetFocus
Else
    sql = "select * from 系统管理"
    rs_add.Open sql, conn, adOpenKeyset, adLockPessimistic
    While (rs_add.EOF = False)
          If Trim(rs_add.Fields(0)) = Trim(Text1.Text) Then
              MsgBox "已有这个用户", vbOKOnly + vbExclamation, ""
              Text1.SetFocus
              Text1.Text = ""
              Text2.Text = ""
              Text3.Text = ""
              Combo1.Text = ""
              Exit Sub
          Else
              rs_add.MoveNext
          End If
     Wend
     If Trim(Text2.Text) <> Trim(Text3.Text) Then
         MsgBox "两次密码不一致", vbOKOnly + vbExclamation, ""
         Text2.SetFocus
         Text2.Text = ""
         Text3.Text = ""
         Exit Sub
     ElseIf Trim(Combo1.Text) <> "system" And Trim(Combo1.Text) <> "guest" Then
         MsgBox "请选择正确的用户权限", vbOKOnly + vbExclamation, ""
         Combo1.SetFocus
         Combo1.Text = ""
         Exit Sub
     Else
         rs_add.AddNew
         rs_add.Fields(0) = Text1.Text
         rs_add.Fields(1) = Text2.Text
         rs_add.Fields(2) = Combo1.Text
         rs_add.Update
         rs_add.Close
```

下面是返回成功信息对话框的代码。

```
MsgBox "添加用户成功", vbOKOnly + vbExclamation, ""
        Unload Me
    End If
End If
End Sub
```

(4) 修改密码子窗体代码

修改密码子窗体是用来修改用户密码的。其运行效果如图 8-29 所示。

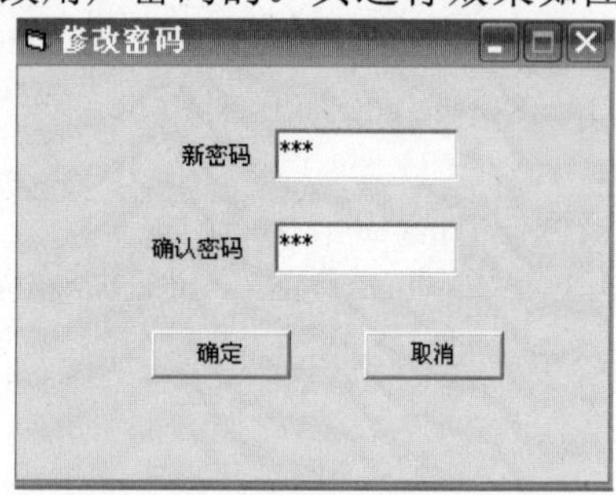

图 8-29 修改密码子窗体运行效果

在“确定”按钮的 Click 事件中添加如下代码：

```
Private Sub Command1_Click()
Dim rs_chang As New ADODB.Recordset
Dim sql As String
If Trim(Text1.Text) <> Trim(Text2.Text) Then
    MsgBox "密码不一致！", vbOKOnly + vbExclamation, ""
    Text1.SetFocus
    Text1.Text = ""
    Text2.Text = ""
Else
    sql = "select * from 系统管理 where 用户名='" & userID & "'"
    rs_chang.Open sql, conn, adOpenKeyset, adLockPessimistic
    rs_chang.Fields(1) = Text1.Text
    rs_chang.Update
    rs_chang.Close
    MsgBox "密码修改成功", vbOKOnly + vbExclamation, ""
    Unload Me
End If
End Sub
```

在上述代码中，首先比较两个表中的数据是否一致，然后用 rs_chang.Fields(1) = Text1.Text 语句把代码输入到数据库中。最后，用 MsgBox "密码修改成功", vbOKOnly + vbExclamation, "" 语句弹出一个信息框，告诉修改成功，如图 8-30 所示。

(5) 查询子窗体代码

查询子窗体运行效果如图 8-31 所示。

图 8-30　提示修改成功

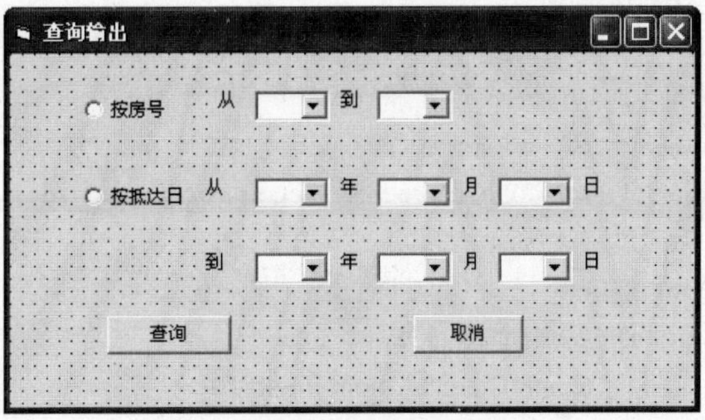

图 8-31　查询子窗体运行效果

在列表框中给出房号和抵达日后，“查询”按钮的 Click 事件将给出与数据库查找比较的结果。

```
Private Sub Command1_Click()
On Error GoTo cmderror
Dim find_date1 As String
Dim find_date2 As String
If Option1.Value = True Then
    sqlfind = "select * from 散客资料 where 房号 between '" & _
    Combo1(0).Text & "'" & " and " & "'" & Combo1(1).Text & "'"
End If
If Option2.Value = True Then
    find_date1 = Format(CDate(Comboy(0).Text & "-" & _
    Combom(0).Text & "-" & Combod(0).Text), "yyyy-mm-dd")
    find_date2 = Format(CDate(Comboy(1).Text & "-" & _
    Combom(1).Text & "-" & Combod(1).Text), "yyyy-mm-dd")
    sqlfind = "select * from 散客资料 where 抵达日 between #" & _
    find_date1 & "#" & " and" & " #" & find_date2 & "#"
End If
rs_data1.Open sqlfind, conn, adOpenKeyset, adLockPessimistic
frmdatamanage.displaygrid1
Unload Me
cmderror:
If Err.Number <> 0 Then
    MsgBox Err.Description
End If
End Sub
```

运行查询子窗体时，组合框就已经从数据库中提取了房号和年月日两个待查条件。

```
Private Sub Form_Load()
Dim i As Integer
```

```
    Dim sql As String
    If findok = True Then
        rs_data1.Close
    End If
    sql = "select * from 散客资料 order by 房号 desc"
    rs_find.CursorLocation = adUseClient
    rs_find.Open sql, conn, adOpenKeyset, adLockPessimistic
    If rs_find.EOF = False Then                              ' 添加编号
        With rs_find
            Do While Not .EOF
                Combo1(0).AddItem .Fields(0)
                Combo1(1).AddItem .Fields(0)
                .MoveNext
            Loop
        End With
    End If
    For i = 2001 To 2005                                     ' 添加年
        Comboy(0).AddItem i
        Comboy(1).AddItem i
    Next i
    For i = 1 To 12                                          ' 添加月
        Combom(0).AddItem i
        Combom(1).AddItem i
    Next i
    For i = 1 To 31                                          ' 添加日
        Combod(0).AddItem i
        Combod(1).AddItem i
    Next i
    End Sub
```

查询完毕后，输出查询结果，如图 8-32 所示。

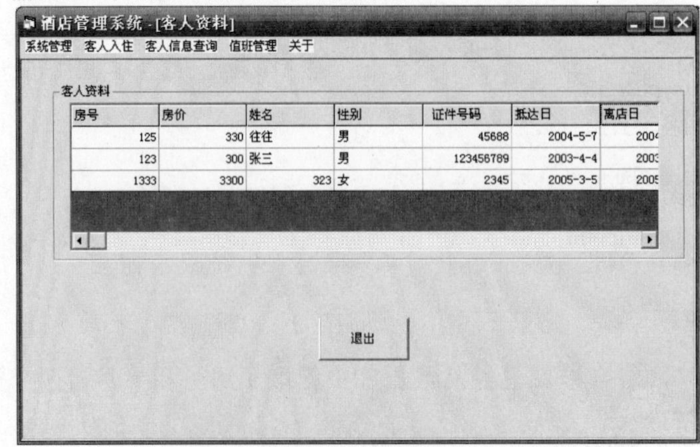

图 8-32　查询结果

此窗体的代码(显示 msflexgrid1 子程序)如下：

```
Public Sub displaygrid1()
Dim i As Integer
On Error GoTo displayerror
setgrid
setgridhead
MSFlexGrid1.Row = 0
If Not rs_data1.EOF Then
    rs_data1.MoveFirst
    Do While Not rs_data1.EOF
                MSFlexGrid1.Row = MSFlexGrid1.Row + 1
                MSFlexGrid1.Col = 0
                If Not IsNull(rs_data1.Fields(0)) Then MSFlexGrid1.Text = rs_data1.Fields(0) Else
MSFlexGrid1.Text = ""
                MSFlexGrid1.Col = 1
                If Not IsNull(rs_data1.Fields(1)) Then MSFlexGrid1.Text = rs_data1.Fields(1) Else
                MSFlexGrid1.Text = ""
                MSFlexGrid1.Col = 2
                If Not IsNull(rs_data1.Fields(2)) Then MSFlexGrid1.Text = rs_data1.Fields(2) Else
                MSFlexGrid1.Text = ""
                MSFlexGrid1.Col = 3
                If Not IsNull(rs_data1.Fields(3)) Then MSFlexGrid1.Text = rs_data1.Fields(3) Else
                MSFlexGrid1.Text = ""
                MSFlexGrid1.Col = 4
                If Not IsNull(rs_data1.Fields(4)) Then MSFlexGrid1.Text = rs_data1.Fields(4) Else
                MSFlexGrid1.Text = ""
                MSFlexGrid1.Col = 5
                If Not IsNull(rs_data1.Fields(5)) Then MSFlexGrid1.Text = rs_data1.Fields(5) Else
                MSFlexGrid1.Text = ""
                MSFlexGrid1.Col = 6
                If Not IsNull(rs_data1.Fields(6)) Then MSFlexGrid1.Text = rs_data1.Fields(6) Else
                MSFlexGrid1.Text = ""
                rs_data1.MoveNext
    Loop
End If
displayerror:
If Err.Number <> 0 Then
    MsgBox Err.Description
End If
End Sub
Private Sub Form_Load()
On Error GoTo loaderror
```

```
Dim sql As String
displaygrid1                                    ' 调用显示 Datagrid1 子程序
loaderror:
If Err.Number <> 0 Then
    MsgBox Err.Description
End If
End Sub
Public Sub setgrid()
Dim i As Integer
On Error GoTo seterror
With MSFlexGrid1
      .ScrollBars = flexScrollBarBoth
      .FixedCols = 0
      .Rows = rs_data1.RecordCount + 1
      .Cols = 7
      .SelectionMode = flexSelectionByRow
For i = 0 To .Rows - 1
      .RowHeight(i) = 315
Next
For i = 0 To .Cols - 1
      .ColWidth(i) = 1300
Next i
End With
Exit Sub
seterror:
    MsgBox Err.Description
End Sub

Public Sub setgridhead()
On Error GoTo setheaderror
MSFlexGrid1.Row = 0
MSFlexGrid1.Col = 0
MSFlexGrid1.Text = "房号"
MSFlexGrid1.Col = 1
MSFlexGrid1.Text = "房价"
MSFlexGrid1.Col = 2
MSFlexGrid1.Text = "姓名"
MSFlexGrid1.Col = 3
MSFlexGrid1.Text = "性别"
MSFlexGrid1.Col = 4
MSFlexGrid1.Text = " 证件号码"
MSFlexGrid1.Col = 5
MSFlexGrid1.Text = "抵达日"
```

```
MSFlexGrid1.Col = 6
MSFlexGrid1.Text = "离店日"
Exit Sub
setheaderror:
    MsgBox Err.Description
End Sub
```

(6) 值班管理子窗体代码

运行的值班管理子窗体如图 8-33 所示。

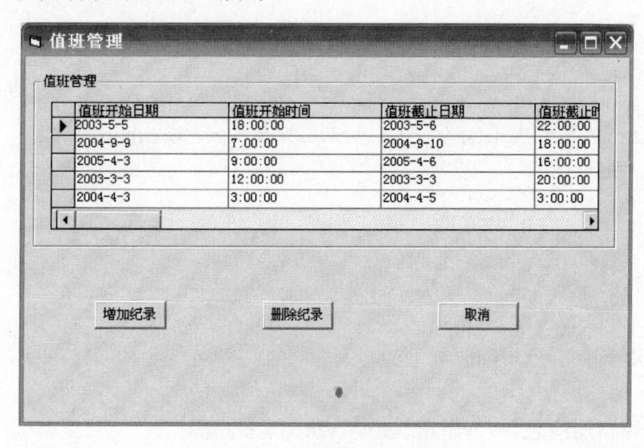

图 8-33　值班管理子窗体

实际上，设计值班管理子窗体的程序代码与设计散客入住子窗体的代码在思路上是完全相同的。就是在 DataGrid 的文本框中添加要增加的值班记录，然后在“增加记录”按钮控件的 Click() 事件中添加检查代码。

```
Private Sub cmdadd_Click()
On Error GoTo adderror
If cmdadd.Caption = "新增记录" Then                    ' 当此按钮的状态为“增加记录”时
    cmdadd.Caption = "确定"                            ' 按钮名称改为“确定”
    cmddel.Enabled = False
    DataGrid1.AllowAddNew = True
    DataGrid1.AllowUpdate = True                          ' 设定 DataGrid 可以增加记录
Else
If Not IsNull(DataGrid1.Bookmark) Then
    If Not IsDate(Trim(DataGrid1.Columns("值班开始日期").
      CellText(DataGrid1.Bookmark))) Then
            MsgBox "请按照格式 yyyy-mm-dd 输入值班开始日期", vbOKOnly + vbExclamation, ""
            Exit Sub
    End If
    If Not IsDate(Trim(DataGrid1.Columns("值班开始时间").
        CellText(DataGrid1.Bookmark))) Then
            MsgBox "请按照格式 hh-mm 输入值班开始时间", vbOKOnly + vbExclamation, ""
            Exit Sub
```

```
            End If
            If Not IsDate(Trim(DataGrid1.Columns("值班截止日期").
                CellText(DataGrid1.Bookmark))) Then
                    MsgBox "请按照格式 yyyy-mm-dd 输入值班截止日期", vbOKOnly + vbExclamation, ""
                    Exit Sub
            End If
            If Not IsDate(Trim(DataGrid1.Columns("值班截止时间").
                CellText(DataGrid1.Bookmark))) Then
                    MsgBox "请按照格式 hh-mm 输入值班截止时间", vbOKOnly + vbExclamation, ""
                    Exit Sub
            End If
            If Trim(DataGrid1.Columns("值班人").CellText(DataGrid1.Bookmark)) = "" Then
                    MsgBox "值班人不能为空！ ", vbOKOnly + vbExclamation, ""
                    Exit Sub
            End If
            rs_zhiban.Update
            MsgBox "添加信息成功！ ", vbOKOnly + vbExclamation, ""
            DataGrid1.AllowAddNew = False
            DataGrid1.AllowUpdate = False
        Else
            MsgBox "没有添加信息！ ", vbOKOnly + vbExclamation, ""
        End If
            cmdadd.Caption = "新增记录"
            cmddel.Enabled = True
        End If
        adderror:
        If Err.Number <> 0 Then
            MsgBox Err.Description
        End If
        End Sub
```

“删除记录”按钮的代码如下：

```
    Private Sub cmddel_Click()
    Dim answer As String
    On Error GoTo delerror
    answer = MsgBox("确定要删除吗？ ", vbYesNo, "")
    If answer = vbYes Then
        DataGrid1.AllowDelete = True
        rs_zhiban.Delete
        rs_zhiban.Update
        DataGrid1.Refresh
        MsgBox "成功删除！ ", vbOKOnly + vbExclamation, ""
        DataGrid1.AllowDelete = False
    Else
```

```
    Exit Sub
End If
delerror:
If Err.Number <> 0 Then
    MsgBox Err.Description
End If
End Sub
```

窗体载入时，自动在网格中添加数据库中的值班管理信息。代码如下：

```
Private Sub Form_Load()
Dim sql As String
On Error GoTo loaderror
sql = "select * from 值班管理"
rs_zhiban.CursorLocation = adUseClient
rs_zhiban.Open sql, conn, adOpenKeyset, adLockPessimistic          ' 打开数据库
' 设定 DataGrid 控件属性
DataGrid1.AllowAddNew = False                                      ' 不可增加
DataGrid1.AllowDelete = False                                      ' 不可删除
DataGrid1.AllowUpdate = False
Set DataGrid1.DataSource = rs_zhiban
Exit Sub
loaderror:
    MsgBox Err.Description
End Sub
```

(7) 投诉管理子窗体代码

运行的投诉管理子窗体如图 8-34 所示。

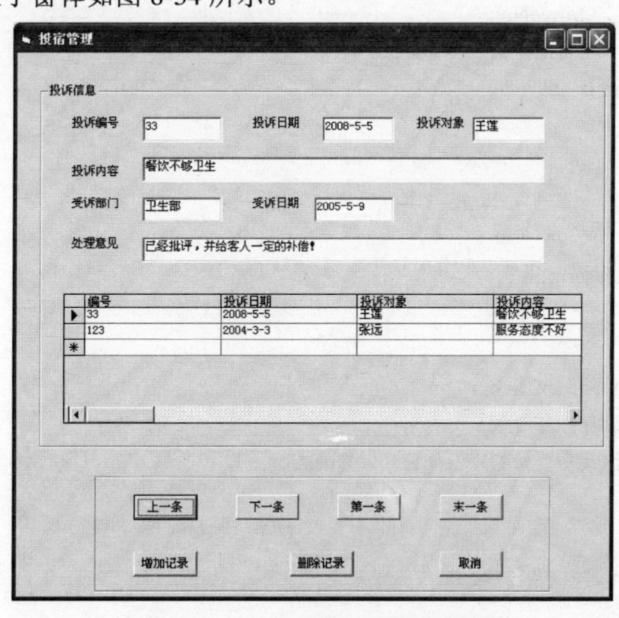

图 8-34　运行的投诉管理子窗体

此窗体主要是按钮部分的代码：

```
Private Sub Command2_Click()
Adodc1.Recordset.MoveNext
 If Adodc1.Recordset.EOF Then
      MsgBox "这是最后一条记录", vbOKCancel + vbQuestion
      Adodc1.Recordset.MoveLast
  End If

End Sub

Private Sub Command5_Click()
 On Error GoTo adderr
   Text1.SetFocus
   Adodc1.Recordset.AddNew
   Exit Sub
adderr:
   MsgBox Err.Description
End Sub

Private Sub Command6_Click()
  On Error GoTo deleteerr
   With Adodc1.Recordset
        If Not .EOF And Not .BOF Then
             If MsgBox("删除当前记录吗？ ", vbYesNo + vbQuestion) = vbYes Then
                  .Delete
                  .MoveNext
                  If .EOF Then .MoveLast
             End If
        End If
  End With
  Exit Sub
deleteerr:
   MsgBox Err.Description
End Sub

Private Sub Command3_Click()
If Adodc1.Recordset.EOF Then
     MsgBox "记录空", vbOKCancel + vbQuestion
     End
  Else
     Adodc1.Recordset.MoveFirst
  End If
```

```
    Exit Sub
  End Sub

  Private Sub Command1_Click()
  Adodc1.Recordset.MovePrevious
      If Adodc1.Recordset.BOF Then
          MsgBox "这是第一条记录", vbOKCancel + vbQuestion
          Adodc1.Recordset.MoveFirst
      End If

  End Sub

  Private Sub Command4_Click()
  If Adodc1.Recordset.RecordCount = 0 Then
          MsgBox "空记录", vbOKCancel + vbQuestion
          End
    Else
        Adodc1.Recordset.MoveLast
    End If
  End Sub

  Private Sub Command7_Click()
  If Adodc1.Recordset.RecordCount = 0 Then
          MsgBox "空记录", vbOKCancel + vbQuestion
          End
    Else
        Adodc1.Recordset.MoveLast
    End If
  End Sub

  Private Sub Command8_Click()
  Unload Me
  End Sub
```

(8) 用户登录子窗体代码

运行的用户登录子窗体如图 8-35 所示。

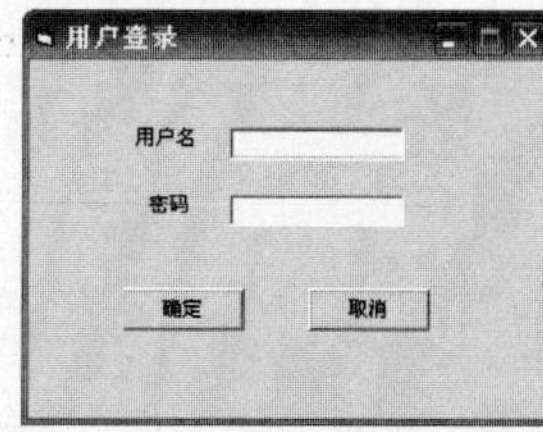

图 8-35　运行的用户登录子窗体

在本项目中，用户登录子窗体是运行的第一个界面，它的作用是检查用户名和密码是否正确。由于用户的资料是存放在数据库中，所以在启动该子窗体时，就已经连接了数据库。其代码如下：

```
Private Sub Form_Load()
Dim connectionstring As String
connectionstring = "provider=Microsoft.Jet.oledb.4.0;" & _
                    "data source=jiudian.mdb"
conn.Open connectionstring
cnt = 0
End Sub
```

"确定"按钮控件的作用是检查输入的数据是否与数据库中的数据一致。

```
Private Sub Command1_Click()
Dim sql As String
Dim rs_login As New ADODB.Recordset
If Trim(txtuser.Text) = "" Then                    ' 判断输入的用户名是否为空
   MsgBox "没有这个用户", vbOKOnly + vbExclamation, ""
   txtuser.SetFocus
Else
   sql = "select * from 系统管理 where 用户名='" & txtuser.Text & "'"
   rs_login.Open sql, conn, adOpenKeyset, adLockPessimistic
   If rs_login.EOF = True Then
      MsgBox "没有这个用户", vbOKOnly + vbExclamation, ""
      txtuser.SetFocus
   Else                                          ' 检验密码是否正确
```

用户名和密码通过后，要关闭本窗体并打开主窗体。

```
If Trim(rs_login.Fields(1)) = Trim(txtpwd.Text) Then
          userID = txtuser.Text
          userpow = rs_login.Fields(2)
          rs_login.Close
          Unload Me
          MDIForm1.Show
      Else
          MsgBox "密码不正确", vbOKOnly + vbExclamation, ""
          txtpwd.SetFocus
      End If
   End If
End If
' 只能输入 3 次
cnt = cnt + 1
```

```
    If cnt = 3 Then
        Unload Me
    End If
    Exit Sub
    End Sub
```

到这里，基本上各个窗体的界面和代码都介绍完了。发布后可以作为一个实际的项目来应用。

第 9 章

学生档案管理系统

学生档案管理系统是学校系统中的一个主要组成环节，许多学校都在开发这方面的大型程序。本章将介绍具有基本功能程序的学生档案管理系统。

9.1 需求分析

首先进行必要的需求分析。现在某学校需要管理学生和其各种信息，希望实现办公的信息化，通过建立一个学生档案管理系统来管理学生。其完成的功能如下：

(1) 能够实现对学生的各种信息的查询，包括逐个浏览，以及对学生出勤与调动信息的增加、删除和编辑操作。另外，可以根据输入的信息来检索学生的相关信息。

(2) 另外，管理人员也可以直接增加和删除用户信息。系统还可以提供一定的附加功能来方便用户。

系统的功能模块图如图 9-1 所示。

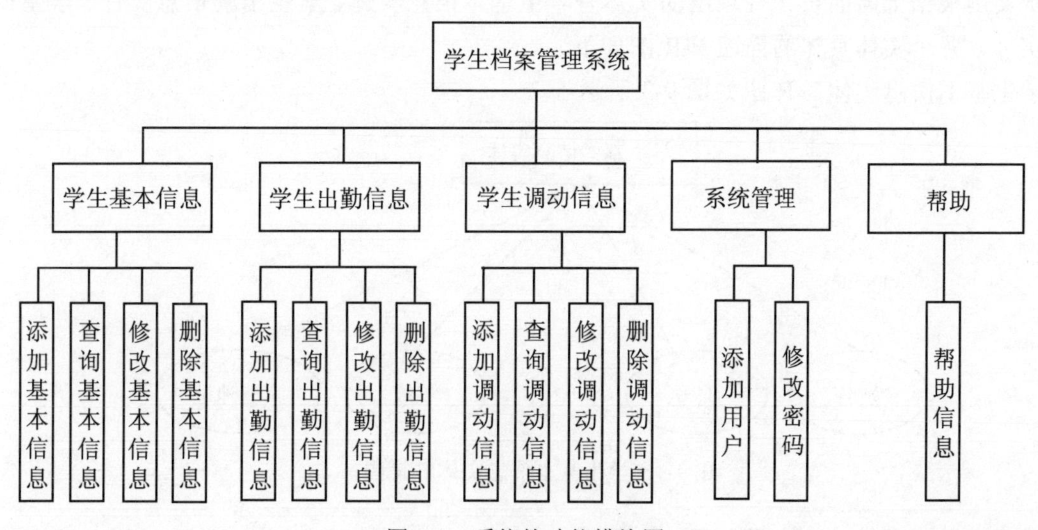

图 9-1　系统的功能模块图

在仔细分析调查学校对档案管理信息需求的基础上，将得到如图 9-2 所示的本系统所处理的数据流程。

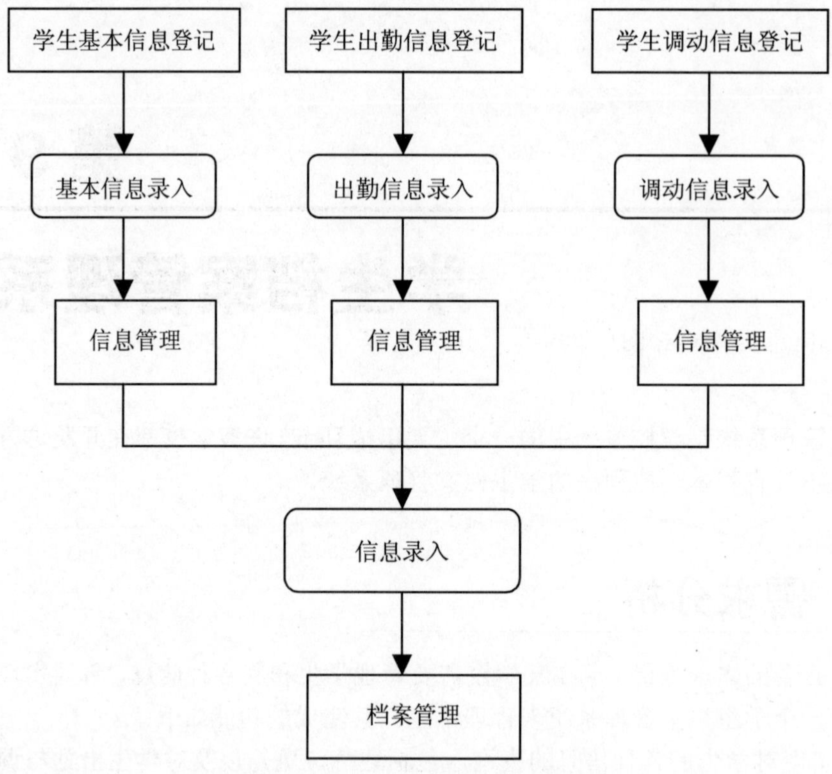

图 9-2 学生档案管理系统的数据流程

针对一般学校档案管理信息系统的需求，通过对学校管理工作过程的内容和数据流程的分析，设计数据项和数据结构。

本实例根据上面的设计规划出的实体有学生基本信息实体、学生出勤信息实体、学生调动信息实体。各个实体具体的描述 E-R 图如下。

学生基本信息实体 E-R 图如图 9-3 所示。

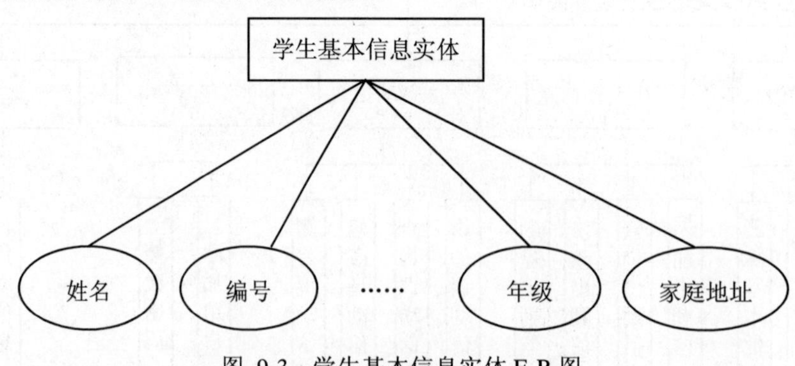

图 9-3 学生基本信息实体 E-R 图

学生出勤信息实体 E-R 图如图 9-4 所示。

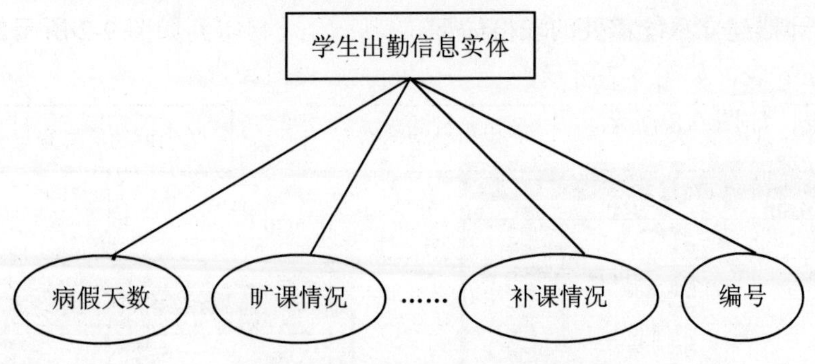

图 9-4　学生出勤信息实体 E-R 图

学生调动信息实体 E-R 图如图 9-5 所示。

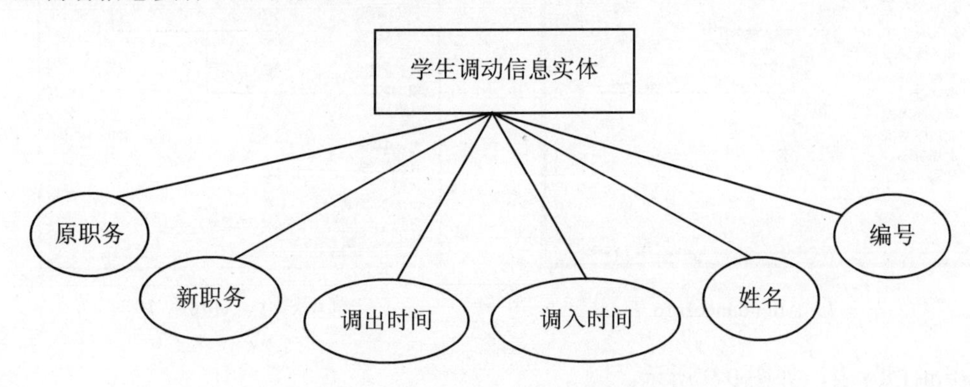

图 9-5　学生调动信息实体 E-R 图

9.2　数据库设计

这里的数据库采用 Access，用 ADO 作为连接数据对象。

9.2.1　建立 Access 数据库

启动 Access，建立一个空的数据库 Person.mdb，如图 9-6 所示。

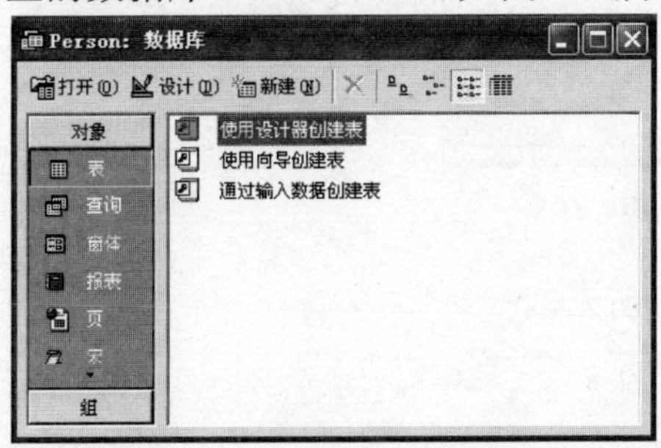

图 9-6　建立数据库 wuliu.mdb

使用程序设计器建立系统需要的表格如下。

Attendanceinfo 表，如图 9-7 所示。

LeaveInfo 表，如图 9-8 所示。

AttendanceInfo: 表

字段名称	数据类型	说明
ID	自动编号	记录编号
AStuffID	文本	学生编号
AStuffName	文本	学生姓名
ADate	日期/时间	当前日期
AFlag	文本	出入标志
AInTime	日期/时间	上学时间
AOutTime	日期/时间	下学时间
ALate	数字	迟到次数
AEarly	数字	早退次数

字段属性

常规 | 查阅

格式	
输入法模式	输入法关闭
输入掩码	
标题	
默认值	
有效性规则	
有效性文本	
必填字段	否
索引	无

图 9-7　AttendanceInfo 表

LeaveInfo: 表

字段名称	数据类型	说明
LID	自动编号	记录编号
LStuffID	文本	学生编号
LIll	数字	病假天数
LPrivate	数字	事假天数
LFromDay	日期/时间	假期开始时间

字段属性

常规 | 查阅

字段大小	50
格式	
输入法模式	输入法开启
输入掩码	
标题	
默认值	
有效性规则	
有效性文本	
必填字段	否
允许空字符串	否
索引	有（有重复）
Unicode 压缩	是

图 9-8　LeaveInfo 表

OvertimeInfo 表，如图 9-9 所示。

ErrandInfo 表，如图 9-10 所示。

OvertimeInfo: 表

字段名称	数据类型	说明
OID	自动编号	记录编号
OStuffID	文本	学生编号
OSpeciality	数字	特殊补课天数
OCommon	数字	正常补课天数
OFromDay	日期/时间	补课日期

字段属性

常规 | 查阅

字段大小	50
格式	
输入法模式	输入法开启
输入掩码	
标题	
默认值	
有效性规则	
有效性文本	
必填字段	否
允许空字符串	否
索引	有（有重复）
Unicode 压缩	是

图 9-9　OvertimeInfo 表

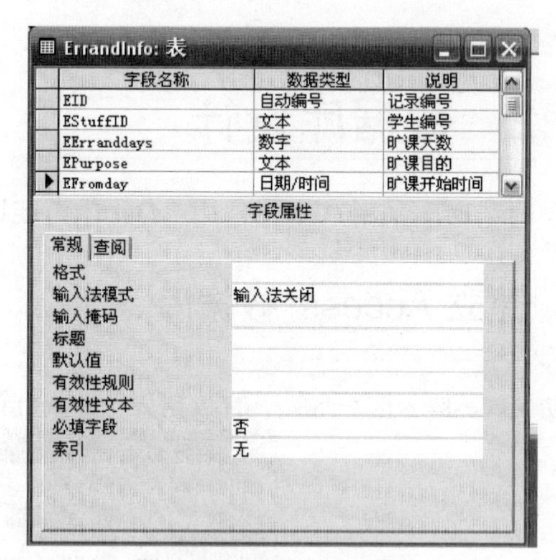

ErrandInfo: 表

字段名称	数据类型	说明
EID	自动编号	记录编号
EStuffID	文本	学生编号
EErranddays	数字	旷课天数
EPurpose	文本	旷课目的
EFromday	日期/时间	旷课开始时间

字段属性

常规 | 查阅

格式	
输入法模式	输入法关闭
输入掩码	
标题	
默认值	
有效性规则	
有效性文本	
必填字段	否
索引	无

图 9-10　ErrandInfo 表

PersonNum 表，如图 9-11 所示。

StuffInfo 表，如图 9-12 所示。

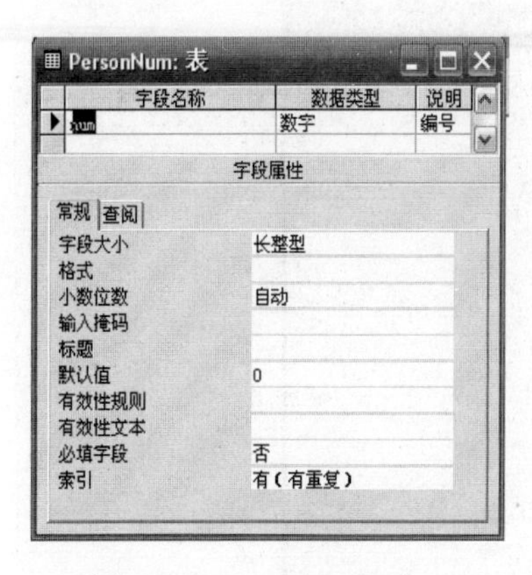

图 9-11　PersonNum 表

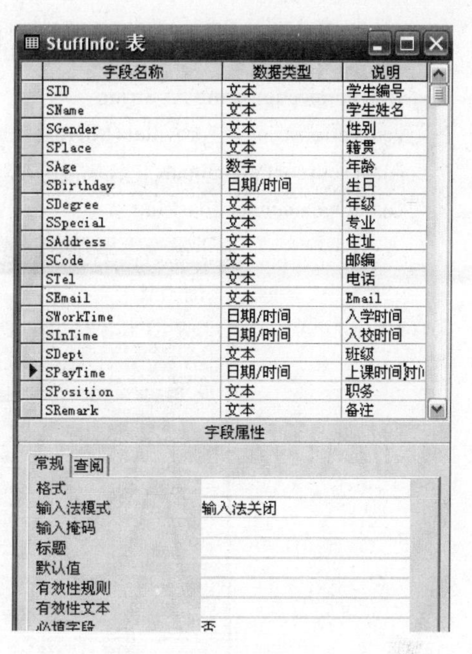

图 9-12　StuffInfo 表

TimeSetting 表，如图 9-13 所示。

UserInfo 表，如图 9-14 所示。

图 9-13　TimeSetting 表

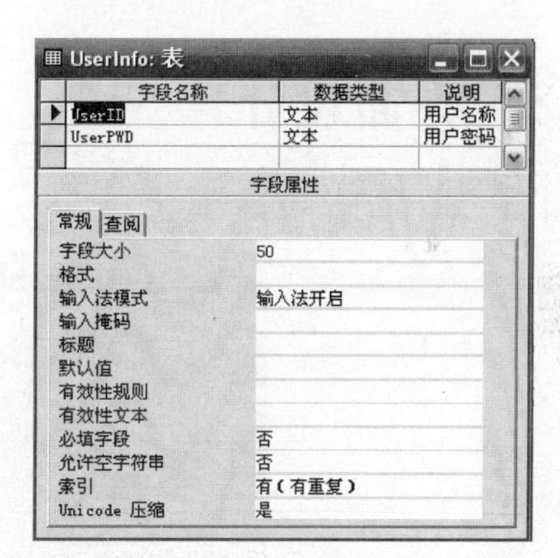

图 9-14　UserInfo 表

9.2.2　连接数据

在 Visual Basic 环境下，选择“工程”→“引用”命令，在随后出现的对话框中选择 Microsoft ActiveX Data Objects 2.0 Library，然后单击“确定”按钮，如图 9-15 所示。

在程序设计的公共模块中，先定义 ADO 连接对象。语句如下：

```
Public conn As New ADODB.Connection    ' 标记连接对象
```

然后在子程序中，用如下的语句即可打开数据库：

```
Dim connectionstring As String
connectionstring = "provider=Microsoft.Jet.oledb.4.0;" &_
"data source=Person.mdb"
conn.Open connectionstring
```

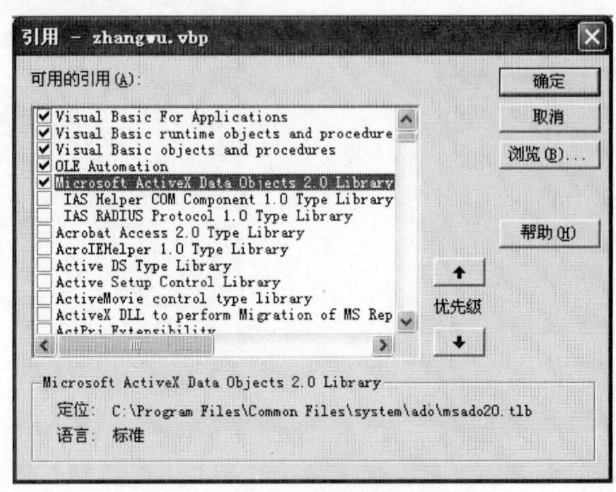

图 9-15 引用 ADO 连接数据库

9.3 界面设计

设计好的界面如图 9-16 所示。

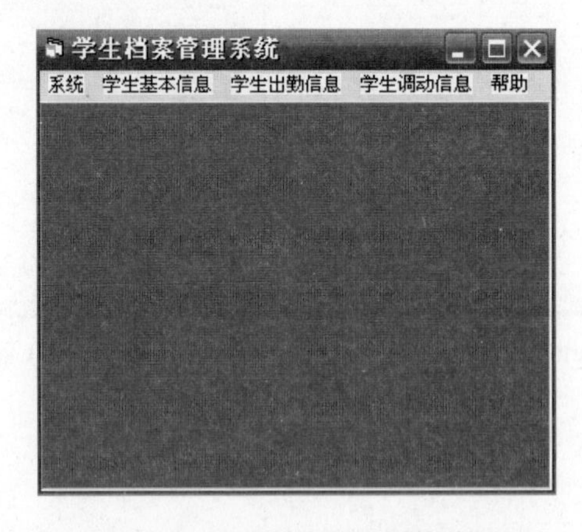

图 9-16 学生档案管理系统界面

这是一个多文档界面(MDI)应用程序，可以同时显示多个文档，每个文档显示在各自的窗体中。MDI 应用程序中常有包含子菜单的“窗体”选项，用于在窗体或文档之间进行切换。

菜单应用程序中，有 5 个菜单选项，每个选项对应着 E-R 图的一个子项目。

9.3.1 创建主窗体

首先创建一个工程，命名为学生档案管理系统，选择“工程”→“添加 MDI 窗体”命令，则在项目中添加了主窗体。该窗体的一些属性如表 9-1 所示。

表 9-1 主窗体的属性

属　性	值	属　性	值
Text	学生档案管理系统	Menu	Mainmenu1
Name	Main	Windowstate	Maxsize

Windowstate 的值为 maxsize，即程序启动之后自动最大化。

将“菜单”组件从“工具箱”拖到窗体上。创建一个 Text 属性设置为“文件”的顶级菜单项，且带有名为“关闭”的子菜单项。类似地创建一些菜单项，如表 9-2 所示。

表 9-2 菜单项表

菜单名称	Text 属性	功能描述
Stuff_Info	学生基本信息	顶级菜单，包含子菜单
Add_Stuff	添加学生信息	调出添加学生信息窗体
Change_Stuff	修改学生信息	调出修改学生信息窗体
Check_Stuff	查询学生信息	调出查询学生信息窗体
Del_Stuff	删除学生信息	调出删除学生信息窗体
Stuff_Checkin	学生出勤信息	顶级菜单，包含子菜单
Add_Checkin	添加出勤信息	二级菜单，包括子菜单
AddAttendance	添加上下学信息	调出添加上下学信息窗体
AddOtherKQ	添加其他出勤信息	调出添加其他出勤信息窗体
Change_Checkin	修改出勤信息	二级菜单，包括子菜单
ChangeAttendance	修改上下学信息	调出修改上下学信息窗体
ChangeOtherKQ	修改其他出勤信息	调出修改其他出勤信息窗体
Check_Checkin	查询出勤信息	调出查询上下学信息窗体 调出查询其他出勤信息窗体
Del_Checkin	删除出勤信息	二级菜单，包括子菜单
delInOut	删除上下学信息	调出删除上下学信息窗体
delOtherKQ	删除其他出勤信息	调出删除其他出勤信息窗体
SetTime	设置上下学时间	调出设置上下学时间信息窗体
Stuff_Alteration	学生调动信息	顶级菜单，包含子菜单
Add_Alter	添加调动信息	调出添加调动信息窗体

(续表)

菜 单 名 称	Text 属性	功 能 描 述
Chage_Alter	修改调动信息	调出修改调动信息窗体
Check_Alter	查询调动信息	调出查询调动信息窗体
Del_Alter	删除调动信息	调出删除调动信息窗体
System	系统	顶级菜单，包含子菜单
Add_User	增加用户	调出用户窗体
Change_PWD	修改密码	调出密码窗体
System_EXIT	退出系统	退出
System_Help	帮助	顶级菜单，包含子菜单
About	关于	调出关于窗体

主窗体如图 9-17 所示。

图 9-17 主窗体

9.3.2 创建各子窗体

选择“工程”→“添加窗体”命令，添加子窗体。

在新建 Visual Basic 工程时自带的窗体中，将其属性 MIDChild 改成 True，则这个窗体成为 MID 窗体的子窗体。

在这个项目中，要创建的子窗体如表 9-3 所示。

表 9-3 所有子窗体

子窗体名称	内 容
frmAbout	关于
frmAdduser	添加用户

(续表)

子窗体名称	内　容
frmAlteration	学生调动
frmResult	学生出勤结果列表
frmAttendance	学生出勤信息列表
frmchangerPWD	修改密码
frmcheckAlter	查询调动信息
frmcheckKQ	查询学生出勤信息
frmCheckStuff	查询学生基本信息
frmkqhechckresult	出勤查询结果列表
frmLogin	用户登录
frmMain	学生档案管理系统
frmOKQResutl	学生其他出勤信息列表
frmOtherKQ	添加学生出勤信息
frmResut	学生基本信息列表
frmSetTime	设置上下学时间
frmStuff_info	学生基本信息
Popmenu	菜单
frmAlterationResult	学生调动信息列表

下面分别给出这些子窗体，以及它们所使用的控件。

(1) 学生调动信息子窗体如图 9-18 所示，其控件如表 9-4 所示。

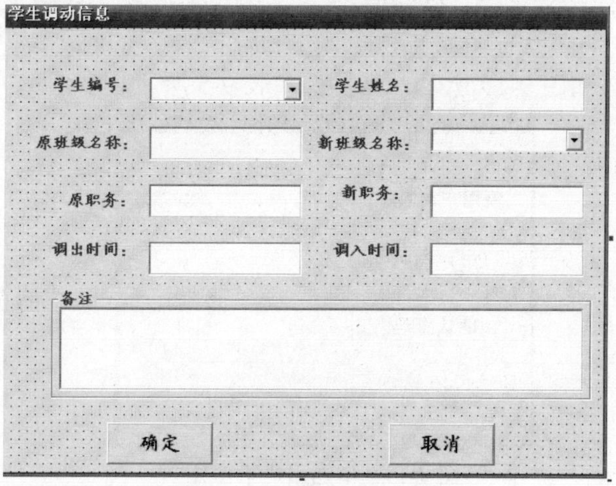

图 9-18　学生调动信息子窗体

表 9-4　学生调动信息子窗体控件

控 件 类 别	控件 Name	控件 Caption
Label	Label1	学生编号：
	Label2	学生姓名：
	Label3	原班级名称：
	Label4	新班级名称：
	Label5	原职务：
	Label6	新职务：
	Label7	调出时间：
	Label8	调入时间：
TextBox	Text1	(空)
	Text2	(空)
	Text3	(空)
	Text4	(空)
	Text5	(空)
	Text6	(空)
	Text7	(空)
	Text8	(空)
CommandButton	cmdOK	确定
	cmdCancel	取消
Form	Form1	备注

(2) 增加用户子窗体如图 9-19 所示，其控件如表 9-5 所示。

图 9-19　增加用户子窗体

表 9-5　增加用户子窗体控件

控 件 类 别	控件 Name	控件 Caption
Label	Label1	新用户名称
	Label2	用户密码
	Label3	确认密码
TextBox	Text1	(空)
	Text2	(空)
	Text3	(空)
ComboBox	Comb1	(空)
CommandButton	Command1	确定
	Command2	取消

(3) 修改密码子窗体如图 9-20 所示。

图 9-20　修改密码子窗体

(4) 学生出勤结果列表子窗体如图 9-21 所示，其控件如表 9-6 所示。

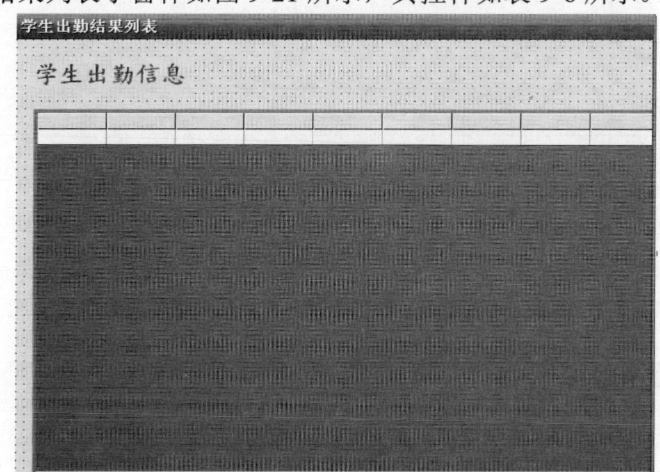

图 9-21　学生出勤结果列表子窗体

表 9-6 学生出勤结果列表子窗体控件

控 件 类 别	控件 Name	控件 Caption
Label	Label1	学生出勤结果列表
RecordList	recordlist	(空)

(5) 学生出勤信息子窗体如图 9-22 所示，其控件如图 9-7 所示。

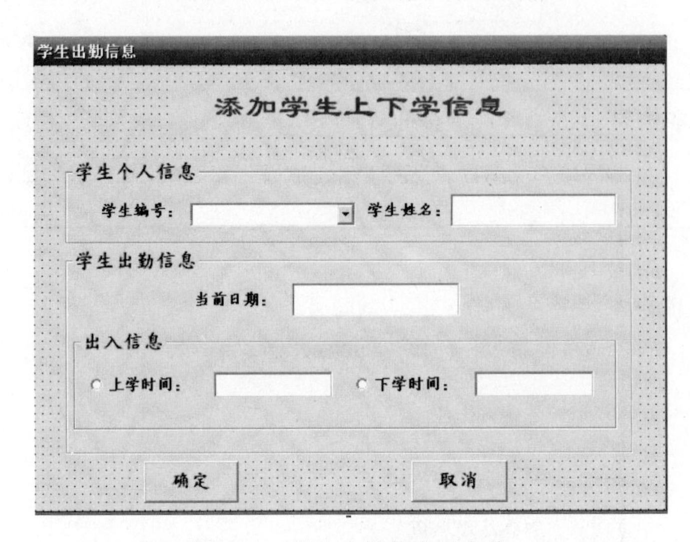

图 9-22 学生出勤信息子窗体

表 9-7 学生出勤信息子窗体控件

控 件 类 别	控件 Name	控件 Caption
Topic	topic	添加学生上下学信息
Label	Label1	当前日期：
	Label2	学生编号：
	Label3	学生姓名：
Form	Form1	学生个人信息
	Form2	学生出勤信息
	Form3	出入信息
CommandButton	Command1	确定
	Command2	取消

(6) 用户登录子窗体如图 9-23 所示。

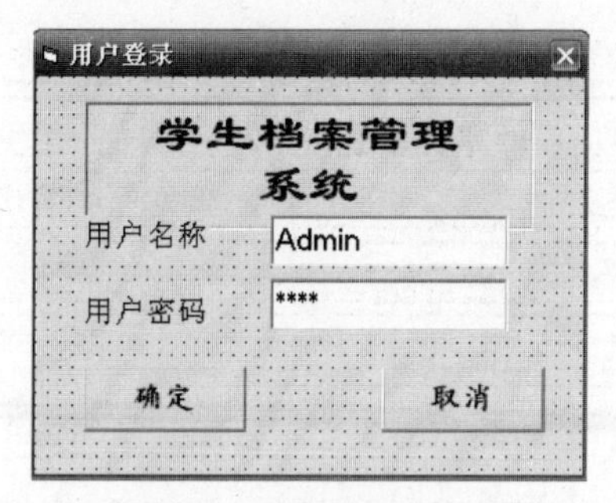

图 9-23　用户登录子窗体

(7) 查询学生基本信息子窗体如图 9-24 所示，其控件如表 9-8 所示。

图 9-24　查询学生基本信息子窗体

表 9-8　查询学生基本信息子窗体控件

控 件 类 别	控件 Name	控件 Caption
Check	IDCheck	学生编号：
	TimeCheck	进入本校时间：
	NameCheck	学生姓名：
Label	Lable1	选择查询条件
	Lable2	从
	Lable3	到
	Lable4	年
	Lable5	年
	Lable6	月
	Lable7	月

(续表)

控 件 类 别	控件 Name	控件 Caption
Command	cmdOK	确定
	cmdCancel	取消
Combo	FromYear	(空)
	FromMonth	(空)
	ToYear	(空)
	ToMonth	(空)
Text	SID	(空)
	SName	(空)

(8) 查询调动信息子窗体如图 9-25 所示，其控件如图 9-9 所示。

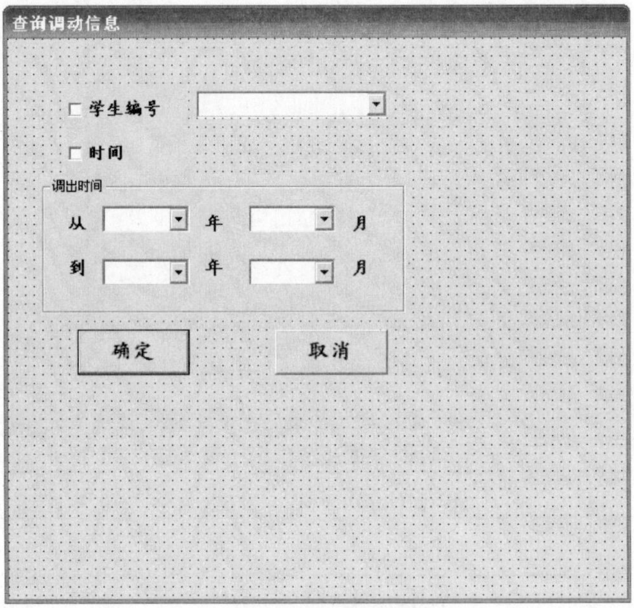

图 9-25　查询调动信息子窗体

表 9-9　查询调动信息子窗体控件

控 件 类 别	控件 Name	控件 Caption
Check	Idchecked	学生编号
	Timechecked	时间
Frame	Frame1	调出时间
Label	Label1	从
	Label2	年

(续表)

控 件 类 别	控件 Name	控件 caption
Label	Label3	月
	Label4	到
	Label5	年
	Label6	月
Command	cmdOK	确定
	cmdCancel	取消
Combo	StuffID	(空)

(9) 查询学生出勤信息子窗体如图 9-26 所示，其控件如表 9-10 所示。

图 9-26　查询学生出勤信息子窗体

表 9-10　查询学生出勤信息子窗体控件

控 件 类 别	控件 Name	控件 Caption
Label	Label1	从
	Label2	年
	Label3	月
	Label4	到
	Label5	年
	Label6	月
Command	cmdOK	确定
	cmdCancel	取消
Check	Idchecked	学生编号
	Timechecked	时间
Combo	StuffID	(空)

(10) 出勤查询结果列表子窗体如图 9-27 所示，其控件如表 9-11 所示。

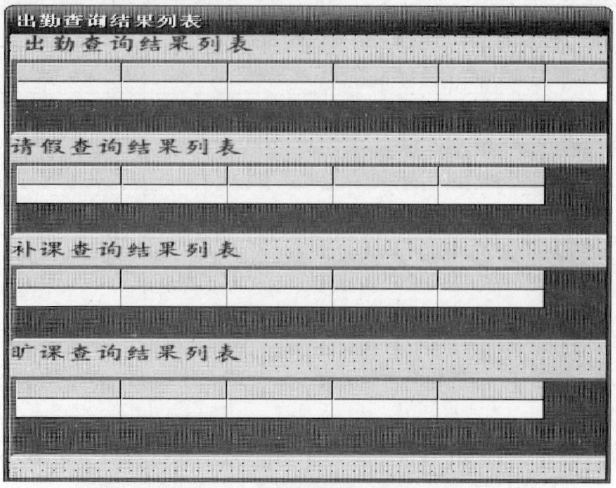

图 9-27 出勤查询结果列表子窗体

表 9-11 出勤查询结果列表子窗体控件

控 件 类 别	控件 Name	控件 Caption
Label	Label1	出勤查询结果列表
	Label2	请假查询结果列表
	Label3	补课查询结果列表
	Label4	旷课查询结果列表
RecordList	Arecordlist	(空)
	Lrecordlist	(空)
	Orecordlist	(空)
	Erecordlist	(空)

(11) 学生其他出勤信息列表子窗体如图 9-28 所示，其控件如表 9-12 所示。

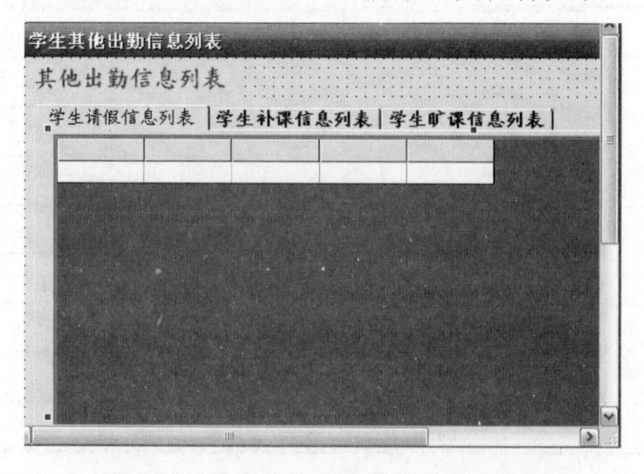

图 9-28 学生其他出勤信息列表子窗体

表 9-12　学生其他出勤信息列表子窗体控件

控 件 类 别	控件 Name	控件 Caption
label	Label1	其他出勤信息列表
SSTab	SSTab	学生请假信息列表
SSTab	SSTab	学生补课信息列表
SSTab	SSTab	学生旷课信息列表
MSFlexGird	LRecordList	(空)
MSFlexGird	ORecordList	(空)
MSFlexGird	ERecordList	(空)

(12) 添加学生出勤信息子窗体如图 9-29 所示，其控件如表 9-13 所示。

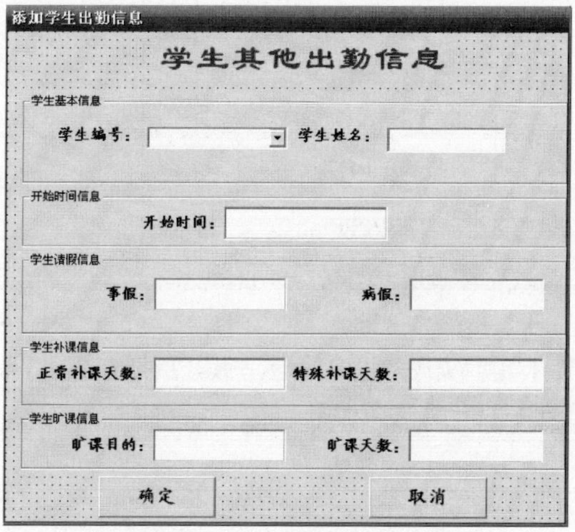

图 9-29　添加学生出勤信息子窗体

表 9-13　添加学生出勤信息子窗体控件

控 件 类 别	控件 Name	控件 Caption
Label	Label1	学生其他出勤信息
	Label2	学生编号：
	Label3	学生姓名：
	Label4	事假：
	Label5	病假：
	Label6	开始时间：
	Label7	旷课目的：
	Label8	正常补课天数：
	Label9	特殊补课天数：

(续表)

控件类别	控件 Name	控件 Caption
Frame	Frame1	学生基本信息
	Frame2	开始时间信息
	Frame3	学生补课信息
	Frame4	学生旷课信息
CommandButton	cmdOK	确定
	cmdCancel	取消
ComboBox	ASID	(空)
TextBox	ASName	(空)
	FromDay	(空)
	ILeave	(空)
	PLeave	(空)
	COverDays	(空)
	SOverDays	(空)
	EPurpose	(空)
	EDays	(空)

(13) 学生基本信息列表子窗体如图 9-30 所示，其控件如表 9-14 所示。

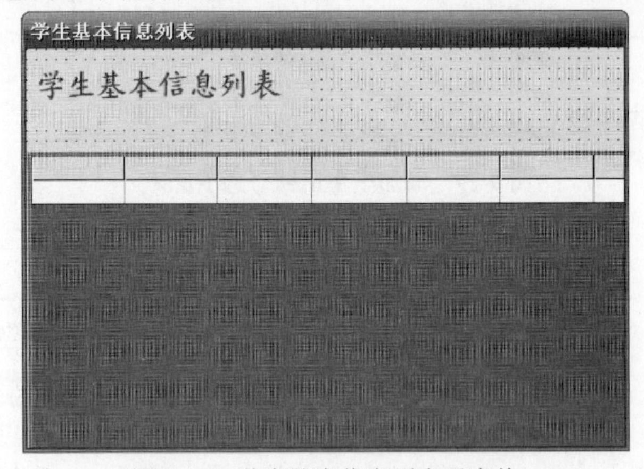

图 9-30　学生基本信息列表子窗体

表 9-14　学生基本信息列表子窗体控件

控件类别	控件 Name	控件 Caption
Label	Label1	学生基本信息列表
Rsgrid	rsgrid	(空)

(14) 设置上下学时间子窗体如图 9-31 所示，其控件如表 9-15 所示。

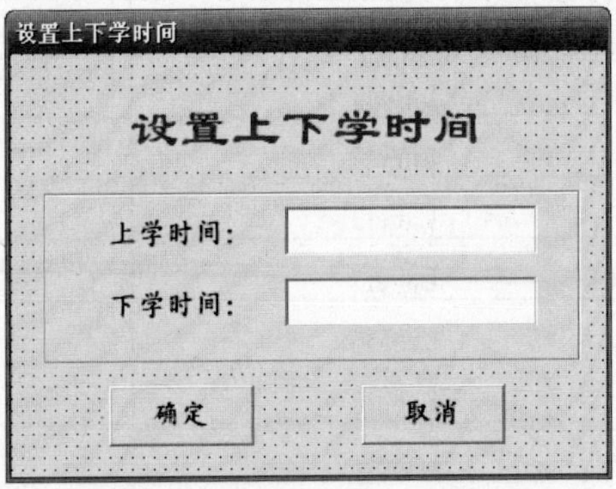

图 9-31 设置上下学时间子窗体

表 9-15 设置上下学时间子窗体控件

控件类别	控件 Name	控件 Caption
Label	Label1	设置上下学时间
	Label2	上学时间：
	Label3	下学时间：
Command	cmdOK	确定
	cmdCancel	取消
Text	BeginTime	(空)
	EndTime	(空)

(15) 学生基本信息子窗体如图 9-32 所示，其控件如表 9-16 所示。

图 9-32 学生基本信息子窗体

表 9-16 学生基本信息子窗体控件

控 件 类 别	控件 Name	控件类别 Caption
label	Label1	学生基本信息
	Label2	学生编号
	Label3	学生姓名
	Label7	籍贯
	Label6	年龄
	Label5	出生日期
	Label14	入学时间
	Label15	进入本校时间
	Label16	所在班级
	Label8	年级
	Label9	专业
	Label10	家庭住址
	Label13	邮政编码
	Label11	电话
	Label12	Email
	Label17	正式上课时间
	Label18	班级职务
frame	Frame1	学生基本信息
	workinfo	个人工作信息
	Frame3	备注信息
CommandButton	cmdOK	确认
	CmdCancel	取消
TextBox	ID	(空)
	StuffName	(空)
	Place	(空)
	Age	(空)
	Birthday	(空)
	WorkTime	(空)
	InTime	(空)
	Dept	(空)
	Degree	(空)
	Speciality	(空)
	Address	(空)

(续表)

控 件 类 别	控件 Name	控件类别 Caption
TextBox	Code	(空)
	Tel	(空)
	Email	(空)
	PayTime	(空)
	Position	(空)
	Remark	(空)
comboBox	Gender	Combo1

(16) 菜单子窗体如图 9-33 所示，其控件如表 9-17 所示。

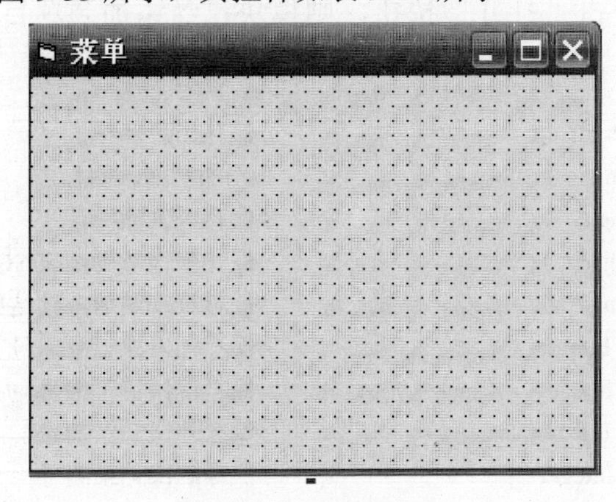

图 9-33 菜单子窗体

表 9-17 菜单子窗体控件

控 件 类 别	控件 Name	控件 Caption
Form1	popmenu	菜单

9.4 建立公共模块

建立公共模块可以提高代码的效率，同时使得修改和维护代码都很方便。

在菜单中选择“工程”→“添加模块”命令，则出现模块对话框，如图 9-34 所示。

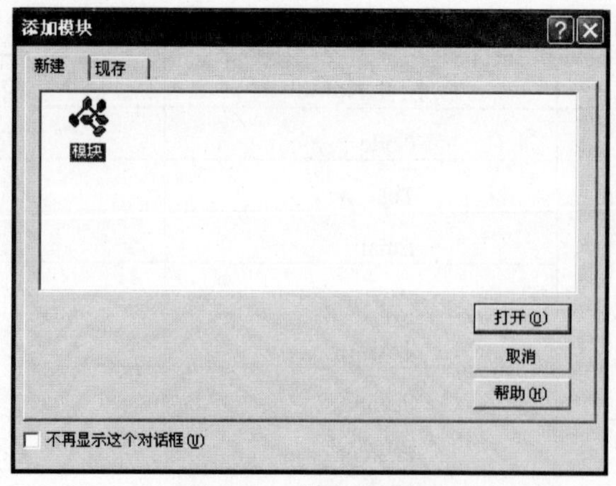

图 9-34 模块对话框

选择模块图标后，单击“打开”按钮，则模块已经添加到项目中了。默认情况下名为Module1。

```
Public gUserName As String                    ' 保存用户名称
Public flag As Integer                        ' 添加和修改的标志
Public gSQL As String                         ' 保存 SQL 语句
Public kqsql As String                        ' 保存查询考勤结果 SQL 语句
Public kqsql2 As String                       ' 保存查询其他考勤结果 SQL 语句
Public ArecordID As Integer                   ' 保存上下课记录编号
Public LrecordID As Integer                   ' 保存请假记录编号
Public OrecordID As Integer                   ' 保存补课记录编号
Public ErecordID As Integer                   ' 保存旷课记录编号
Public iflag As Integer                       ' 数据库是否打开标志

Public Function TransactSQL(ByVal sql As String) As ADODB.Recordset
Dim con As ADODB.Connection
Dim rs As ADODB.Recordset
Dim strConnection As String
Dim strArray() As String
Set con = New ADODB.Connection                ' 创建连接
Set rs = New ADODB.Recordset                  ' 创建记录集
On Error GoTo TransactSQL_Error
    strConnection = "Provider=Microsoft.jet.oledb.4.0;Data Source=" & App.Path & "\Person.mdb"
    strArray = Split(sql)
    con.Open strConnection                    ' 打开连接
    If StrComp(UCase$(strArray(0)), "select", vbTextCompare) = 0 Then
        rs.Open Trim$(sql), con, adOpenKeyset, adLockOptimistic
        Set TransactSQL = rs                  ' 返回记录集
        iflag = 1
    Else
```

```
            con.Execute sql                              ' 执行命令
            iflag = 1
        End If
    TransactSQL_Exit:
        Set rs = Nothing
        Set con = Nothing
        Exit Function
    TransactSQL_Error:
        MsgBox "查询错误：" & Err.Description
        iflag = 2
        Resume TransactSQL_Exit
    End Function

    Public Sub TabToEnter(Key As Integer)
        If Key = 13 Then                            ' 判断是否为回车键
        SendKeys "{TAB}"                            ' 转换为 Tab 键
        End If
    End Sub

    Sub main()
        Dim fLogin As New frmLogin
        fLogin.Show vbModual                        ' 显示窗体
    End Sub
```

9.5 代码设计

在主窗体添加完菜单之后，就要为各个子菜单创建事件处理程序。

9.5.1 主窗体代码

在本项目中，子菜单事件都是 Click 事件，这里先给出主窗体部分的代码。

下面是响应“增加用户”子菜单 Click 事件，调出增加用户窗体代码。

```
Private Sub add_user_Click()
frmAdduser.Show
End Sub
```

下面是响应“添加其他出勤信息”子菜单 Click 事件，调出添加其他出勤信息窗体代码。

```
Private Sub AddOtherKQ_Click()                          ' 添加其他出勤信息
    flag = 1
    frmOtherKQ.Show
```

```
    frmOtherKQ.ZOrder 0
End Sub
```

其余的相似。

9.5.2 各子窗体的代码

在各个子窗体建立好后，就可以根据各个子窗体的功能给它们添加相应代码了。

(1) 学生基本信息子窗体代码

本窗体用来显示学生基本信息，用 ADO 来连接数据库，是本窗体的重点。采用 MDI 的子程序，所以运行后，它出现在主程序的界面下，如图 9-35 所示。

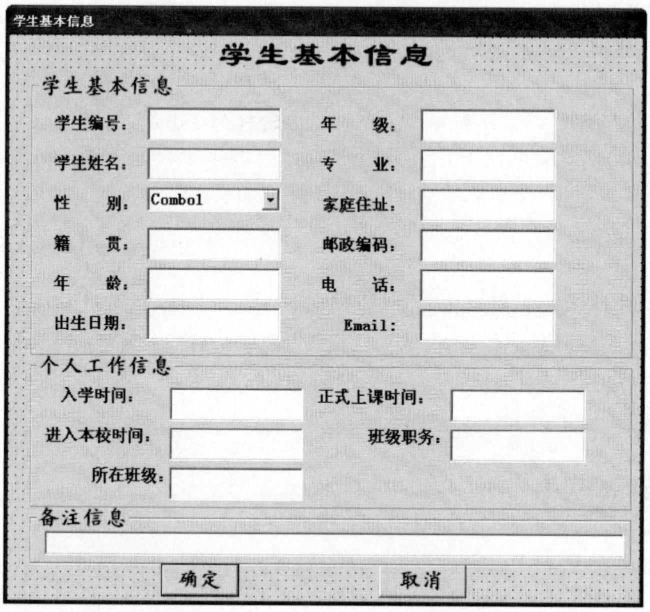

图 9-35 学生基本信息子窗体

“确定”按钮要求先填写基本信息，然后与数据库信息比较。

```
Private Sub cmdOK_Click()
    Dim sql As String
    Dim temp As String
    Dim num As Integer
    Dim rs As New ADODB.Recordset
    If Trim(Me.StuffName) = "" Then                    ' 判断学生姓名是否为空
        MsgBox "请输入学生姓名！", vbOKOnly + vbExclamation, "警告！"
        Me.StuffName.SetFocus
        Exit Sub
    End If
```

```
If Trim(Me.Age) = "" Then                              ' 判断年龄是否为空
    MsgBox "请输入学生年龄！", vbOKOnly + vbExclamation, "警告！"
    Me.Age.SetFocus
    Exit Sub
End If
If Trim(Me.Birthday) = "" Then                         ' 判断生日是否为空
    MsgBox "请输入学生生日！", vbOKOnly + vbExclamation, "警告！"
    Me.Birthday.SetFocus
    Exit Sub
End If
If Trim(Me.Dept) = "" Then                             ' 判断部门是否为空
MsgBox "请输入学生所在部门！", vbOKOnly + vbExclamation, "警告！"
    Me.Dept.SetFocus
    Exit Sub
End If
If Trim(Me.Position) = "" Then                         ' 判断职务是否为空
MsgBox "请输入员工学生职务！", vbOKOnly + vbExclamation, "警告！"
    Me.Position.SetFocus
Exit Sub
End If
If Not IsDate(Me.Birthday) Then                        ' 判断生日的格式
    MsgBox "生日请按照(yyyy-mm-dd)方式输入！", vbOKOnly + vbExclamation, "警告！"
    Me.Birthday.SetFocus
    Exit Sub
    Else
    Me.Birthday = Format(Me.Birthday, "yyyy-mm-dd")
    End If
If Not IsDate(Me.WorkTime) Then                        ' 判断入学时间的格式
    MsgBox "入学时间请按照(yyyy-mm-dd)方式输入！", vbOKOnly + vbExclamation, "警告！"
    Me.WorkTime.SetFocus
    Exit Sub
Else
    Me.WorkTime = Format(Me.WorkTime, "yyyy-mm-dd")
End If
If Not IsDate(Me.InTime) Then                          ' 判断加入本校时间格式
    MsgBox "进入本校时间请按照(yyyy-mm-dd)方式输入！",
                                  vbOKOnly + vbExclamation, "警告！"
    Me.InTime.SetFocus
    Exit Sub
Else
    Me.InTime = Format(Me.InTime, "yyyy-mm-dd")
End If
If Not IsDate(Me.PayTime) Then                         ' 判断正式上课时间格式
```

```
        MsgBox "正式上课时间请按照(yyyy-mm-dd)方式输入！",
                vbOKOnly + vbExclamation, "警告！"
        Me.PayTime.SetFocus
        Exit Sub
    Else
        Me.PayTime = Format(Me.PayTime, "yyyy-mm-dd")
    End If
    If flag = 1 Then                                    ' 添加操作
        sql = "select * from StuffInfo where SName='" & Trim(Me.StuffName)
        sql = sql & "' and SGender='" & Gender.Text & "' and SBirthday='"
        sql = sql & Trim(Me.Birthday) & "' and SDept='" & Trim(Me.Dept)
        sql = sql & "' and SPosition='" & Trim(Me.Position) & "'"
        Set rs = TransactSQL(sql)
        If rs.EOF = False Then                          ' 判断是否已经存在该学生记录
            MsgBox "已经存在这个学生的记录！", vbOKOnly + vbExclamation, "警告！"
            Me.StuffName.SetFocus
            Me.StuffName.SelStart = 0
            rs.Close
        Else
        Call addNewRecord
        MsgBox "记录已经成功添加！", vbOKOnly + vbExclamation, "添加结果！"
        sql = "update PersonNum set Num= Num+1"   ' 计数器加 1
        TransactSQL (sql)
        sql = "select * from PersonNum"                 ' 学生编号初始化
        Set rs = TransactSQL(sql)
        num = rs(0)
        num = num + 1
        temp = Right(Format(100000000 + num), 7)
        Me.ID = "P" & temp
        rs.Close
        Call init
        sql = "select * from StuffInfo"                 ' 显示信息列表
        frmResult.createList (sql)
        frmResult.Show
        frmResult.ZOrder 0
        Me.ZOrder 0                                     ' 显示窗体继续添加
        End If
    ElseIf flag = 2 Then                                ' 修改操作
        sql = "update StuffInfo set SGender='" & Gender.Text & "',SPlace='"
        sql = sql & Trim(Me.Place) & "', SAge=" & Trim(Me.Age)
        sql = sql & ",SBirthday='" & Trim(Me.Birthday) & "',"
        sql = sql & "SDegree='" & Trim(Me.Degree) & "',"
        sql = sql & "SSpecial='" & Trim(Me.Speciality) & "',"
```

```
            sql = sql & "SAddress='" & Trim(Me.Address) & "',"
            sql = sql & "SCode='" & Trim(Me.Code) & "',"
            sql = sql & "STel='" & Trim(Me.Tel) & "',SEmail='" & Trim(Me.Email) & "',"
            sql = sql & "SWorkTime='" & Trim(Me.WorkTime) & "',"
            sql = sql & "SInTime='" & Trim(Me.InTime) & "',"
            sql = sql & "SDept='" & Trim(Me.Dept) & "',SPayTime='" & Trim(Me.PayTime)
            sql = sql & "',SPosition='" & Trim(Me.Position) & "',"
            sql = sql & "SRemark='" & Trim(Me.Remark) & "' where SID='" & Trim(Me.ID) & "'"
            TransactSQL (sql)
            MsgBox "记录已经成功修改！", vbOKOnly + vbExclamation, "修改结果！"
            Unload Me
            sql = "select * from StuffInfo"
            frmResult.createList (sql)
            frmResult.Show
        End If
    End SubEnd Sub
```

下面是 Form-Load 中的代码：

```
    Private Sub Form_Load()
        Dim rs As New ADODB.Recordset
        Dim sql As String
        Dim num As Integer
        Dim temp As String
        With Gender                                        ' 添加性别选项
            .AddItem "男"
            .AddItem "女"
        End With
        If flag = 1 Then                                   ' 判断为添加信息
            Me.Caption = "添加" + Me.Caption
            Gender.ListIndex = 0
            sql = "select * from PersonNum"
            Set rs = TransactSQL(sql)
            num = rs(0)
            num = num + 1
            temp = Right(Format(10000000 + num), 7)
            Me.ID = "P" & temp
            rs.Close
        ElseIf flag = 2 Then                               ' 判断为修改信息
            Set rs = TransactSQL(gSQL)
            If rs.EOF = False Then
            With rs
                Me.ID = rs(0)
                Me.StuffName = rs(1)
```

```
                Me.Gender = rs(2)
                Me.Place = rs(3)
                Me.Age = rs(4)
                Me.Birthday = rs(5)
                Me.Degree = rs(6)
                Me.Speciality = rs(7)
                Me.Address = rs(8)
                Me.Code = rs(9)
                Me.Tel = rs(10)
                Me.Email = rs(11)
                Me.WorkTime = rs(12)
                Me.InTime = rs(13)
                Me.Dept = rs(14)
                Me.PayTime = rs(15)
                Me.Position = rs(16)
                Me.Remark = rs(17)
            End With
            rs.Close
            Me.Caption = "修改" & Me.Caption
            Me.ID.Enabled = False
            Me.StuffName.Enabled = False
            Else
                MsgBox "目前没有学生！", vbOKOnly + vbExclamation, "警告！"
            End If
        End If
    End Sub
```

下面是初始化代码：

```
    Private Sub init()                                          ' 初始化
            Me.StuffName = ""
            Me.Gender.ListIndex = 0
            Me.Place = ""
            Me.Age = ""
            Me.Birthday = ""
            Me.Degree = ""
            Me.Speciality = ""
            Me.Address = ""
            Me.Code = ""
            Me.Tel = ""
            Me.Email = ""
            Me.WorkTime = ""
            Me.InTime = ""
            Me.Dept = ""
```

```
            Me.PayTime = ""
            Me.Position = ""
            Me.Remark = ""
            Me.StuffName.SetFocus
    End Sub
```

添加记录代码如下：

```
    Private Sub addNewRecord()
        Dim sql As String
        Dim rs As New ADODB.Recordset
        sql = "select * from StuffInfo"
            Set rs = TransactSQL(sql)
            rs.AddNew                                   ' 添加新记录
                rs.Fields(0) = Trim(Me.ID)
                rs.Fields(1) = Trim(Me.StuffName)
                rs.Fields(2) = Gender.Text
                rs.Fields(3) = Trim(Me.Place)
                rs.Fields(4) = Trim(Me.Age)
                rs.Fields(5) = Trim(Me.Birthday)
                rs.Fields(6) = Trim(Me.Degree)
                rs.Fields(7) = Trim(Me.Speciality)
                rs.Fields(8) = Trim(Me.Address)
                rs.Fields(9) = Trim(Me.Code)
                rs.Fields(10) = Trim(Me.Tel)
                rs.Fields(11) = Trim(Me.Email)
                rs.Fields(12) = Trim(Me.WorkTime)
                rs.Fields(13) = Trim(Me.InTime)
                rs.Fields(14) = Trim(Me.Dept)
                rs.Fields(15) = Trim(Me.PayTime)
                rs.Fields(16) = Trim(Me.Position)
                rs.Fields(17) = Trim(Me.Remark)
            rs.Update
            rs.Close
    End Sub
```

“取消”按钮代码如下：

```
    Private Sub cmdCancel_Click()
        Unload Me
        Exit Sub
    End Sub
```

(2) 学生调动信息子窗体代码

本窗体用来显示学生调动信息，用 ADO 来连接数据库，是本窗体的重点。采用 MDI 的子程序，所以运行后，它出现在主程序的界面下，如图 9-36 所示。

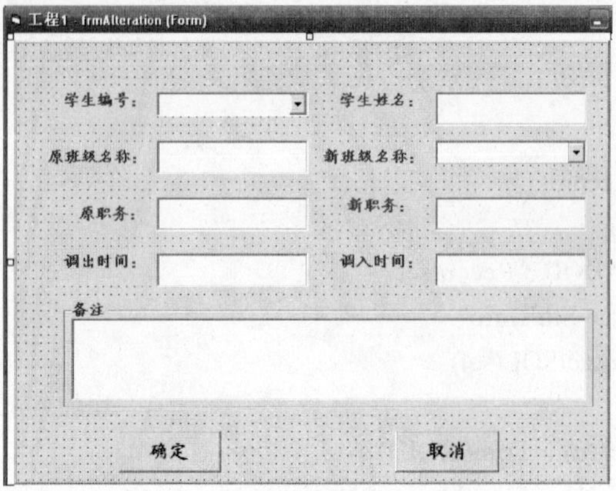

图 9-36 学生调动信息子窗体

声明部分：

```
Option Explicit
Public str1 As String                                    ' 保存修改时的 SQL 语句
Public ID As Integer                                     ' 保存记录编号
Private baddflag As Boolean

Private Sub AID_KeyDown(KeyCode As Integer, Shift As Integer)
    TabToEnter KeyCode
End Sub

Private Sub AID_LostFocus()
    Dim sql As String
    Dim rs As New ADODB.Recordset
    sql = "select SName,SDept,SPosition from StuffInfo where SID='" & Me.AID.Text & "'"
    Set rs = TransactSQL(sql)
    If rs.EOF = False Then
        Me.AName = rs(0)                                 ' 初始化学生姓名
        Me.AOldDept = rs(1)
        Me.AOldPosition = rs(2)
    Else
        MsgBox "学生编号输入错误，或者没有这个学生！", vbOKOnly + vbExclamation, "警告！"
        Me.AID = ""
        Me.AID.SetFocus
        Me.AID.ListIndex = 0
    End If
    rs.Close
End Sub
```

```
Private Sub cmdCancel_Click()
    Unload Me
    Exit Sub
End Sub

Private Sub checkinput()
    If Me.ANewPosition = "" Then
            MsgBox "请输入新的职务！", vbOKOnly + vbExclamation, "警告！"
            Me.ANewPosition.SetFocus
        ElseIf Me.AOutTime = "" Or IsDate(Me.AOutTime) = False Then
            MsgBox "请输入正确的调出时间！", vbOKOnly + vbExclamation, "警告！"
            Me.AOutTime = ""
            Me.AOutTime.SetFocus
        ElseIf Me.AInTime = "" Or IsDate(Me.AInTime) = False Then
            MsgBox "请输入正确的调入时间！", vbOKOnly + vbExclamation, "警告！"
            Me.AInTime = ""
            Me.AInTime.SetFocus
        Else
            baddflag = True
    End If
End Sub

Private Sub cmdOK_Click()
    Dim sql As String
    Dim rs As New ADODB.Recordset
    baddflag = False
    Call checkinput
    If baddflag = True Then
    If flag = 1 Then                                          ' 添加记录
        'Call checkinput
        sql = "select * from AlterationInfo"
        Set rs = TransactSQL(sql)
        rs.AddNew
        rs.Fields(1) = Me.AID
        rs.Fields(2) = Me.AName
        rs.Fields(3) = Me.AOldDept
        rs.Fields(4) = Me.ANewDept
        rs.Fields(5) = Me.AOldPosition
        rs.Fields(6) = Me.ANewPosition
        rs.Fields(7) = Me.AOutTime
        rs.Fields(8) = Me.AInTime
        rs.Fields(9) = Me.ARemark
        rs.Update
```

```
            rs.Close
            sql = "update StuffInfo set SDept='" & Me.ANewDept & "', SPosition='"
            sql = sql & Me.ANewPosition & "' where SID='" & Me.AID & "'"
            TransactSQL (sql)
            MsgBox "已经添加调动信息！", vbOKOnly + vbExclamation, "添加结果！"
            sql = "select * from AlterationInfo order by ID"
            frmAlterationResult.Adodc1.ConnectionString =
                "Provider=Microsoft.Jet.OLEDB.4.0;Data Source=" + App.Path + "\Person.mdb"
            frmAlterationResult.Adodc1.RecordSource = sql
            If sql <> "" Then
                frmAlterationResult.Adodc1.Refresh
            End If
            Set frmAlterationResult.DataGrid1.DataSource =
               frmAlterationResult.Adodc1.Recordset
            frmAlterationResult.DataGrid1.Refresh
            frmAlterationResult.Show
            frmAlterationResult.ZOrder 0
            Call init
            Me.ZOrder 0
        Else                                                        ' 修改记录
            'Call checkinput
            sql = "update StuffInfo set SDept='" & Me.ANewDept & "', SPosition='"
            sql = sql & Me.ANewPosition & "' where SID='" & Me.AID & "'"
            TransactSQL (sql)
            sql = "update AlterationInfo set AOldDept='" & Me.AOldDept & "',ANewDept='"
            sql = sql & Me.ANewDept & "',AOldPosition='" & Me.AOldPosition
            sql = sql & "',ANewPosition='" & Me.ANewPosition & "',AOutTime=#" & Me.AOutTime
            sql = sql & "#,AInTime=#" & Me.AInTime & "# where ID=" & ID
            TransactSQL (sql)
            MsgBox "已经修改信息！", vbOKOnly + vbExclamation, "修改结果！"
            Unload Me
            sql = "select * from AlterationInfo order by ID"
            With frmAlterationResult.Adodc1                         ' 重新设置记录集
                .RecordSource = sql
                .Refresh
            End With
            With frmAlterationResult.DataGrid1                      ' 重新绑定记录集
                .ReBind
            End With
            frmAlterationResult.Show
            frmAlterationResult.ZOrder 0
        End If
        End If
    End Sub
```

```
Private Sub Form_Load()
    Dim sql As String
    Dim rs As New ADODB.Recordset
    Dim firstname As String
    If flag = 1 Then
        sql = "select SID,SName,SDept,SPosition from StuffInfo order by SID"
        Set rs = TransactSQL(sql)
        If rs.EOF = False Then
            rs.MoveFirst
            Me.AName = rs(1)
            Me.AOldDept = rs(2)
            Me.AOldPosition = rs(3)
            While Not rs.EOF
                Me.AID.AddItem rs(0)
                rs.MoveNext
            Wend
            rs.Close
            Me.AID.ListIndex = 0
        End If
        sql = "select distinct SDept from StuffInfo"
        Set rs = TransactSQL(sql)
        If rs.EOF = False Then
            rs.MoveFirst
            While Not rs.EOF
                Me.ANewDept.AddItem rs(0)
                rs.MoveNext
            Wend
            rs.Close
            Me.ANewDept.ListIndex = 0
        End If
        Me.AOutTime = Date
        Me.AInTime = Date
    End If
End Sub

Private Sub init()
    Dim sql As String
    Dim rs As New ADODB.Recordset
    Dim firstname As String
    sql = "select SID,SName,SDept,SPosition from StuffInfo order by SID"
    Set rs = TransactSQL(sql)
    If rs.EOF = False Then
        rs.MoveFirst
```

```
            Me.AName = rs(1)
            Me.AOldDept = rs(2)
            Me.AOldPosition = rs(3)
            While Not rs.EOF
                Me.AID.AddItem rs(0)
                rs.MoveNext
            Wend
            rs.Close
            Me.AID.ListIndex = 0
        End If
        sql = "select distinct SDept from StuffInfo"
        Set rs = TransactSQL(sql)
        If rs.EOF = False Then
            rs.MoveFirst
            While Not rs.EOF
                Me.ANewDept.AddItem rs(0)
                rs.MoveNext
            Wend
            rs.Close
            Me.ANewDept.ListIndex = 0
        End If
        Me.AOutTime = Date
        Me.AInTime = Date
        Me.ANewPosition = ""
    End Sub
```

(3) 出勤信息子窗体代码

本窗体用来查询学生出勤信息，用 ADO 来连接数据库，采用 MDI 的子程序。当查询出勤信息时，查询出勤结果将列出表格，如图 9-37 所示。

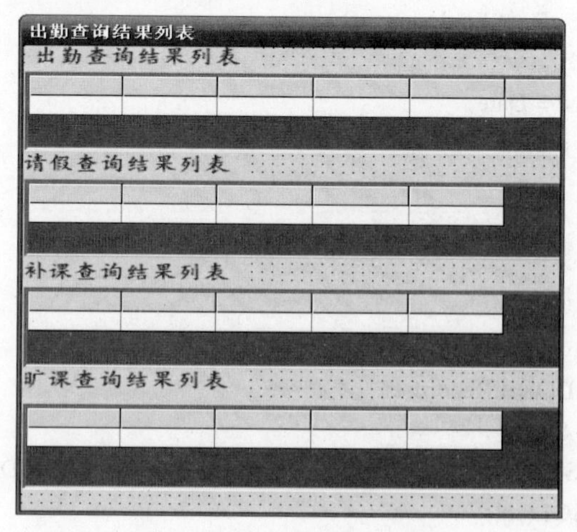

图 9-37　出勤信息子窗体

代码如下：

```
Option Explicit                    通用(声明)

Public Sub ATopic()
    Dim i As Integer
    With Arecordlist                                    ' 设置表头
        .TextMatrix(0, 0) = "记录编号"
        .TextMatrix(0, 1) = "学生编号"
        .TextMatrix(0, 2) = "学生姓名"
        .TextMatrix(0, 3) = "出勤日期"
        .TextMatrix(0, 4) = "进出标志"
        .TextMatrix(0, 5) = "上学时间"
        .TextMatrix(0, 6) = "下学时间"
        .TextMatrix(0, 7) = "迟到次数"
        .TextMatrix(0, 8) = "早退次数"
        For i = 0 To 8                                  ' 设置所有表格对齐方式
            .ColAlignment(i) = 4
        Next i
        For i = 0 To 8                                  ' 设置每列宽度
            .ColWidth(i) = 1500
        Next i
    End With
End Sub
```

设置表中要放置的数据。

```
Public Sub ShowAResult(query As String)
    Dim rsAttendance As New ADODB.Recordset
    Set rsAttendance = TransactSQL(query)
    If rsAttendance.EOF = False Then
    With Arecordlist
        .Rows = 1
        While Not rsAttendance.EOF
            .Rows = .Rows + 1
            .TextMatrix(.Rows - 1, 0) = rsAttendance(0)
            .TextMatrix(.Rows - 1, 1) = rsAttendance(1)
            .TextMatrix(.Rows - 1, 2) = rsAttendance(2)
            .TextMatrix(.Rows - 1, 3) = rsAttendance(3)
            .TextMatrix(.Rows - 1, 4) = rsAttendance(4)
            If IsNull(rsAttendance(5)) = True Then
            .TextMatrix(.Rows - 1, 5) = ""
            Else
            .TextMatrix(.Rows - 1, 5) = rsAttendance(5)
```

```
                    End If
                    If IsNull(rsAttendance(6)) = True Then
                    .TextMatrix(.Rows - 1, 6) = ""
                    Else
                    .TextMatrix(.Rows - 1, 6) = rsAttendance(6)
                    End If
                    .TextMatrix(.Rows - 1, 7) = rsAttendance(7)
                    .TextMatrix(.Rows - 1, 8) = rsAttendance(8)
                    rsAttendance.MoveNext
                Wend
            End With
            rsAttendance.Close
            End If
        End Sub
        Public Sub LTopic()
            Dim i As Integer
            With LRecordList                                    ' 设置请假信息列表表头
                .TextMatrix(0, 0) = "记录编号"
                .TextMatrix(0, 1) = "学生姓名"
                .TextMatrix(0, 2) = "病假天数"
                .TextMatrix(0, 3) = "事假天数"
                .TextMatrix(0, 4) = "开始时间"
                For i = 0 To 4                                  ' 设置对齐方式
                    .ColAlignment(i) = 4
                Next i
                For i = 0 To 4                                  ' 设置列宽
                    .ColWidth(i) = 1500
                Next i
            End With
        End Sub

        Public Sub ShowLResult(query As String)                 ' 显示请假信息
            Dim rsLeave As New ADODB.Recordset
            Set rsLeave = TransactSQL(query)
            If rsLeave.EOF = False Then
            With LRecordList
                .Rows = 1
                While Not rsLeave.EOF
                    .Rows = .Rows + 1
                    .TextMatrix(.Rows - 1, 0) = rsLeave(0)
                    .TextMatrix(.Rows - 1, 1) = rsLeave(1)
                    .TextMatrix(.Rows - 1, 2) = rsLeave(2)
                    .TextMatrix(.Rows - 1, 3) = rsLeave(3)
```

```
            .TextMatrix(.Rows - 1, 4) = rsLeave(4)
            rsLeave.MoveNext
        Wend
        rsLeave.Close
    End With
    End If
End Sub

Public Sub OTopic()
    Dim i As Integer
    With ORecordList                                    ' 设置补课信息列表表头
        .TextMatrix(0, 0) = "记录编号"
        .TextMatrix(0, 1) = "学生姓名"
        .TextMatrix(0, 2) = "特殊补课天数"
        .TextMatrix(0, 3) = "正常补课天数"
        .TextMatrix(0, 4) = "补课时间"
        For i = 0 To 4                                  ' 设置对齐方式
            .ColAlignment(i) = 4
        Next i
        For i = 0 To 4                                  ' 设置列宽
            .ColWidth(i) = 1800
        Next i
    End With
End Sub

Public Sub ShowOResult(query As String)                 '显示补课信息
    Dim rsOvertime As New ADODB.Recordset
    Set rsOvertime = TransactSQL(query)
    If rsOvertime.EOF = False Then
    With ORecordList
        .Rows = 1
        While Not rsOvertime.EOF
            .Rows = .Rows + 1
            .TextMatrix(.Rows - 1, 0) = rsOvertime(0)
            .TextMatrix(.Rows - 1, 1) = rsOvertime(1)
            .TextMatrix(.Rows - 1, 2) = rsOvertime(2)
            .TextMatrix(.Rows - 1, 3) = rsOvertime(3)
            .TextMatrix(.Rows - 1, 4) = rsOvertime(4)
            rsOvertime.MoveNext
        Wend
        rsOvertime.Close
    End With
    End If
```

```
End If
If IDCheck.Value = vbChecked And NameCheck.Value = vbChecked Then
    query = "select * from StuffInfo where SID=' " & Trim(Me.SID)
    query = query & "' and SName='" & Trim(Me.SName) & "'"
End If
If NameCheck.Value = vbChecked And TimeCheck.Value = vbChecked Then
    query = "select * from StuffInfo where SName='" & Trim(Me.SName)
    query = query & "' and SInTime between #" & fromdate
    query = query & "# and #" & todate & "#"
End If
End Sub

Private Sub cmdOK_Click()
        If Trim(Me.SID) = "" And Trim(Me.SName) = "" And TimeCheck.Value <>
                    vbChecked    Then
        MsgBox "请选择查询的条件！", vbOKOnly + vbExclamation, "警告！"
    Else
        Call CombineDate
        Call setSQL
        frmResult.createList (query)
        frmResult.Show
        Unload Me
    End If
End Sub

Private Sub Form_Load()
Dim i As Integer
Dim sql As String
Dim rs As New ADODB.Recordset
sql = "select distinct SInTime from StuffInfo"
Set rs = TransactSQL(sql)
If Not rs.EOF Then
    rs.MoveFirst
While Not rs.EOF
If Not IsNull(rs.Fields(0)) Then                    ' 设置年
    Me.FromYear.AddItem Left(rs(0), 4)
    Me.ToYear.AddItem Left(rs(0), 4)
End If
    rs.MoveNext
Wend
    rs.Close
    Me.FromYear.ListIndex = 0
    Me.ToYear.ListIndex = 0
```

```
End If
For i = 1 To 12                    '设置月
    Me.FromMonth.AddItem i
    Me.ToMonth.AddItem i
Next i
    Me.FromMonth.ListIndex = 0
    Me.ToMonth.ListIndex = 0
End Sub
```

(4) 选择查询条件子窗体代码

选择查询条件子窗体如图 9-38 所示。

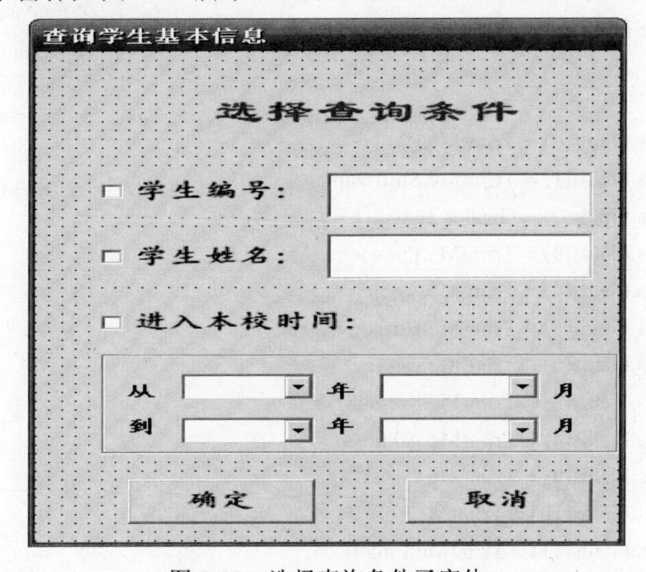

图 9-38 选择查询条件子窗体

代码如下：

```
Option Explicit
Private query As String                              ' 保存 SQL 语句
Private fromdate As String                           ' 起始时间
Private todate As String                             ' 结束时间
Private Sub cmdCancel_Click()
Unload Me
Exit Sub
End Sub

Private Sub CombineDate()                            ' 获得起始和结束时间
fromdate = Me.FromYear.Text & "-" & Me.FromMonth.Text & "-1"
fromdate = Format(Me.FromYear.Text & "-" & Me.FromMonth.Text & "-1", "yyyy-mm-dd")
todate = Me.ToYear.Text & "-" & Me.ToMonth.Text & "-1"
todate = Format(todate, "yyyy-mm-dd")
```

```
End Sub

Private Sub setSQL()                                    '设置 SQL 语句
If IDCheck.Value = vbChecked Then
query = "select * from StuffInfo where SID='" & Trim(Me.SID) & "'"
End If
If NameCheck.Value = vbChecked Then
query = "select * from StuffInfo where SName='" & Trim(Me.SName) & "'"
End If
If TimeCheck.Value = vbChecked Then
query = "select * from StuffInfo where SInTime between #"
query = query & fromdate & "# and    #" & todate & "#"


            rs.Fields(0) = Trim(Me.ID)
            rs.Fields(1) = Trim(Me.StuffName)
            rs.Fields(2) = Gender.Text
            rs.Fields(3) = Trim(Me.Place)
            rs.Fields(4) = Trim(Me.Age)
            rs.Fields(5) = Trim(Me.Birthday)
            rs.Fields(6) = Trim(Me.Degree)
            rs.Fields(7) = Trim(Me.Speciality)
            rs.Fields(8) = Trim(Me.Address)
            rs.Fields(9) = Trim(Me.Code)
            rs.Fields(10) = Trim(Me.Tel)
            rs.Fields(11) = Trim(Me.Email)
            rs.Fields(12) = Trim(Me.WorkTime)
            rs.Fields(13) = Trim(Me.InTime)
            rs.Fields(14) = Trim(Me.Dept)
            rs.Fields(15) = Trim(Me.PayTime)
            rs.Fields(16) = Trim(Me.Position)
            rs.Fields(17) = Trim(Me.Remark)
        rs.Update
        rs.Close
End Sub

Private Sub init()                                    ' 初始化
        Me.StuffName = ""
        Me.Gender.ListIndex = 0
        Me.Place = ""
        Me.Age = ""
        Me.Birthday = ""
        Me.Degree = ""
```

```
        Me.Speciality = ""
        Me.Address = ""
        Me.Code = ""
        Me.Tel = ""
        Me.Email = ""
        Me.WorkTime = ""
        Me.InTime = ""
        Me.Dept = ""
        Me.PayTime = ""
        Me.Position = ""
        Me.Remark = ""
        Me.StuffName.SetFocus
End Sub

Private Sub cmdOK_Click()
    Dim sql As String
    Dim temp As String
    Dim num As Integer
    Dim rs As New ADODB.Recordset
    If Trim(Me.StuffName) = "" Then                       '判断学生姓名是否为空
        MsgBox "请输入学生姓名！", vbOKOnly + vbExclamation, "警告！"
        Me.StuffName.SetFocus
        Exit Sub
    End If
    If Trim(Me.Age) = "" Then                             '判断年龄是否为空
        MsgBox "请输入学生年龄！", vbOKOnly + vbExclamation, "警告！"
        Me.Age.SetFocus
        Exit Sub
    End If
    If Trim(Me.Birthday) = "" Then                        '判断生日是否为空
        MsgBox "请输入学生生日！", vbOKOnly + vbExclamation, "警告！"
        Me.Birthday.SetFocus
        Exit Sub
    End If
    If Trim(Me.Dept) = "" Then                            '判断部门是否为空
        MsgBox "请输入学生所在部门！", vbOKOnly + vbExclamation, "警告！"
        Me.Dept.SetFocus
        Exit Sub
    End If
    If Trim(Me.Position) = "" Then                        '判断职务是否为空
        MsgBox "请输入员工学生职务！", vbOKOnly + vbExclamation, "警告！"
        Me.Position.SetFocus
    Exit Sub
```

```
End If
If Not IsDate(Me.Birthday) Then                      ' 判断生日的格式
    MsgBox "生日请按照(yyyy-mm-dd)方式输入！", vbOKOnly + vbExclamation, "警告！"
    Me.Birthday.SetFocus
    Exit Sub
    Else
    Me.Birthday = Format(Me.Birthday, "yyyy-mm-dd")
    End If
If Not IsDate(Me.WorkTime) Then                      ' 判断入学时间的格式
    MsgBox"入学时间请按照(yyyy-mm-dd)方式输入！", vbOKOnly + vbExclamation, "警告！"
    Me.WorkTime.SetFocus
    Exit Sub
Else
    Me.WorkTime = Format(Me.WorkTime, "yyyy-mm-dd")
End If
If Not IsDate(Me.InTime) Then                        ' 判断加入本校时间格式
    MsgBox "进入本校时间请按照(yyyy-mm-dd)方式输入！", vbOKOnly + vbExclamation, "
                                    警告！"
    Me.InTime.SetFocus
    Exit Sub
Else
    Me.InTime = Format(Me.InTime, "yyyy-mm-dd")
End If
If Not IsDate(Me.PayTime) Then                       ' 判断正式上课时间格式
    MsgBox "正式上课时间请按照(yyyy-mm-dd)方式输入！", vbOKOnly + vbExclamation, "
                                    警告！"
    Me.PayTime.SetFocus
    Exit Sub
Else
    Me.PayTime = Format(Me.PayTime, "yyyy-mm-dd")
End If
If flag = 1 Then                                     ' 添加操作
    sql = "select * from StuffInfo where SName='" & Trim(Me.StuffName)
    sql = sql & "' and SGender='" & Gender.Text & "' and SBirthday='"
    sql = sql & Trim(Me.Birthday) & "' and SDept='" & Trim(Me.Dept)
    sql = sql & "' and SPosition='" & Trim(Me.Position) & "'"
    Set rs = TransactSQL(sql)
    If rs.EOF = False Then                           ' 判断是否已经存在学生记录
        MsgBox "已经存在这个学生的记录！", vbOKOnly + vbExclamation, "警告！"
        Me.StuffName.SetFocus
        Me.StuffName.SelStart = 0
        rs.Close
    Else
```

```
            Call addNewRecord
            MsgBox "记录已经成功添加！ ", vbOKOnly + vbExclamation, "添加结果！"
            sql = "update PersonNum set Num= Num+1"          ' 计数器加 1
            TransactSQL (sql)
            sql = "select * from PersonNum"                  ' 学生编号初始化
            Set rs = TransactSQL(sql)
            num = rs(0)
            num = num + 1
            temp = Right(Format(100000000 + num), 7)
            Me.ID = "P" & temp
            rs.Close
            Call init
            sql = "select * from StuffInfo"                  ' 显示信息列表
            frmResult.createList (sql)
            frmResult.Show
            frmResult.ZOrder 0
            Me.ZOrder 0                                      ' 显示窗体继续添加
            End If
        ElseIf flag = 2 Then                                 ' 修改操作
            sql = "update StuffInfo set SGender='" & Gender.Text & "',SPlace='"
            sql = sql & Trim(Me.Place) & "', SAge=" & Trim(Me.Age)
            sql = sql & ",SBirthday='" & Trim(Me.Birthday) & "',"
            sql = sql & "SDegree='" & Trim(Me.Degree) & "',"
            sql = sql & "SSpecial='" & Trim(Me.Speciality) & "',"
            sql = sql & "SAddress='" & Trim(Me.Address) & "',"
            sql = sql & "SCode='" & Trim(Me.Code) & "',"
            sql = sql & "STel='" & Trim(Me.Tel) & "',SEmail='" & Trim(Me.Email) & "',"
            sql = sql & "SWorkTime='" & Trim(Me.WorkTime) & "',"
            sql = sql & "SInTime='" & Trim(Me.InTime) & "',"
            sql = sql & "SDept='" & Trim(Me.Dept) & "',SPayTime='" & Trim(Me.PayTime)
            sql = sql & "',SPosition='" & Trim(Me.Position) & "',"
            sql = sql & "SRemark='" & Trim(Me.Remark) & "' where SID='" & Trim(Me.ID) & "'"
            TransactSQL (sql)
            MsgBox "记录已经成功修改！ ", vbOKOnly + vbExclamation, "修改结果！ "
            Unload Me
            sql = "select * from StuffInfo"
            frmResult.createList (sql)
            frmResult.Show
        End If
End Sub

Private Sub Form_Load()
    Dim rs As New ADODB.Recordset
```

```
Dim sql As String
Dim num As Integer
Dim temp As String
With Gender                                          ' 添加性别选项
    .AddItem "男"
    .AddItem "女"
End With
If flag = 1 Then                                     ' 判断为添加信息
    Me.Caption = "添加" + Me.Caption
    Gender.ListIndex = 0
    sql = "select * from PersonNum"
    Set rs = TransactSQL(sql)
    num = rs(0)
    num = num + 1
    temp = Right(Format(10000000 + num), 7)
    Me.ID = "P" & temp
    rs.Close
ElseIf flag = 2 Then                                 ' 判断为修改信息
    Set rs = TransactSQL(gSQL)
    If rs.EOF = False Then
    With rs
        Me.ID = rs(0)
        Me.StuffName = rs(1)
        Me.Gender = rs(2)
        Me.Place = rs(3)
        Me.Age = rs(4)
        Me.Birthday = rs(5)
        Me.Degree = rs(6)
        Me.Speciality = rs(7)
        Me.Address = rs(8)
        Me.Code = rs(9)
        Me.Tel = rs(10)
        Me.Email = rs(11)
        Me.WorkTime = rs(12)
        Me.InTime = rs(13)
        Me.Dept = rs(14)
        Me.PayTime = rs(15)
        Me.Position = rs(16)
        Me.Remark = rs(17)
    End With
    rs.Close
    Me.Caption = "修改" & Me.Caption
    Me.ID.Enabled = False
```

```
            Me.StuffName.Enabled = False
        Else
            MsgBox "目前没有学生！", vbOKOnly + vbExclamation, "警告！"
        End If
    End If
End Sub
```

到这里，这几个窗体和其代码都介绍完了。

第10章

汽车销售管理系统

汽车销售管理系统是典型的信息管理系统(MIS)，其开发主要包括后台数据库的建立和维护，以及前端应用程序的开发两个方面。对于前者，要求建立起数据一致性和完整性强、数据安全性好的库。而对于后者，则要求应用程序具有功能完备、易使用等特点。

随着科学技术的不断提高，计算机科学日渐成熟，其强大的功能已被人们深刻认识。它已进入人类社会的各个领域并发挥着越来越重要的作用。作为计算机应用的一部分，使用计算机对汽车销售信息进行管理，具有手工管理所无法比拟的优点。例如，检索迅速、查找方便、可靠性高、存储量大、保密性好、寿命长、成本低等。这些优点能够极大地提高汽车销售管理的效率，也使得企业可以进行科学化、正规化管理，这是与世界接轨的重要条件。

本章将以开发一套汽车销售管理系统为例，介绍其基本方法。

10.1　需求分析

现某汽车销售公司需要管理其各种信息，希望实现办公的信息化，通过建立一个汽车销售管理系统来管理企业。该系统完成的功能主要如下：

(1) 能够实现对入库及销售信息的各种查询，包括逐个浏览，以及对入库及销售信息的增加、删除和编辑操作。另外，可以根据输入的信息来检索某车辆的信息。

(2) 根据车辆信息进行汇总。

(3) 另外，管理人员也可以直接增加和删除用户信息。系统还可以提供一定的附加功能来方便用户。

系统的功能模块图如图 10-1 所示。

本实例根据功能模块图设计规划出的实体有入库管理实体、车辆资料实体、销售管理实体。各个实体具体的描述 E-R 图如下。

入库管理实体 E-R 图如图 10-2 所示。

销售管理实体 E-R 图如图 10-3 所示。

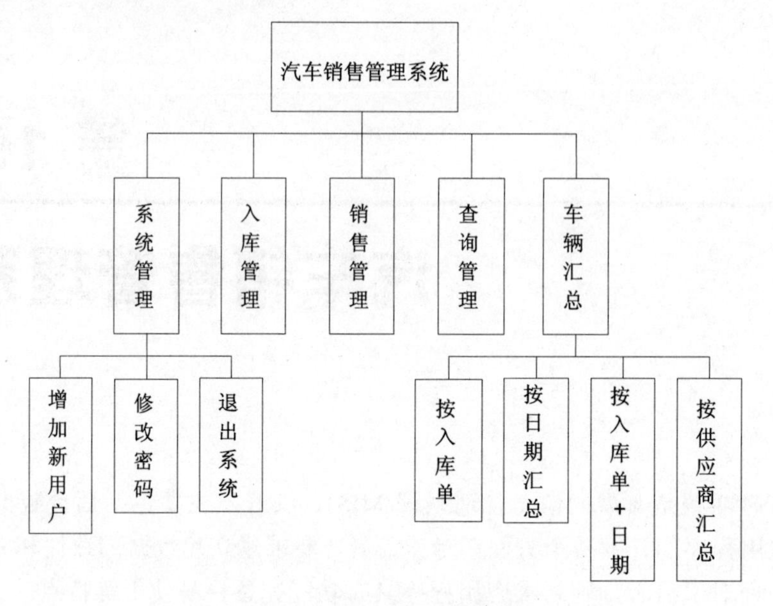

图 10-1 系统的功能模块图

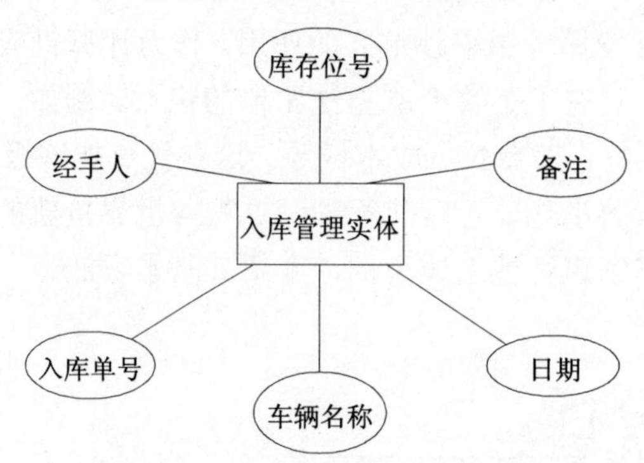

图 10-2 入库管理实体 E-R 图

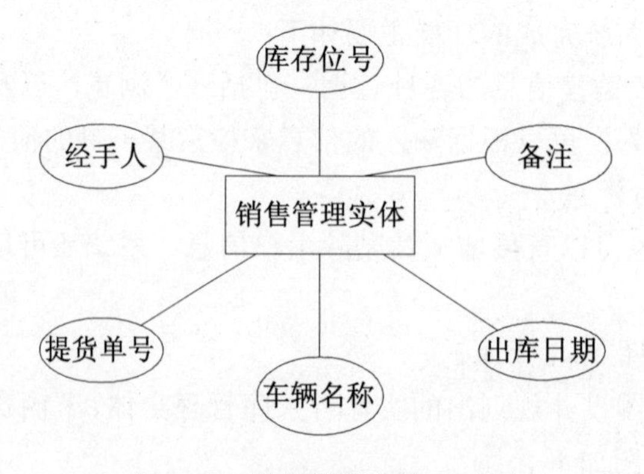

图 10-3 销售管理实体 E-R 图

车辆资料实体 E-R 图如图 10-4 所示。

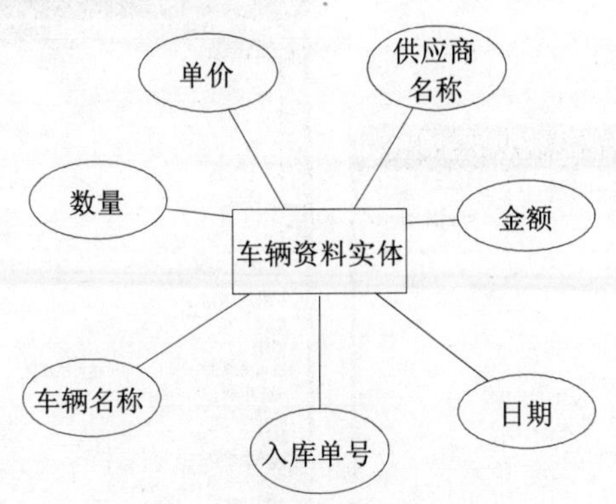

图 10-4　车辆资料实体 E-R 图

10.2　结构设计

根据需求，设计好数据库系统，然后开发应用程序可以考虑的窗体的系统。每一个窗体实现不同的功能，可以设计下面的几个模块。

- 入库管理模块：用来实现对入库单的增加、删除和修改等操作。
- 销售管理模块：用来实现对销售单的增加、删除和修改等操作。
- 查询管理模块：用来实现对车辆的浏览和查询。
- 系统管理模块：用来实现用户的增加、删除和修改等操作。
- 车辆汇总模块：根据实际情况查询相应的车辆信息。

各个模块的流程比较简单，这里就不再详细展开，在后面的程序实现中再具体进行介绍。

10.3　数据库设计

数据库技术是信息资源管理最有效的手段。数据库设计是指对于一个给定的应用环境，构造最优的数据库模式，建立数据库及其应用系统，有效存储数据，满足用户信息要求和处理要求。这里的数据库采用 Access，用 ADO 作为连接数据对象。

10.3.1　建立 Access 数据库

启动 Access，建立一个空的数据库 carshale.mdb，如图 10-5 所示。

使用程序设计器建立系统需要的表格如下。

车辆名称表，如图 10-6 所示。

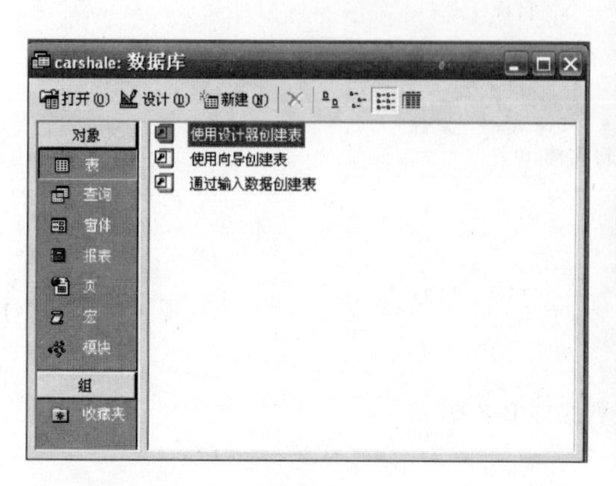

图 10-5 建立数据库 carshale.mdb

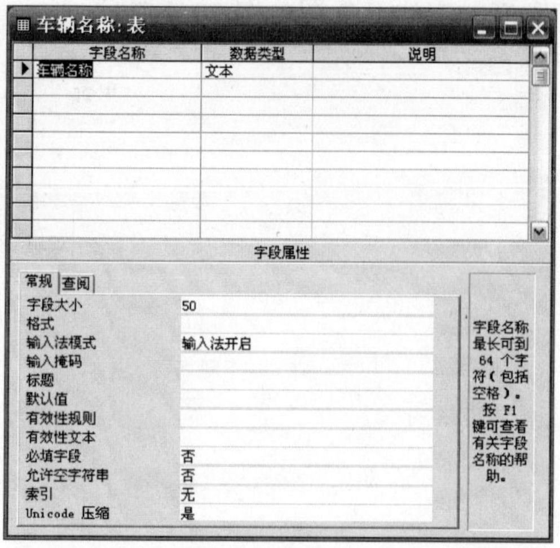

车辆名称:表

字段名称	数据类型	说明
车辆名称	文本	

字段属性

常规 | 查阅

字段大小	50
格式	
输入法模式	输入法开启
输入掩码	
标题	
默认值	
有效性规则	
有效性文本	
必填字段	否
允许空字符串	否
索引	无
Unicode 压缩	是

字段名称最长可到 64 个字符(包括空格)。按 F1 键可查看有关字段名称的帮助。

图 10-6 车辆名称表

车辆资料表，如图 10-7 所示。

入库单表，如图10-8所示。

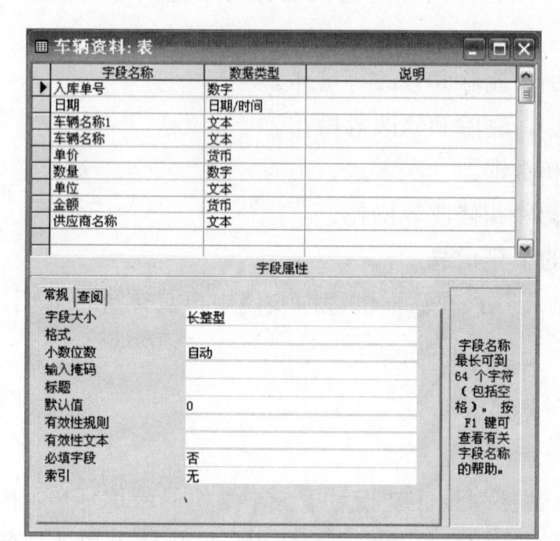

图 10-7 车辆资料表

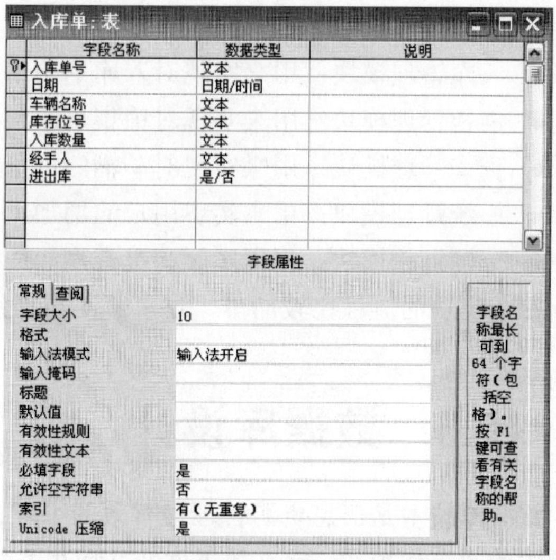

入库单:表

字段名称	数据类型	说明
入库单号	文本	
日期	日期/时间	
车辆名称	文本	
库存位号	文本	
入库数量	文本	
经手人	文本	
进出库	是/否	

字段属性

常规 | 查阅

字段大小	10
格式	
输入法模式	输入法开启
输入掩码	
标题	
默认值	
有效性规则	
有效性文本	
必填字段	是
允许空字符串	否
索引	有(无重复)
Unicode 压缩	是

字段名称最长可到 64 个字符(包括空格)。按 F1 键可查看有关字段名称的帮助。

图 10-8 入库单表

供应商名称表，如图 10-9 所示。

系统管理表，如图 10-10 所示。

销售单表，如图 10-11 所示。

图 10-9　供应商名称表

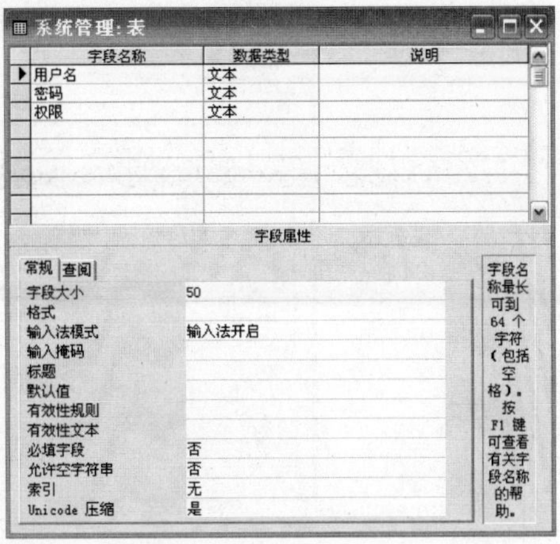

图 10-10　系统管理表

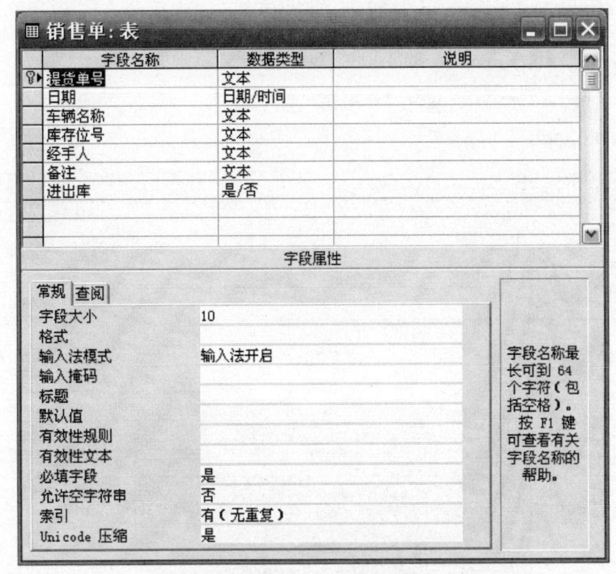

图 10-11　销售单表

10.3.2　连接数据

由于本项目是采用 ADO 对象访问数据库的技术，所以在 VB 中需要添加 ADO 库。添加的方法是在 VB 中选择“工程”→“引用”命令，在对话框中选择 Microsoft ActiveX Data Objects 2.0 Library，单击“确定”按钮，如图 10-12 所示。

在程序设计的公共模块中，先定义 ADO 连接对象。语句如下：

```
Public conn As New ADODB.Connection      ' 标记连接对象
```

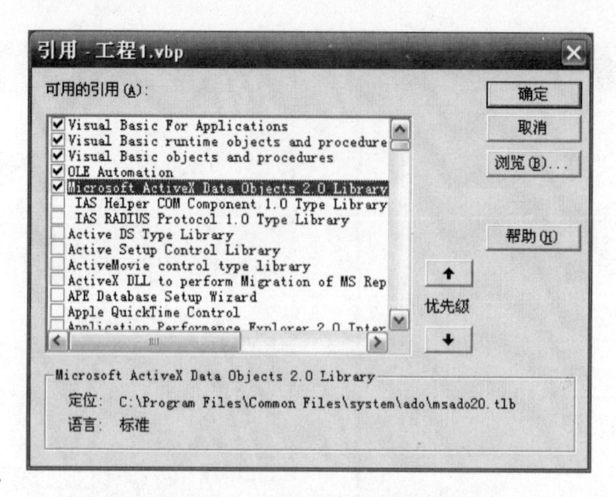

图 10-12　引用 ADO 连接数据库

然后在子程序中，用如下的语句即可打开数据库：

```
Dim connectionstring As String
connectionstring = "provider=Microsoft.Jet.oledb.4.0;" &_
"data source=carshale.mdb"
conn.Open connectionstring
```

10.4　界面设计

设计好的界面如图 10-13 所示。

图 10-13　汽车销售管理系统界面

这是一个多文档界面(MDI)应用程序，可以同时显示多个文档，每个文档显示在各自的窗体中。MDI 应用程序中常有包含子菜单的“窗体”选项，用于在窗体或文档之间进行切换。

菜单应用程序中，有 5 个菜单选项，每个选项对应着 E-R 图的一个子项目。

10.4.1 创建主窗体

首先启动VB，选择“文件”→“新建工程”命令，在工程模板中选择“标准EXE”，Visual Basic 将自动产生一个 Form 窗体，属性都是默认设置。这里删除这个窗体，然后创建一个工程，命名为汽车销售管理系统，选择“工程”→“添加 MDI 窗体”命令，则在项目中添加了主窗体。该窗体的一些属性如表10-1所示。

表10-1 主窗体的属性

属　　性	值
Caption	汽车销售管理系统
StartUpPositon	屏幕中心
Name	MDIForm1
Windowstate	Maxsize

Windowstate 的值为 Maxsize，即程序启动之后自动最大化。

在主窗体中的工具栏中选择菜单编辑器，创建如图10-14所示的菜单结构。

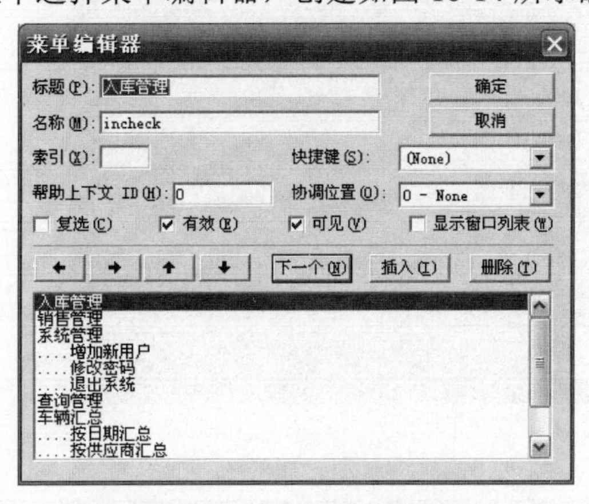

图10-14 主窗体中的菜单结构

将“菜单”组件从“工具箱”拖到窗体上。创建一个 Text 属性设置为“文件”的顶级菜单项，且带有名为“关闭”的子菜单项。类似地创建一些菜单项，如表10-2所示。

表10-2 菜单项表

菜单名称	Text属性	功能描述
MenuItem1	入库管理	调出入库窗体
MenuItem2	销售管理	调出销售窗体
MenuItem3	系统管理	顶级菜单，包含子菜单
MenuItem4	增加新用户	调出用户窗体

(续表)

菜单名称	Text 属性	功能描述
MenuItem5	修改密码	调出密码窗体
MenuItem6	退出系统	退出
MenuItem7	查询管理	调出查询窗体
MenuItem8	车辆汇总	顶级菜单，包含子菜单
MenuItem9	按日期汇总	按日期汇总各种信息
MenuItem10	按供应商汇总	按供应商汇总各种信息
MenuItem11	按入库单	按入库单汇总各种信息
MenuItem12	按入库单+日期	按入库单+日期汇总各种信息

主窗体如图 10-15 所示。

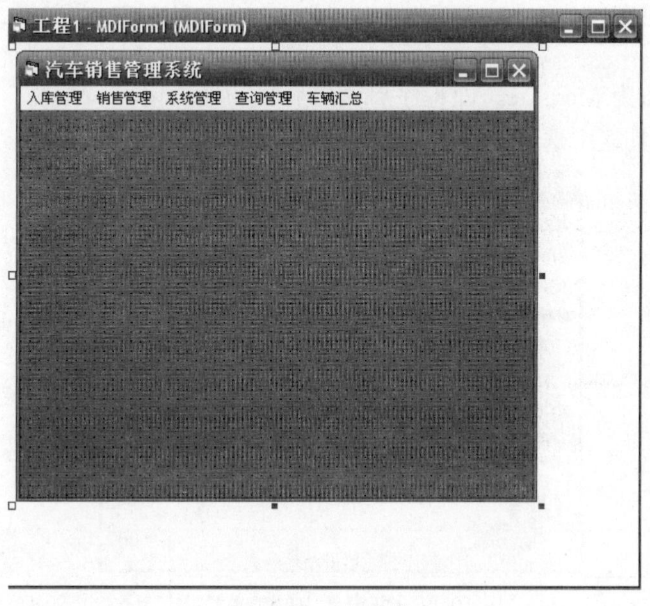

图 10-15　主窗体

10.4.2　创建各子窗体

选择“工程”→“添加窗体”命令，添加子窗体。

在新建 Visual Basic 工程时自带的窗体中，将其属性 MIDChild 改成 True，则这个窗体成为 MID 窗体的子窗体。

在这个项目中，要创建的子窗体如表 10-3 所示。

表 10-3　所有子窗体

子 窗 体 名	Text	子 窗 体 名	Text
入库管理	incheck1	查询管理	frmfind
增加用户	frmadduser	登录	Form1
修改密码	frmchangepwd	库存资料	frmdatamanage
销售管理	sale1	车辆汇总	frmsum

下面分别给出这些子窗体，以及它们所使用的控件。

(1) 入库管理子窗体如图 10-16 所示，其控件如表 10-4 所示。

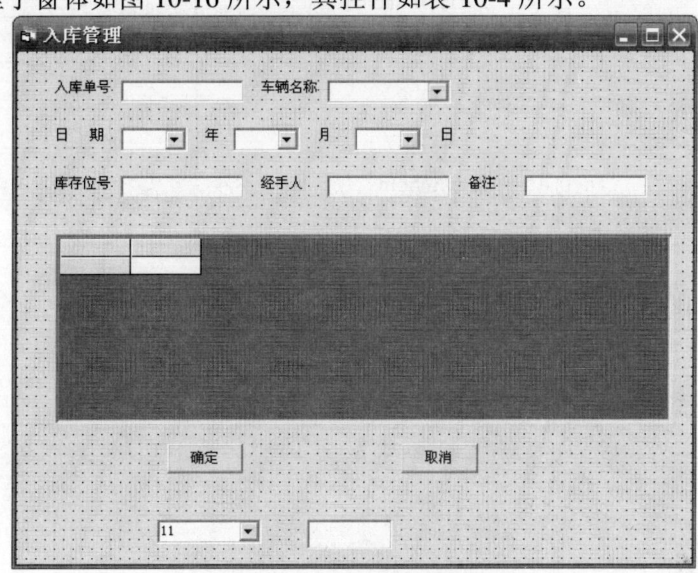

图 10-16　入库管理子窗体

表 10-4　入库管理子窗体控件

控 件 类 别	控件 Name	控件 Text
Label	Label1	入库单号
	Label2	日期
	Label3	车辆名称
	Label4	库存位号
	Label5	备注
	Label6	经手人
	Label7	年
	Label8	月
	Label9	日

(续表)

控 件 类 别	控件 Name	控件 Text
TextBox	Text1	(空)
	Text2	(空)
	Text3	(空)
	Text4	(空)
	Text5	(空)
CommandButton	Command1	确定
	Command2	取消
ComboBox	Cmbo1	(空)
	Cmbo2	11
	Cmboy	(空)
	Cmbom	(空)
	Cmbod	(空)

(2) 增加用户子窗体如图 10-17 所示，其控件如表 10-5 所示。

图 10-17 增加用户子窗体

表 10-5 增加用户子窗体控件

控 件 类 别	控件 Name	控件 Text
Label	Label1	输入用户名
	Label2	输入密码
	Label3	确认密码
	Label4	选择权限
TextBox	Text1	(空)
	Text2	(空)
	Text3	(空)
ComboBox	Comb1	(空)
CommandButton	Commandl	确定
	Command2	取消

(3) 修改密码子窗体如图 10-18 所示，其控件如表 10-6 所示。

图 10-18 修改密码子窗体

表 10-6 修改密码子窗体控件

控 件 类 别	控件 Name	控件 Text
Label	Label1	新密码
	Label2	确认密码
TextBox	Text1	(空)
	Text2	(空)
CommandButton	Command1	确定
	Command2	取消

(4) 库存资料子窗体如图 10-19 所示，其控件如表 10-7 所示。

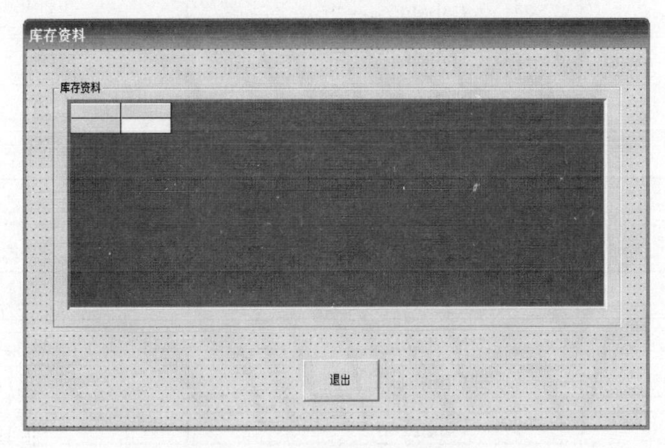

图 10-19 库存资料子窗体

表 10-7 库存资料子窗体控件

控 件 类 别	控件 Name	控件 Text
Frame	Frame1	库存资料
MSFlexGrid	MSFlexGrid1	(空)
CommandButton	Command1	退出

(5) 查询子窗体如图 10-20 所示，其控件如表 10-8 所示。

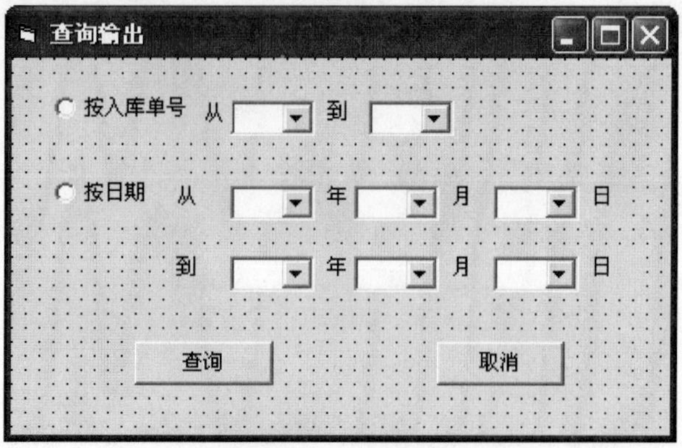

图 10-20 子窗体查询

表 10-8 查询子窗体控件

控件类别	控件 Name	控件 Text
OptionButton	Option1	按入库单号
	Option2	按日期
Label	Label1	从
	Label2	年
	Label3	月
	Label4	日
	Label5	到
	Label6	年
	Label7	月
	Label8	日
Combo(0) CoboBox	Combo1	(空)
Combo(1) CoboBox	Combo1	(空)
Comboy(0) CoboBox	Comboy	(空)
Comboy(1) CoboBox	Comboy	(空)
Combom(0) CoboBox	Combom	(空)
Combom(1) CoboBox	Combom	(空)
Combod(0) CoboBox	Combod	(空)
Combod(1) CoboBox	Combod	(空)
CommandButton	Command1	查询
	Command2	取消

(6) 用户登录子窗体如图 10-21 所示，其控件如表 10-9 所示。

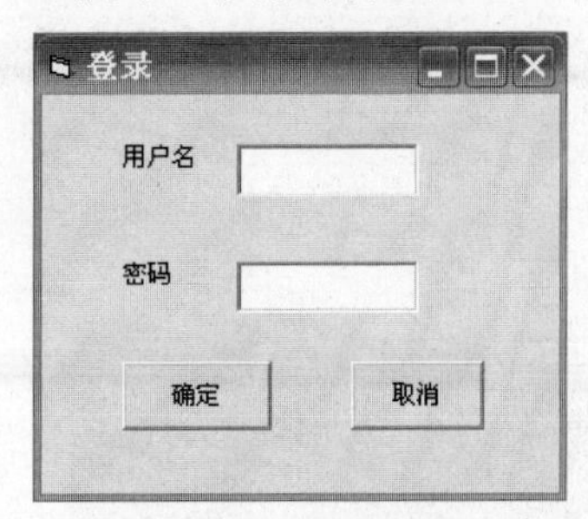

图 10-21　用户登录子窗体

表 10-9　用户登录子窗体控件

控 件 类 别	控件 Name	控件 Text
Label	Label1	用户名
	Label2	密码
TextBox	Text1	(空)
	Text2	(空)
CommandButton	Commandl	确定
	Command2	取消

(7) 车辆汇总子窗体如图 10-22 所示，其控件如表 10-10 所示。

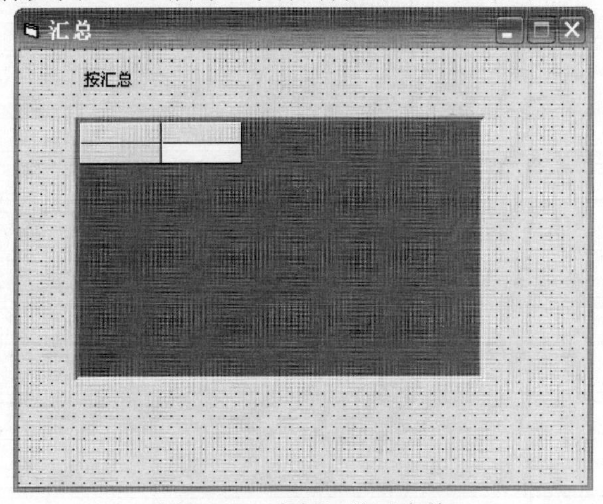

图 10-22　车辆汇总子窗体

表 10-10　车辆汇总子窗体控件

控 件 类 别	控件 Name	控件 Text
Label	Label1	按汇总
MSFlexGrid	MSFlexGrid1	(空)

(8) 销售管理子窗体如图 10-23 所示，其控件如表 10-11 所示。

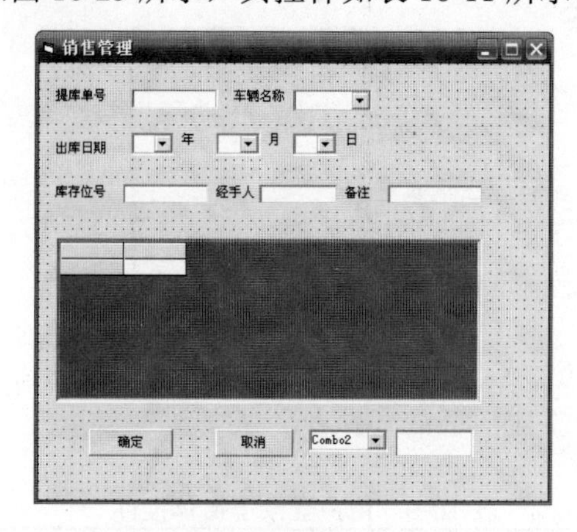

图 10-23　销售管理子窗体

表 10-11　销售管理子窗体控件

控 件 类 别	控件 Name	控件 Text
Label	Label1	提库单号
	Label2	车辆名称
	Label3	出库日期
	Label4	库存位号
	Label5	经手人
	Label6	年
	Label7	月
	Label8	日
	Label9	备注
TextBox	Text1	(空)
	Text2	(空)
	Text3	(空)
	Text4	(空)
	Text5	(空)
CommandButton	Command1	确定
	Command1	取消
ComboBox	Cmbo1	(空)
	Cmbo2	(空)
	Cmboy	(空)
	Cmbom	(空)
	Cmbod	(空)

10.4.3 建立公共模块

公共模块用来存放整个工程项目公用的函数、过程和全局变量等，使用它可以提高代码的效率，同时也使得修改和维护代码都很方便。

创建公共模块的步骤如下：

(1) 在项目资源管理器中为项目添加一个 Module，保存为 Module1.bas。下面就可以开始添加需要的代码了。

(2) 在菜单中选择“工程”→“添加模块”命令，则出现模块对话框，如图 10-24 所示。

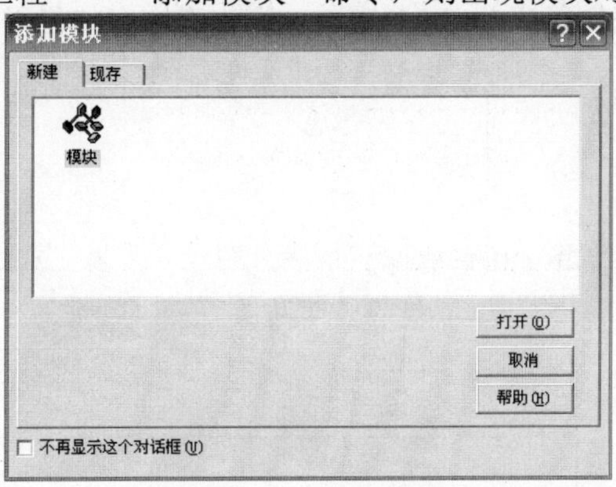

图 10-24 模块对话框

(3) 选择模块图标后，单击“打开”按钮，则模块已经添加到项目中了。默认情况下名为 Module1。

(4) 在模块中定义整个项目的公共变量。

```
Public conn As New ADODB.Connection          '标记连接对象
Public userID As String                      '标记当前用户 ID
Public userpow As String                     '标记用户权限
Public find As Boolean                       '标记查询
Public sqlfind As String                     '查询语句
Public rs_data1 As New ADODB.Recordset
Public findok As Boolean
Public summary_menu As String                '标记汇总种类
Public frmdata As Boolean
Public Const keyenter = 13
```

10.5 代码设计

在主窗体添加完菜单之后，就要为各个子菜单创建事件处理程序。

10.5.1 主窗体代码

在本项目中，子菜单事件都是 Click 事件，这里先给出主窗体部分的代码。

下面是响应“增加用户”子菜单 Click 事件，调出增加用户窗体代码。

```
Private Sub add_user_Click()
frmadduser.Show
End Sub
```

下面是响应“查询管理”子菜单 Click 事件，调出查询窗体代码。

```
Private Sub find_Click()
frmfind.Show
End Sub
```

下面是响应“退出”子菜单 Click 事件。

```
Private Sub exit_Click()
Unload.Me
End Sub
```

下面是响应“入库管理”子菜单 Click 事件，调出入库管理窗体代码。

```
Private Sub incheck_Click()
incheck1.Show
End Sub
```

下面是响应“修改密码”子菜单 Click 事件，调出修改密码窗体代码。

```
Private Sub modify_pw_Click()
frmchangepwd.show
End Sub
```

下面是响应“销售管理”子菜单 Click 事件，调出销售管理窗体代码。

```
Private Sub sale_Click()
sale1.Show
End Sub
```

下面是响应“按日期汇总”子菜单 Click 事件，调出车辆汇总窗体代码。

```
Private Sub summary_date_Click()
summary_menu = "date"
frmsum.Show 1
End Sub
```

下面是响应“按供应商汇总”子菜单 Click 事件，调出车辆汇总窗体代码。

```
Private Sub summary_custom_Click()
summary_menu = "custom"
frmsum.Show 1
End Sub
```

下面是响应“按入库单”子菜单 Click 事件，调出车辆汇总窗体代码。

```
Private Sub summary_ruku_Click()
summary_menu = "check"
frmsum.Show 1
End Sub
```

下面是响应“按入库单+日期”子菜单 Click 事件，调出车辆汇总窗体代码

```
Private Sub summary_date_ruku_Click()
summary_menu = "check_date"
frmsum.Show 1
End Sub
```

10.5.2 各子窗体的代码

在各个子窗体建立好后，就可以根据各个子窗体的功能给它们添加相应代码了。

(1) 入库管理子窗体代码

本窗体用来添加入库的信息，用 ADO 来连接数据库，是本窗体的重点。采用 MDI 的子程序，所以运行后，它出现在主程序的界面下，如图 10-25 所示。

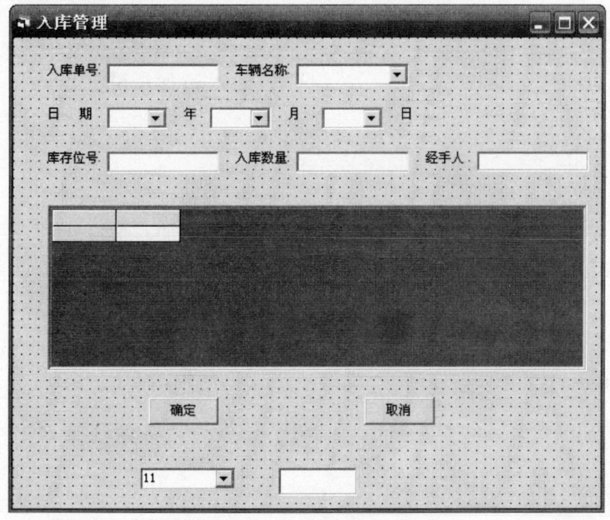

图 10-25 入库管理子窗体

下面的代码定义几个变量。

```
Dim rs_checkname As New ADODB.Recordset          ' 车辆名称对应的数据对象
```

```
Dim rs_custom As New ADODB.Recordset          ' 客户名称对应的数据对象
Const row_num = 10                            ' 表格行数
Const col_num = 6                             ' 表格列数
```

载入窗体时，将自动加入车辆名称和日期信息。代码如下：

```
Private Sub Form_Load()
Dim sql As String
Dim i As Integer
On Error GoTo loaderror
sql = "select * from 车辆名称"
rs_checkname.CursorLocation = adUseClient
rs_checkname.Open sql, conn, adOpenKeyset, adLockPessimistic
sql = "select * from 供应商名称"
rs_custom.CursorLocation = adUseClient
rs_custom.Open sql, conn, adOpenKeyset, adLockPessimistic
While Not rs_custom.EOF
      Combo2.AddItem rs_custom.Fields(0)
      rs_custom.MoveNext
Wend
If Not rs_checkname.EOF Then
   rs_checkname.MoveFirst
   While Not rs_checkname.EOF                     ' 添加可选择的车辆名称
       Combo1.AddItem rs_checkname.Fields(0)
       rs_checkname.MoveNext
   Wend
End If
comboy.AddItem 2000                               ' 添加年份
comboy.AddItem 2001
comboy.AddItem 2002
comboy.AddItem 2003
For i = 1 To 12                                   ' 添加月份
    combom.AddItem i
Next i
For i = 1 To 31                                   ' 添加日期
    combod.AddItem i
Next i
setgrid
setgrid_head
Text5.Visible = False
clear_grid
Exit Sub
loaderror:
```

```
    MsgBox Err.Description
End Sub
```

选择“确定”按钮要求先填写基本信息，然后与数据库信息比较。

```
Private Sub Command1_Click()
Dim rs_save As New ADODB.Recordset
Dim sql As String
Dim i As Integer
Dim s As String
On Error GoTo saveerror
If Trim(Text1.Text) = "" Then
    MsgBox "入库单不能为空!", vbOKOnly + vbExclamation, ""
    Text1.SetFocus
    Exit Sub
End If
If Combo1.Text = "请选择车辆名称" Then
    MsgBox "请选择车辆名称！ ", vbOKOnly + vbExclamation, ""
    Combo1.SetFocus
    Exit Sub
End If
If comboy.Text = "" Then
    MsgBox "请选择年份！ ", vbOKOnly + vbExclamation, ""
    comboy.SetFocus
    Exit Sub
End If
If combom.Text = "" Then
    MsgBox "请选择月份！ ", vbOKOnly + vbExclamation, ""
    combom.SetFocus
    Exit Sub
End If
If combod.Text = "" Then
    MsgBox "请选择日期！ ", vbOKOnly + vbExclamation, ""
    combod.SetFocus
    Exit Sub
End If
If MSFlexGrid1.Col <> 0 Then
    MsgBox "请输入完整的物品信息！ ", vbOKOnly + vbExclamation, ""
    Text5.SetFocus
    Exit Sub
End If
```

下面是数据库比较代码。

```
sql = "select * from 入库单 where 入库单号='" & Text1.Text & "'"
rs_save.Open sql, conn, adOpenKeyset, adLockPessimistic
If rs_save.EOF Then
    rs_save.AddNew
    rs_save.Fields(0) = Trim(Text1.Text)
    rs_save.Fields(1) = CDate(Trim(comboy.Text) & "-" & Trim(combom.Text) & "-" &
                        Trim(combod.Text))
    rs_save.Fields(2) = Trim(Combo1.Text)
    rs_save.Fields(3) = Trim(Text2.Text)
    rs_save.Fields(4) = Trim(Text3.Text)
    rs_save.Fields(5) = Trim(Text4.Text)

    rs_save.Update
    rs_save.Close
Else
    MsgBox "入库单号重复！", vbOKOnly + vbExclamation, ""
    Text1.SetFocus
    Text1.Text = ""
    rs_save.Close
    Exit Sub
End If
sql = "select * from 车辆资料"
rs_save.Open sql, conn, adOpenKeyset, adLockPessimistic
For i = 1 To MSFlexGrid1.Row - 1
    rs_save.AddNew
    rs_save.Fields(0) = Trim(Text1.Text)
    rs_save.Fields(1) = CDate(Trim(comboy.Text) & "-" & Trim(combom.Text) & "-" &
                        Trim(combod.Text))
    rs_save.Fields(2) = Trim(Combo1.Text)
    MSFlexGrid1.Row = i
    MSFlexGrid1.Col = 0
    rs_save.Fields(3) = Trim(MSFlexGrid1.Text)
    MSFlexGrid1.Col = 1
    MSFlexGrid1.Col = 2
    rs_save.Fields(5) = Trim(MSFlexGrid1.Text)
    MSFlexGrid1.Col = 3
    rs_save.Fields(6) = Trim(MSFlexGrid1.Text)
    MSFlexGrid1.Col = 4
    MSFlexGrid1.Col = 5
    rs_save.Fields(8) = Trim(MSFlexGrid1.Text)
Next i
rs_save.Update
```

```
rs_save.Close
MsgBox "添加成功！ ", vbOKOnly + vbExclamation, ""
Unload Me
Exit Sub
saveerror:
    MsgBox Err.Description
End Sub
```

设置表格的子程序代码如下。

```
Public Sub setgrid()
Dim i As Integer
On Error GoTo seterror
MSFlexGrid1.ScrollBars = flexScrollBarBoth
MSFlexGrid1.FixedCols = 0
MSFlexGrid1.Rows = row_num
MSFlexGrid1.Cols = col_num
MSFlexGrid1.SelectionMode = flexSelectionByRow
For i = 0 To row_num - 1
    MSFlexGrid1.RowHeight(i) = 315
Next
For i = 0 To col_num - 1
    MSFlexGrid1.ColWidth(i) = 1300
Next i
Exit Sub
seterror:
      MsgBox Err.Description
End Sub
Public Sub setgrid_head()
On Error GoTo setheaderror
MSFlexGrid1.Row = 0
MSFlexGrid1.Col = 0
MSFlexGrid1.Text = "车辆名称"
MSFlexGrid1.Col = 1
MSFlexGrid1.Text = "   单价"
MSFlexGrid1.Col = 2
MSFlexGrid1.Text = "数量"
MSFlexGrid1.Col = 3
MSFlexGrid1.Text = "单位"
MSFlexGrid1.Col = 4
MSFlexGrid1.Text = "   金额"
MSFlexGrid1.Col = 5
MSFlexGrid1.Text = "供应商名称"
Exit Sub
setheaderror:
```

```
        MsgBox Err.Description
    End Sub
    Public Sub clear_grid()
    Dim i As Integer, j As Integer
    For i = 1 To row_num - 1
        MSFlexGrid1.Row = i
        For j = 0 To col_num - 1
            MSFlexGrid1.Col = j
            MSFlexGrid1.Text = ""
        Next j
    Next i
    End Sub
```

对表格进行操作：

```
    Private Sub Combo2_Click()
    MSFlexGrid1.Text = Combo2.Text
    MSFlexGrid1.Row = MSFlexGrid1.Row + 1
    MSFlexGrid1.Col = 0
    Combo2.Visible = False
    Text5.Visible = True
    nextposition MSFlexGrid1.Row, MSFlexGrid1.Col
    End Sub
    Public Sub nextposition(ByVal r As Integer, ByVal c As Integer)
    On Error GoTo nexterror
    Text5.Width = MSFlexGrid1.CellWidth
    Text5.Height = MSFlexGrid1.CellHeight
    Text5.Left = MSFlexGrid1.Left + MSFlexGrid1.ColPos(c)
    Text5.Top = MSFlexGrid1.Top + MSFlexGrid1.RowPos(r)
    Text5.Text = MSFlexGrid1.Text
    Text5.Visible = True
    Text5.SetFocus
    Exit Sub
    nexterror:
          MsgBox Err.Description
    End Sub
    Private Sub Text5_KeyPress(KeyAscii As Integer)
    Dim i As Integer, j As Integer
    Dim price As Double, coun As Integer
    On Error GoTo texterror
    If KeyAscii = keyenter Then
        MSFlexGrid1.Text = Text5.Text
        i = MSFlexGrid1.Row
        j = MSFlexGrid1.Col
```

```
        If j = 0 And Trim(Text5.Text) = "" Then
            MsgBox "车辆名称不能为空", vbOKOnly + vbExclamation, ""
            Text5.SetFocus
            Exit Sub
        End If
        If j = 1 And Not IsNumeric(Text5.Text) Then
            MsgBox "单价请输入数字！", vbOKOnly + vbExclamation, ""
            Text5.SetFocus
            Exit Sub
        End If
        If j = 2 And Not IsNumeric(Text5.Text) Then
            MsgBox "数量请输入数字！", vbOKOnly + vbExclamation, ""
            Text5.SetFocus
            Exit Sub
        End If
        If j = 3 And Trim(Text5.Text) = "" Then
            MsgBox "单位不能为空！", vbOKOnly + vbExclamation, ""
            Text5.SetFocus
            Exit Sub
        End If
        If j = 3 And Not IsNull(Text5.Text) Then
            MSFlexGrid1.Col = 1                          ' 金额由程序算出
            price = CDbl(MSFlexGrid1.Text)
            MSFlexGrid1.Col = 2
            coun = CInt(MSFlexGrid1.Text)
            MSFlexGrid1.Col = 4
            MSFlexGrid1.Text = price * coun
            MSFlexGrid1.Col = MSFlexGrid1.Col + 1
            Text5.Visible = False
            setcombo2 MSFlexGrid1.Row, MSFlexGrid1.Col
            KeyAscii = 0
            Exit Sub
        End If
    MSFlexGrid1.Col = MSFlexGrid1.Col + 1
    KeyAscii = 0
    nextposition MSFlexGrid1.Row, MSFlexGrid1.Col
    End If
    Exit Sub
    texterror:
        MsgBox Err.Description
    End Sub
    Public Sub setcombo2(ByVal r As Integer, ByVal c As Integer)
    On Error GoTo seterror
```

```
Combo2.Width = MSFlexGrid1.CellWidth
Combo2.Left = MSFlexGrid1.Left + MSFlexGrid1.ColPos(c)
Combo2.Top = MSFlexGrid1.Top + MSFlexGrid1.RowPos(r)
Combo2.Text = MSFlexGrid1.Text
Combo2.Visible = True
Combo2.SetFocus
Exit Sub
seterror:
    MsgBox Err.Description
End Sub
Private Sub MSFlexGrid1_Click()
If Combo2.Visible = True Then
   Exit Sub
End If
nextposition MSFlexGrid1.Row, MSFlexGrid1.Col
End Sub
```

(2) 增加用户子窗体代码

增加用户子窗体是用来增加用户的用户名、密码和权限的，其运行效果如图 10-26 所示。单击“确定”按钮后，还要返回一个信息框，提示成功信息，如图 10-27 所示。

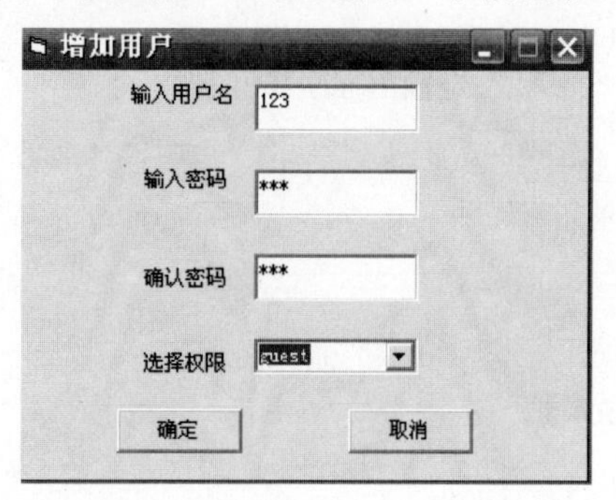

图 10-26　增加用户子窗体运行效果

图 10-27　成功信息框

窗体部分代码的思路是，收集输入的表中的字符串，然后与数据库中的系统的用户数据比较，如果不存在，则允许添加。

```
Private Sub Command1_Click()
Dim sql As String
Dim rs_add As New ADODB.Recordset
If Trim(Text1.Text) = "" Then
    MsgBox "用户名不能为空", vbOKOnly + vbExclamation, ""
    Exit Sub
    Text1.SetFocus
Else
    sql = "select * from 系统管理"
```

```
        rs_add.Open sql, conn, adOpenKeyset, adLockPessimistic
        While (rs_add.EOF = False)
            If Trim(rs_add.Fields(0)) = Trim(Text1.Text) Then
                MsgBox "已有这个用户", vbOKOnly + vbExclamation, ""
                Text1.SetFocus
                Text1.Text = ""
                Text2.Text = ""
                Text3.Text = ""
                Combo1.Text = ""
                Exit Sub
            Else
                rs_add.MoveNext
            End If
        Wend
        If Trim(Text2.Text) <> Trim(Text3.Text) Then
            MsgBox "两次密码不一致", vbOKOnly + vbExclamation, ""
            Text2.SetFocus
            Text2.Text = ""
            Text3.Text = ""
            Exit Sub
        ElseIf Trim(Combo1.Text) <> "system" And Trim(Combo1.Text) <> "guest" Then
            MsgBox "请选择正确的用户权限", vbOKOnly + vbExclamation, ""
            Combo1.SetFocus
            Combo1.Text = ""
            Exit Sub
        Else
            rs_add.AddNew
            rs_add.Fields(0) = Text1.Text
            rs_add.Fields(1) = Text2.Text
            rs_add.Fields(2) = Combo1.Text
            rs_add.Update
            rs_add.Close
```

下面是返回成功信息对话框的代码。

```
    MsgBox "添加用户成功", vbOKOnly + vbExclamation, ""
            Unload Me
        End If
    End If
    End Sub
```

下面是对权限进行选择的代码。

```
    Private Sub Form_Load()
```

```
Combo1.AddItem "system"
Combo1.AddItem "guest"
End Sub
```

(3) 修改密码子窗体代码

修改密码子窗体是用来修改用户密码的，其运行效果如图 10-28 所示。

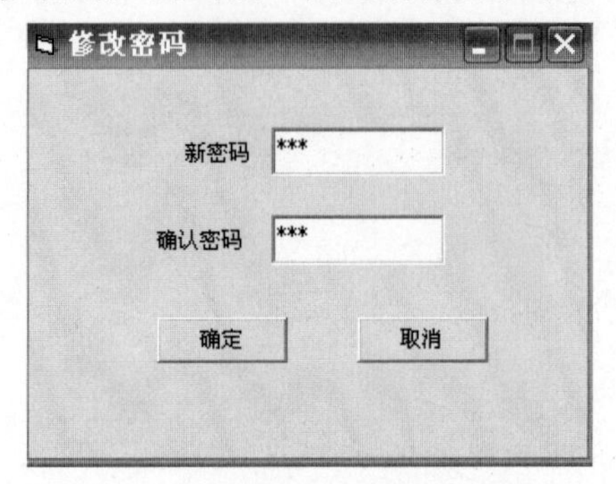

图 10-28 修改密码子窗体运行效果

在“确定”按钮的 Click 事件中添加如下代码：

```
Private Sub Command1_Click()
Dim rs_chang As New ADODB.Recordset
Dim sql As String
If Trim(Text1.Text) <> Trim(Text2.Text) Then
    MsgBox "密码不一致！", vbOKOnly + vbExclamation, ""
    Text1.SetFocus
    Text1.Text = ""
    Text2.Text = ""
Else
    sql = "select * from 系统管理 where 用户名='" & userID & "'"
    rs_chang.Open sql, conn, adOpenKeyset, adLockPessimistic
    rs_chang.Fields(1) = Text1.Text
    rs_chang.Update
    rs_chang.Close
    MsgBox "密码修改成功", vbOKOnly + vbExclamation, ""
    Unload Me
End If
End Sub
```

在上述代码中，首先比较两个表中的数据是否一致，然后用 rs_chang.Fields(1) = Text1.Text 语句把代码输入到数据库中。最后，用 MsgBox "密码修改成功", vbOKOnly + vbExclamation, "" 语句弹出一个信息框，提示修改成功，如图 10-29 所示。

图 10-29　提示修改成功

(4) 查询子窗体代码

查询子窗体是用来查询库存资料中的详细情况，其运行结果如图 10-30 所示。

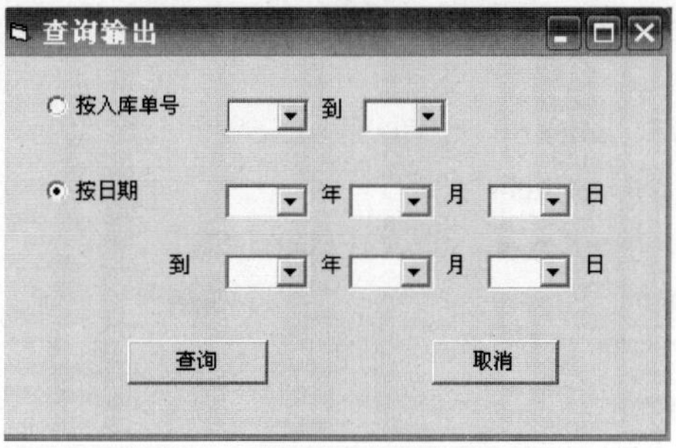

图 10-30　查询子窗体运行效果

在选择列表框中给出入库单号或年月日后，“查询”按钮的 Click 事件将给出与数据库查找比较的结果。

```
Private Sub Command1_Click()
On Error GoTo cmderror
Dim find_date1 As String
Dim find_date2 As String
If Option1.Value = True Then
    sqlfind = "select * from 入库单 where 入库单号 between '" & _
    Combo1(0).Text & "'" & " and " & "'" & Combo1(1).Text & "'"
End If
If Option2.Value = True Then
    find_date1 = Format(CDate(comboy(0).Text & "-" & _
    combom(0).Text & "-" & combod(0).Text), "yyyy-mm-dd")
    find_date2 = Format(CDate(comboy(1).Text & "-" & _
    combom(1).Text & "-" & combod(1).Text), "yyyy-mm-dd")
    sqlfind = "select * from 入库单 where 日期 between #" &_
    find_date1 & "#" & " and" & " #" & find_date2 & "#"
End If
rs_data1.Open sqlfind, conn, adOpenKeyset, adLockPessimistic
frmdatamanage.displaygrid1
Unload Me
cmderror:
If Err.Number <> 0 Then
    MsgBox Err.Description
```

```
End If
End Sub
```

运行查询子窗体时，组合框中就已经从数据库中提取了货单号和年月日两个待查条件。

```
Private Sub Form_Load()
Dim i As Integer
Dim sql As String
If findok = True Then
   rs_data1.Close
End If
sql = "select * from 入库单 order by 入库单号 desc"
rs_find.CursorLocation = adUseClient
rs_find.Open sql, conn, adOpenKeyset, adLockPessimistic
If rs_find.EOF = False Then                          ' 添加编号
   With rs_find
         Do While Not .EOF
            Combo1(0).AddItem .Fields(0)
            Combo1(1).AddItem .Fields(0)
            .MoveNext
         Loop
   End With
End If
For i = 2001 To 2005                                 ' 添加年
    comboy(0).AddItem i
    comboy(1).AddItem i
Next i
For i = 1 To 12                                      ' 添加月
    combom(0).AddItem i
    combom(1).AddItem i
Next i
For i = 1 To 31                                      ' 添加日
    combod(0).AddItem i
    combod(1).AddItem i
Next i
End Sub
```

查询完毕后，输出查询结果，如图 10-31 所示。

(5) 库存管理子窗体代码

库存管理子窗体是用显示库存资料的。显示数据库中内容(显示 msflexgrid1 子程序)的主要代码如下：

```
Public Sub displaygrid1()
Dim i As Integer
```

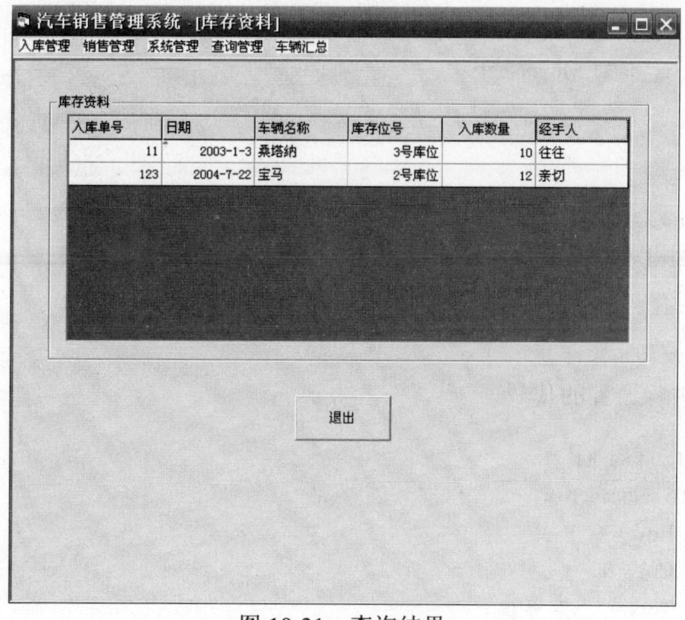

图 10-31 查询结果

```
On Error GoTo displayerror
setgrid
setgridhead
MSFlexGrid1.Row = 0
If Not rs_data1.EOF Then
    rs_data1.MoveFirst
    Do While Not rs_data1.EOF
            MSFlexGrid1.Row = MSFlexGrid1.Row + 1
            MSFlexGrid1.Col = 0
            If Not IsNull(rs_data1.Fields(0)) Then MSFlexGrid1.Text = rs_data1.Fields(0) Else
MSFlexGrid1.Text = ""
            MSFlexGrid1.Col = 1
            If Not IsNull(rs_data1.Fields(1)) Then MSFlexGrid1.Text = rs_data1.Fields(1) Else
MSFlexGrid1.Text = ""
            MSFlexGrid1.Col = 2
            If Not IsNull(rs_data1.Fields(2)) Then MSFlexGrid1.Text = rs_data1.Fields(2) Else
MSFlexGrid1.Text = ""
            MSFlexGrid1.Col = 3
            If Not IsNull(rs_data1.Fields(3)) Then MSFlexGrid1.Text = rs_data1.Fields(3) Else
MSFlexGrid1.Text = ""
            MSFlexGrid1.Col = 4
            If Not IsNull(rs_data1.Fields(4)) Then MSFlexGrid1.Text = rs_data1.Fields(4) Else
MSFlexGrid1.Text = ""
            MSFlexGrid1.Col = 5
            If Not IsNull(rs_data1.Fields(5)) Then MSFlexGrid1.Text = rs_data1.Fields(5) Else
```

```
MSFlexGrid1.Text = ""
            rs_data1.MoveNext
    Loop
End If
displayerror:
If Err.Number <> 0 Then
    MsgBox Err.Description
End If
End Sub
```

下面是对网格进行设置的代码。

```
Public Sub setgridhead()
On Error GoTo setheaderror
MSFlexGrid1.Row = 0
MSFlexGrid1.Col = 0
MSFlexGrid1.Text = "入库单号"
MSFlexGrid1.Col = 1
MSFlexGrid1.Text = "日期"
MSFlexGrid1.Col = 2
MSFlexGrid1.Text = "车辆名称"
MSFlexGrid1.Col = 3
MSFlexGrid1.Text = "库存位号"
MSFlexGrid1.Col = 4
MSFlexGrid1.Text = "   入库数量"
MSFlexGrid1.Col = 5
MSFlexGrid1.Text = "经手人"
Exit Sub
setheaderror:
    MsgBox Err.Description
End Sub
Private Sub Form_Load()
On Error GoTo loaderror
Dim sql As String

displaygrid1                                    ' 调用显示 Datagrid1 子程序
loaderror:
If Err.Number <> 0 Then
    MsgBox Err.Description
End If
End Sub
Public Sub setgrid()
Dim i As Integer
On Error GoTo seterror
```

```
With MSFlexGrid1
        .ScrollBars = flexScrollBarBoth
        .FixedCols = 0
        .Rows = rs_data1.RecordCount + 1
        .Cols = 6
        .SelectionMode = flexSelectionByRow
For i = 0 To .Rows - 1
        .RowHeight(i) = 315
Next
For i = 0 To .Cols - 1
        .ColWidth(i) = 1300
Next i
End With
Exit Sub
seterror:
        MsgBox Err.Description
End Sub
```

(6) 用户登录子窗体代码

运行的用户登录子窗体如图 10-32 所示。

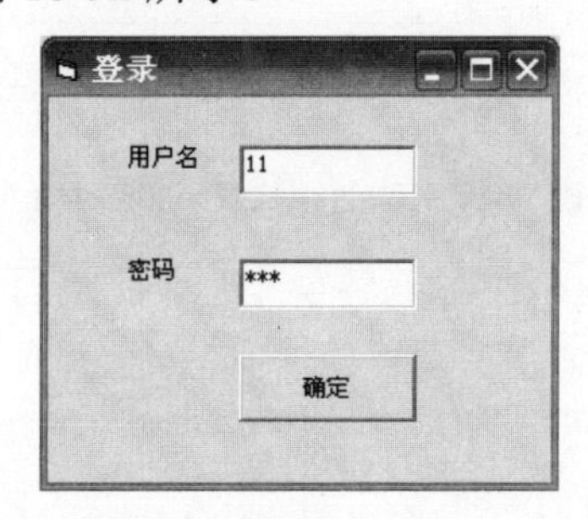

图 10-32 运行的用户登录子窗体

在本项目中，用户登录子窗体是运行的第一个界面，它的作用是检查用户名和密码是否正确。由于用户的资料是存放在数据库中，所以在启动该子窗体时，就已经连接了数据库。其代码如下：

```
Private Sub Form_Load()
Dim connectionstring As String
connectionstring = "provider=Microsoft.Jet.oledb.4.0;" & _
                        "data source=carshale.mdb"
conn.Open connectionstring
cnt = 0
End Sub
```

“确定”按钮的作用是检查输入的数据是否与数据库中的数据一致。

```
Private Sub Command1_Click()
Dim sql As String
Dim rs_login As New ADODB.Recordset
If Trim(txtuser.Text) = "" Then                    ' 判断输入的用户名是否为空
    MsgBox "没有这个用户", vbOKOnly + vbExclamation, ""
    txtuser.SetFocus
Else
    sql = "select * from 系统管理 where 用户名='" & txtuser.Text & "'"
    rs_login.Open sql, conn, adOpenKeyset, adLockPessimistic
    If rs_login.EOF = True Then
        MsgBox "没有这个用户", vbOKOnly + vbExclamation, ""
        txtuser.SetFocus
    Else
```

用户名和密码通过后，要关闭本窗体并打开主窗体。

```
If Trim(rs_login.Fields(1)) = Trim(txtpwd.Text) Then
            userID = txtuser.Text
            userpow = rs_login.Fields(2)
            rs_login.Close
            Unload Me
            MDIForm1.Show
        Else
            MsgBox "密码不正确", vbOKOnly + vbExclamation, ""
            txtpwd.SetFocus
        End If
    End If
End If
只能输入 3 次。
cnt = cnt + 1
If cnt = 3 Then
    Unload Me
End If
Exit Sub
End Sub
```

(7) 销售管理子窗体代码

本窗体是用来添加销售信息的，主要用 ADO 连接数据库。运行效果如图 10-33 所示。载入窗体时，将自动加入车辆名称和日期信息。代码如下：

```
Private Sub Form_Load()
Dim sql As String
Dim i As Integer
```

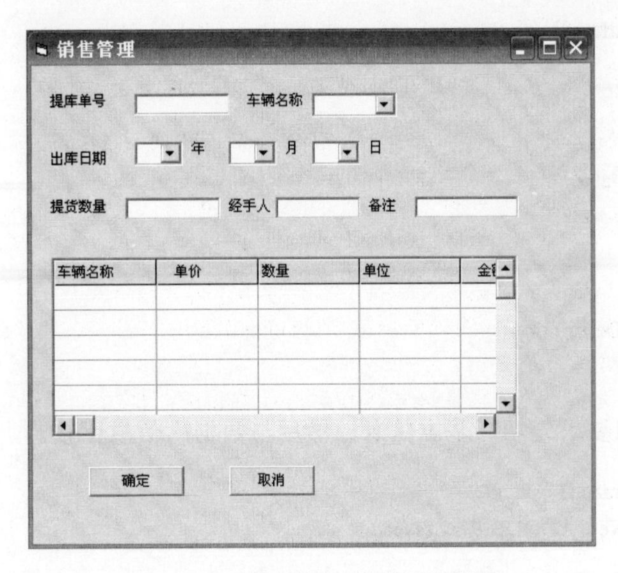

图 10-33 销售管理子窗体运行效果

```
On Error GoTo loaderror
sql = "select * from 车辆名称"
rs_checkname.CursorLocation = adUseClient
rs_checkname.Open sql, conn, adOpenKeyset, adLockPessimistic
sql = "select * from 供应商名称"
rs_custom.CursorLocation = adUseClient
rs_custom.Open sql, conn, adOpenKeyset, adLockPessimistic
While Not rs_custom.EOF
        Combo2.AddItem rs_custom.Fields(0)
        rs_custom.MoveNext
Wend
If Not rs_checkname.EOF Then
    rs_checkname.MoveFirst
    While Not rs_checkname.EOF                          '添加可选择的发货地
        Combo1.AddItem rs_checkname.Fields(0)
        rs_checkname.MoveNext
    Wend
End If
comboy.AddItem 2002                                     '添加年份
comboy.AddItem 2003
comboy.AddItem 2004
comboy.AddItem 2005
For i = 1 To 12                                         '添加月份
    combom.AddItem i
Next i
For i = 1 To 31                                         '添加日期
```

```
        combod.AddItem i
    Next i
    setgrid
    setgrid_head
    Text5.Visible = False
    clear_grid
    Exit Sub
    loaderror:
        MsgBox Err.Description
    End Sub
```

选择“确定”按钮要求先填写基本信息，然后与数据库信息比较。

```
    Private Sub Command1_Click()
    Dim rs_save As New ADODB.Recordset
    Dim sql As String
    Dim i As Integer
    Dim s As String                                       ' 转化数据用
    On Error GoTo saveerror
    If Trim(Text1.Text) = "" Then
        MsgBox "提货单号不能为空!", vbOKOnly + vbExclamation, ""
        Text1.SetFocus
        Exit Sub
    End If
    If Combo1.Text = "请选择车辆名称" Then
        MsgBox "请选择车辆名称！ ", vbOKOnly + vbExclamation, ""
        Combo1.SetFocus
        Exit Sub
    End If
    If comboy.Text = "" Then
        MsgBox "请选择年份！ ", vbOKOnly + vbExclamation, ""
        comboy.SetFocus
        Exit Sub
    End If
    If combom.Text = "" Then
        MsgBox "请选择月份！ ", vbOKOnly + vbExclamation, ""
        combom.SetFocus
        Exit Sub
    End If
    If combod.Text = "" Then
        MsgBox "请选择日期！ ", vbOKOnly + vbExclamation, ""
        combod.SetFocus
        Exit Sub
    End If
```

```
If MSFlexGrid1.Col <> 0 Then
    MsgBox "请输入完整的物品信息！", vbOKOnly + vbExclamation, ""
    Text5.SetFocus
    Exit Sub
End If
sql = "select * from 销售单 where 提货单号='" & Text1.Text & "'"
rs_save.Open sql, conn, adOpenKeyset, adLockPessimistic
If rs_save.EOF Then
    rs_save.AddNew
    rs_save.Fields(0) = Trim(Text1.Text)
    rs_save.Fields(1) = CDate(Trim(comboy.Text) & "-" & Trim(combom.Text) & "-" &
                        Trim(combod.Text))
    rs_save.Fields(2) = Trim(Combo1.Text)
    rs_save.Fields(3) = Trim(Text2.Text)
    rs_save.Fields(4) = Trim(Text3.Text)
    rs_save.Fields(5) = Trim(Text4.Text)
    rs_save.Update
    rs_save.Close
Else
    MsgBox "提货单号重复！", vbOKOnly + vbExclamation, ""
    Text1.SetFocus
    Text1.Text = ""
    rs_save.Close
    Exit Sub
End If
sql = "select * from 车辆资料"
rs_save.Open sql, conn, adOpenKeyset, adLockPessimistic
For i = 1 To MSFlexGrid1.Row - 1
     rs_save.AddNew
     rs_save.Fields(0) = Trim(Text1.Text)
     rs_save.Fields(1) = CDate(Trim(comboy.Text) & "-" & Trim(combom.Text) & "-" &
                         Trim(combod.Text))
     rs_save.Fields(2) = Trim(Combo1.Text)
     MSFlexGrid1.Row = i
     MSFlexGrid1.Col = 0
     rs_save.Fields(3) = Trim(MSFlexGrid1.Text)
     MSFlexGrid1.Col = 1
     MSFlexGrid1.Col = 2
     rs_save.Fields(5) = Trim(MSFlexGrid1.Text)
     MSFlexGrid1.Col = 3
     rs_save.Fields(6) = Trim(MSFlexGrid1.Text)
     MSFlexGrid1.Col = 4
     MSFlexGrid1.Col = 5
```

```
        rs_save.Fields(8) = Trim(MSFlexGrid1.Text)
    Next i
    rs_save.Update
    rs_save.Close
    MsgBox "添加成功！", vbOKOnly + vbExclamation, ""
    Unload Me
    Exit Sub
    saveerror:
        MsgBox Err.Description
    End Sub
```

“取消”按钮的代码如下：

```
Private Sub Command2_Click()
Unload Me
End Sub
```

下面是对网格进行操作的代码。

```
Private Sub Combo2_Click()
MSFlexGrid1.Text = Combo2.Text
MSFlexGrid1.Row = MSFlexGrid1.Row + 1
MSFlexGrid1.Col = 0
Combo2.Visible = False
Text5.Visible = True
nextposition MSFlexGrid1.Row, MSFlexGrid1.Col
End Sub
Public Sub nextposition(ByVal r As Integer, ByVal c As Integer)
On Error GoTo nexterror
Text5.Width = MSFlexGrid1.CellWidth
Text5.Height = MSFlexGrid1.CellHeight
Text5.Left = MSFlexGrid1.Left + MSFlexGrid1.ColPos(c)
Text5.Top = MSFlexGrid1.Top + MSFlexGrid1.RowPos(r)
Text5.Text = MSFlexGrid1.Text
Text5.Visible = True
Text5.SetFocus
Exit Sub
nexterror:
        MsgBox Err.Description
End Sub
Private Sub MSFlexGrid1_Click()
If Combo2.Visible = True Then
    Exit Sub
End If
```

```
nextposition MSFlexGrid1.Row, MSFlexGrid1.Col

End Sub
Private Sub Text5_KeyPress(KeyAscii As Integer)
Dim i As Integer, j As Integer
Dim price As Double, coun As Integer
On Error GoTo texterror
If KeyAscii = keyenter Then
    MSFlexGrid1.Text = Text5.Text
    i = MSFlexGrid1.Row
    j = MSFlexGrid1.Col
    If j = 0 And Trim(Text5.Text) = "" Then
        MsgBox "车辆名称不能为空", vbOKOnly + vbExclamation, ""
        Text5.SetFocus
        Exit Sub
    End If
    If j = 1 And Not IsNumeric(Text5.Text) Then
        MsgBox "单价请输入数字！", vbOKOnly + vbExclamation, ""
        Text5.SetFocus
        Exit Sub
    End If
    If j = 2 And Not IsNumeric(Text5.Text) Then
        MsgBox "数量请输入数字！", vbOKOnly + vbExclamation, ""
        Text5.SetFocus
        Exit Sub
    End If
    If j = 3 And Trim(Text5.Text) = "" Then
        MsgBox "单位不能为空！", vbOKOnly + vbExclamation, ""
        Text5.SetFocus
        Exit Sub
    End If
    If j = 3 And Not IsNull(Text5.Text) Then
        MSFlexGrid1.Col = 1                    ' 金额由程序算出
        price = CDbl(MSFlexGrid1.Text)
        MSFlexGrid1.Col = 2
        coun = CInt(MSFlexGrid1.Text)
        MSFlexGrid1.Col = 4
        MSFlexGrid1.Text = price * coun
        MSFlexGrid1.Col = MSFlexGrid1.Col + 1
        Text5.Visible = False
        setcombo2 MSFlexGrid1.Row, MSFlexGrid1.Col
        KeyAscii = 0
        Exit Sub
```

```
    End If
MSFlexGrid1.Col = MSFlexGrid1.Col + 1
KeyAscii = 0
nextposition MSFlexGrid1.Row, MSFlexGrid1.Col
End If
Exit Sub
texterror:
    MsgBox Err.Description
End Sub
Public Sub setcombo2(ByVal r As Integer, ByVal c As Integer)
On Error GoTo seterror
Combo2.Width = MSFlexGrid1.CellWidth
Combo2.Left = MSFlexGrid1.Left + MSFlexGrid1.ColPos(c)
Combo2.Top = MSFlexGrid1.Top + MSFlexGrid1.RowPos(r)
Combo2.Text = MSFlexGrid1.Text
Combo2.Visible = True
Combo2.SetFocus
Exit Sub
seterror:
    MsgBox Err.Description
End Sub
```

销售管理的设计与入库管理的设计很相似，所以它们的代码也基本相同。

(8) 车辆汇总子窗体代码

车辆汇总子窗体的作用是按一定的类别，把车辆汇总列表。运行的车辆汇总子窗体如图10-34所示。

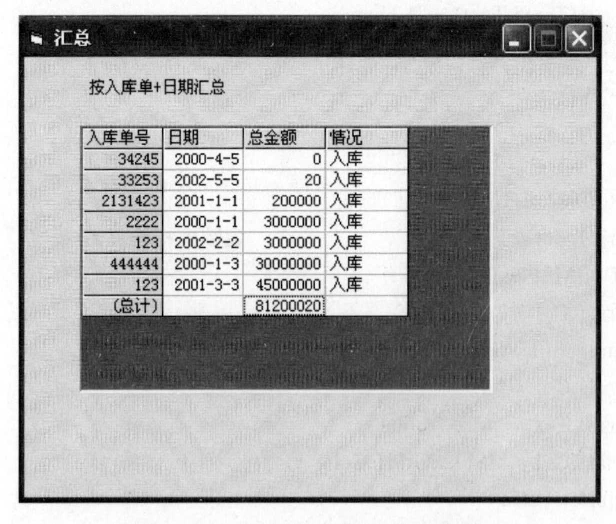

图 10-34　运行的车辆汇总子窗体

车辆汇总子窗体是由选择响应“车辆汇总”命令出现的窗体，在主窗体中，“车辆汇总”

菜单共有4个选项，所以窗体应该对应这4个部分的代码。

先定义连接数据库的变量：

```
Dim rs_sum As New ADODB.Recordset
```

然后列出窗体部分的代码。

```
Private Sub Form_Load()
Dim sql As String
```

下面是按入库单汇总的部分代码：

```
Select Case summary_menu
        Case "check"            ' 按入库单号汇总
              Label1.Caption = "按入库单号汇总"
              sql = "select 入库单号,sum(金额) as 总金额 from 车辆资料 group by 入库单号
                  order by sum(金额)"
              rs_sum.CursorLocation = adUseClient
              rs_sum.Open sql, conn, adOpenKeyset, adLockPessimistic
              addup = 0
              MSFlexGrid1.Rows = rs_sum.RecordCount + 2
              MSFlexGrid1.Cols = 2
              ' 设置表头
              MSFlexGrid1.Row = 0
              MSFlexGrid1.Col = 0
              MSFlexGrid1.Text = "入库单号"
              MSFlexGrid1.Col = 1
              MSFlexGrid1.Text = "总金额"

              If rs_sum.EOF = False Then
                 rs_sum.MoveFirst
                 Do While Not rs_sum.EOF
                            MSFlexGrid1.Row = MSFlexGrid1.Row + 1
                            MSFlexGrid1.Col = 0
                            MSFlexGrid1.Text = rs_sum.Fields(0)
                            MSFlexGrid1.Col = 1

                            addup = addup + CDbl(rs_sum.Fields(1))
                            rs_sum.MoveNext
                 Loop
                            MSFlexGrid1.Row = MSFlexGrid1.Row + 1
                            MSFlexGrid1.Col = 0
                            MSFlexGrid1.Text = "(总计)"
                            MSFlexGrid1.Col = 1
```

```
                MSFlexGrid1.Text = addup
            End If
    rs_sum.Close
```

下面是按日期汇总的部分代码：

```
    Case "date"                ' 按日期汇总
            Label1.Caption = "按日期汇总"
            sql = "select 日期,sum(金额) as 总金额 from 车辆资料 group by 日期 order by
              sum(金额)"
            rs_sum.CursorLocation = adUseClient
            rs_sum.Open sql, conn, adOpenKeyset, adLockPessimistic
            addup = 0
            MSFlexGrid1.Rows = rs_sum.RecordCount + 2
            MSFlexGrid1.Cols = 2
            MSFlexGrid1.Row = 0
            MSFlexGrid1.Col = 0
            MSFlexGrid1.Text = "日期"
            MSFlexGrid1.Col = 1
            MSFlexGrid1.Text = "总金额"

            If rs_sum.EOF = False Then
              rs_sum.MoveFirst
              Do While Not rs_sum.EOF
                    MSFlexGrid1.Row = MSFlexGrid1.Row + 1
                    MSFlexGrid1.Col = 0
                    MSFlexGrid1.Text = rs_sum.Fields(0)
                    MSFlexGrid1.Col = 1

                    addup = addup + CDbl(rs_sum.Fields(1))
                    rs_sum.MoveNext
              Loop
                    MSFlexGrid1.Row = MSFlexGrid1.Row + 1
                    MSFlexGrid1.Col = 0
                    MSFlexGrid1.Text = "(总计)"
                    MSFlexGrid1.Col = 1
                    MSFlexGrid1.Text = addup
            End If
            rs_sum.Close
```

下面是按供应商汇总的部分代码：

```
    Case "custom"              ' 按供应商汇总
            Label1.Caption = "按供应商汇总"
```

```
sql = "select 供应商名称,sum(金额) as 总金额 from 车辆资料 group by 供应商
    名称 order by sum(金额)"
rs_sum.CursorLocation = adUseClient
rs_sum.Open sql, conn, adOpenKeyset, adLockPessimistic
addup = 0
MSFlexGrid1.Rows = rs_sum.RecordCount + 2
MSFlexGrid1.Cols = 2
MSFlexGrid1.Row = 0
MSFlexGrid1.Col = 0
MSFlexGrid1.Text = "供应商"
MSFlexGrid1.Col = 1
MSFlexGrid1.Text = "总金额"

If rs_sum.EOF = False Then
   rs_sum.MoveFirst
   Do While Not rs_sum.EOF
            MSFlexGrid1.Row = MSFlexGrid1.Row + 1
            MSFlexGrid1.Col = 0
            MSFlexGrid1.Text = rs_sum.Fields(0)
            MSFlexGrid1.Col = 1

            addup = addup + CDbl(rs_sum.Fields(1))
            rs_sum.MoveNext
   Loop
            MSFlexGrid1.Row = MSFlexGrid1.Row + 1
            MSFlexGrid1.Col = 0
            MSFlexGrid1.Text = "(总计)"
            MSFlexGrid1.Col = 1
            MSFlexGrid1.Text = addup
End If
rs_sum.Close
```

下面是按入库单+日期汇总的部分代码：

```
Case "check_date"          ' 按入库单+日期汇总
    Label1.Caption = "按入库单+日期汇总"
    sql = "select 入库单号,日期,sum(金额) as 总金额 from 车辆资料 " & _
         "group by 入库单号,日期 order by sum(金额)"
         rs_sum.CursorLocation = adUseClient
         rs_sum.Open sql, conn, adOpenKeyset, adLockPessimistic
         addup = 0
         MSFlexGrid1.MergeCells = flexMergeRestrictRows
         MSFlexGrid1.MergeCol(0) = True
         MSFlexGrid1.Rows = rs_sum.RecordCount + 2
```

```
MSFlexGrid1.Rows = rs_sum.RecordCount + 2
MSFlexGrid1.Cols = 3
MSFlexGrid1.Row = 0
MSFlexGrid1.Col = 0
MSFlexGrid1.Text = "车辆名称"
MSFlexGrid1.Col = 1
MSFlexGrid1.Text = "日期"
MSFlexGrid1.Col = 2
MSFlexGrid1.Text = "总金额"

If rs_sum.EOF = False Then
   rs_sum.MoveFirst
   Do While Not rs_sum.EOF
           MSFlexGrid1.Row = MSFlexGrid1.Row + 1
           MSFlexGrid1.Col = 0
           MSFlexGrid1.Text = rs_sum.Fields(0)
           MSFlexGrid1.Col = 1
           MSFlexGrid1.Text = rs_sum.Fields(1)
           MSFlexGrid1.Col = 2

           addup = addup + CDbl(rs_sum.Fields(2))
           rs_sum.MoveNext
   Loop
           MSFlexGrid1.Row = MSFlexGrid1.Row + 1
           MSFlexGrid1.Col = 0
           MSFlexGrid1.Text = "(总计)"
           MSFlexGrid1.Col = 2
           MSFlexGrid1.Text = addup
End If
rs_sum.Close
```

到这里，各个窗体的界面和代码都介绍完了。发布后可以作为一个实际的项目应用。

读者意见反馈卡

亲爱的读者：

感谢您购买了本书，希望它能为您的工作和学习带来帮助。为了今后能为您提供更优秀的图书，请您抽出宝贵的时间填写这份调查表，然后剪下寄到：北京清华大学出版社第五事业部(邮编 100084)；您也可以把意见反馈到 cwkbook@tup.tsinghua.edu.cn。邮购咨询电话：010-62786544，客服电话：010-62776969。我们将充分考虑您的意见和建议，并尽可能地给您满意的答复。谢谢！

本书名：______________________________

个人资料：______________________________

姓　名：____________ **性　别：**□男 □女　**出生年月(或年龄)：**____________

文化程度：____________ **职　业：**________ **通讯地址：**______________

电话(或手机)：__________ **传　真：**________ **电子信箱(E-mail)：**____________

您是如何得知本书的：________________________

□别人推荐　□出版社图书目录　□网上信息　□书店

□杂志、报纸等的介绍(请指明)____________　□其他(请指明)______________

您从何处购得本书：□书店　□电脑商店　□软件销售处　□邮购　□商场　□其他

影响您购买本书的因素(可复选)：

□封面封底　□装帧设计　□价格　□内容提要、前言或目录　□书评广告

□出版社名声　□作者名声　□责任编辑

□其他：____

您对本书封面设计的满意度：□很满意　□比较满意　□一般　□较不满意　□不满意　□改进建议__________

您对本书印刷质量的满意度：□很满意　□比较满意　□一般　□较不满意　□不满意　□改进建议__________

您对本书的总体满意度：

从文字角度：□很满意　□比较满意　□一般　□较不满意　□不满意

从技术角度：□很满意　□比较满意　□一般　□较不满意　□不满意

本书最令您满意的是：

□讲解浅显易懂　□内容充实详尽　□示例丰富到位　□指导明确合理　□其他：____________

您希望本书在哪些方面进行改进？______________________________

您希望增加什么系列或软件的图书：______________________________

您最希望学习的其他软件：1.__________ 2.__________ 3.__________ 4.__________

您对使用中文版软件或外文版软件介意吗？更喜欢使用哪一种版本？

□介意　□无所谓　□中文版　□外文版

您对图书所用软件版本是否很介意？是否要求用最新版本？

□是，要求是最新版本　□无所谓　□不，因为硬件或软件跟不上要求

您是如何学习最新软件的？

□看计算机书　□看多媒体教学光盘　□自己摸索或查看软件的帮助信息　□参加培训班　□向其他人请教

□其他：________________________

您的其他要求：__________________